Adobe Premiere Pro CC 数字视频编辑教程

21世纪高等院校数字艺术类规划教材

石喜富 王学军 郭建璞 编著

人民邮电出版社
北京

图书在版编目（CIP）数据

Adobe Premiere Pro CC数字视频编辑教程 / 石喜富，王学军，郭建璞编著. -- 北京 : 人民邮电出版社，2015.8(2022.6重印)
21世纪高等院校数字艺术类规划教材
ISBN 978-7-115-39251-0

Ⅰ. ①A… Ⅱ. ①石… ②王… ③郭… Ⅲ. ①视频编辑软件－高等学校－教材 Ⅳ. ①TN94

中国版本图书馆CIP数据核字(2015)第111400号

内 容 提 要

非线性视频编辑是面向艺术类专业学生开设的一门计算机应用课程。本书是该课程的配套教材。本书较详尽地介绍了数字影视编辑软件 Premiere 的核心内容，按照非线性编辑的工作流程，讲授 Premiere 的基本编辑操作方法、高级编辑方法、音频视频的转场特效设置、运动特效设置、音频视频滤镜的应用、影视场景的合成、创建字幕文件、音频的编辑管理、外挂滤镜的使用和影视作品的输出等内容，使学生具备多媒体数据的获取和处理能力，能够独立完成简单数字视频作品的编辑处理。

本书内容翔实，深入浅出，既有理论知识又有实例操作，针对性强，适合高等院校非计算机专业尤其是文科（文史哲、经管类）和艺术类、师范类专业师生使用，也可作为从事视频编辑和创作专业人员的参考书和培训教材。

◆ 编　　著　石喜富　王学军　郭建璞
责任编辑　刘　博
责任印制　沈　蓉　彭志环
◆ 人民邮电出版社出版发行　　北京市丰台区成寿寺路 11 号
邮编　100164　　电子邮件　315@ptpress.com.cn
网址　http://www.ptpress.com.cn
固安县铭成印刷有限公司印刷
◆ 开本：787×1092　1/16
印张：22.25　　　　2015 年 8 月第 1 版
字数：544 千字　　　　2022 年 6 月河北第 13 次印刷

定价：49.80 元（附光盘）

读者服务热线：(010)81055256　印装质量热线：(010)81055316

反盗版热线：(010)81055315

前言

Adobe Premiere 软件是当今视频编辑领域中普遍化程度最高的剪接工具之一，而目前此类图书大多是基于 Adobe Premiere pro CS 系列。随着 Adobe Premiere Pro CC2014 于 2014 年 6 月发行，内容、用户界面和版本等均有较大的升级，今后 Adobe Premiere pro CC 系列将作为主导，因此出版新书很有必要。

本书的编写思路定位于提高学生的计算机视频编辑应用技能，同时将计算思维能力的培养与实际应用相结合。

非线性视频编辑是面向艺术类专业学生开设的一门计算机应用课程。本书是该课程的配套教材。本书较详尽地介绍了数字影视编辑软件 Premiere 的核心内容，按照非线性编辑的工作流程进行讲授。

本书包含了多个实用的教学案例，以案例引领的方式介绍与视频编辑技术相关的内容。最后三章是综合应用，提供典型的实例，通过详细制作过程的讲解，将软件功能和实际应用紧密结合起来，使读者逐步掌握使用 Premiere 设计实际作品的技能。

本书的特点为：

1．本书的编写以“计算思维能力的培养”为导向，在介绍视频编辑基础知识的同时，重点介绍计算机对视频媒体信息的处理过程，以及图像、视频、音频等不同媒体元素间的综合处理方法。

2．采用案例教学的模式，边讲、边练，学习轻松、激发兴趣、培养动手能力，为提升专业技能打下坚实的基础。

3．本书内容翔实，图文并茂，针对相关专业学生的知识结构和专业需求，在理论上结合实例讲述视频编辑的基本知识、计算机处理多媒体信息的基本过程；在应用上详细介绍目前流行的非线性编辑软件 premiere 的功能及用法，并配有典型实例，具有很强的实用性和操作性。

本书第 5、6、7、9、13 章由石喜富编写，第 1、2、3、4、8、10、11、12、14 章由郭建璞编写。全书由王学军统稿。参与本书编写的除了封面署名的人员外，还有律颖、李花、石增天、王涵、王松辉、高玉娟、李奥、员萌萌和丁春英。

由于编著者水平有限，书中不足之处在所难免，敬请读者批评指正。

编著者
于北京·中国传媒大学
2015 年 3 月

目录
CONTENTS

Chapter 1

第 1 章 数字视频编辑基础

数字视频编辑是一门重要的计算机应用课程。为了加深学生对多媒体信息中音频、视频方面的基本知识和基本操作技能的理解，培养学生更好地组织和驾驭多媒体信息的能力，本章重点介绍一些常用的数字视频编辑理论：数字视频基本概念、基本理论以及数字视频编辑基础等内容。

学习要点：

- 了解模拟视频与数字视频的基本概念
- 掌握视频信息的数字化过程
- 掌握运动图像的压缩标准
- 了解视频文件的格式
- 掌握电视制式
- 了解标清和高清的概念
- 掌握非线性编辑系统的基本工作流程

建议学时：上课 2 学时，上机 1 学时。

1.1 数字视频基本概念

数字视频（Digital Video）是先用数字摄像机等视频捕捉设备，将外界影像的颜色和亮度等信息转变为电信号，再记录到储存介质中。数字视频是以数字信息记录的视频资料，通常通过光盘来发布。数字摄像机如图 1.1.2 所示。

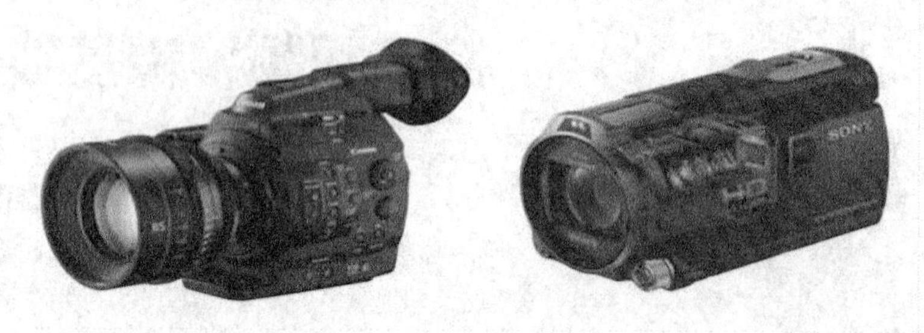

图 1.1.1 数字摄像机

1.1.1 视频基本概念

1. 视频信息

由于人眼的视觉暂留作用，在亮度信号消失后，亮度感觉仍可以保持短暂的时间。有人做过一个实验：在同一个房间中，挂两盏灯。让两盏灯一个亮，一个灭，交替进行变化。当交替速度比较慢时，被试者会感觉到灯的亮、灭状态；但当这种交替速度达到每秒 30 次以上时，被试者的感觉就会完全发生变化。被试者看到的是一个光亮在眼前来回摆动，实际上这是一种错觉。这种错觉就是由于人眼的视觉暂留作用造成的。动态图像也正是由于这个特性产生的，如电影，是对视觉暂留效应的一个应用。从物理意义上看，任何动态图像都是由多幅连续的图像序列构成的。每一幅图像保持一段显示时间，顺序地以眼睛感觉不到的速度（一般为每秒 25～30 帧）更换另一幅图像，连续不断，就形成了动态图像的感觉。

动态图像序列根据每一帧图像的产生形式，又分为不同的种类。当每一帧图像是人工或计算机产生的时候，被称为动画；当每一帧图像是通过实时获取的自然景物时，被称为动态影像视频或视频信息。

2. 模拟与数字视频概念

按照视频信息的存储与处理方式不同，视频可分为模拟视频和数字视频两大类。

（1）模拟视频

模拟视频是指每一帧图像是实时获取的自然景物的真实图像信号。我们在日常生活中看到的电视、电影都属于模拟视频的范畴。模拟视频信号具有成本低和还原性好等优点，视频画面往往会给人一种身临其境的感觉。但它的最大缺点是不论被记录的图像信号有多好，经过长时间的存放之后，信号和画面的质量将大大地降低；或者经过多次复制之后，画面的失真就会很明显。

在电视系统中，摄像端是通过电子束扫描，将图像分解成与像素对应的随时间变化的点信号，并由传感器对每个点进行感应。在接收端，则以完全相同的方式利用电子束从左到右，从上到下的扫描，将电视图像在屏幕上显示出来。

扫描分为隔行扫描和逐行扫描两种。在逐行扫描中，电子束从显示屏的左上角一行接一行地扫描到右下角，在显示屏上扫描一遍就显示一幅完整的图像。在隔行扫描中，电子束扫描完第 1 行后，从第 3 行开始的位置继续扫描，再分别扫描第 5 行，第 7 行，……直到最后一行为止。所有的奇数行扫描完后，再使用同样的方式扫描所有的偶数行。这时才构成一幅完整的画面，通常将其称为帧。由此可以看出，在隔行扫描中，一帧需要奇数行和偶数行两部分组成，我们分别将它们称为奇数场和偶数场，也就是说，要得到一幅完整的图像需要扫描两遍。图 1.1.2 所示的图像扫描中，图（a）为奇数场、图（b）为偶数场、图（c）为一副完整的图像。

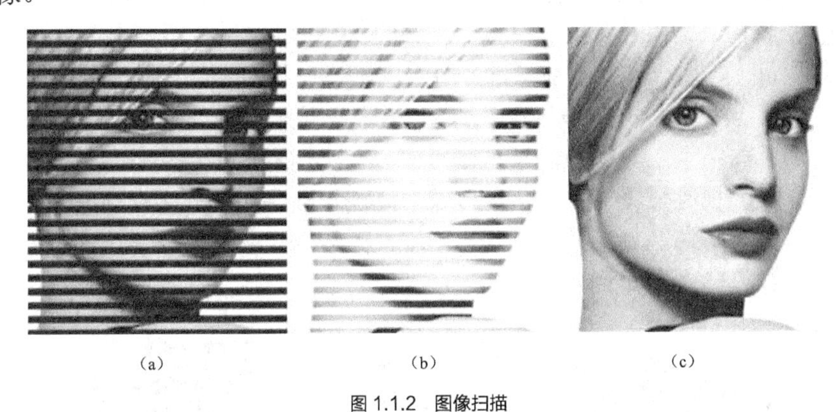

（a）　（b）　（c）

图 1.1.2　图像扫描

为了更好地理解电视工作原理，下面对于常用术语进行简要说明。

- 帧：在此帧是指一幅静态的电视画面。
- 帧频：电视机工作时每秒显示的帧数，对于 PAL 制式的电视帧频是每秒 25 帧。
- 场频：指电视机器每秒所能显示的画面次数，单位为赫兹（Hz）。场频越大，图像刷新的次数越多，图像显示的闪烁就越小，画面质量越高。
- 行频：指电视机中的电子枪每秒钟在屏幕上从左到右扫描的次数，又称屏幕的水平扫描频率，以 kHz 为单位。行频越大可以提供的分辨率越高，显示效果越好。
- 分解率（清晰度）：一般是用在一秒钟内垂直方向的行扫描数和水平方向的列扫描数来表示。分解率越大，电视画面越清晰。

（2）数字视频

数字视频是基于数字技术记录视频信息的。模拟视频信号可以通过视频采集卡将模拟视频信号进行 A / D（模 / 数）转换，将转换后的数字信号采用数字压缩技术存入计算机存储器中就成为了数字视频。与模拟视频相比它有如下特点：

- 数字视频可以不失真地进行多次复制；
- 数字视频便于长时间的存放而不会有任何的质量变化；
- 可以方便地进行非线性编辑并可增加特技效果等；
- 数字视频数据量大，在存储与传输的过程中必须进行压缩编码。

1.1.2　视频信息的数字化

随着多媒体技术的发展，计算机不但可以播放视频信息，而且还可以准确地编辑、处理视频信息，这就为我们有效地控制视频信息，并对视频节目进行二次创作，提供了高效的工具。

1. 视频信息的获取

获取数字视频信息主要有两种方式：一种是将模拟视频信号数字化，即在一段时间内以一定的速度对连续的视频信号进行采集，然后将数据存储起来。使用这种方法，需要拥有录像机、摄像机及一块视频捕捉卡。录像机和摄像机负责采集实际景物，视频卡负责将模拟的视频信息数字化。另一种是利用数字摄像机拍摄实际景物，从而直接获得无失真的数字视频信号。

（1）视频卡的功能

视频卡是指PC机上用于处理视频信息的设备卡，其主要功能是将模拟视频信号转换成数字化视频信号或将数字信号转换成模拟信号。在计算机上通过视频采集卡可以接收来自视频输入端（录像机、摄像机和其他视频信号源）的模拟视频信号，对该信号进行采集、量化成数字信号，然后压缩编码成数字视频序列。大多数视频采集卡都具备硬件压缩的功能，在采集视频信号时首先在卡上对视频信号进行压缩，然后才通过PCI接口把压缩的视频数据传送到主机上。一般的视频采集卡采用帧内压缩的算法把数字化的视频存储成某些视频文件，高档一些的视频采集卡还能直接把采集到的数字视频数据实时压缩成 MPEG 格式的文件。视频采集卡、录像机和多媒体计算机如图 1.1.3 所示。

图 1.1.3　多媒体设备

模拟视频输入端可以提供连续的信息源，视频采集卡要求采集模拟视频序列中的每帧图像，并在采集下一帧图像之前把这些数据传入计算机系统。因此，实现实时采集的关键是每一帧所需的处理时间。如果每帧视频图像的处理时间超过相邻两帧之间的相隔时间，则要出现数据的丢失，也即丢帧现象。采集卡都是把获取的视频序列先进行压缩处理，然后再存入硬盘，一次性完成视频序列获取和压缩，避免了再次进行压缩处理的不便。

（2）视频卡的分类

❶ 视频采集卡。

视频采集卡主要用于将摄像机、录像机等设备播放的模拟视频信号经过数字化采集到计算机中。

❷ 压缩 / 解压缩卡。

压缩 / 解压缩卡主要用于将静止和动态的图像按照 JPEG / MPEG 系列标准进行压缩或还原。

❸ 视频输出卡。

视频输出卡主要用于将计算机中加工处理的视频信息转换编码，并输出到电视机或录像机设备上。

❹ 电视接收卡。

电视接收卡主要用于将电视机中的节目通过该卡的转换处理，在计算机的显示器上播放。

2. 视频数字化过程

视频数字化过程就是将模拟视频信号经过采样、量化、编码后变为数字视频信号的过程。

高质量的原始素材是获得高质量最终视频产品的基础。数字视频的来源有很多，包括从家用级到专业级、广播级的多种素材，如摄像机、录像机、影碟机等视频源的信号，还有计算机软件生成的图形、图像和连续的画面等。可以对模拟视频信号进行采集、量化和编码的设备，一般由专门的视频采集卡来完成；然后由多媒体计算机接收、记录编码后的数字视频数据。在这一过程中起主要作用的是视频采集卡，它不仅提供接口以连接模拟视频设备和计算机，而且具有把模拟信号转换成数字数据的功能。

1.1.3　运动图像压缩标准

1. 运动图像压缩标准

运动图像专家组（Moving Pictures Experts Group）MPEG 始建于 1988 年，从事运动图像编码技术工作。MPEG 下分三个小组：MPEG-Video（视频组）、MPEG-Audio（音频组）和 MPEG-System（系统组）。

MPEG 是系列压缩编码标准，既考虑了应用要求，又独立于应用之上。MPEG 给出了压缩标准的约束条件及使用的压缩算法。MPEG 包括 MPEG-1、MPEG-2、MPEG-4、MPEG-7、MPEG-21 压缩标准等。图 1.1.4（a）、（b）分别为使用 MPEG-1 和 MPEG-2 编码的视频内容。

（a）

（b）

图 1.1.4　不同压缩标准的视频静帧画面

（1）数字声像压缩标准 MPEG-1

MPEG-1 标准是 1991 年制定的，是数字存储运动图像及伴音压缩编码标准。MPEG-1 标准主要有 3 个组成部分，即视频、音频和系统。系统部分说明了编码后的视频和音频的系统编码层，提供了专用数据码流的组合方式，描述了编码流的语法和语义规则；视频部分规定了视频数据的编码和解码；音频部分规定了音频数据的编码和解码。

MPEG-1 标准可适用于不同带宽的设备，如 CD-ROM，Video-CD、CD-I。它主要用于在 1.5Mbit / s 以下数据传输率的数字存储媒体。经过 MPEG-1 标准压缩后，视频数据压缩率为 20∶1~30∶1，影视图像的分辨率为 352 像素 / 行×240 行 / 帧×30 帧 / 秒（NTSC 制）或 360 像素 / 行×288 行 / 帧×25 帧 / 秒（PAL 制）。它的质量要比家用录像体系（Video Home System，VHS）的质量略高。音频压缩率为 6∶1 时，声音接近于 CD-DA 的质量。

这个标准主要是针对 20 世纪 90 年代初期数据传输能力只有 1.4Mbit / s 的 CD-ROM 开发的。因此，主要用于在 CD 光盘上存储数字影视、在网络上传输数字影视以及存放 MP3 格式的数字音乐。

（2）通用视频图像压缩编码标准 MPEG-2

MPEG-2 标准是由 ISO 的活动图像专家组和 ITU-TS 于 1994 年共同制定的，是在 MPEG-1 标准基础上的进一步扩展和改进。它主要是针对数字视频广播、高清晰度电视和数字视盘等制定的 4~9Mb / s 运动图像及其伴音的编码标准。MPEG-2 标准的典型应用是 DVD 影视和广播级质量的数字电视。MPEG-2 标准视频规范支持的典型视频格式为：影视图像的分辨率为 720 像素 / 行×480 行 / 帧×30 帧 / 秒（NTSC 制）和 720×像素 / 行×576 行 / 帧×25 帧 / 秒（PAL 制）。MPEG-2 标准音频规范除支持 MPGE-1 标准的音频规范外，还提供高质量的 5.1 声道的环绕声。经过压缩后还原得到的声音质量接近激光唱片的声音质量。PAL 制式与 NTSC 制式视频画面截图如图 1.1.5 所示。

720 像素/行×576 行/帧×25 帧/秒（PAL 制）

720 像素/行×480 行/帧×30 帧/秒（NTSC 制）

图 1.1.5　不同制式的视频静帧画面

MPEG-2 的目标与 MPEG-1 相同，仍然是提高压缩率，提高音频、视频质量。采用的核心技术还是分块 DCT（Discrete Cosine Transform，离散余弦变换）和帧间运动补偿预测技术。但却增加了 MPGE-1 所没有的功能，如支持高分辨率的视频、多声道的环绕声、多种视频分辨率、隔行扫描以及最低为 4Mbit / s，最高为 100Mbit / s 的数据传输速率。

（3）低比特率音视频压缩编码标准 MPEG-4

MPEG-4 于 1992 年 11 月被提出并于 2000 年正式成为国际标准。其正式名称为 ISO 14496-2，是为了满足交互式多媒体应用而制定的通用的低码率（64kb / s 以下）的音频 / 视频压缩编码标准，具有更高的压缩比、灵活性和可扩展性。MPEG-4 主要应用于数字电视，实时多媒体监控，低速率下的移动多媒体通信，基于内容的多媒体检索系统和网络会议等

与 MPEG-1、MPEG-2 相比，MPEG-4 最突出的特点是基于内容的压缩编码方法。它突破了 MPEG-l、MPEG-2 基于块、像素的图像处理方法，而是按图像的内容如图像的场景、画面上的物体（物体 1，物体 2，……）分块，将感兴趣的物体从场景中截取出来，称为对象或实体。MPEG-4 便是基于这些对象或实体进行编码处理的。

为了具有基于内容方式表示的音视频数据，MPEG-4 引入了音视频对象（Audio Video Object，AVO）编码的概念。扩充了编码的数据类型，由自然数据对象扩展到计算机生成的合成数据对象，采用了自然数据与合成数据混合编码的算法。这种基于对象的编码思想也成为对多媒体数据库中音视频信息进行处理的基本手段。

相对于 MPEG-1、MPEG-2 标准，MPGE-4 已不再是一个单纯的音视频编码解码标准，它将内容与交互性作为核心，更多定义的是一种格式、一种框架，而不是具体的算法，这样人们就可以在系统中加入许多新的算法。除了一些压缩工具和算法之外，各种各样的多媒体技术如图像分析与合成、计算机视觉、语音合成等也可充分应用于编码中。

（4）多媒体内容描述接口 MPEG-7

在 MPEG 已经制定的国际标准中，MPEG-1 用来解决声音、图像信息在 CD-ROM 上的存储；MPEG-2 解决了数字电视、高清晰度电视及其伴音的压缩编码；MPEG-4 用以解决在多媒体环境下高效存储、传输和处理声音图像信息问题。现有的标准中还没有能够解决多媒体信息定位问题的工具，也即多媒体信息检索的问题。

MPEG-7 被称为"多媒体内容描述接口（Multimedia Content Description Interface）"标准，它并不是一个音视频数据压缩标准，而是一套多媒体数据的描述符和标准工具，用来描述多媒体内容以及它们之间的关系，以解决多媒体数据的检索问题。MPEG-1、MPEG-2、MPEG-4 数据压缩与编码标准只是对多媒体信息内容本身的表示，而 MPEG-7 标准则建立在 MPEG-1、MPEG-2、MPEG-4 标准基础之上，并可以独立于它们而使用。MPEG-7 标准并不是要替代这些标准，而是为这些标准提供一种标准的描述表示法。它提供的是关于多媒体信息内容的标准化描述信息。这种描述只与内容密切相关，它将支持用户对那些感兴趣的资料做快速而高效的搜索。所谓"资料"包括静止的画面、图形、声音、运动视频以及它们的集成信息等。

（5）MPEG-21 标准

MPEG-21 标准是 MPEG 专家组在 2000 年启动开发的多媒体框架（Multimedia Framework）。制定 MPEG-21 标准的目的是：

- 将不同的协议、标准、技术等有机地融合在一起；
- 制定新的标准；
- 将这些不同的标准集成在一起。

MPEG-21 标准其实就是一些关键技术的集成，通过这种集成环境对全球数字媒体资源增强透明和增强管理，实现内容描述、创建、发布、使用、识别、收费管理、产权保护、用户隐私权保护、终端和网络资源抽取、事件报告等功能，为未来多媒体的应用提供一个完整的平台。

2. 视频会议压缩编码标准 H.26x

对视频图像传输的需求以及传输带宽的不同，ITU-T（原 CCITT）分别于 1990 年和 1995 年制定了适用于综合业务数字网（Integrated Service Network, ISDN）和公共交换电话网（Public Switched Telephone Network，PSTN）的视频编码标准，即 H.261 协议和 H.263 协议。这些标准的出现不仅使低带宽网络上的视频传输成为可能，而且解决了不同硬件厂商产品之间的互通性，对多媒体通信技术的发展起到了重要的作用。

（1）H.261

H.261 是由 ITU-T 第 15 研究组于 1988 年为在窄带综合业务数字网（N-ISTN）上开展速率为 PX64kbit / s 的双向声像业务（可视电话、会议）而制定的。该标准常称为 Px64K 标准，其中 P 是取值为 1～30 的可变参数，Px64K 视频压缩算法也是一种混合编码方案，即基于 DCT 的变换编码和带有运动预测差分脉冲编码调制（DPCM）的预测编码方法的混合。

H.261 的目标是会议电视和可视电话，如图 1.1.6 所示，该标准推荐的视频压缩算法必须具有实时性，同时要求最小的延迟时间。当 P 取 1 或 2 时，由于传输码率较低，只能传输低清晰度的图像，因此，只适合于面对面的桌面视频通信（通常指可视电话）。当 P≥6 时，由于增加了额外的有效比特数，可以传输较好质量的复杂图像，因此，更适合于会议电视应用。

图 1.1.6 会议电视和可视电话

H.261 只对 CIF 和 QCIF 两种图像格式进行处理。由于世界上不同国家或地区采用的电视制式不同（如 PAL、NTSC 和 SECAM 等），所规定的图像扫描格式（决定电视图像分辨率的参数）也不同，因此，要在这些国家或地区间建立可视电话或会议内容业务，就存在统一图像格式任务的问题。H.261 采用 CIF 和 QCIF 格式作为可视电话或会议电视的视频输入格式。

（2）H.263

H.263 是 ITU-T 为低于 64kbit/s 的窄带通信信道制定的视频编码标准。其目的是能在现有的电话网上传输活动图像。它是在 H.261 基础上发展起来的，其标准输入图像格式可以是 S-QCIF、QCIF、CIF、4CIF 或者 16CIF 的彩色 4∶2∶0 取样图像。H.263 与 H.261 相比采用了半像素的运动补偿，并增加了 4 种有效的压缩编码模式，无限制的运动矢量模式；基于句法的算术编码模式，高级预测模式和 PB 帧模式。

虽然 H.263 标准是为基于电话线路（PSTN）的可视电话和视频会议而设计的，但由于它优异的编解码方法，现已成为一般的低比特率视频编码标准。

（3）H.264

H.264 是由 ISO/IEC 与 ITU-T 组成的联合视频组（JVT）制定的新一代视频压缩编码标准。H.264 的主要特点如下。

- 在相同的重建图像质量下，H.264 比 H.263+和 MPEG-4（SP）减小 50%码率。
- 对信道时延的适应性较强，既可工作于低时延模式以满足实时业务，如会议电视等；又可工作于无时延限制的场合，如视频存储等。
- 提高网络适应性，采用“网络友好”的结构和语法，加强对误码和丢包的处理，提高解码器的差错恢复能力。
- 在编/解码器中采用复杂度分级设计，在图像质量和编码处理之间可分级，以适应不同复杂度的应用。
- 相对于先期的视频压缩标准，H.264 引入了很多先进的技术，包括 4×4 整数变换、空域内的帧内预测、1/4 像素精度的运动估计、多参考帧与多种大小块的帧间预测技术等。新技术带来了较高的压缩比。

3. 数字音视频编解码技术标准（AVS）简介

数字音视频编解码技术标准（Audio Video coding Standard，AVS）工作组由国家信息产业部科学技术司于 2002 年 6 月批准成立。工作组的任务是：面向我国的信息产业需求，联合国内企业和科研机构，制（修）订数字音视频的压缩、解压缩、处理和表示等共性技术标准，为数字音视频设备与系统提供高效经济的编解码技术，服务于高分辨率数字广播、高密度激光数字存储媒体、无线宽带多媒体通信、互联网宽带流媒体等重大信息产业应用。

1.1.4 视频的文件格式

视频文件的使用一般与标准有关，例如 AVI 与 Video for Window 有关，MOV 与 Quick Time 有关，而 MPEG 和 VCD 则是用自己的专有格式。

1. AVI 文件格式

AVI（Audio Video Interleaved）是一种将视频信息与同步音频信号结合在一起存储的多媒体文件格式。它以帧为存储动态视频的基本单位。在每一帧中，都是先存储音频数据，再存储视频数据。整体看起来，音频数据和视频数据相互交叉存储。播放时，音频流和视频流交叉使用处理器的存取时间，保持同期同步。通过 Windows 的对象链接与嵌入技术，AVI 格式的动态视频片段可以嵌入到任何支持对象链接与嵌入的 Windows 应用程序中。

2. MOV 文件格式

MOV 文件格式是 Quick Time 视频处理软件所选用的视频文件格式。

3. MPEG 文件格式

MPEG 文件是采用 MPEG 方法进行压缩的全运动视频图像文件格式，目前许多视频处理软件都支持该格式。

4. DAT 文件格式

DAT 文件是 VCD 和卡拉 OK、CD 数据文件的扩展名，也是基于 MPEG 压缩方法的一种文件格式。

5. DivX 文件格式

这是由 MPEG-4 衍生出的另一种视频编码（压缩）标准，也就是通常所说的 DVDrip。它在采用 MPEG-4 的压缩算法的同时又综合了 MPEG-4 与 MP3 各方面的技术，即使用 DivX 压缩技术对 DVD 盘片的视频图像进行高质量压缩，同时用 MP3 或 AC3 对音频进行压缩，然后再将视频与音频合成并加上相应的外挂字幕文件而形成的视频格式。该格式的画质接近 DVD 的画质，并且数据量只有 DVD 的数分之一。这种视频格式的文件扩展名是“.M4V”。

6. Microsoft 流式视频格式

Microsoft 流式视频格式主要有 ASF 格式和 WMV 格式两种，是一种在国际互联网上实时传播多媒体的技术标准。用户可以直接使用 Windows 自带的 Window Media Player 对其进行播放。

（1）ASF 格式

ASF （Advanced Streaming Format）格式使用了 MPEG-4 的压缩算法。如果不考虑在网上传播，只选择最好的质量来压缩，则其生成的视频文件质量优于 VCD；如果考虑在网上即时观赏视频“流”，则其图像质量比 VCD 差一些。但比同是视频“流”格式的 RM 格式要好。ASF 格式的主要优点包括本地或网络回放、可扩充的媒体类型、部件下载以及扩展性等。这种视频格式的文件扩展名是“.ASF”。

（2）WMV 格式

WMV （Windows Media Video）格式是一种采用独立编码方式且可以直接在网上实时观看视频节目的文件压缩格式。在同等视频质量下，WMV 格式的体积非常小，该文件一般同时包含视频和音频部分。视频部分使用 Windows Media Video 编码，音频部分使用 Windows

Media Audio 编码，很合适在网上播放和传输。同样是 2 小时的 HDTV 节目，如果使用 MPEG-2 最多只能压缩至 30GB，而使用 WMV 这样的高压缩率编码器，则在画质丝毫不降低的前提下可以压缩到 15GB 以下。WMV 格式的主要优点包括本地或网络回放、可扩充的媒体类型、部件下载、流的优先级化、多语言支持、环境独立性、丰富的流间关系以及扩展性等。这种视频格式的文件扩展名是“.WMV”。

7. Real Video 流式视频格式

RealVideo 格式是由 RealNetworks 公司开发的一种新型的、高压缩比的流式视频格式，主要用来在低速率的广域网上实时传输活动视频影像。可以根据网络数据传送速率的不同而采用不同的压缩比率，从而实现影像数据的实时传送和实时播放。虽然画质稍差，但出色的压缩效率和支持流式播放的特征，使其广泛应用在网络和娱乐场合。

（1）RM 格式

RM（Real Media）格式的主要特点是用户使用 Realplayer 或 RealOne Player 播放器可以在不下载音频/视频内容的条件下实现在线播放。另外，作为目前主流网络视频格式，RM 格式还可以通过其 RealServer 服务器将其他格式的视频转换成 RM 视频，这种视频格式的文件扩展名是“.RM”。

（2）RMVB 格式

RMVB（Real Media Variable Bit Rate）格式是一种由 RM 视频格式升级的新视频格式，可称为可变比特率（Variable Bit Rate）的 RM 格式。它的先进之处在于改变 RM 视频格式平均压缩采样的方式，对静止和动作场面少的画面场景采用较低的编码速率；而在出现快速运动的画面场景时采用较高的编码速率。从而在保证大幅度提高图像画面质量的同时，数据量并没有明显增加。一部大小为 700MB 左右的 DVD 影片，如果将其转录成同样视听品质的 RMVB 格式文件，则其数据量最多也就是 400MB。不仅如此，这种视频格式还具有内置字幕和不需要外挂插件支持等独特优点。如果想播放这种视频格式的文件，则可以使用 RealOne Player 2.0 或 RealVideo 9.0 以上版本的解码器形式。这种视频格式的文件扩展名是“.RMVB”。

1.2 数字视频理论基础

1.2.1 电视制式

电视制式，实际上是一种电视显示的标准。不同的制式，对视频信号的解码方式、色彩处理的方式以及屏幕扫描频率的要求都有所不同，因此如果计算机系统处理的视频信号的制式与连接的视频设备的制式不同，在播放时，图像的效果就会有明显下降，甚至根本无法播放。

1. NTSC 制式

国家电视制式委员会（National Television System Committee，NTSC）是 1953 年美国研制成功的一种兼容的彩色电视制式。它规定每秒 30 帧，每帧 526 行，水平分辨率为 240～400 个像素点，隔行扫描，扫描频率为 60Hz，宽高比例 4∶3。北美、日本等一些国家使用这种制式。

2. PAL 制式

相位逐行交换（Phase Alternate Line，PAL）是前联邦德国 1962 年制定的一种电视制式。它规定每秒 25 帧，每帧 625 行，水平分辨率为 240～400 个像素点，隔行扫描，扫描频率为 50Hz，宽高比例为 4∶3。我国和西欧大部分国家都使用这种制式。

3. SECAM 制式

顺序传送彩色存储（Sequential Colour Avec Memorie，SECAM）是法国于 1965 年提出的一种标准。它规定每秒 25 帧，每帧 625 行，隔行扫描，扫描频率为 50Hz，宽高比例为 4∶3。表 1.2.1 为不同制式比较。

表 1.2.1　不同制式比较

制式	国家地区	垂直帧数率（扫描线数）	帧数率（隔行扫描）
NTSC	美国、加拿大、韩国、日本、墨西哥	525（480 可视）	29.97 帧/s
PAL	中国、澳大利亚、欧洲大部分国家、南美洲国家	625（576 可视）	25 帧/s
SECAM	法国以及非洲部分地区	625（576 可视）	25 帧/s

1.2.2　标清、高清、2K 和 4K 的概念

视频格式大致可以分为标清（SD）和高清（HD）两类。标清和高清是两个相对的概念，不是文件格式的差异，而是尺寸上的差别。

对于非线性编辑而言，标清格式的视频素材主要有 PAL 制式和 NTSC 制式。一般 PAL DV 的图像像素尺寸为 720×576，而 NTSC DV 的图像尺寸为 720×480。DV 的画质标准就能满足标清格式的视频要求。

高清就是分辨率高于标清的一种标准，通常可视垂直分辨率高于 576 线标准的即为高清，其分辨率常为 1280 像素×720 像素或者 1920 像素×1080 像素，帧宽高比为 16∶9。高清的视频画面质量和音频质量都比标清要高。需要注意的是，高清视频应该采用全帧传输，也就是逐行扫描。区别逐行还是隔行扫描的方式是看帧尺寸后面的字母。高清格式通常用垂直线数来代替图像的尺寸，比如 1080i 或者 720p，就表示垂直线数是 1080 或者 720。i 代表隔行扫描，p 代表逐行少描。高清视频中还出现 i 帧，是为了向下兼容，向标清播放设备兼容。

2K 和 4K 标准是在高清之上的数字电影（Digital Cinema）格式，2K 是指图片水平方向的线数，即 2048 线（1K=1024），4K 是指图片水平方向的线数为 4×1024。它们的分辨率分别为 2048 像素×1365 像素和 4096 像素×2730 像素。标清、高清、2K 和 4K 视频图像帧尺寸的对比图如图 1.2.1 所示。

图 1.2.1　不同视频图像的帧尺寸

1.2.3 流媒体与移动流媒体

流媒体（Streaming Media）是指采用流式传输的方式在 Internet 以及无线网络上进行实时的、无需下载等待的播放技术。流媒体也叫流式媒体，是边传边播的媒体，是多媒体的一种。商家用一个视频传送服务器把节目当成数据包发出，传送到网络上。用户通过解压设备对这些数据进行解压后，就可以观看视频内容了。主流的流媒体技术有三种，分别是 RealNetworks 公司的 Real Media、Microsoft 公司的 Windows MediaTechnology 和 Apple 公司的 Quick Time。

目前主流的流媒体格式包含声音流、视频流、文本流、图像流以及动画流等。

- RA：实时声音。
- RM：实时视频或音频的实时媒体。
- RT：实时文本。
- RP：实时图像。
- SMIL：同步的多重数据类型综合设计文件。
- SWF：macromedia 的 real flash 和 shockwave flash 动画文件。
- RPM：HTML 文件的插件。
- RAM：流媒体的元文件，是包含 RA、RM、SMIL 文件地址（URL 地址）的文本文件。
- CSF：一种类似媒体容器的文件格式，可包含多种媒体格式。

移动流媒体是在移动设备上实现的视频播放功能，一般情况下移动流媒体的播放格式是 3GP 格式。目前使用较多的是 3G 手机上网，在线接受移动流媒体信息。非线性编辑软件 Premiere Pro 可以将编辑后的影片输出为指定的流媒体格式，并通过 Adobe Media Server 将其发布到 Internet 或无线网络的各种终端进行流媒体的播放。

1.3 数字视频编辑基础

1.3.1 线性编辑与非线性编辑

视频编辑的方法大体可以分为线性编辑和非线性编辑两类。

1. 线性编辑

线性编辑的过程就是使用放像机播放视频素材，当播放到需要的片段时就用录像机将其录制到磁带中；然后再播放素材继续找下一个需要的镜头，如此反复播放和录制，直至把所有需要的素材片断都按事先规划好的顺序录制下来。图 1.3.1 所示为线性编辑控制器。

图 1.3.1 线性编辑控制器

线性编辑过程烦琐，并且只能按照时间顺序进行编辑；线性编辑系统所需要的设备较多，如放像机、录像机、特技发生器、字幕机，工作流程十分复杂，投资大，费时费力。

2. 非线性编辑

非线性编辑可以直接从计算机的硬盘中以文件的方式快速、准确地存取素材进行编辑；可以随意更改素材的长短、顺序，并可以方便地进行素材查找、定位、编辑、设置特技功能等操作。非线性编辑系统还具有信号质量高、制作水平高、节约投资、方便传输数码视频，实现资源共享等优点。目前绝大多数的电视电影制作机构都采用了非线性编辑系统。

非线性编辑系统由硬件系统和软件系统两部分组成。硬件系统主要由计算机、视频卡或IEEE1394 卡、声卡、高速 AV 硬盘、专用芯片、带有 SDI 标准的数字接口以及外围设备构成。图 1.3.2 所示为非线性编辑系统部分硬件设备。非线性编辑软件系统主要由非线性编辑软件以及其他多媒体处理软件等外围软件构成。本书介绍的 Premiere Pro 就是一个主流的非线性编辑软件。

图 1.3.2 非线性编辑部分硬件设备

1.3.2 非线性编辑系统的基本工作流程

非线性编辑系统的基本工作流程可以分为以下几个环节。

（1）新建或打开项目文件。启动非线性编辑软件后，可以选择新建或打开一个项目文件。若是新建项目还可以选择序列的视频音频标准和格式。

（2）采集或导入素材。

（3）组合和编辑素材。将要制作影片所需的素材，采集并导入到时间线窗口上进行组合和编辑。

（4）添加字幕。

（5）添加转场和特效。通过添加转场可使场景的衔接更加自然流畅。添加各种特效效果起到渲染作品的作用。

（6）混合音频。为作品添加音乐或配音等效果。利用“调音台”可以实现各种音频的编辑和混合。

（7）输出影片。影片编辑完后可以输出到多种媒介上，如磁带、光盘等，还可以使用 Adobe 媒体编码器，对视频进行不同格式的编码输出。

本书将按照这样一个基本工作流程，详细介绍非线性编辑软件 Premiere Pro CC 的工作过程。

1.4 习题

简答题

1. 简述数字视频与模拟视频的基本概念。
2. 图像压缩标准有哪几种？视频会议压缩编码标准 H.26x 解决了什么问题？
3. 常用的视频文件格式有哪些？
4. 什么是电视制式？电视制式有哪些？
5. 简述视频格式中的标清、高清、2K 和 4K 概念。
6. 非线性编辑系统的基本工作流程包含哪些环节？

Chapter 2

第2章 视频编辑软件 Premiere Pro CC 简介

从这一章开始，我们进入 Premiere Pro CC 的学习中。Premiere Pro CC 是一个非线性视频编辑软件，它提供了多样化的数字音频、视频编辑方法。这些编辑方法都是在项目文件的操作序列中，借助于各个工具面板中的命令按钮以及系统菜单的相应命令来实现的。所以正确操作项目文件、使用序列并能够熟练掌握 Premiere Pro CC 的工作界面就显得尤为重要了。

学习要点：

- 掌握 Premiere Pro CC 的主要功能
- 了解 Premiere Pro CC 的新增功能
- 了解 Premiere Pro CC 的工作区
- 熟悉 Premiere Pro CC 常用工具面板的功能
- 掌握项目文件的操作

建议学时：上课 2 学时，上机 1 学时。

2.1 视频编辑软件 Premiere Pro 概述

Adobe 公司的 Premiere Pro 是一款广泛应用于音频、视频编辑的非线性编辑软件，它支持跨平台操作，在专业的数字视频编辑中 Premiere Pro 起着核心的作用。Premiere Pro 既可以对硬件终端输出的内容进行加工，又可以将其他软件输出的媒体素材进行编辑；在 Premiere Pro 中提供了与多种软件的接口，各种软件间的融会贯通，使得用户能够创作出高质量的影视作品。

目前常用的有 Premiere Pro 版本有 CS4、CS5、CC 以及最新版的 Premiere Pro CC 2014，本书所介绍的版本为 Premiere Pro CC 2014。

2.1.1 Premiere Pro CC 的主要功能

Premiere Pro CC 提供了一整套标准的数字音频、视频编辑方法，以及多样化的音频视频输出文件格式。Premiere Pro CC 的主要功能以下几点。

1. 编辑与剪辑素材

Premiere Pro CC 提供了大量的素材编辑工具、命令以及编辑窗口，用户可以轻松实现视频、音频素材的编辑与剪辑。

2. 添加过渡效果

Premiere Pro CC 包括了音频过渡和视频过渡两大类过渡效果。用户可以为一个素材的首尾添加过渡效果，也可以在两个素材之间添加过渡效果。如图 2.1.1 所示，在两段素材间添加了“棋盘”过渡效果。

图 2.1.1 过渡效果

3. 添加各种特效

Premiere Pro CC 提供了强大的视频、音频特效。用户可以对素材进行调色与校色、切换、合成视频、变形等多种特效处理。这些特效都可以单独或者混合使用，制作出多种特效效果。如图 2.1.2 所示，将人物抠像并与背景进行了视频合成。

图 2.1.2 视频合成

4. 添加字幕

Premiere Pro CC 提供了功能强大的“字幕设计器”窗口，可以为视频添加字幕、图标等内容，并可方便地设置其变换、填充、描边等属性值。图 2.1.3 所示为视频添加沿着路径分布的字幕效果。

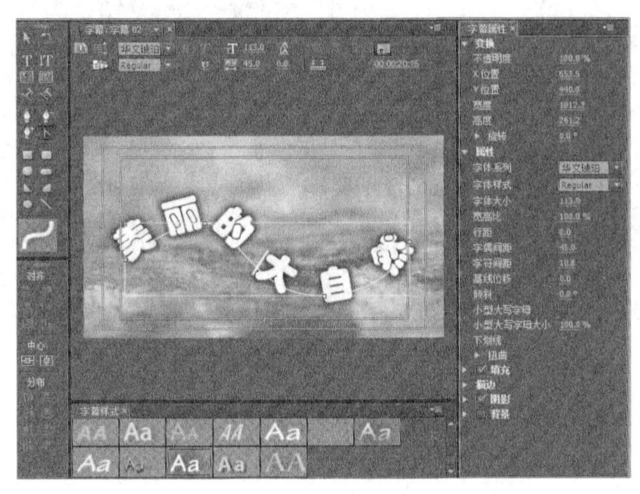

图 2.1.3　添加字幕

5. 编辑、处理音频素材

使用 Premiere Pro CC 也可以方便地对音频素材进行剪辑、添加特效以及使用“音轨混合器”进行混音等操作。图 2.1.4 所示为影片进行配音。

图 2.1.4　音轨混合器

6. 多样化的影片输出格式

在 Premiere Pro CC 中，用户在编辑完成了一个项目文件之后，可以按照不同的用途将编辑好的内容输出为不同格式的文件。如图 2.1.5 所示，在 Premiere Pro CC 的输出格式设置对话框中可以选择不同的输出格式，并对输出参数进行设置。

图 2.1.5　导出设置

2.1.2　Premiere Pro CC 的新增功能

Premiere Pro CC 不断通过在线更新的方式增加其新的功能，这里介绍几个常用到的新功能。

1. 使用 Adobe Creative Cloud 同步设置

使用 Premiere Pro CC“文件|同步设置”功能，用户通过自己的 Adobe Creative Cloud 账户可以将首选项、预设和设置同步到 Creative Cloud，这样可以在多台机器上进行 premiere 的同步设置。

用户可以将所有设置上传到 Creative Cloud 账户，然后再下载并应用到其他计算机上。如图 2.1.6 所示为 Adobe Creative Cloud 同步设置。

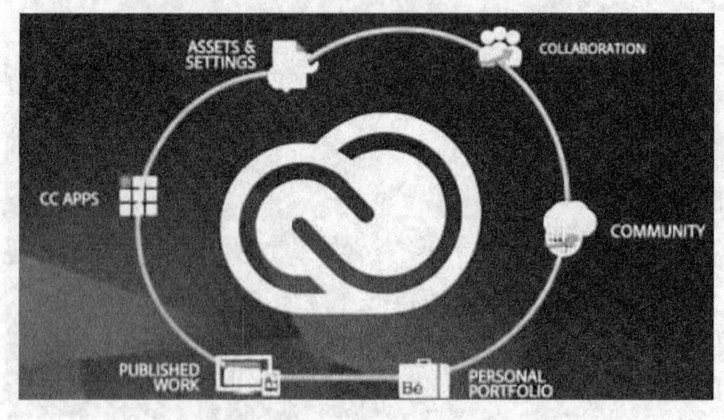

图 2.1.6　Adobe Creative Cloud 同步设置

2. Adobe Anywhere 集成

Adobe Anywhere 有利于团队成员协作工作，并通过网络访问共享资源。使用 Premiere Pro CC“文件|Adobe Anywhere|登录”命令，在对话框中输入服务器地址、用户名以及密码等信息，如图 2.1.7 所示。

图 2.1.7　Adobe Anywhere 登录

3. 改进的用户界面

❶ Premiere Pro CCP 提供了 HiDPI 支持，增强了高分辨率用户界面的显示体验。

❷ 在“源监视器”窗口单击“仅拖动音频|视频”按钮即可在视频与音频波形之间进行切换。

分别拖动音频和视频部分，如图 2.1.8 所示。

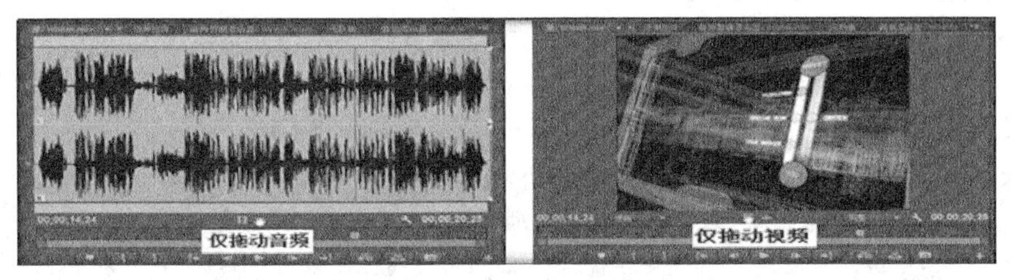

图 2.1.8　分别拖动音频和视频部分

❸ 可以打开多个项目面板窗口。

如图 2.1.9 所示，双击项目面板中的“广告”文件夹，打开新的项目面板。

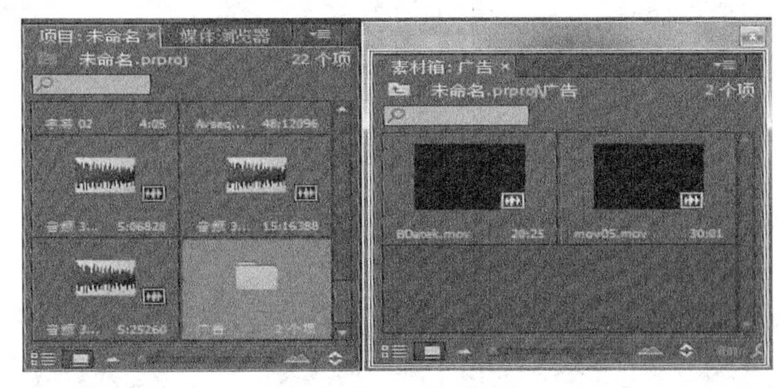

图 2.1.9　项目面板

❹ 可以自定义“时间轴”面板的内容。

用户可以通过单击“时间轴显示设计”按钮自定义“时间轴”面板中的内容，如图 2.1.10 所示。可以显示视频缩略图、音频波形、视频|音频关键帧、视频|音频名称、剪辑标记、重复帧标记等内容。

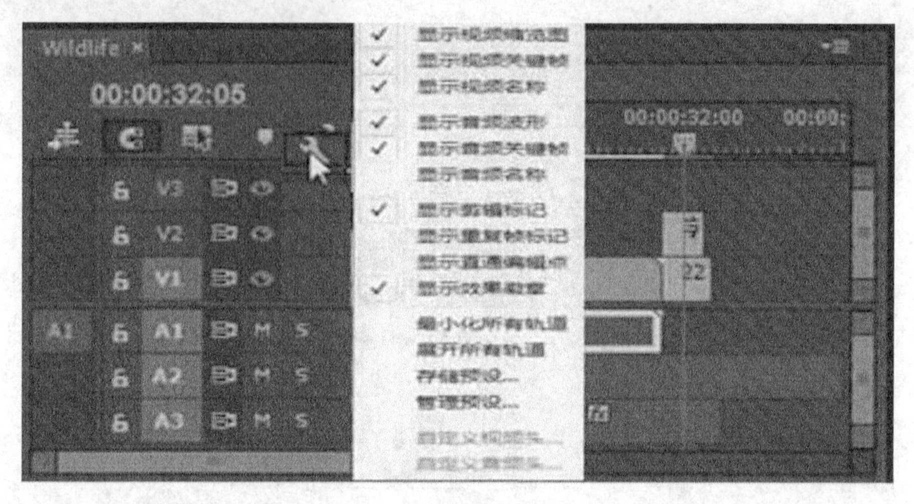

图 2.1.10 设置时间轴内容

4. 自动同步多个摄像机角度

“多机位”模式允许用户使用来自不同角度的多个摄像机的剪辑，创建能够即时编辑的序列。也可使用特定场景的不同剪辑创建可编辑的序列。常用于实时播放时选择想要的镜头。图 2.1.11 所示为自动同步多个摄像机角度。

图 2.1.11 自动同步多个摄像机角度

5. 音频增强功能

（1）音频轨道“按钮编辑器”

使用音频轨道的“自定义”功能，可以定制更多的音频轨道功能按钮。如图 2.1.12 所示，将轨道音量按钮定制到音频轨道按钮区。

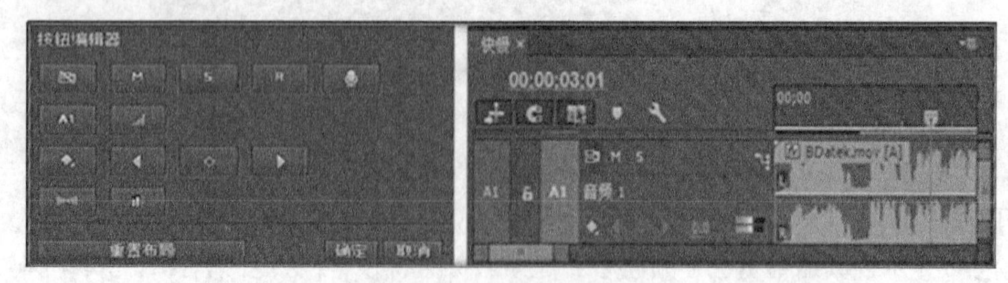

图 2.1.12 定制音频轨道按钮内容

（2）音频剪辑混合器

可以通过“音频剪辑混合器”监视并调整不同面板中剪辑的音量和声像。如图 2.1.13 所示。

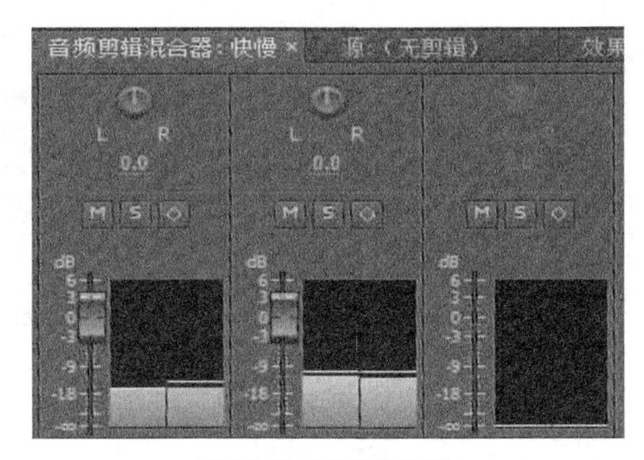

图 2.1.13　音频剪辑混合器

（3）音频混音器

“音频混合器”是对低版本中“混音器”的升级，可以采用分类子文件夹的形式显示音频增效工具，更方便用户的使用，如图 2.1.14 所示。

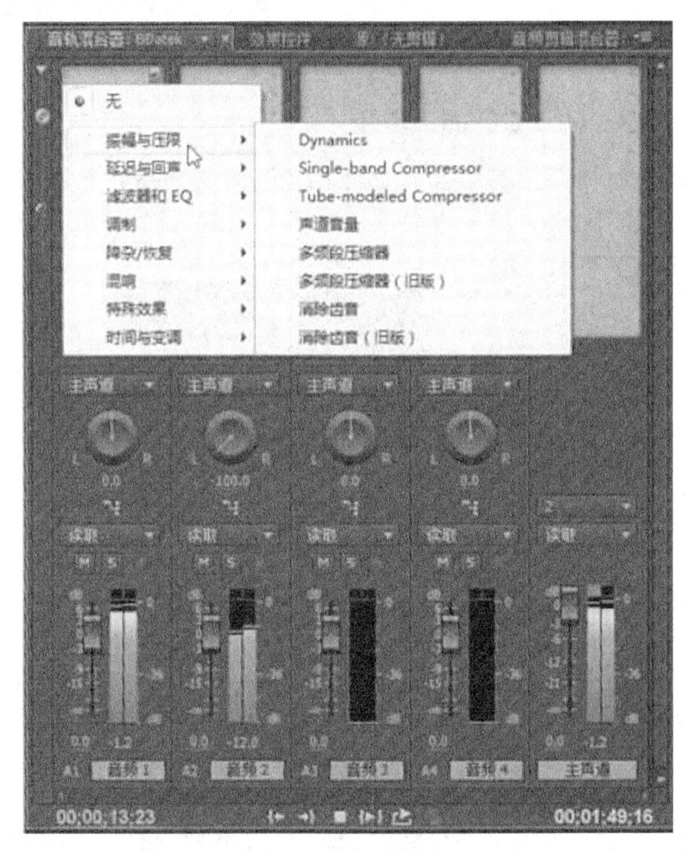

图 2.1.14　音频混合器

6. 颜色相关增强功能

使用“效果”面板中新增的 Lumetri Looks 浏览器可应用预设的颜色分级效果。图 2.1.15 所示为使用色温效果。

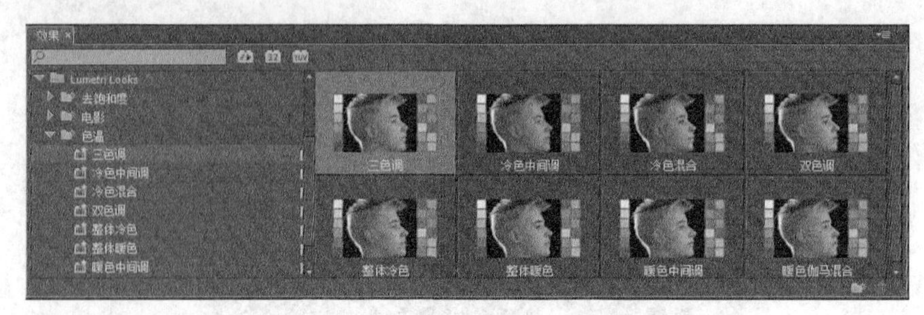

图 2.1.15 Lumetri Looks 浏览器

2.2 Premiere Pro CC 工作界面

随着 Premiere Pro 版本的不断升级，其工作界面的布局也更加合理和多样化。Premiere Pro CC 为用户提供了一种浮动的界面。当鼠标位于两个窗口之间的分界线或四个窗口间的对角位置时，可以拖动鼠标来同时调整多个窗口的大小。

2.2.1 Premiere Pro CC 的工作区

Premiere Pro CC 默认的工作区界面如图 2.2.1 所示。界面整合了多个编辑窗口，这些窗口可以以独立的方式或者结组的方式进行布局。

图 2.2.1 Premiere Pro CC 默认的工作区界面

与其他 Adobe 软件的界面设置方法一样，在 Adobe Premiere Pro CC 中若需要打开某个面板，可以使用“窗口”菜单中的相应命令；单击面板右上方的按钮，在打开的弹出式菜单中可以对当前面板进行设置。

单击“窗口|工作区”子菜单，可以看到 Premiere Pro CC 提供了七种预置的工作区方便用户的使用。如图 2.2.2 所示。使用子菜单中的“新建工作区”命令，用户可以将自定义的工作区保存起来以便随时使用。在这个菜单中还可以进行“删除工作区”以及“重置当前工作区”等操作。

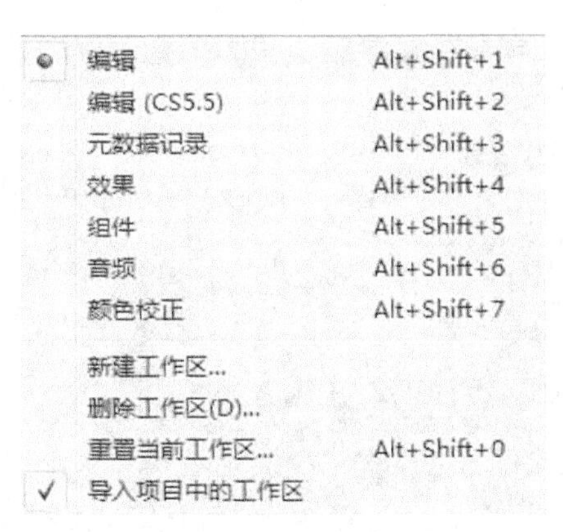

图 2.2.2 工作区管理

注意：

保存项目并退出 Premiere Pro CC 后，当重新打开该项目时，自定义的窗口布局也将被保存下来。

2.2.2 Premiere Pro CC 的常用面板

Premiere Pro CC 中包含了二十余种面板，Premiere 的所有工作都是通过这些面板的协调工作来完成的。本节介绍一些常用的面板。

1. “项目”面板

“项目”面板主要用于导入、存放和管理素材。“项目”面板分素材区和工具条区，如图 2.2.3 所示。只有导入到“项目”面板中的素材才可以被 Premiere Pro CC 编辑。

图 2.2.3 项目面板

2. “监视器”窗口

“监视器”窗口有左右两个，在默认的状态下，左边的是“源”监视器窗口，右侧为“节目”监视器窗口。双击“项目”面板中的素材，该素材将会在“源”监视器窗口中打开。“源”素材监视器窗口用于播放和简单编辑原始素材，其工具按钮如图 2.2.4 所示。可以把在“源”素材监视器编辑好的内容以插入或覆盖的方式设置到时间轴窗口中。“节目”监视器窗口用于显示当前时间轴上各个轨道的内容叠加之后的效果，其工具按钮如图 2.2.5 所示。“节目”监视器窗口用于对整个项目进行编辑和预览。

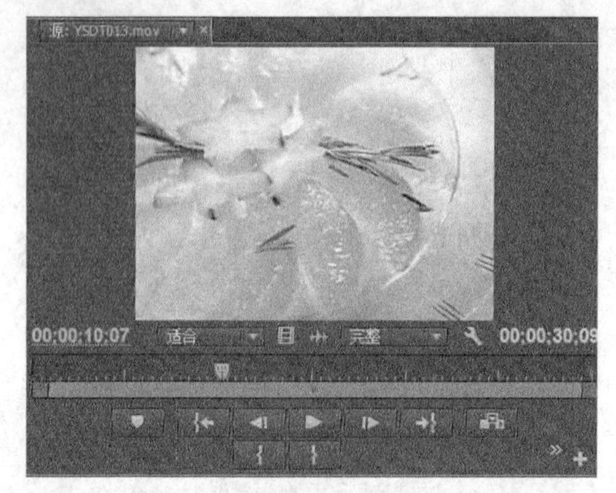

图 2.2.4　源素材监视器窗口工具按钮

图 2.2.5　节目监视器窗口工具按钮

3. “时间轴”

“时间轴”窗口是 Premiere Pro CC 的最主要的编辑窗口，在这里素材片断按照时间顺序在轨道上从左至右排列，并按照合成的先后顺序从上至下分布在不同的轨道上，如图 2.2.6 所示。视频和音频素材的大部分编辑操作以及大量特效的设置和转场特效的添加等操作都是在时间轴窗口完成的。

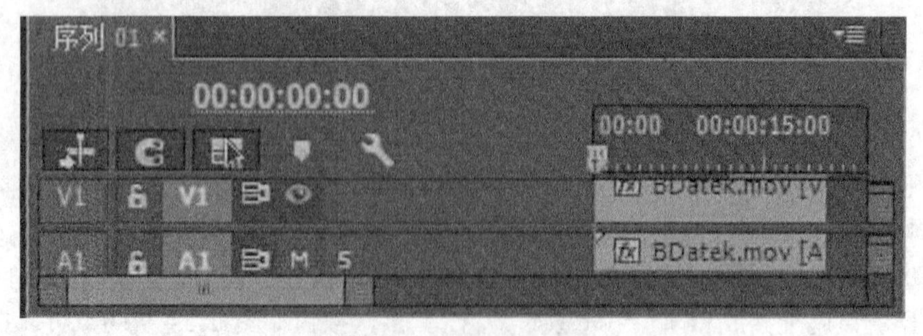

图 2.2.6　“时间轴”序列窗口

4. “工具”面板

“工具”面板提供了若干工具按钮以方便编辑轨道中的素材片断。“工具”面板如图 2.2.7 所示。

图 2.2.7　工具面板

5. “效果”面板与“效果控件”面板

“效果”面板包括预设的特效、音频效果与音频过渡、视频效果与视频过渡，以及 Premiere Pro CC 新增的 Lumetri Looks 特效等内容。为剪辑添加效果后，效果的参数设置往往需要在“效果控件”面板中进行进一步的设置，如图 2.2.8 所示。

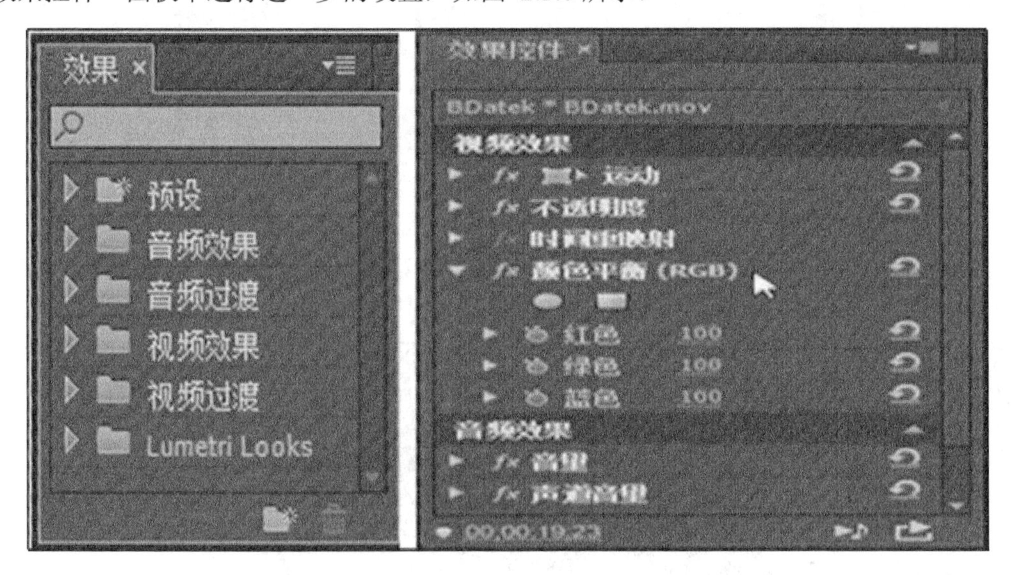

图 2.2.8　“效果面板”与“效果控件面板”

此外，还有“字幕设计器”窗口、“调音台”窗口、“信息”面板、“效果”面板等，将在后面的章节中讲解。

2.3　项目文件的操作

项目文件又叫工程文件，用于存储 Premiere Pro 中制作视频的所有编辑数据。

2.3.1　新建项目

1. 新建项目

启动 Premiere Pro CC 后将出现欢迎屏幕，如图 2.3.1 所示，在其中单击“新建项目”来新建一个项目。

如果系统正在运行一个项目，则可以通过菜单“文件”|“新建”|“项目”命令，来创建一个新项目，如图 2.3.1 所示。

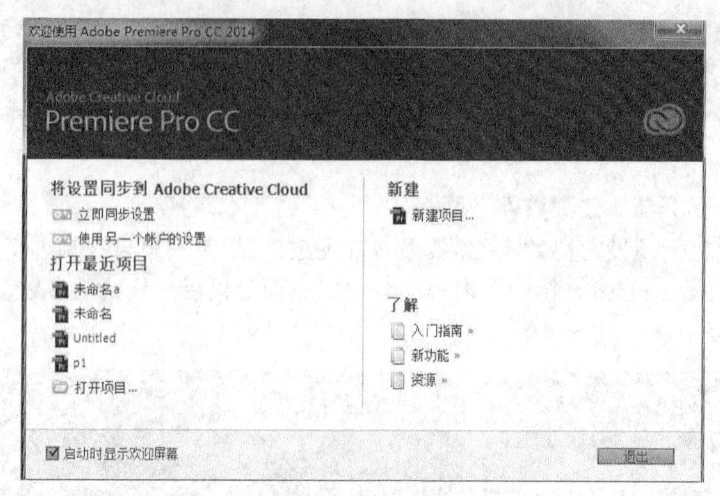

图 2.3.1 欢迎界面

2. 新建项目的设置

在欢迎界面中单击“新建项目”按钮后就进入到新建项目对话框，在“常规”选项卡中可以设置视频和音频的显示格式和采集格式等内容，如图 2.3.2 所示。在“暂存盘”选项卡中分别设置采集视频、采集音频、视频预览以及音频预览的暂存盘路径，如图 2.3.3 所示。设置完成后在“新建项目”对话框的上方给出项目的名称和项目存储位置，单击“确定”按钮。

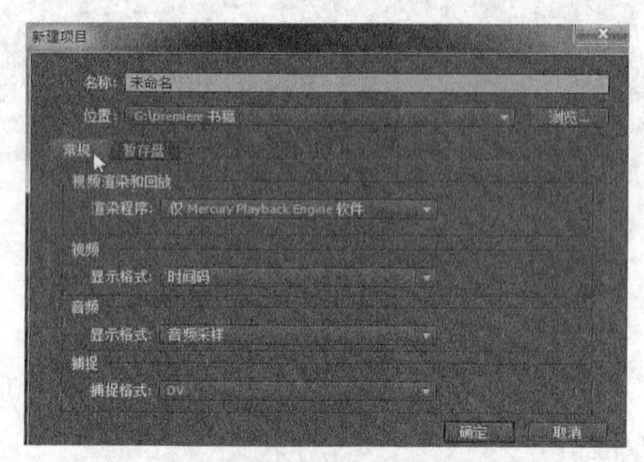

图 2.3.2 “常规”选项卡

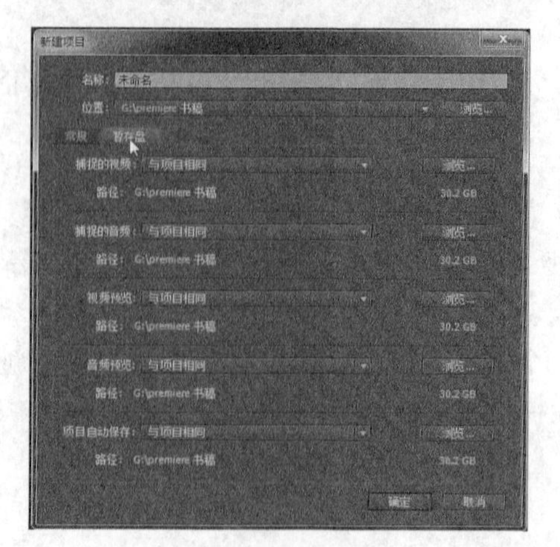

图 2.3.3 “暂存盘”选项卡

2.3.2　打开项目、保存项目、关闭项目

1. 打开项目

利用菜单“文件|打开项目”可打开已有的项目。打开一个已有的项目将进入 Premiere Pro CC 的工作界面。

2. 保存项目

利用菜单“文件|保存”“另存为”“保存副本”可分别将项目进行保存、另存为或保存为一个副本。项目文件的文件类型为“.prproj”。

3. 关闭项目

利用菜单“文件|关闭项目”可将当前项目关闭并返回到欢迎界面。

注意：

在新建或打开一个新项目时，系统将关闭当前项目。也就是说 Premiere Pro CC 不支持同时编辑多个项目。

2.4　序列的创建与设置

新建的项目都是一个空白项目，创建了项目之后，接着要创建序列。Premiere Pro CC 中所有对素材的编辑操作都要在“序列”中完成。项目与序列的关系有点像我们所熟知的电子表格软件 Excel 中工作簿与工作表的关系，前者是文件，后者是文件的组成内容。

选择“文件|新建|序列”命令，在“新建序列”对话框中有“序列预设”选项卡，在其中可以选择一种合适的预设序列来使用。如图 2.4.1 所示，这里选择了“DV-PAL 标准 48kHz”选项，在对话框的“预设概述”中可以了解该格式所预置的参数的含义。

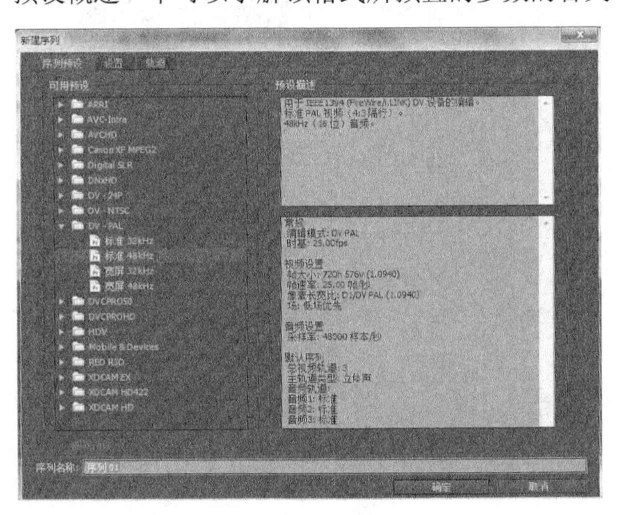

图 2.4.1　新建序列

用户也可以利用“设置”选项卡来自行设置各种格式的视频、音频参数，并可以将自己的设置保存成预置格式以便日后使用，如图 2.4.2 所示。

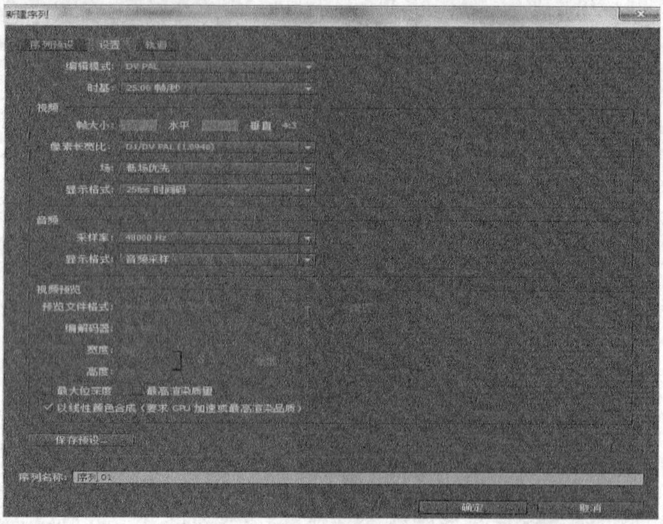

图 2.4.2 “设置”选项卡

单击“轨道”选项卡，可以设置序列中各视频、音频轨道的数量和类型等内容，设置完成后单击“确定”按钮，如图 2.4.3 所示。

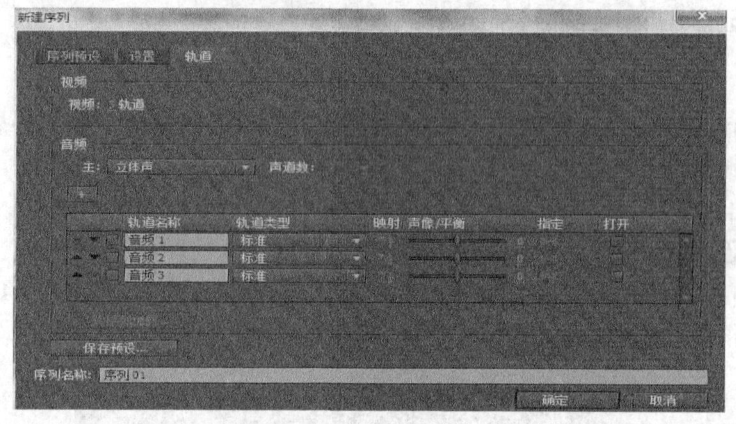

图 2.4.3 “轨道”设置

视频编辑最终作品的内容就存在于各个“序列”中。

2.5 习题

一、简答题

1.简述项目文件是否可以嵌套。

2.简述如何自己定制工作区，并将其保存下来。

二、操作题

1. 新建一个空白的项目文件

（1）启动 Premiere Pro CC，在欢迎界面选择“新建项目”，进入新建项目窗口进行参数设置，如图 2.5.1 所示。

- 将“视频显示格式”设置为“时间码”；
- 将“音频显示格式”设置为“音频采样”；
- 将“捕捉格式”设置为“DV”；
- 将项目文件保存在“D:\练习”，项目名称为“新项目 1”。

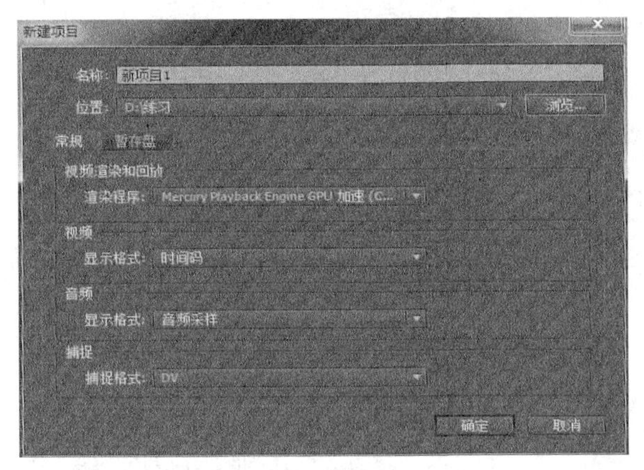

图 2.5.1　新建项目

（2）保存项目文件，并退出 Premiere Pro CC。

2. 创建并设置序列

（1）启动 Premiere Pro CC，在欢迎界面选择“打开最近项目”中的“新项目 1”。

（2）选择“文件|新建|序列”命令，在“新建序列”对话框中设置序列参数，如图 2.5.2 所示。

- 选择“序列预设”选项卡中的“DV-PAL 标准 48kHz”选项；
- 设置序列包含 5 条视频轨道、5 条音频轨道且“主音频”轨道为立体声。
- 设置序列名称为“风景”。

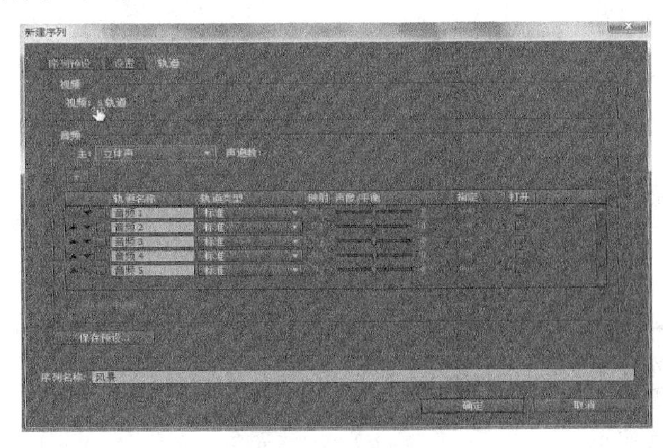

图 2.5.2　序列设置

3. 保存项目文件并退出 Premiere Pro CC

Adobe Premiere Pro CC

3 Chapter

第 3 章 Premiere Pro CC 基本操作

本章介绍 Premiere Pro CC 的基本操作方法。数字视频编辑的前提就是要采集项目素材，并将采集到的素材导入项目编辑器窗口中，进而进行序列的编辑。本章将介绍使用“项目”面板管理素材的方法；使用监视器窗口、“时间轴”窗口编辑序列的方法；以及视频编辑工具的使用方法等。

学习要点：

- 掌握 Premiere Pro CC 的素材导入方法
- 了解 Premiere Pro CC 的素材采集过程
- 熟悉 Premiere Pro CC 监视器窗口、时间轴面板的功能
- 掌握工具面板中工具的使用
- 掌握序列的创建与设置

建议学时：上课 2 学时，上机 1 学时。

3.1 素材的采集与导入

第二章学习了创建项目文件以及在项目文件内部建立序列，接下来要做的工作就是要合理地组织素材，包括素材的采集，将要编辑的素材导入到“项目面板”以及进行素材的管理等，为之后的视频剪辑做好准备。

3.1.1 项目素材的采集

Premiere Pro CC 中使用的素材来源大体可以分为三类：一类是通过视频采集以及音频录制得到的素材；一类是现有的素材，如通过网络下载以及通过视频光盘或其他途径得到的文件；还有一类是利用非线性编辑软件自身创作的素材，如使用 Premiere Pro CC 创建的字幕文件等。

1. 视频采集

视频采集（Video Capture）就是将模拟摄像机、录像机、LD 视盘机、电视机输出的视频信号，通过专用的模拟、数字转换设备，转换为二进制数字信息的过程。也就是把模拟视频转换成数字视频，并按数字视频文件的格式保存下来。在视频采集工作中，视频采集卡是主要设备，如图 3.1.1 所示。

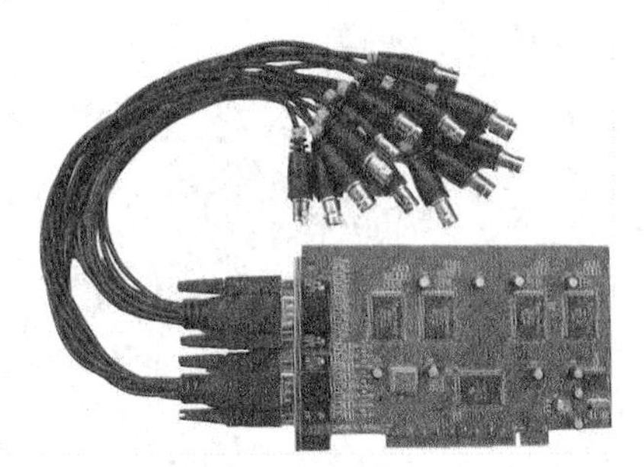

图 3.1.1 视频采集卡

若要从某一设备中捕捉视频，先使用 IEEE 1394 或 SDI 连接将该设备连接到计算机。如果设备是摄像机，将其设置为回放模式；如果设备是磁带盒，则确保其输出设置正确。Premiere Pro CC 启动后按“F5”打开“捕捉”窗口，也可以通过执行菜单栏“文件|捕捉...”命令，打开“捕捉”对话框如图 3.1.2 所示。

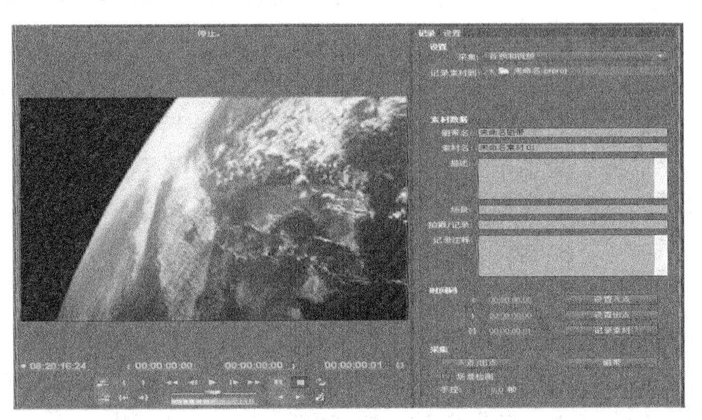

图 3.1.2 “捕捉”对话框

（1）采集参数设置

单击“捕捉”对话框右侧的“记录”选项卡。在“设置”项目组中，根据影片编辑的需要，选择“捕捉”的素材是“音频和视频”，还是仅“音频”或“视频”，来确定素材捕捉的类型，如图 3.1.2 所示；单击“捕捉”窗口右侧的“设置”选项卡。在“捕捉设置”项目组中，点击“编辑...”按钮，弹出“捕捉设置”对话框，对“捕捉格式”是“DV”还是“HDV”进行设置如图 3.1.3 所示。在“捕捉位置”项目组中，单击“浏览...”按钮，设置素材“视频”“音频”文件的保存路径如图 3.1.4 所示；选中“丢帧时中止捕捉”复选框，当捕捉出现丢帧时，系统会自动中断捕捉。设置完成后单击“确定”按钮，返回“捕捉”面板。

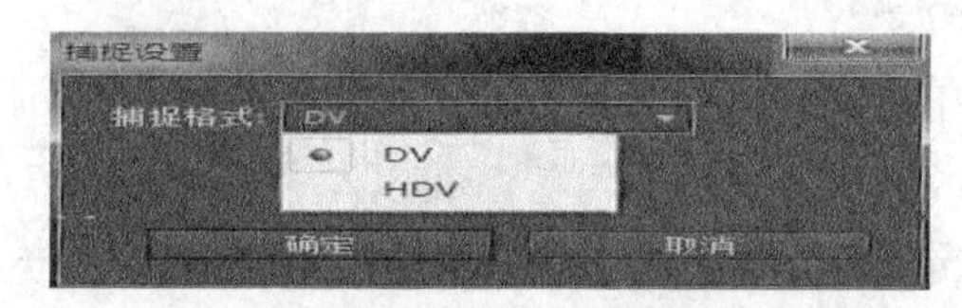

图 3.1.3 “捕捉格式”设置

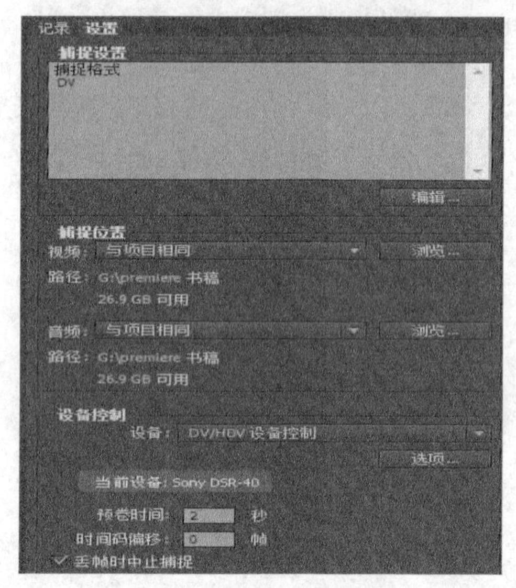

图 3.1.4 捕捉位置与设备控制设置

（2）手动捕捉

手动捕捉就是一边播放 DV 素材带，一边捕捉素材。

利用“捕捉”窗口左下方的一些遥控按钮控制 DV 录像机素材带的播放。当需要捕捉的素材画面出现时，单击“录制”按钮，系统会自动将素材的内容捕捉到指定的文件夹里。当需要捕捉的素材画面结束时，单击“停止”按钮，系统会自动停止捕捉，并弹出“保存已捕捉素材”对话框，用户对刚才捕捉的素材设置其素材名、描述等内容后，单击“确定”按钮，退出捕捉对话框。同时，在 Premiere Pro CC 项目窗口的预演区域和素材区域中，显示出刚才捕捉的素材缩略图、信息说明和素材文件。

（3）自动捕捉

自动捕捉就是利用 Premiere Pro CC 内置的设备控制功能，事先设置好 DV 素材带的入点、出点时间码，系统会自动捕捉 DV 素材带中的这段素材。

在“捕捉”面板右侧的“记录”选项卡的“时间码”项目组中，单击鼠标左键，分别设置要捕捉素材的入点时间码和出点时间码，然后在“捕捉”项目组中，单击“入点/出点”按钮后，系统会自动对记录的入点到出点之间的素材片段进行捕捉，并弹出“保存已捕捉素材”对话框，用户对刚才捕捉的素材设置其素材名并按“确定”按钮，退出对话框。同时，在项目窗口的预演区域和素材区域中，显示出刚才捕捉到的素材缩略图、信息说明和素材文件。

2. 音频录制

Adobe Audition 是一个专业音频编辑软件。这里介绍使用 Adobe Audition CS6 进行录音。

（1）检查音频硬件设置

启动 Adobe Audition CS6，单击菜单“编辑/首选项/音频硬件”命令，打开“音频硬件”对话框，如图 3.1.5 所示“音频硬件设置”对话框中的默认输入和输出项已被激活，说明硬件已经准备好可以录音了。

图 3.1.5　“音频硬件设置”对话框

在录音的过程中，若要调整音频电平的高低，可以在 win7 操作系统下从“控制面板”启用“Realtek 高清音频管理器”来调整各项录音来源的电平高低，如图 3.1.6 所示。

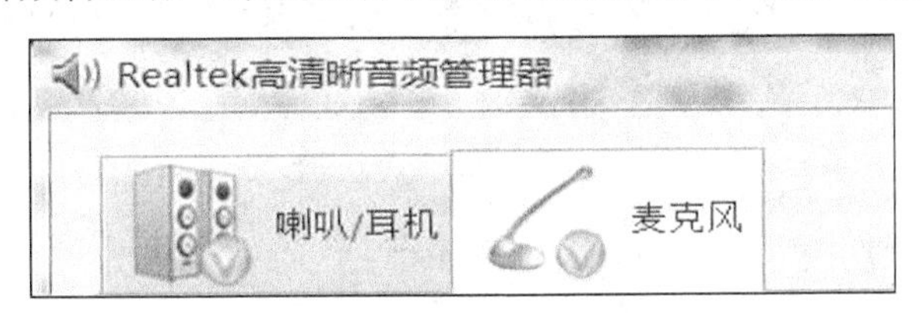

图 3.1.6　“Realtek 高清音频管理器”

（2）在“波形视图”模式下进行单轨录音

❶ 新建文件。

将麦克风与计算机声卡的 Microphone 接口相连接。单击工具栏上的“波形视图”模式按钮，或者直接单击键盘上的数字 9，也可以使用命令“文件/新建/音频文件”，在“新建波形”对话框中选择文件的名称、采样频率、通道类型（声道数）以及位深度（量化位数）等信息。单击“确定”按钮，如图 3.1.7 所示。

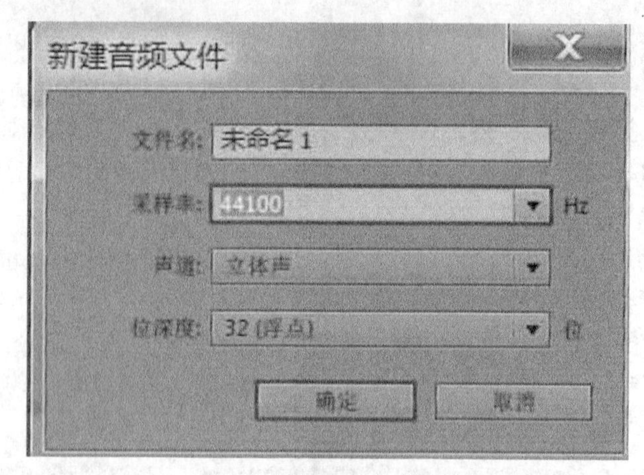

图 3.1.7 “新建波形”对话框

❷ 开始录音。

单击“编辑器”面板上的“录音”按钮，开始录音。录音结束后单击“编辑器”面板上的“停止”按钮。录制好的音频文件将自动添加到“文件”面板中，如图 3.1.8 所示。单击菜单“文件|另存为”命令，指定文件的保存路径和名称，将新建的声音文件保存。

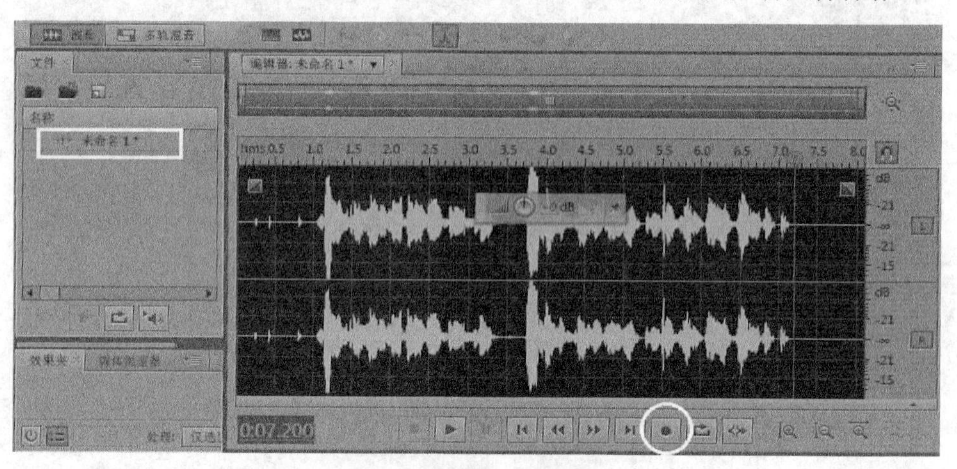

图 3.1.8 “波形视图”模式下的录音

（3）在“多轨混音视图”模式下进行多轨录音

多轨录音常用在录制配音、配唱等场合，要求一边播放一边录音。可以先将要播放的内容放置在一个音频轨道上，然后选择另外一个音频轨道进行录音。

❶ 新建文件。

启动 Adobe Audition CS6，将麦克风与计算机声卡的 Microphone 接口相连接。单击工具栏上的“多轨混音”模式按钮，或者直接单击键盘上的数字 0，也可以使用命令“文件/新建/多轨混音项目”，在“新建多轨混音”对话框中选择混音项目的名称、位置、模板、采样频率、位深度以及主控音频类型等信息。单击“确定”按钮，如图 3.1.9 所示。

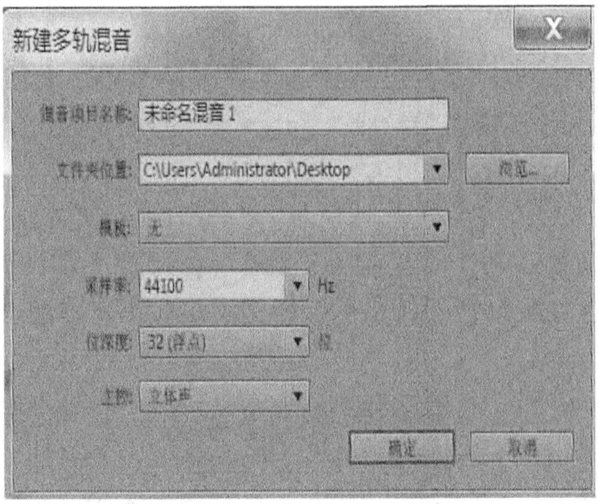

图 3.1.9　多轨混音项目

❷ 开始录音。

在“编辑器”面板选取某个录音轨道，单击某音频轨道的“录制准备”按钮 R ，然后单击面板下方“录制”按钮开始录音。录音结束后单击编辑器”面板上的“停止”按钮。录制好的音频文件将自动添加到“文件”面板中，如图 3.1.10 所示。录制好的文件将自动添加到“文件”面板中，同时被保存到与项目文件同目录的名为“×××_Recorded”文件夹中。

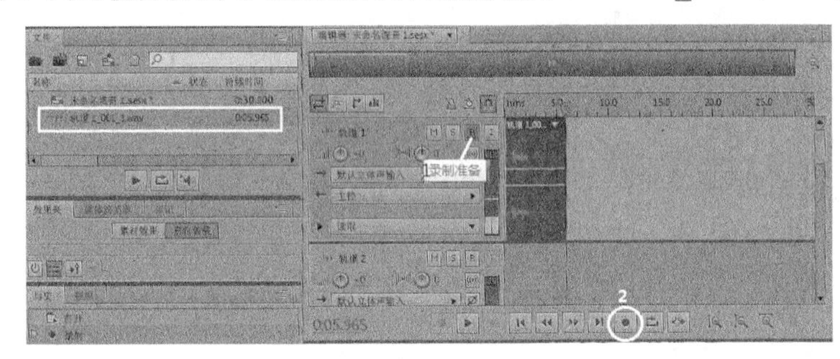

图 3.1.10　多轨录音

在 Audition 中还可以完成复杂的配音、设置音效、进行音频合成等操作。

3.1.2　素材的导入

素材的导入包括导入素材、导入文件夹、导入项目文件等内容。

选择菜单“文件|导入”命令或直接在“项目”窗口的空白处双击鼠标左键，将打开“导入”对话框，如图 3.1.11 所示。

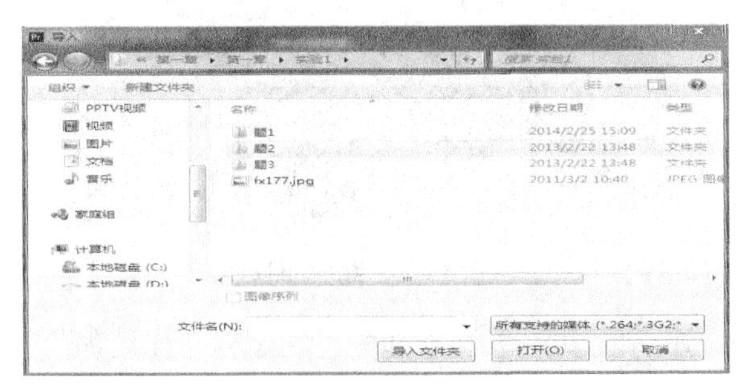

图 3.1.11　“导入”对话框

❶ 导入单个文件：选中某文件，然后单击“打开”按钮。

❷ 导入多个不连续的文件：按住 Ctrl 键逐个单击各个文件，然后单击“打开”按钮。

❸ 导入多个连续的文件：单击第一个文件后，按住 Shift 键再单击最后一个文件，然后单击“打开”按钮。

❹ 导入某文件夹：选中某文件夹，然后单击“导入文件夹”按钮。

❺ 导入 Photoshop 文件：对于分层的.psd 文件，将打开“导入分层文件”对话框，用户可以选择导入的方式：合并所有图层、合并选择的图层、各个图层或者序列等，如图 3.1.12 所示。

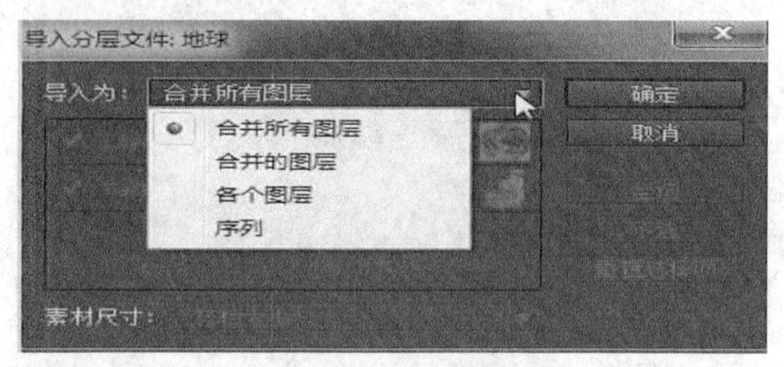

图 3.1.12 导入 Photoshop 文件

❻ 导入项目文件：选中某项目文件（.prproj），然后单击“打开”按钮。

3.2 项目素材的管理

项目素材的管理在“项目”面板完成，“项目”面板也常称为“项目管理器窗口”。

3.2.1 “项目”面板

“项目”面板主要用于导入、存放和管理素材，如图 3.2.1 所示。

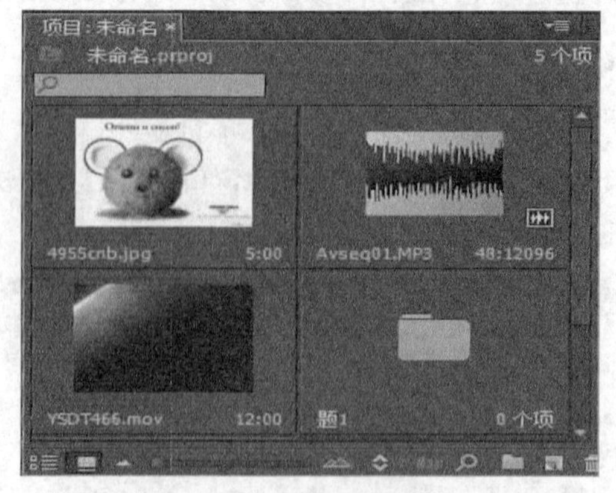

图 3.2.1 “项目”面板

“项目管理器窗口”下方工具条中的工具按钮的名称和作用如表 3.2.1 所示。

表 3.2.1 “项目面板”工具条中各按钮及其作用

序号	图标	名称	作用
1		列表视图	素材以列表的方式进行显示
2		图标视图	素材以图标的方式进行显示
3		缩小与放大视图	可以缩小或者放大视图
4		排列图标	按照不同的分类方式将图标进行排列
5		自动匹配到序列	可将多个素材自动匹配到时间线窗口中
6		查找	用于素材的查找
7		新建素材箱	用于新建文件夹，实现对不同类型的文件进行分类管理
8		新建项	将产生级联菜单，可以选择新建序列、脱机文件、字幕、彩条、黑场、彩色蒙版、倒计时向导以及透明视频等不同类型的文件，新建的文件将自动出现在素材区
9		清除	删除素材

1. 设置素材显示方式

单击“项目管理器窗口”下方工具条中的“列表视图”按钮，素材将以列表的方式显示；单击“图标视图”按钮，素材将以图标的方式进行显示，如图 3.2.2 所示。

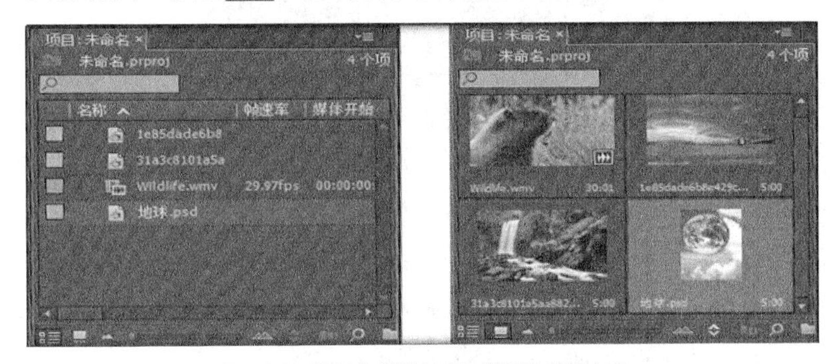

图 3.2.2 “列表”视图方式和“图标”视图方式

2. 使用素材箱

使用“新建素材箱”按钮，可以分门别类地整理“项目面板”中的素材。其使用方法与“资源管理器”中文件夹的使用方法一样。如图 3.2.3 所示，将所有的视频素材放入“视频”素材箱中；所有音频放入“音频”素材箱中；图片放入“图片”素材箱中。

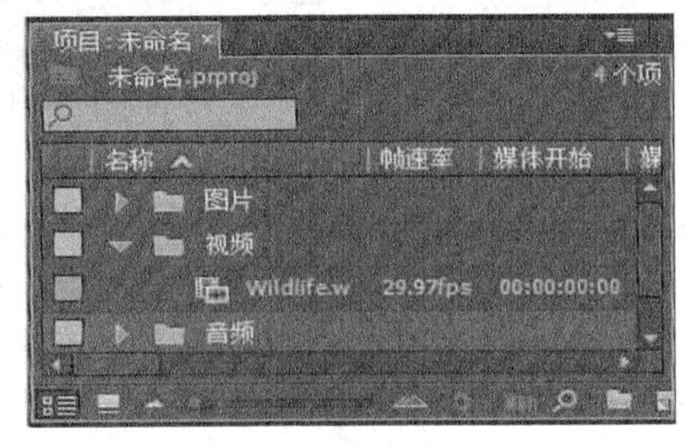

图 3.2.3 素材箱

3. 查找素材

单击“查找素材”按钮，打开“查找”对话框，进行查找条件的设置，如图 3.2.4 所示；或者在“项目管理器窗口”上方的搜索框中输入要查找的内容，如图 3.2.5 所示。

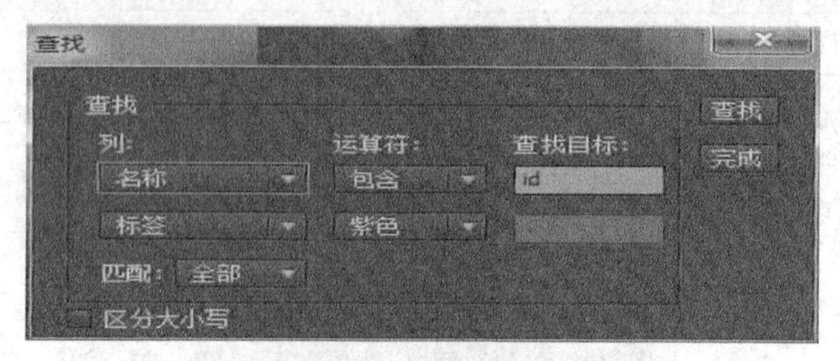

图 3.2.4 “查找”对话框

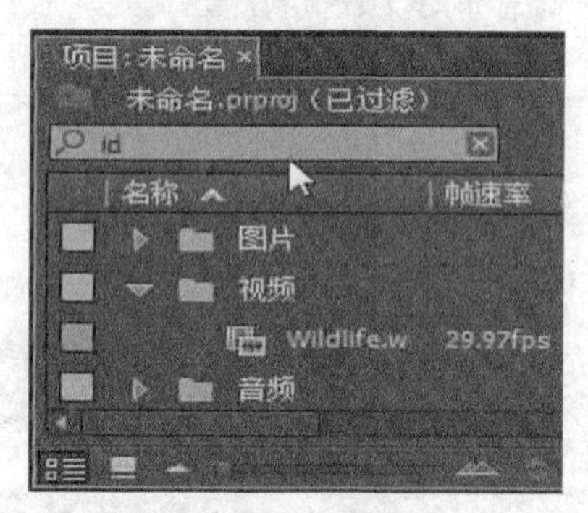

图 3.2.5 搜索框查找

4. 设置标识帧

在“项目管理器窗口”使用“图标视图”的显示方式，选取某视频素材并拖动其下方的预览滑块，将滑块拖放到自己感兴趣的视频画面，如图 3.2.6 所示。利用快捷菜单中的“设置标识帧”命令，将视频画面设置为素材的标识帧。

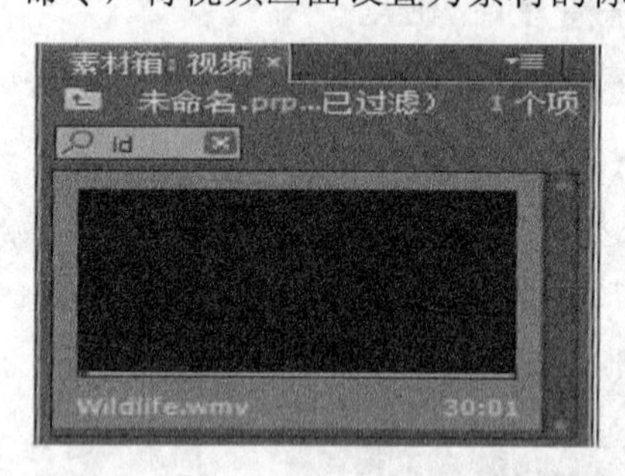

图 3.2.6 “设置标识帧”

很多视频素材的第一帧是黑场，使用“设置标识帧”命令，可以方便用户了解素材内容。

5. 新建项

单击“项目管理器窗口”下方工具条中的“新建项”按钮，利用弹出菜单可以新建序列、脱机文件、调整图层、字幕、彩条、黑场视频、隐藏字幕、颜色蒙版、HD 彩条、通用倒计时片头以及透明视频等内容。这些新建项中只有字幕是独立的文件，其他新建项都只能在当前项目文件中使用。

❶ 序列：新建一个新的时间线序列；一个项目文件可以包含多个时间线序列。

❷ 彩条：在制作节目时，常常在节目中加入若干秒的彩条和 1kHz 的测试音，用于校准视频监视器和音频设备。如图 3.2.7 所示为彩条的视频与音频设置参数和最终效果。

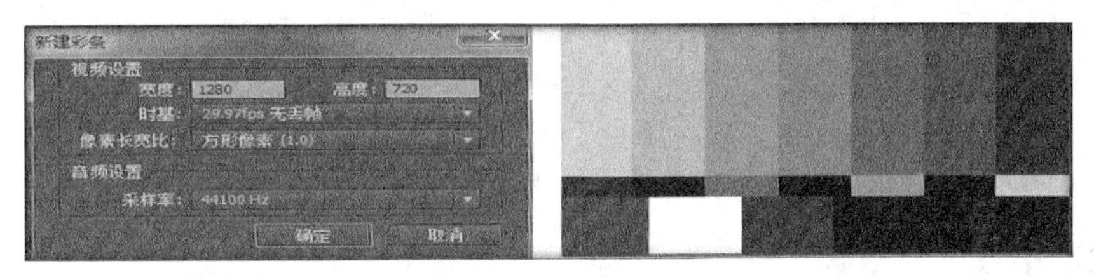

图 3.2.7　彩条设置与效果

❸ 黑场视频：创建与项目尺寸相同的黑色静态图片，其持续时间为 5s，常用于做视频的黑色背景。

❹ 通用倒计时片头：在正片开始前可以插入一个通用倒计时片头，用于校验音视频同步，并提醒正片即将开始。在进行了视频与音频参数设置后，打开“通用倒计时设置”对话框，如图 3.2.8 所示，所有的颜色都可以通过单击颜色块利用“拾色器”进行设置。

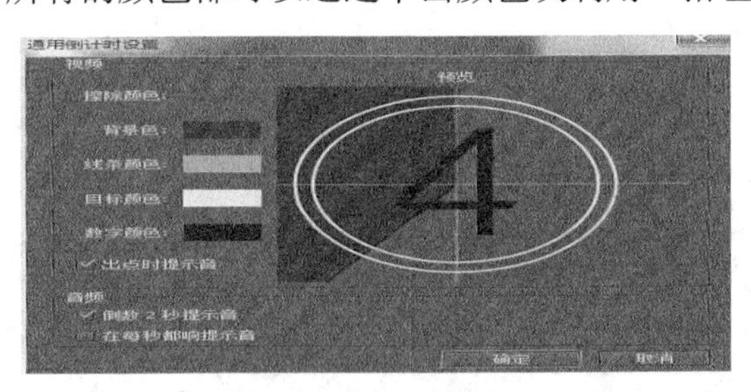

图 3.2.8　通用倒计时片头

❺ 透明视频：将透明视频添加到空轨道上，实现为空轨道添加效果。

3.2.2　打包项目

当制作复杂项目时，所用到的素材文件较多，可以使用“项目管理器”对项目文件打包，以减少其占用的存储空间，同时还可以将项目素材与项目文件整合至一个文件夹中，避免了项目在进行转存或传输时，项目素材链接丢失的发生。

单击“文件|项目管理”，打开“项目管理器”对话框，如图 3.2.9 所示。

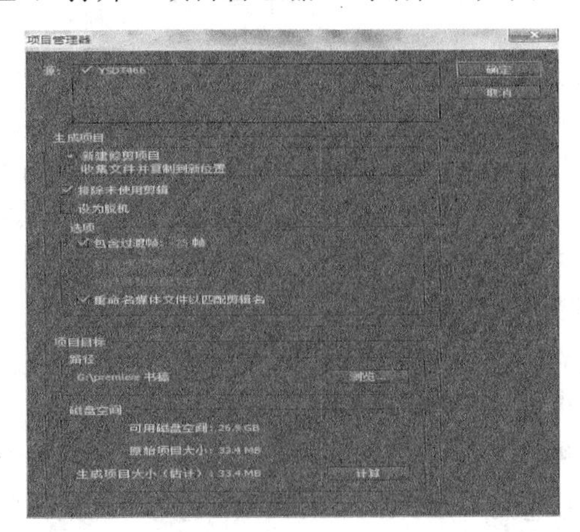

图 3.2.9　“项目管理器”对话框

❶ 在“源”区域选择所要保留的序列。

❷ 在“生成项目”区域内设置项目文件的打包方式。

- 新建修剪项目：用于创建当前项目的新版本，只能引用所选序列中使用的素材。
- 收集文件并复制到新位置：用于复制并整合所选序列中使用的素材。

❸ 单击“确定”按钮，在“项目路径”所示的文件夹中生成一个与项目名同名的“已修剪×××”文件夹，其中包含了所有项目素材和项目文件的内容。

3.2.3 管理“元数据”

元数据最简单的定义就是 data about data （关于数据的数据）。元数据可以是静态的或者是临时的。静态的元数据应用于整个资源，如作者、版权以及创建时间等数据。临时元数据是和一个音频或者视频文件中具体特定时间相关联的，从语音搜索中产生的元数据就属于临时元数据。在 Premiere Pro CC 中元数据存在于视频制作的各个环节，Adobe 软件使用 XMP（eXtensible Metadata Platform）存储元数据，XMP 是一种创建、处理和交换元数据（Metadata）的标准格式。

1. 查看元数据

在“项目”窗口选择素材，单击“窗口|元数据”命令，打开“元数据”面板，如图 3.2.10 所示。

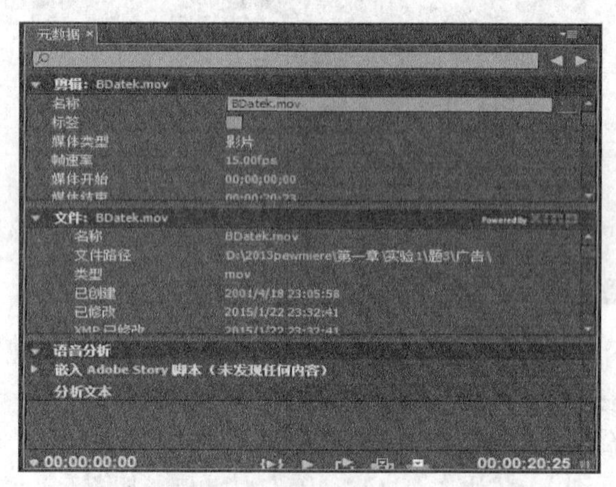

图 3.2.10 “元数据”面板

其中“剪辑”区域显示基于剪辑的元数据，这些元数据存储在 Premiere Pro CC 的项目文件中而不在源文件中，所以只有 Premiere Pro CC 可以读取这些元数据；“文件”区域显示文件元数据，这些数据存储在源文件中，所以可以在其他软件中使用；“语音分析”区域显示语音元数据，使用文字搜索功能可以将视频中的语音转换为可编辑的文本。“文件”区域和“语音分析”区域都显示的是 XMP 元数据。

2. 添加与设定元数据的显示内容

单击“元数据”面板右上方的面板控制按钮 ，在弹出的菜单中选择“元数据显示”命令，打开“元数据显示”面板，如图 3.2.11 所示。

在“元数据显示”面板的“Premiere Pro 项目元数据”右侧单击“添加属性”按钮，可以自定义元数据。单击“新建架构”按钮，用户可以定义新建架构的名称。在“元数据显示”面板中勾选显示元数据的类型。

图 3.2.11 “元数据显示”面板

在“元数据显示”面板中设置完成后，打开“元数据”面板可以查看并编辑已经添加的元数据选项。

3.2.4 脱机文件

脱机文件又叫离线文件，当打开一个项目文件时，系统将打开“链接媒体”对话框，提示缺少哪些源素材，如图 3.2.12 所示。当源文件被改名、被删除或者其存储位置发生变化时都会产生离线文件。

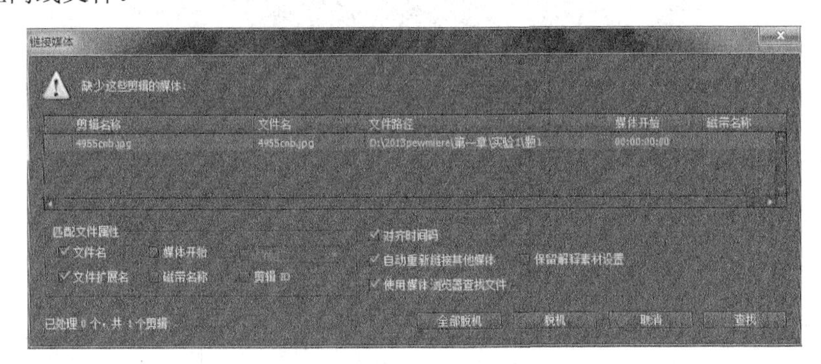

图 3.2.12 “链接媒体”对话框

下面对“链接媒体”对话框中的内容进行说明。

● “自动重新链接其他媒体”： Premiere Pro 尝试在尽可能减少用户输入的情况下重新链接脱机媒体。如果 Premiere Pro 在打开项目时可以自动地重新链接所有缺失文件，则不会显示“链接媒体”对话框。

● “对齐时间码”：将媒体文件的源时间码与要链接的剪辑的时间码对齐。

● “全部脱机”：除了已找到的文件，其他所有文件都会脱机。

● “脱机”：选择部分文件，然后单击“脱机”，只有选定的文件会脱机。

● “取消”：“链接媒体”对话框中列出的所有文件都会脱机。

● “查找”：将打开“查找文件”对话框，且最多可显示最接近查找文件所处层级的三个目录层级。如果没有找到完全匹配项，则在显示此目录时会考虑该文件应该存在的位置或与之前会话相同的目录位置。默认情况下，“查找文件”对话框会使用媒体浏览器用户界面显示文件目录列表，如图 3.2.13 所示。

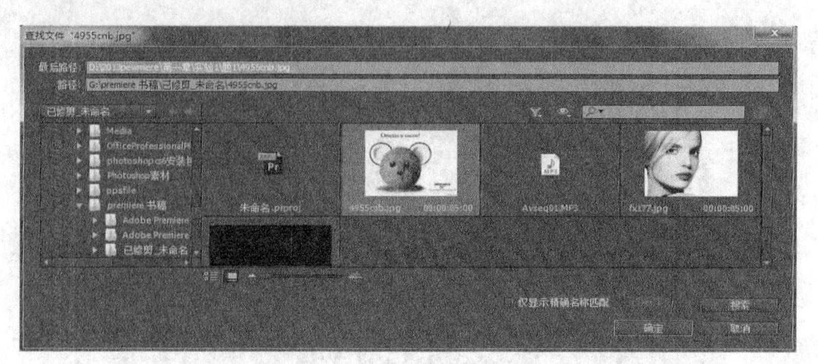

图 3.2.13 “查找文件”对话框

在项目编辑的过程中，随时可以在“项目”面板或“时间线序列”窗口选中脱机文件，在其快捷菜单中选择“链接媒体”命令，再次打开“链接媒体”对话框进行设置。

脱机文件在“节目监视器”窗口的显示如图 3.2.14 所示。

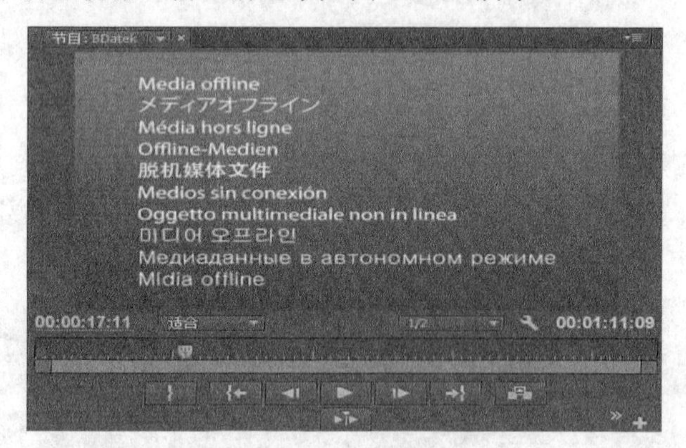

图 3.2.14 脱机文件预览

注意：

脱机文件也常作为缺失文件的占位符代替其工作，可对脱机文件进行编辑，但是必须在渲染影片之前使原始文件恢复在线内容。

3.3 序列编辑的主要窗口

非线性编辑软件 Premiere Pro CC 对序列的大多数编辑操作都是在源素材监视器窗口、节目监视器窗口和时间轴窗口完成的。

3.3.1 在监视器窗口编辑素材

Premiere Pro CC 中的显示器窗口有两个，即“源”监视器窗口和“节目”监视器窗口。“源”监视器窗口常用来预览素材并进行素材的编辑；“节目”监视器窗口用来预览和编辑时间轴“序列”窗口的内容。

1. “源”监视器窗口与“节目”监视器窗口

导入素材后，可以直接双击素材缩略图，或者在“项目”窗口用右键单击素材缩略图，在弹出的快捷菜单中选择“在源监视器中打开”命令，将素材在“源”监视器窗口打开。如图 3.3.1 左侧窗口所示。将素材放入序列后，在“节目”监视器窗口可以预览到内容，如图 3.3.1 右侧窗口所示。

图 3.3.1　监视器窗口

“源”监视器窗口与“节目”监视器窗口的下方都有功能按钮操作区，在按钮区的右下角有一个“加号”按钮，单击它将会打开“按钮编辑器”如图 3.3.2 所示，可以使用更多的按钮。将需要的按钮直接拖到黄色的按钮功能区，用户可以自定义按钮功能区的内容，如图 3.3.2 所示，左侧为“源”监视器窗口按钮编辑器，右侧为“节目”监视器窗口按钮编辑器。

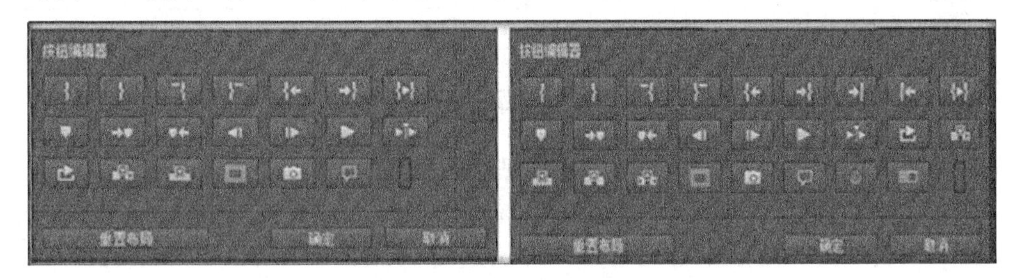

图 3.3.2　源素材监视器窗口按钮编辑器和节目监视窗口按钮编辑器

其中一些常用的功能按钮及其作用如表 3.3.1 所示。

表 3.3.1　监视器窗口按钮及其作用

序号	图标	名称	作用
1		仅拖动视频	仅把视频部分拖动到时间线序列中
2		仅拖动音频	仅把音频部分拖动到时间线序列中
3		标记入点	设置当前位置为入点位置。按住 ALT 键单击则取消设置
4		标记出点	设置当前位置为出点位置。按住 ALT 键单击则取消设置
5		添加标记	为素材设置一个没有编号的标记处
6		清除入点	将设置的入点清除掉
7		清除出点	将设置的出点清除掉
8		转到入点	编辑线直接到素材的入点位置
9		转到出点	编辑线直接到素材的出点位置
10		从入点播放到出点	播放从入点到出点间的素材内容

续表

序号	图标	名称	作用
11		跳到下一标记	编辑线直接跳到下一个标记处
12		跳转到上一标记	编辑线直接跳转到前一标记处
13		后退一帧	反向播放，单击一下倒回一帧
14		播放-停止切换	控制素材的播放或停止
15		前进一帧	正向播放，单击一下前进一帧
16		播放临近区域	播放编辑点附近的区域
17		循环	循环播放
18		安全边框	设置素材的安全边框，内边框为字幕安全框，外边框是显示安全框
19		插入	将选定的源素材片段插入到当前时间线的指定位置
20		覆盖	将选定的源素材片段覆盖到当前时间线的指定位置
21		提升	将当前选定的片断从编辑轨道中删除，其他片断在轨道上的位置不发生变化
22		提取	将当前选定的片断从编辑轨道中删除，后面的片断自动前移，与前一片断连接到一起
23		导出帧	将当前单帧画面导出为图像保存
24		隐藏字幕显示	显示隐藏字幕
25		多机位录制开关	开启/关闭多机位录制
26		切换多机位视图	开启/关闭多机位视图模式

2. 在“源”监视器窗口进行插入与覆盖操作

在“源”监视器窗口，确定该素材的哪些部分要添加到时间线序列中。

设置素材片断的入点和出点，并将入点到出点间的素材片断内容以插入或覆盖的方式放置到时间线序列中。

❶ 单击“源”监视器窗口的播放 按钮，进行素材的预览，了解素材的内容。

❷ 拖动编辑标记线到需要的素材片断的开始帧处，单击“设置入点” 按钮。

❸ 拖动编辑标记线到需要的素材片断的结束画面所在帧处，单击“设置出点” 按钮。

❹ 以“插入”或“覆盖”的方式将入点到出点间的素材片断设置到时间线序列编辑线位置之后。

- 单击“插入” 按钮，将选定的素材片段插入到当前时间线的指定位置；
- 单击“覆盖” 按钮，将选定的素材片段覆盖到当前时间线的指定位置。

注意：

若只希望插入视频文件片断中的视频部分，可以按住“源”监视器窗口中时间标尺上方的“仅拖动视频” 按钮，将其视频部分拖放到时间线序列中；若只插入视频文件片断中的音频部分，可以按住“仅拖动音频” 按钮，只把其音频部分拖动到时间线序列中。

3. 在“节目”监视器窗口进行提升与提取操作

节目监视器窗口用于显示、编辑当前时间线上的序列内容。可以在该窗口设置序列片断的入点和出点，并指定从入点到出点之间内容的删除方式。

❶ 单击“节目”监视器窗口的播放按钮，进行时间线序列内容的预览。

❷ 拖动编辑标记线到需要设置入点的开始帧处，单击“设置入点”按钮。

❸ 拖动编辑标记线到需要设置出点的画面所在帧处，单击“设置出点”按钮。

❹ 以“提升”或“提取”的方式将入点到出点间的片断删除。

● 单击“提升”按钮，将当前选定的片断从编辑轨道中删除，其他片断在轨道上的位置不发生变化；

● 单击“提取”按钮，将当前选定的片断从编辑轨道中删除，后面的片断自动前移，与前一片断连接到一起。

3.3.2 使用“时间轴”面板编辑序列

“时间轴”面板又叫“序列”面板。使用 Premiere Pro CC 进行视频编辑，就是要将视频素材放置到“时间轴”面板，“时间轴”面板中的合成效果就是最终的视频作品的内容。

1. “时间轴”面板

“时间轴”面板如图 3.3.3 所示。

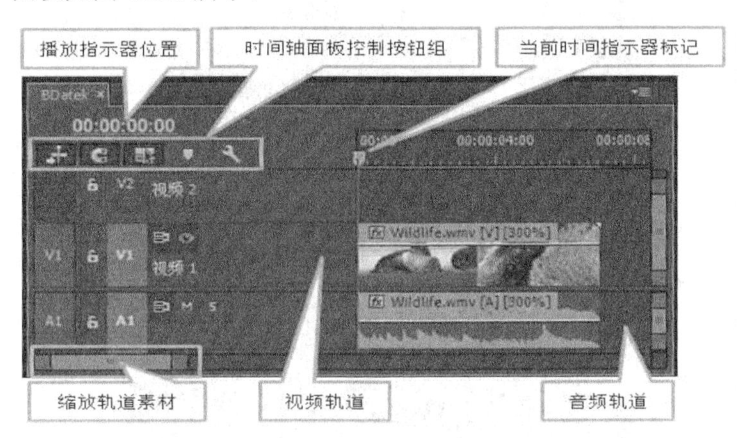

图 3.3.3 “时间轴”面板

“时间轴”面板中的各个按钮的名称以及作用如表 3.3.2 所示。

表 3.3.2 “时间轴”面板按钮名称及作用

序号	图标	名称	作用
1		将序列作为嵌套或个别剪辑插入并覆盖	作为序列或剪辑进行插入或覆盖操作
2		对齐	具有自动吸附功能
3		链接选择项	链接或断开视频/音频链接
4		添加标记	在时间轴上为剪辑添加标记
5		时间轴显示设置	在弹出菜单中可以对视频/音频轨道进行多项设置
6		切换轨道锁定	轨道锁定开关
7		切换同步锁定	同步锁定开关
8		切换轨道输出	显示/隐藏当前轨道内容

续表

序号	图标	名称	作用
9	M	静音轨道	设置轨道为静音状态
10	S	独奏轨道	设置轨道为独奏状态
11		缩放轨道素材	用于放大/缩小轨道素材

“节目”监视器窗口是“时间轴”面板中序列的预览窗口，所以视频作品的内容是在“时间轴”面板中进行组织、在“节目”监视器窗口进行预览的；同时，“源”监视器窗口、“节目”监视器窗口以及“时间轴”面板也都是素材的编辑窗口，三者间协调工作完成作品的编辑。

2. 轨道控制

“时间轴”面板中包含了若干视频、音频轨道，在编辑视频作品时也会用到多个轨道的内容。在 Premiere Pro CC 中提供了多种轨道的控制方法。

（1）添加、删除、重命名轨道

使用“序列|添加轨道”命令或者右键单击轨道控制区域，在快捷菜单中选择“添加轨道”命令，在打开的对话框中设置轨道数量、位置以及音频轨道的类型等内容，如图 3.3.4 所示。

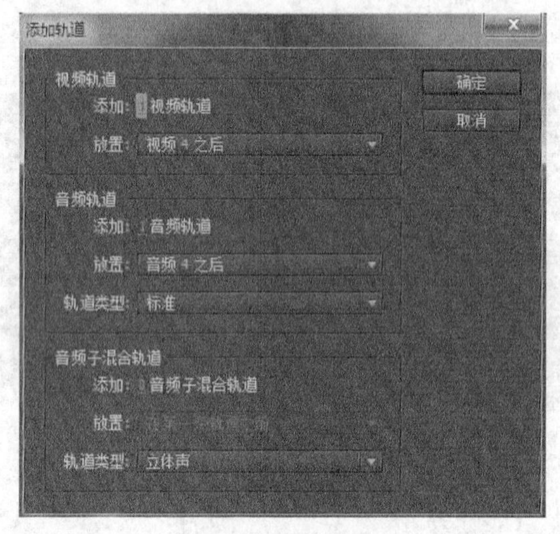

图 3.3.4 添加轨道

使用“序列|删除轨道”命令或者右键单击轨道控制区域，在快捷菜单中选择“删除轨道”命令，在打开的对话框中选择要删除的轨道，如图 3.3.5 所示。

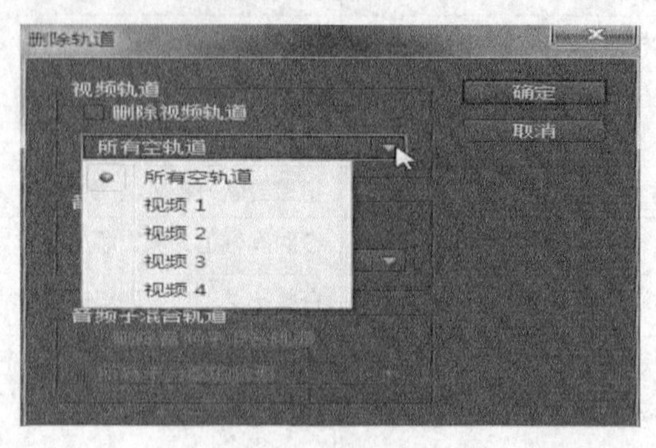

图 3.3.5 删除轨道

右键单击轨道控制区域，在快捷菜单中选择“重命名”命令，可以为轨道重新起名，如图 3.3.6 所示。

图 3.3.6　轨道重命名

（2）自定义轨道头的内容

右键单击轨道控制区域，在快捷菜单中选择“自定义”命令，允许用户自定义轨道控制区所出现的按钮内容，如图 3.3.7 所示。

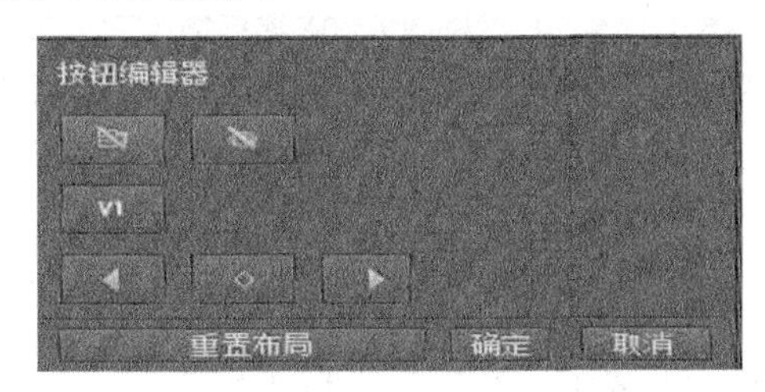

图 3.3.7　自定义轨道头

（3）轨道的同步锁定

在轨道控制区有“切换同步锁定”按钮，当该按钮处于打开状态时，进行插入或波纹删除时，处于同步锁定的轨道都将受到影响。如图 3.3.8 所示为原始时间轴序列内容；如图 3.3.9 所示是进行插入后序列的内容。

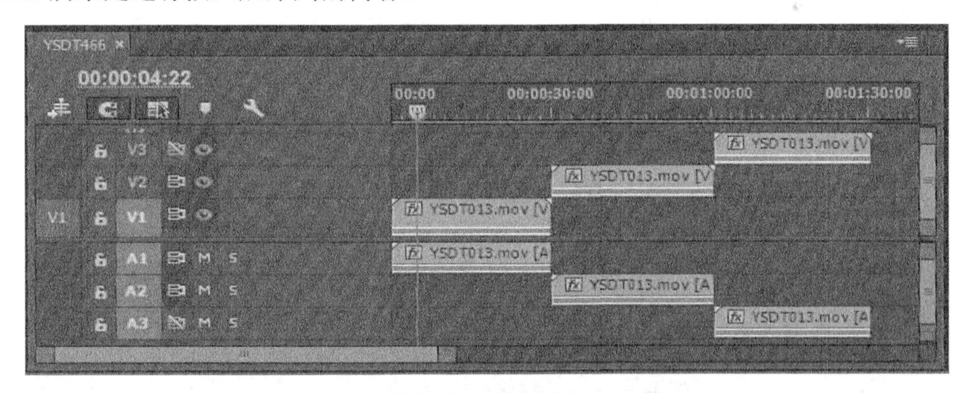

图 3.3.8　原始序列内容

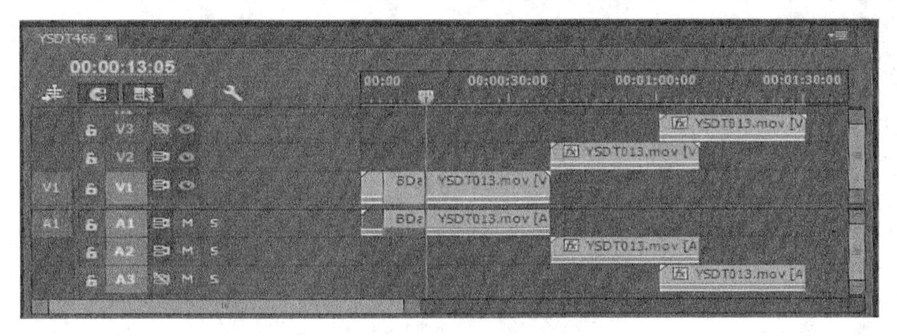

图 3.3.9　插入操作之后的序列内容

可见，在对 V1 和 A1 轨道进行插入的同时，所有同步锁定处于开启状态的轨道（V1、V2、A1、A2 轨道）在插入点右侧都做了调整，而同步锁定处于关闭的轨道（V3 和 A3 轨道）不受影响。

（4）隐藏轨道

在轨道控制区有“切换轨道输出”按钮，当该按钮处于打开状态时，轨道内容正常输出，也可以在“节目”监视器窗口预览其内容；当该按钮处于关闭状态时，轨道内容被隐藏。

（5）锁定轨道

在轨道控制区有“切换轨道锁定”按钮，锁定的轨道不能再被编辑，所以当某个轨道的内容不希望被修改时，可以将该轨道处于锁定状态。如图 3.3.10 所示，被锁定的轨道上显示成斜线，再次单击该按钮，则取消锁定状态。

图 3.3.10　锁定轨道

注意：

锁定的轨道，其内容可以正常预览和输出，但不可将其设置为目标轨道。

3.4 视频编辑工具

Premiere Pro CC 的“工具”面板提供了大量的实用工具，可以方便、快速地进行素材的编辑。

3.4.1 “工具”面板

工具面板中的内容如图 3.4.1 所示。

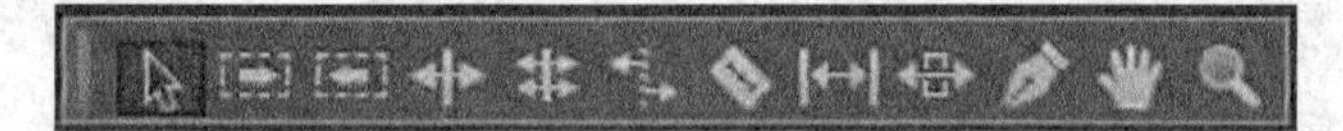

图 3.4.1　工具面板

每个工具的名称以及作用如表 3.4.1 所示。

表 3.4.1　工具面板主要按钮及其作用

序号	图标	名称	作用
1		选择工具	选择、移动、拉伸素材片断
2		向前选择轨道工具	从被选中的素材开始直到轨道上的最后一个素材都将被选中
3		向后选择轨道工具	从被选中的素材开始直到轨道上的第一个素材都将被选中
4		波纹编辑工具	用于拖动素材片断入点、出点，改变片断长度。
5		滚动编辑工具	用于调整两个相邻素材的长度，调整后两素材的总长度保持不变
6		比率拉伸工具	用于改变素材片断的时间长度，并调整片断的速率以适应新的时间长度
7		剃刀工具	将素材切割为两个独立的片段，可分别进行编辑处理

续表

序号	图标	名称	作用
8		外滑工具	用于改变素材的开始位置和结束位置
9		内滑工具	用于改变相邻素材的出入点，即改变前一片断的出点和后一片断的入点
10		钢笔工具	用于调节节点
11		手形工具	平移时间线窗口中的素材片断
12		缩放工具	放大或缩小时间线上的素材显示。按住 Alt 键再单击为缩小显示

这些工具可以直接在“时间轴”面板的序列中使用，常用于对序列中的剪辑进行快速编辑。

3.4.2　选择与切割素材

1. 选择素材片断

使用工具箱中的选择工具，单击时间线序列窗口中的某素材，可以将其选中。若按住 Alt 键，再单击链接片断的视频或音频部分，可以单独选中单击的部分。按住 Shift 键逐个单击轨道素材，可将多个轨道上的素材同时选中。

使用工具箱中的轨道选择工具，单击某素材，可以选择轨道上自该素材开始的所有素材。使用并单击素材，可以选择轨道上从第一个素材开始直到该素材为止的所有素材。

使用选择工具拖曳素材片断，若时间线窗口的自动吸附按钮处于被按下去的状态，则在移动素材片断的时候，会将其与剪辑素材的边缘、标记以及时间指示器指示的当前时间点等内容进行自动对齐，用于实现素材的无缝连接。

使用选择工具，当移动到素材片断的入点位置，出现剪辑入点图标时，可以通过拖动对素材片断的入点进行重新设置；同理，使用选择工具，当移动到素材片断的出点位置，出现剪辑出点图标时，可以通过拖动对素材片断的出点进行重新设置。这种方法也常用来对剪辑掉的素材片断进行快速的恢复操作，如图 3.4.2 所示。

图 3.4.2　使用选择工具编辑素材

2. 素材的切割

使用工具箱中的剃刀工具，可以将一个素材在指定的位置分割为两段相对独立的素材。素材的切割常用于将不需要的素材内容分割后进行删除；也用于将一个素材分割为多个片断后，为每个素材片断分别添加不同的效果等。

选中剃刀工具，再按住 Shift 键，移动光标至编辑线标识所示位置单击，则时间线窗口中未锁定的轨道中的同一时间点的素材都将被分割成两段。如图 3.4.3 所示，利用剃刀工具将素材切为三个独立的部分。

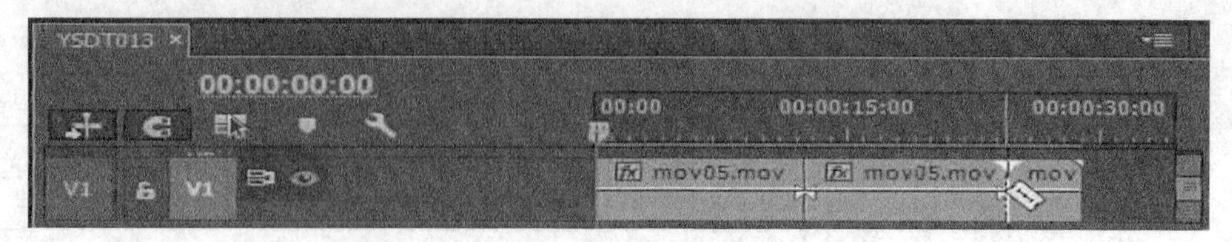

图 3.4.3 素材切割

注意：

素材被切割后的两部分都将以独立的素材片断的形式存在，可以分别对它们进行单独的操作，但是它们在项目窗口中的原始素材文件并不会受到任何影响。

3.4.3 波纹编辑与滚动编辑

波纹编辑工具与滚动编辑工具，都可以改变素材片断的入点和出点。波纹编辑工具只应用于一段素材片断，当选中该工具，在更改当前素材片断的入点或出点的同时，时间线上的其他素材片断相应滑动，使项目的总长度发生变化，如图 3.4.4 所示；滚动编辑工具作用在两段素材片断之间的编辑点上，当使用该工具进行拖动时，会使得相邻素材片断一个缩短，另一段变长，而总的项目长度不发生变化，如图 3.4.5 所示。

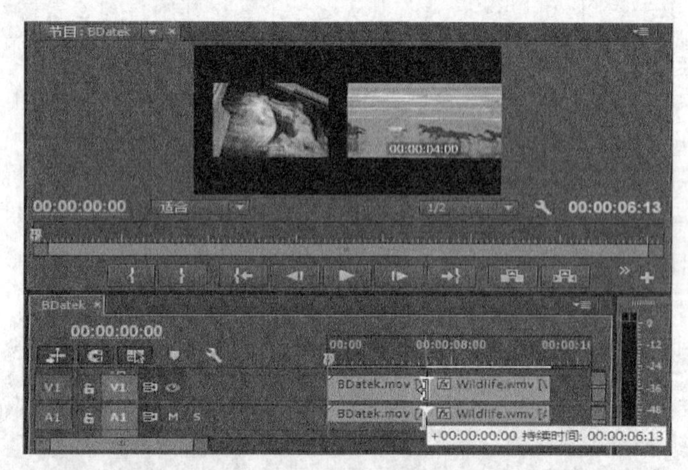

图 3.4.4 波纹编辑

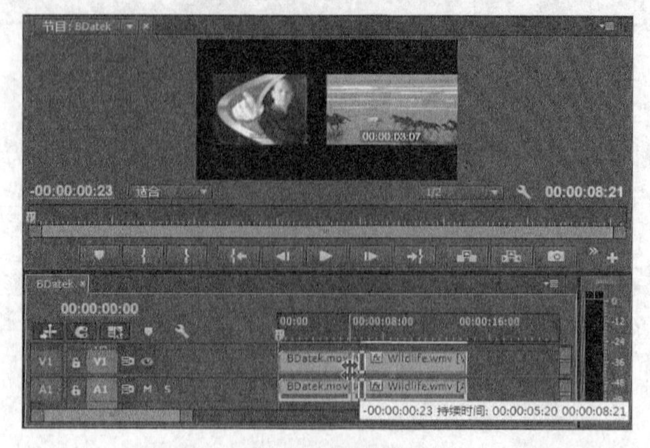

图 3.4.5 滚动编辑

3.4.4 比率拉伸工具

比率拉伸工具用于改变素材片断的时间长度，并调整片断的速率以适应新的时间长度。常用于对视频剪辑的持续时间或速度变化要求不是很精确的情况，所以经常用该工具快速制作快镜头或慢镜头。选中工具箱中的“速率伸缩工具”，移动鼠标至“序列”窗口的视频剪辑的首或尾端，在剪辑首的位置鼠标指针将变形为，在剪辑的尾部鼠标指针将变形为，然后按住鼠标左键进行拖动。

在剪辑首的位置鼠标指针将变形为时，按住鼠标向右拖动；或者在剪辑的尾部鼠标指针将变形为时，按住鼠标向左拖动。这时都是缩短剪辑的持续时间，用于制作快镜头。如图 3.4.6 所示，将一个30秒的内容缩短至10秒，速度由原来的100%变为300%。

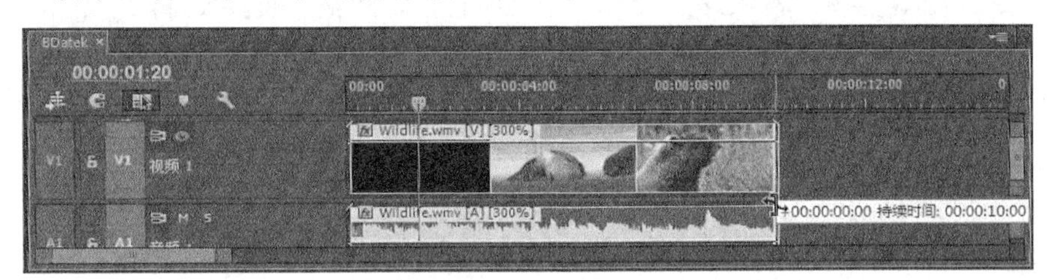

图 3.4.6 比率拉伸工具

同理，在剪辑首的位置鼠标指针将变形为时，按住鼠标向左拖动；或者在剪辑的尾部鼠标指针将变形为时，按住鼠标向右拖动。这时都是将剪辑的持续时间进行延长，用于制作的是慢镜头。例如：将一个30秒的内容延长至1分钟，速度由原来的100%变为50%。

若要制作精确的快/慢镜头，可以使用命令的方式。在“源”监视器窗口，利用其快捷菜单中的“速度|持续时间……”命令在该窗口改变素材的播放速率；或者在“序列”窗口选中素材后，利用其快捷菜单中的“速度|持续时间……”命令，将打开“剪辑速度|持续时间”对话框，如图 3.4.7 所示，进行设置。

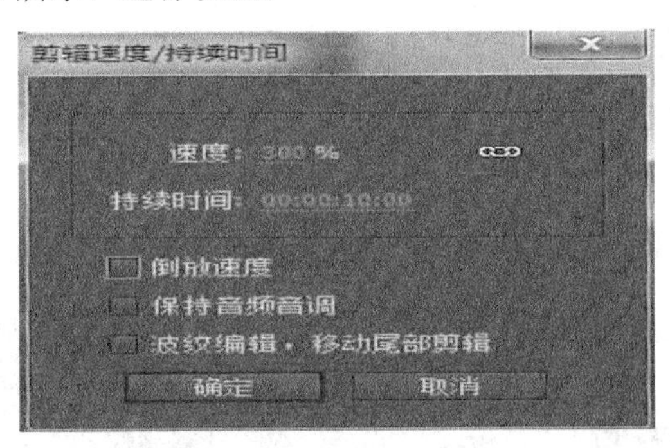

图 3.4.7 “剪辑速度/持续时间”对话框

在该对话框中还可以设置：素材的倒着播放的效果；在更改播放速率后是否要保持音调不变；改变该素材的播放速度的同时，是否要做波纹编辑，自动移动后面的素材等。

3.5 序列的管理与嵌套

Premiere Pro CC 的“时间轴”面板中可以同时存放若干个序列，即 Premiere Pro CC 支持多序列的操作。这些序列既可以相对独立地在时间轴面板中进行操作，同时又可以进行嵌套，制作出富有创意的作品。本节介绍序列的管理和嵌套。

3.5.1 序列的管理

1. 序列的创建与设置

利用“文件|新建|序列”命令，或者单击“项目”窗口下方的“新建项”在其弹出菜单中选择“序列”命令，在“新建序列”对话框中创建新序列并进行序列的设置。这部分内容参见本书2.4节，这里不再赘述。

2. 打开与关闭序列

在“项目”管理器窗口双击序列名称，序列将在“时间轴”面板被打开。单击“时间轴”面板序列名称后面的关闭 序列 01 × 按钮，将关闭序列。

3. 排列项目顺序

在“时间轴”面板利用鼠标拖曳标签，可以改变序列的排列顺序。

4. 删除序列

在“项目”管理器窗口选中要删除的序列，按 DELETE 键或在其快捷菜单中选择“清除”命令。

3.5.2 序列的嵌套

新建序列后，序列会出现在“项目”管理器窗口中。序列也像其他素材一样可以被放置在别的序列中，这种结构就是序列的嵌套。

1. 序列的嵌套原则

（1）序列不可以自我嵌套

不可以将序列A嵌套至序列A中。

（2）序列不可以循环嵌套

序列A嵌套了序列B，序列B就不可以嵌套序列A。

2. 序列的嵌套操作

（1）将序列B嵌套到序列A中

方法：打开序列“A”，在“项目”管理器窗口直接将序列“B”拖曳到“A”序列中，完成序列的嵌套。如图 3.5.1 所示。

图 3.5.1 序列嵌套

（2）将序列B的部分内容嵌套到序列A中

方法：在“时间轴”窗口打开序列A；将序列B拖曳到“源”素材监视器窗口，并设置其入点和出点，直接将其拖曳到序列 A 中，或者利用“源”素材监视器窗口的“插入”按钮 或“覆盖” 按钮，将入点到出点间的内容添加至序列A。

3. 修改嵌套序列

将序列 B 嵌套到序列 A 中，在序列 A 中直接双击序列 B 的内容，就会打开序列 B，直接对序列 B 进行内容的修改。同时，在序列 B 中修改的内容，也会在序列 A 中进行自动更新。

若删除了序列 B 的部分内容，其在序列 A 中的内容也会被删除，但其嵌入到序列 A 的长度却不发生变化。如图 3.5.2 所示，删除了序列 B 的结尾部分内容，其嵌套到序列 A 的总长度不发生变化，删除的部分在轨道上标志为斜线部分。

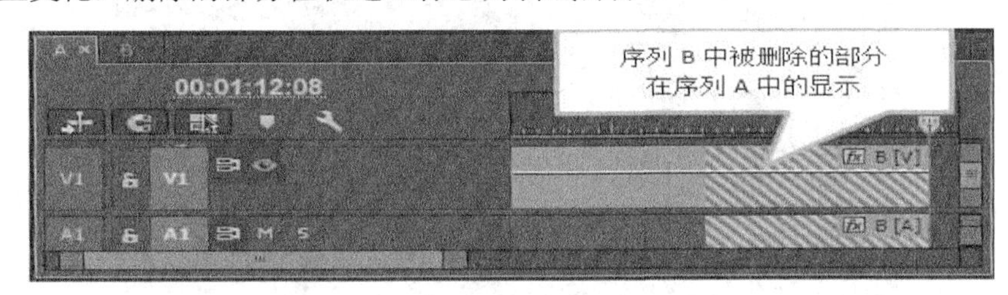

图 3.5.2　修改序列嵌套

创建多序列的工作方式可以使整个视频编辑层次清晰、分工明确、便于合作，有效地避免了将很多素材放置于一个序列中的混乱局面；同时，利用序列的嵌套操作，可以重复使用某些序列的内容，避免了大量的重复工作。

3.6 习题

一、简答题

1.简述序列的嵌套原则。

2.简述波纹编辑与滚动编辑的区别。

3.脱机文件是否可以被现有文件替换？若不可以，说明理由；若可以，说明操作方法。

二、操作题——管理项目的素材

1. 新建项目文件

启动 Premiere Pro CC，在欢迎界面选择“新建项目”，进入新建项目窗口进行参数设置。将“视频显示格式”设置为“时间码”；将“音频显示格式”设置为“音频采样”；将“捕捉格式”设置为“DV”；项目名称为“管理素材”。如图 3.6.1 所示。

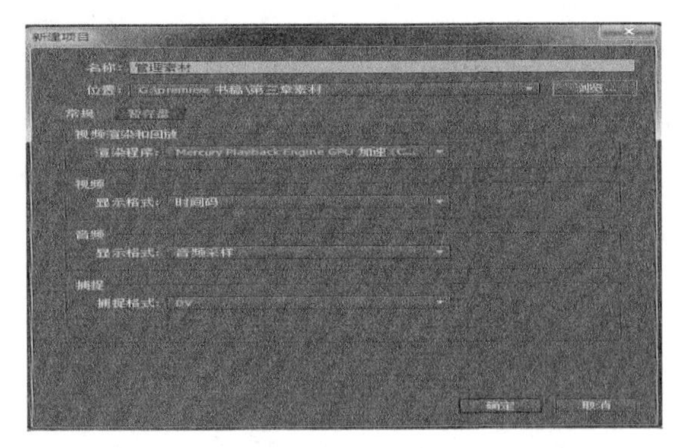

图 3.6.1　新建项目

2. 导入素材

利用“文件|导入”命令，在打开的对话框中分别导入：“01.jpg”“02.jpg”“03.jpg”“Wildlife.wmv”“短片.avi”“舒缓音乐.mp3”。

3. 在“项目”窗口整理导入的素材

单击“项目”窗口下方的“新建素材箱”按钮，将素材箱命名为“图片”，如图3.6.2所示。

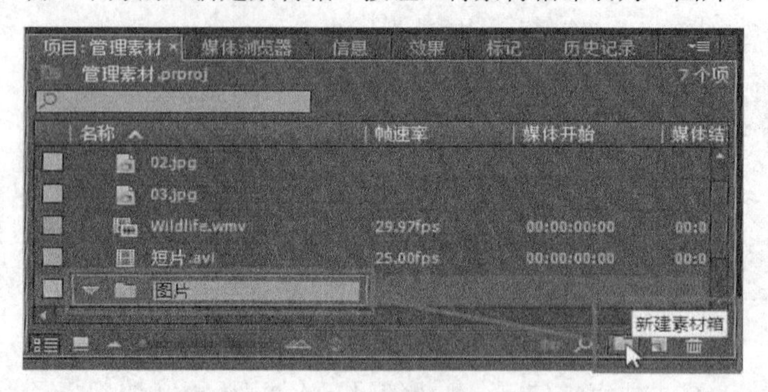

图3.6.2 管理素材

将图片“01.jpg”“02.jpg”“03.jpg”拖放至“图片”素材箱中。相同的方法建立“音频”素材箱和“视频”素材箱，并分别把视频文件和音频文件拖动到相应的素材箱中。如图3.6.3所示。

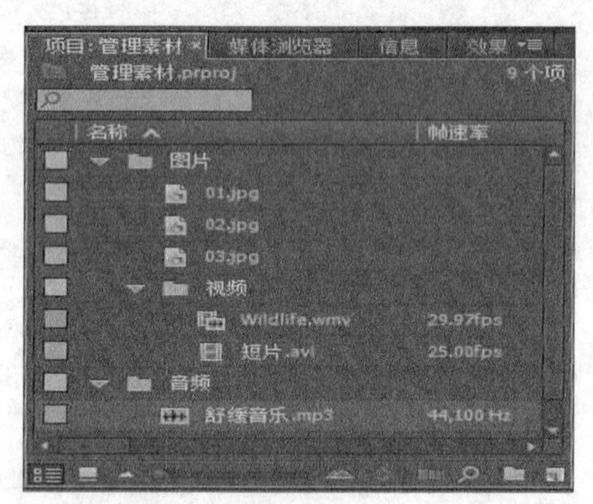

图3.6.3 组织素材

4 Chapter

第 4 章 Premiere Pro CC 精确编辑操作

本章介绍 Premiere Pro CC 的精确编辑方法。输入正确的时间码可以进行帧精度的数字视频编辑；在重要的视频位置设置标记点也是精确视频编辑常用的方法；三点编辑和四点编辑是最常使用的精确添加镜头的方法；提升和提取操作是精确删除镜头的方法。

学习要点：

- 掌握 Premiere Pro CC 的时间码格式
- 熟悉 Premiere Pro CC 标记的使用
- 掌握精确添加镜头的方法
- 掌握精确删除镜头的方法

建议学时：上课 2 学时，上机 2 学时。

4.1 时间码

当用户要进行精确的视频编辑时，经常要求精度达到帧精度，即进行帧精度编辑，这就要为特定的帧添加唯一的地址标记——时间码。Premiere Pro CC 可以显示多种时间码格式。如果编辑从胶片中捕捉的素材，则可以采用胶片格式显示项目时间码。如果编辑的内容是动画，则可以采用简单的帧编号格式显示时间码。更改时间码的显示格式并不会改变剪辑或序列的帧速率，只会改变其时间码的显示方式。

4.1.1 设置时间码的显示格式

默认情况下，Premiere Pro 会为剪辑显示最初写入源媒体的时间码。如果某个帧在原始存储介质的时间码为 00:00:20:00，则该帧在被捕捉之后显示的时间码也是 00:00:20:00。在 Premiere Pro CC 的很多窗口中都有时间码的显示。

在 Premiere Pro CC 的“首选项”中可以设置时间码的显示格式。选中“编辑|首选项|媒体”命令，如图 4.1.1 所示，在打开的“首选项”对话框中进行设置。

1. 在“时间码”菜单中，可以选择：

- 使用媒体源：显示录制到源媒体的时间码。
- 从 00:00:00:00 开始：从 00:00:00:00 开始为每个剪辑显示时间码。

2. 在“帧数”菜单中，可以选择：

- 从 0 开始：按顺序为每个帧编号，第一帧的编号为 0。
- 从 1 开始：按顺序为每个帧编号，第一帧的编号为 1。
- 时间码转换：生成等效于源时间码编号的帧编号。

例如：30fps 剪辑中帧的源时间码为 00:00:10:00，若选择“时间码转换”选项则此帧的值为 300。Premiere Pro CC 会将 30fps 帧速率时的 10 秒转换为 300 帧。

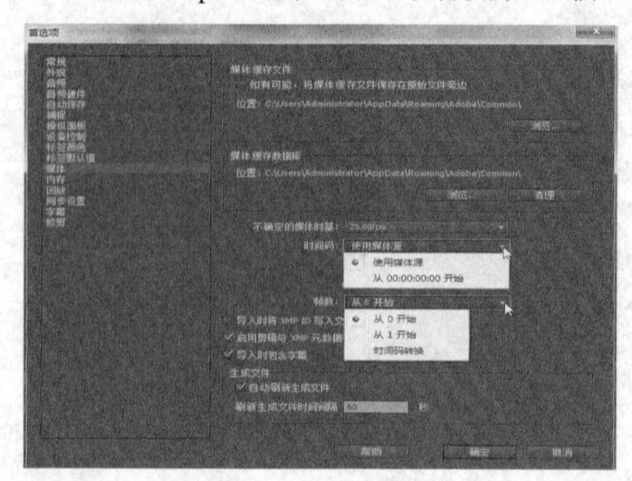

图 4.1.1 “首选项”对话框

4.1.2 更改时间码的显示方式

在 Premiere Pro CC 的“源”素材监视器窗口、“节目”监视器窗口或“时间轴”面板中都可以设置当前窗口的时间码显示方式。

利用鼠标右键单击时间码，在快捷菜单中有各种时间码的显示方式，如图 4.1.2 所示。

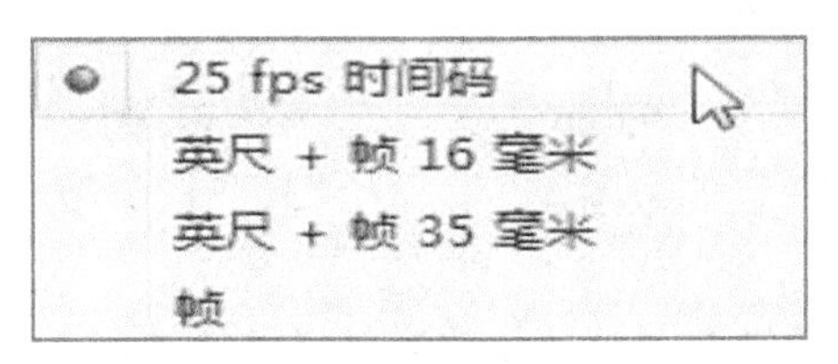

图 4.1.2　设置时间码格式

1. 时间码

用于设置时间位置的基准，表示每秒放映的帧数。例如选择 25fps，即每秒放映 25 帧。在一般情况下，电影胶片选择 24fps，PAL 或 SECAM 制式视频选择 25fps，NTSC 制式视频选择 30fps。

2. 英尺+帧

用于胶片，计算 16 毫米和 35 毫米电影胶片每英寸的帧数。16 毫米胶片为 16 帧/英寸；35 毫米胶片为 35 帧/英寸。

3. 帧

按帧数计算。如 PAL 时间码为 00:00:01:00，转换为帧值为 25。

注意：

"节目"监视器窗口和"时间轴"面板的时间码显示格式始终相互匹配。如果更改其中一个面板的显示格式，另一个也会自动更新。

4.1.3　设置时间码的值

在对视频作品进行精确编辑时，常需要精确设置操作位置或者回放标记的位置，本节介绍时间码值的含义以及设置时间码值的方法。

1. 时间码的数值

我国的电视制式标准是 PAL（Phase Alternate Line，相位逐行交换）制，规定每秒 25 帧，每帧 625 行，水平分辨率为 240～400 个像素点，隔行扫描，扫描频率为 50Hz，宽高比例为 4∶3。这里就以 PAL 制为例介绍其时间码的数值含义。

时间码是用"："间隔开的四组数字，从左至右分别表示小时、分钟、秒、帧。对于 PAL 制来说，每秒 25 帧，所以帧位至秒位为 25 进制、秒位至分位为 60 进制、分位至小时为 60 进制、小时累计至 24 将被复位为 0。可见 PAL 制的最大时间码值为 24:59:59:24。

2. 输入时间码值

可以直接在允许设置时间码值的位置单击输入正确的时间码值，还可以按照下面的简便操作输入时间码的值。

❶ 不输入时间码的间隔符号"："，直接输入一串数字。其中：数字串的最后两位为帧值、倒数第 3、4 位为秒值，倒数 5、6 位为分值，倒数 7、8 位为小时值。

例如：输入"22334411"表示"22:33:44:11"。

❷ 不输入时间码开头部分的"0"，但其中间和结尾部分的 0 不能省略。

例如：输入“3210”表示“00:00:32:10”。

❸ 若输入的值超过正常的小时、分钟、秒、帧的范围，则系统会做自动转换，转换为正确的时间码格式。

例如：输入“26730”表示“00:03:08:05”。因为：30 帧超出 25 帧的范围所以等于 1 秒 05 帧，同样 68 秒也超出了 60 秒的范围等于 1 分 8 秒，所以最终的转换结果为“00:03:08:05”。

3. 微调时间码的值

在 Premiere Pro CC 中可以基于当前位置来精确地微调时间码的值，在输入时间码值的位置输入“+ 数值”表示向右移动指定的时间距离；“- 数值”表示向左移动指定的时间距离。例如：当前位置为“00:00:05:00”输入“+310”，表示基于当前位置，再向右移动 3 秒 10 帧的距离，即“00:00:08:10”。当前位置为“00:00:05:00”输入“-100”，表示基于当前位置，向左移动 1 秒的距离，即“00:00:04:00”。

4.2 标记的使用

标记常用来指示重要的时间点，有助于进行精确的编辑定位、对齐剪辑以及实现对编辑位置的快速访问。可使用标记来确定序列或剪辑中重要的内容。标记仅供参考之用，而不会改变视频内容。

4.2.1 添加标记

标记可以添加在素材或时间轴上，所以可以通过源监视器窗口、节目监视器窗口或时间轴面板来添加标记。添加至节目监视器的标记会反映在时间轴中。同样，添加至时间轴的标记会反映在节目监视器中。标记的添加方法很多，可以通过主菜单“标记”菜单命令添加，也可以利用快捷菜单添加，还可以单击标记按钮添加。

1. 为素材添加标记

为素材添加标记的步骤如下。

❶ 双击“项目”窗口的素材，将其在“源”监视器窗口打开。

❷ 将播放指示器设置到要添加标记的位置。

❸ 选择系统菜单“标记|添加标记”命令，或按“M”，或选择时间标尺快捷菜单的“添加标记”命令，或单击“源”监视器窗口“按钮编辑器”中的“添加标记”按钮，即把标记添加至素材，如图 4.2.1 所示。

图 4.2.1 添加标记

使用标记菜单或时间标尺的快捷菜单可以看到，标记还包括素材的入点和出点、视频入点和出点、音频入点和出点、添加章节标记、添加 flash 提示标记等内容，如图 4.2.2 所示。

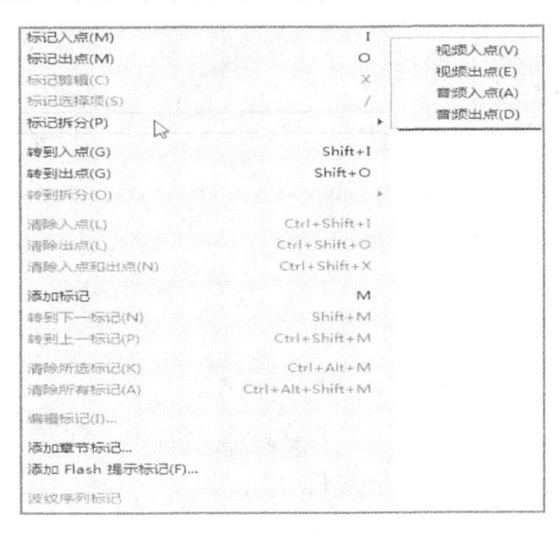

图 4.2.2　标记菜单

2. 为时间轴添加标记

因为“节目”监视器窗口是“时间轴”面板中序列的预览窗口，所以为时间轴添加标记既可以在“时间轴”面板完成，也可以在“节目”监视器窗口完成。为时间轴添加标记的步骤如下。

❶ 在时间轴面板要放置标记的位置放置播放指示器。

❷ 选择系统菜单“标记|添加标记”命令，或按“M”，或选择时间标尺快捷菜单的“添加标记”命令，或者单击“节目”监视器窗口“按钮编辑器”中的“添加标记”按钮，即把标记添加至素材，如图 4.2.3 所示，可以在“节目”监视器窗口打标记，也可以在“时间轴”序列窗口打标记。

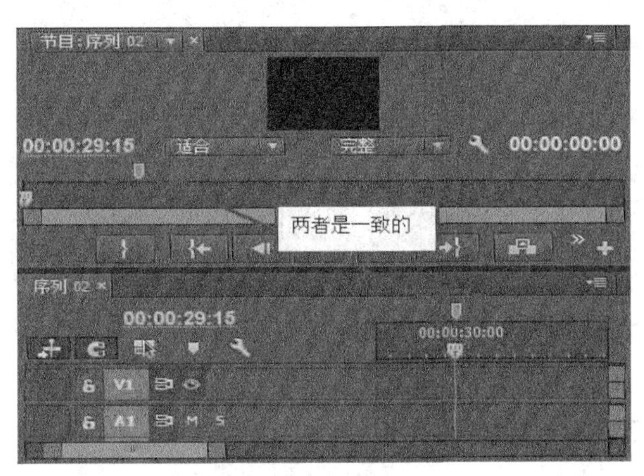

图 4.2.3　时间轴添加标记

注意：

为时间轴打标记时，“时间轴”序列窗口可以有内容也可以没有内容，标记只是打到了时间轴上而非素材上。

4.2.2 编辑标记

1. 编辑标记的内容

要编辑标记，可双击标记图标打开“标记”对话框，如图 4.2.4 所示。其中：

❶ 名称：输入标记的名称。

❷ 拖动持续时间：输入值，然后按 Enter 键。将该标记用作 URL 链接和章节标记时，可以将序列标记的持续时间设置超过 1 帧。

❸ 注释：输入与标记关联的注释。

❹ 标记选项。

● 注释标记：添加注释标记。

● 章节标记：将标记设置为 Encore 章节标记。

● Web 链接：如果要将标记与超链接关联，选中此项，同时在下方的“URL”地址里输入要打开的网页的地址；如果使用的是 HTML 帧集合，在下方的“帧目标”中输入网页的目标帧。

● Flash 提示点：将标记设成一个 Adobe Flash 提示点。选中“事件”以创建触发事件的“Flash 提示点”标记；选中“导航”创建仅用于导航的 Flash 提示点。单击下方的加号 (+) 将添加 Flash 提示点，并为其指定名称和值。单击减号 (-) 将移除 Flash 提示点。

❺ 要为其他序列标记输入注释或指定选项，可单击“上一个”或“下一个”。

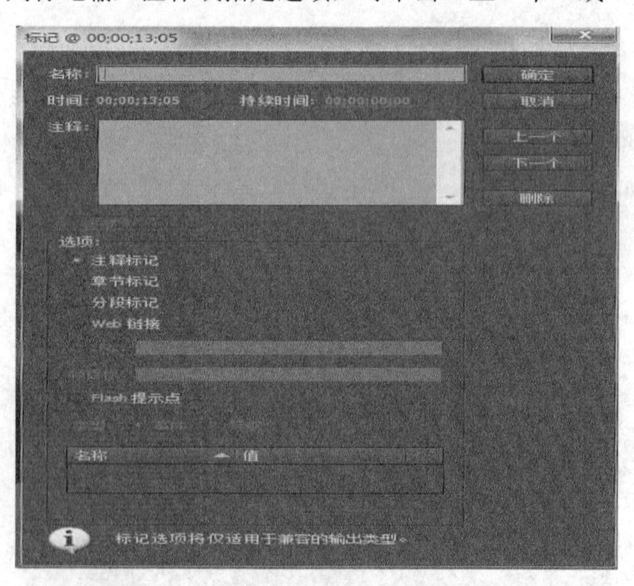

图 4.2.4 编辑标记

2. 查找、移动和删除标记

❶ 查找标记：可以利用 “标记”菜单或者时间标尺快捷菜单中的“转到下一个标记”或“转到上一个标记”来顺序地查找标记。

❷ 移动标记：可在源监视器中打开剪辑，然后在源监视器的时间标尺中拖动“标记”图标；要移动序列标记，可在“时间轴”面板或“节目”监视器的时间标尺中拖动标记。

❸ 删除剪辑：可以利用“标记”菜单或者时间标尺快捷菜单中的“清除选定标记”或“清除所有标记”。

3. “标记”面板

Premiere Pro CC2014 新增加了一个“标记”面板，使用“窗口|标记”命令打开“标记”面板。该面板用来查看打开的剪辑或序列中的所有标记。在“标记”面板中同样可以设置标记名称、入点、出点以及注释的内容等信息，如图 4.2.5 所示。

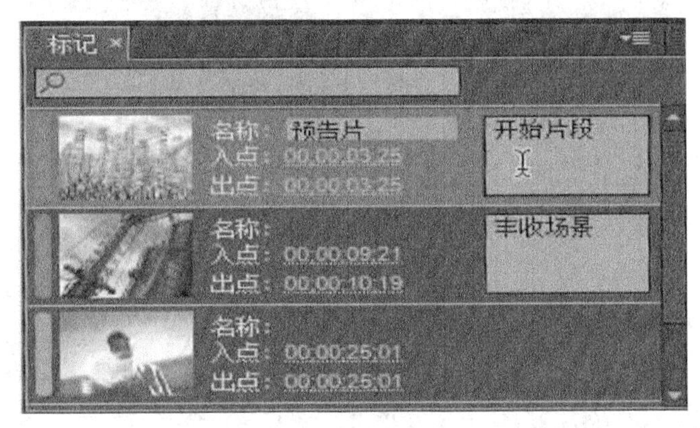

图 4.2.5 标记面板

4.3 精确地添加镜头与删除镜头

4.3.1 精确地添加镜头——三点编辑和四点编辑

三点编辑和四点编辑是最常使用的非线性编辑方法。

在插入素材到时间线序列中时，除了可以使用鼠标直接拖曳的方式外，还可以使用监视器底端的设置入点或出点命令按钮将素材添加到时间线上。这就是常用到三点编辑和四点编辑的方法。三点编辑和四点编辑的“点”，既可以是在“源”监视器窗口设置的入点或出点，也可以是在“节目”监视器窗口（或“时间线”序列窗口）设置的入点或出点。

1. 三点编辑

三点编辑就是指利用插入或覆盖按钮添加素材片段时，要通过设置三个点来限定长度和位置。这三个标记点可以是素材的入点、素材的出点、时间轴入点、时间轴出点中的任意三个标记点。通过设置两个入点和一个出点或者一个入点和两个出点，对素材在时间线序列中进行定位，第四个点将被自动计算出来。

例如：要将一个素材的第 3 秒到 5 秒的内容插入或覆盖到时间轴序列第 10 秒开始的位置。方法如下。

❶ 将素材在“源”素材监视器窗口打开，在第三秒（00;00;03;00）处设置素材的入点，在第五秒（00;00;05;00）处设置素材的出点，如图 4.3.1 所示。

❷ 然后在“节目”监视器窗口的 10 秒钟（00:00:10:00）处设置入点，如图 4.3.2 所示。

❸ 单击源监视器窗口的“插入”按钮或“覆盖”按钮。这样就把“源”素材监视器窗口第 3 秒到第 5 秒的内容以“插入”或“覆盖”的方式置入到时间线序列的第 10 秒后。如图 4.3.3 所示为以插入方式放置；如图 4.3.4 所示为以覆盖方式放置。

图 4.3.1　设置素材入点/出点

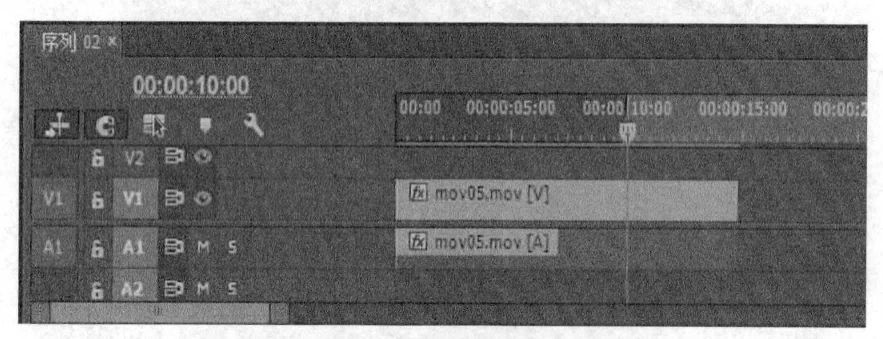

图 4.3.2　设置时间轴入点

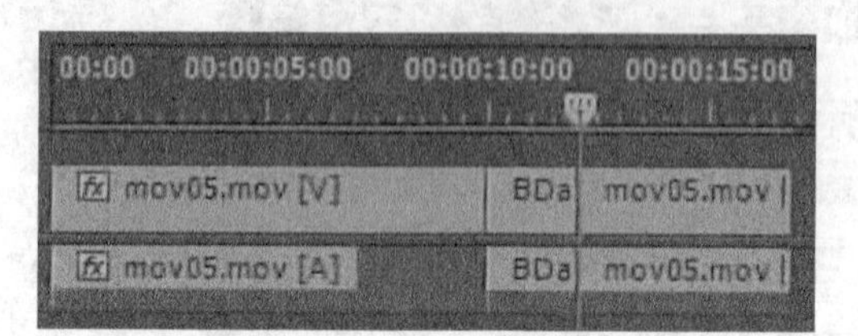

图 4.3.3　“插入”方式

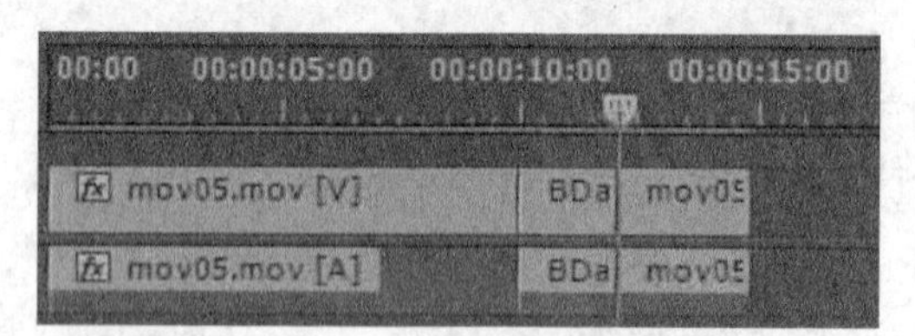

图 4.3.4　“覆盖”方式

2. 四点编辑

四点编辑既设置素材的入点和出点，又设置了时间轴的入点和出点。

在做三点编辑或四点编辑时，当素材长度和时间线长度不一致时将会弹出“适合剪辑”对话框，如图 4.3.5 所示。

例如：在“源”监视器窗口为素材在 2 秒处设置了入点、5 秒处设置了出点，即标记了一段长度为 3 秒的剪辑；接着在“节目”监视器窗口的 6 秒处设置了入点、8 秒处设置了出点，即标记了一段长度为 2 秒的区域，这就出现了素材标记长度与时间轴标记长度不一致的情况，这时在进行“插入”或“覆盖”操作都将弹出“适合剪辑”对话框。

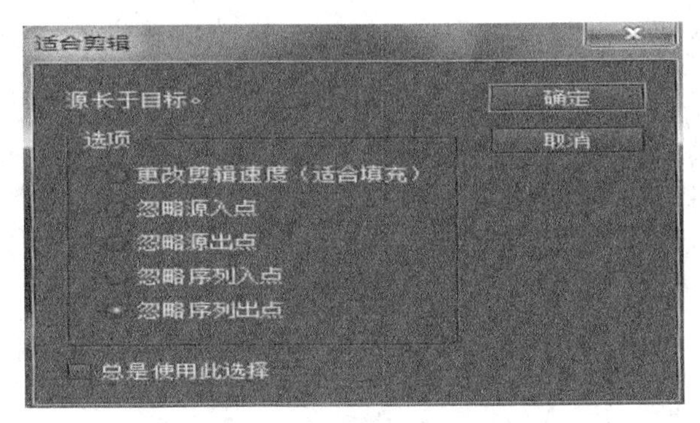

图 4.3.5 “适合剪辑”对话框

其中各选项意义如下。

更改剪辑速度（适应填充）：当源的长度大于目标长度时，选择该项则使得剪辑的内容变为快镜头；当源的长度小于目标长度时，选择该项则使得剪辑的内容变为慢镜头。

忽略源素材的入点、出点，或者忽略时间线序列的入点、出点：都将忽略一个标记点，所以都会使四点编辑转变为三点编辑。在“适配素材”对话框中选择不同的忽略单选按钮会产生不同的效果。

注意：

将素材添加到时间线上可以用鼠标拖曳的方法直接将素材拖动到时间线上，也可以使用监视器的命令按钮将素材添加到时间线上。

4.3.2　精确地删除镜头——提升和提取操作

在进行视频编辑时，若要精确地删除时间轴序列中的镜头内容，可以先确定删除镜头的起始点的位置和终止点的位置，然后利用“节目”监视器窗口下方的“提升”或“提取”按钮，将入点到出点间的片断删除。

例如：删除时间轴序列中从 10 秒 5 帧到 12 秒 3 帧间的内容。方法如下。

1. 在“时间轴”序列面板设置入点

在“时间轴”序列面板的“播放指示器位置”时间码处直接输入“1005”并确定。单击“节目”监视器窗口的“设置入点”按钮，如图 4.3.6 所示。

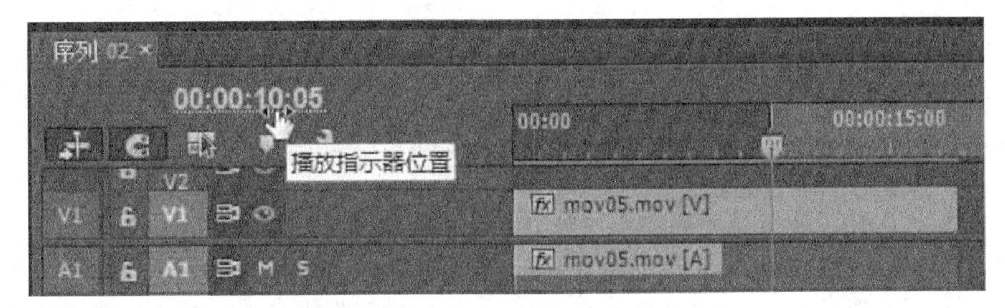

图 4.3.6　在时间轴上设置入点

2. 在“时间轴”序列面板设置出点

在“时间轴”序列面板的“播放指示器位置”时间码处直接输入“1203”并确定。单击“节目”监视器窗口的“设置出点”按钮，如图 4.3.7 所示。

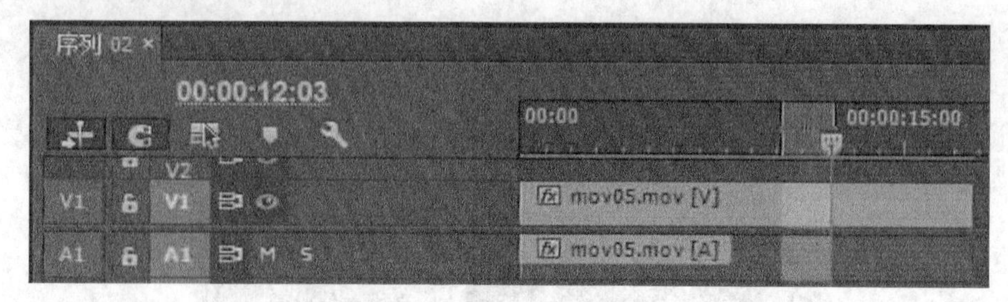

图 4.3.7　在时间轴上设置出点

3. “提升”或“提取”操作

● 单击“节目”监视器窗口的“提升”按钮，将当前选定的片断从编辑轨道中删除，其他片断在轨道上的位置不发生变化，如图 4.3.8 所示。

● 单击“节目”监视器窗口的“提取”按钮，将当前选定的片断从编辑轨道中删除，后面的片断自动前移，与前一片断连接到一起，如图 4.3.9 所示。

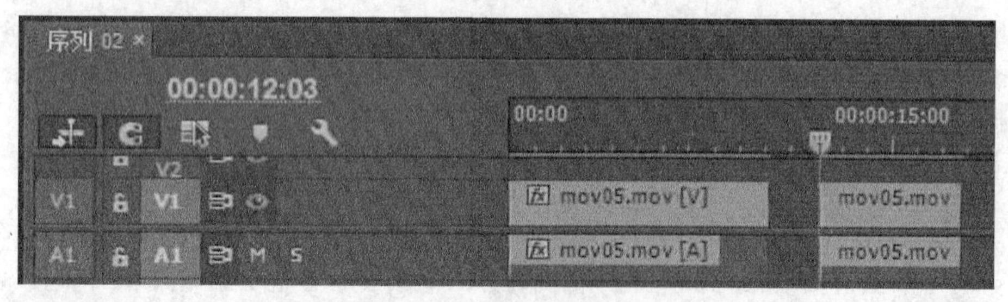

图 4.3.8　提升

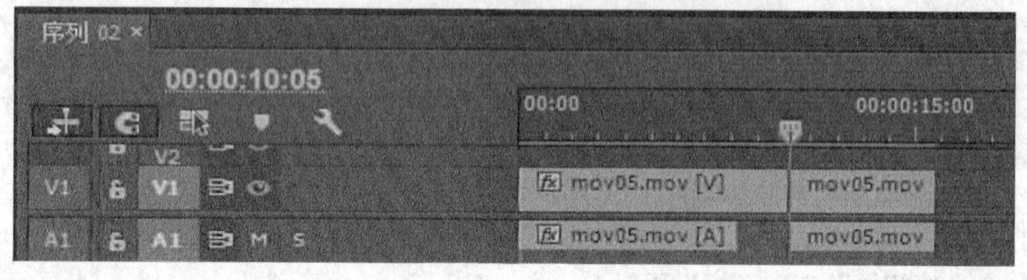

图 4.3.9　提取

4.4 其他视频编辑方法

4.4.1　重复帧检测

Premiere Pro CC 可以通过显示重复的帧标记识别同一序列中在时间轴上使用多次的剪辑。重复帧标记是一个彩色条纹指示器，跨越每个重复帧的剪辑的底部。Premiere Pro 会自动为每个存在重复剪辑的主剪辑分配一种颜色。最多分配十种不同的颜色。当十种颜色均被使用之后，将重复使用第十种颜色。

单击“时间轴”面板左上方的“时间轴显示设置”按钮，在其弹出菜单中选择“显示重复帧标记”命令，如图 4.4.1 所示，在时间轴的序列窗口可以看到重复帧被标记出来。

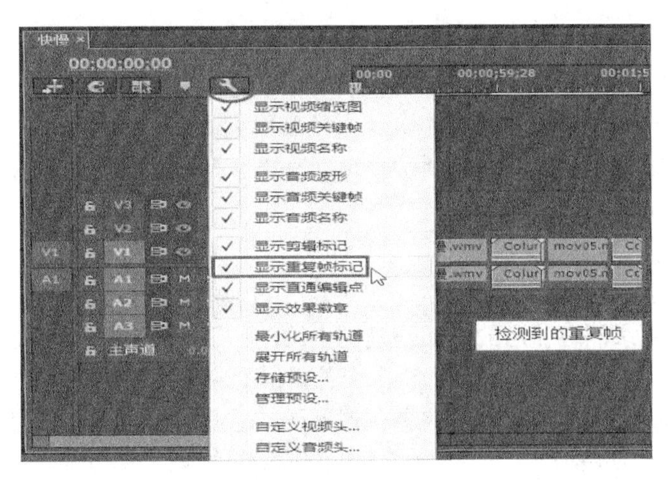

图 4.4.1　重复帧标记

注意：

重复帧标记不适用于静止图像和时间重映射。

4.4.2　同步编辑多摄像机序列

Premiere Pro CC 的“多机位”模式会在节目监视器中显示多机位编辑界面。可以从多个摄像机从不同角度拍摄的剪辑中或从特定场景的不同镜头中创建可编辑的序列。

1．导入素材

将多机位拍摄的视频文件“游行_1.avi”～“游行_4.avi”四个视频文件导入到“项目”面板中。

2．创建多机位源序列

在“项目”面板选中导入的四个视频文件，单击“剪辑|创建多机位源序列”命令；或者选中文件后利用其快捷菜单中的“创建多机位源序列”命令，将打开“创建多机位源序列”对话框，如图 4.4.2 所示。

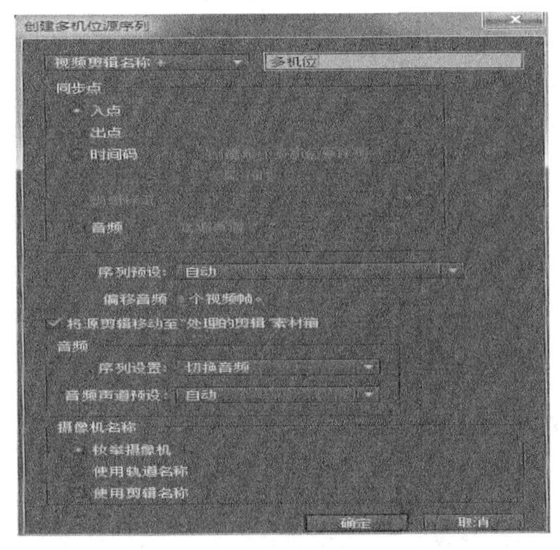

图 4.4.2　创建多机位源序列

其中各选项意义如下。

（1）多机位源序列名称

可以为序列中主视频或音频剪辑后的多机位源序列命名。从弹出式菜单中，选择相应选项向主视频或音频名称附加“多机位”或自定义名称。或者从弹出式菜单中选择“自定义”，然后在文本框中输入自定义名称。

（2）同步点

- 入点、出点：创建多机位源序列之前使用入点或出点标记同步点。
- 时间码：如果录制时使用的时间码是同步的，则可选择“时间码”选项同步这些剪辑。选择“创建单个多机位源序列”选项，将多个剪辑组合到单个多机位序列中。如果各个剪辑的时间码开始于不同的小时，但除此之外的时间码均重叠，则可选择“忽略小时”。
- 剪辑标记：可使用为相同的同步点手动添加剪辑标记，将剪辑同步。
- 音频：根据音频波形自动同步剪辑。

（3）序列预设

可从先前保存的序列预设列表中进行选择。默认情况下，序列预设会被自动选择。选择自动预设后，视频预设将基于摄像头 1 剪辑的视频格式。在大多数场景中，自动预设均为适用的设置。对于高级工作流，如使用替代分辨率剪辑编辑序列，可选择特定序列预设。随后可使用较高的分辨率/帧大小剪辑进行最终编辑。

- 偏移音频及移动源剪辑：如果单独录制的音频轨道与视频剪辑不同步，则可使用“偏移音频帧数”选项添加帧偏移。对于只包含音频剪辑的同步偏移，可输入 -100 至 +100 之间的视频帧数。

使用“将源剪辑移动至“处理的剪辑”素材箱”选项，可将生成的源剪辑移动到“处理的剪辑”素材箱。如果“处理的剪辑”素材箱不存在，则 Premiere Pro 会创建一个，然后再将剪辑移至其中。

（4）音频序列设置

序列设置确定如何在源序列中填充音频轨道，如何设置平移和轨道分配，以及它们是否静音。音频轨道预设决定所生成源序列的映射方式。包括以下几种。

- 自动：读取首个剪辑的音频类型并使用该映射；
- 单声道：尽可能多地映射与源序列中的输出轨道相对应的单声道；
- 立体声：根据源序列中的输出轨道数量，映射到立体声轨道；
- 5.1：根据源序列中的输出轨道数量，映射到 5.1 轨道；
- 自适应：根据源序列中的输出轨道数量，映射到自适应轨道。

（5）摄像机名称

可将源监视器中的摄像机角度显示为轨道名称、剪辑名称或摄像机编号。

设置完毕后，在“项目”面板中生成一个新的多摄像机源序列，如图 4.4.3 所示。

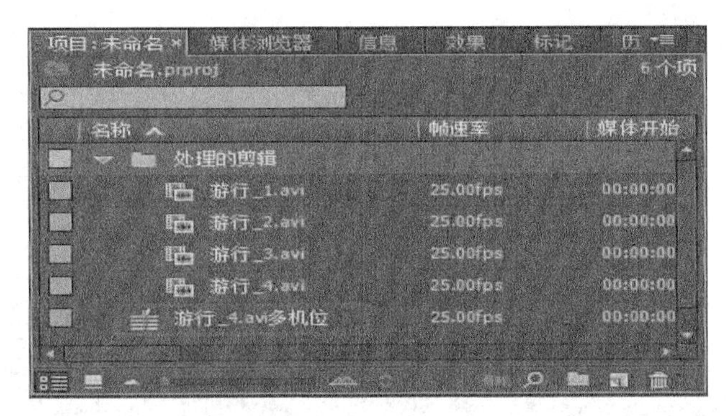

图 4.4.3　多摄像机源序列

3. 将多机位序列添加到时间轴序列中

新建一个目标序列，将新的多机位源序列作为嵌套序列素材添加到此序列中，如图 4.4.4 所示。

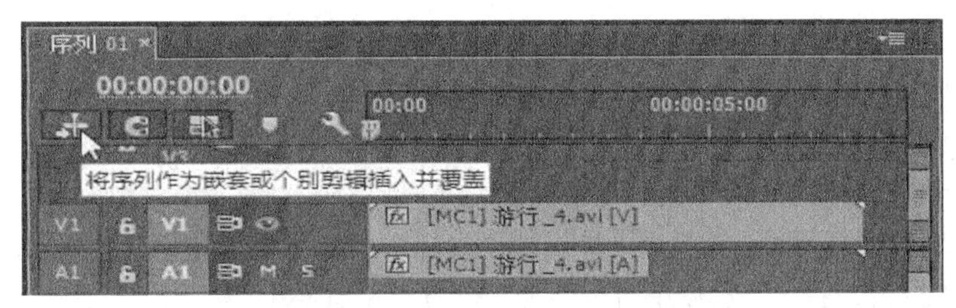

图 4.4.4　开启“将序列作为嵌套或个别剪辑插入并覆盖”

注意：

这里一定要使“将序列作为嵌套或个别剪辑插入并覆盖”按钮处于开启状态，再插入多机位序列。

4. 在节目监视器中启用多机位编辑

单击节目监视器编辑按钮中的“切换多机位视图”按钮，使节目监视器处于多机位模式。在多机位模式中，可同时查看所有摄像机的素材，并在摄像机之间切换以选择最终序列的素材，如图 4.4.5 所示。

图 4.4.5　启用多机位编辑

5. 启用多机位编辑的录制

单击“多机位录制开/关”按钮，并单击播放按钮，开始录制。在录制的过程中，通过单击各个摄像机视频预览缩略图，以便在各个摄像机间进行切换，其对应的快捷键分别为数字 1、2、3、4。录制完毕，单击停止按钮，结束录制。

6. 预览序列

再次播放预览序列，序列已经按照录制时的操作在不同区域显示不同的摄像机剪辑，并且以[MC1]、[MC2]、[MC3]、[MC4]等形式标记素材的摄像机来源，如图 4.4.6 所示。

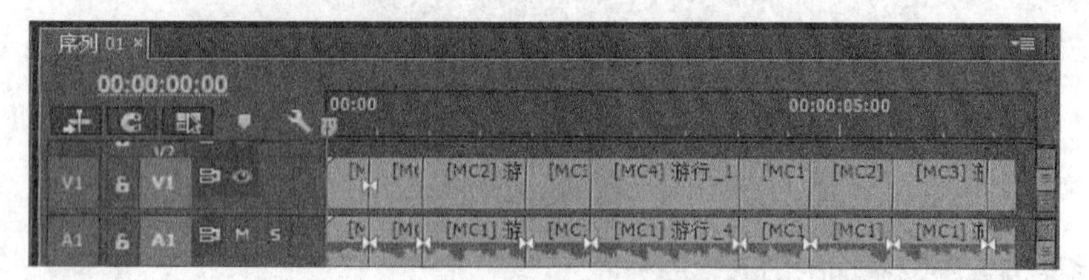

图 4.4.6 时间轴上的多机位序列内容

4.4.3 子剪辑

Premiere Pro CC 允许将一个素材中的部分内容定义为子剪辑，在项目中可以对其进行独立的编辑和管理。使用子剪辑功能可以方便管理一些长的媒体文件。

1. 创建子剪辑

双击“项目”面板中的素材，将其在源监视器中打开。设置子剪辑的入点和出点。入点和出点的其中一个或两个必须不同于源素材的入点和出点。选择菜单“剪辑|制作子剪辑”命令，输入子剪辑的名称，然后单击“确定”按钮，如图 4.4.7 所示。

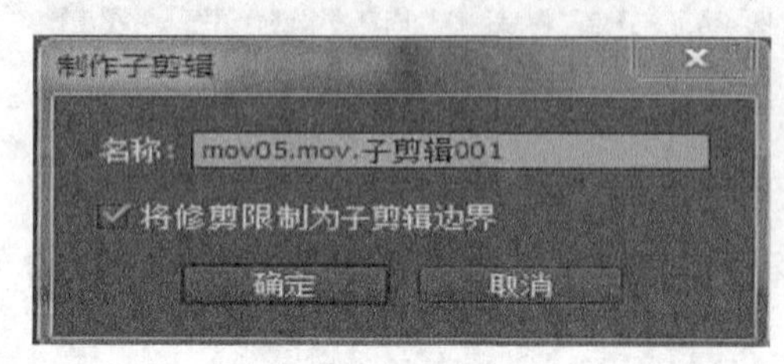

图 4.4.7 制作子剪辑

2. 编辑子剪辑

在项目面板选中所有编辑的子剪辑，利用菜单“剪辑|编辑子剪辑”命令，在打开的“编辑子剪辑”对话框中可以重新设置其开始点和结束点的位置；若选择“转换到主剪辑”复选框，则可以将子剪辑转换为普通的剪辑，如图 4.4.8 所示。

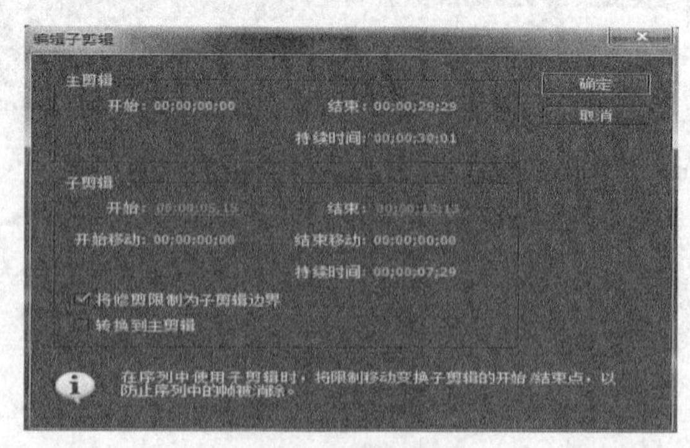

图 4.4.8 编辑子剪辑

注意：

创建子剪辑也可以在源监视器窗口设置好子剪辑的入点、出点后，按住 Ctrl 键 (Windows) 或 Command 键 (Mac OS) 的同时将剪辑拖到“项目”面板中，键入子剪辑的名称，然后单击“确定”按钮。

4.5 应用实例——制作“校园风光”短片

4.5.1　新建项目文件和序列

1. 新建项目文件“校园风光.prproj”

启动 Premiere Pro CC，新建一个名为“校园风光.prproj”的项目文件，如图 4.5.1 所示。

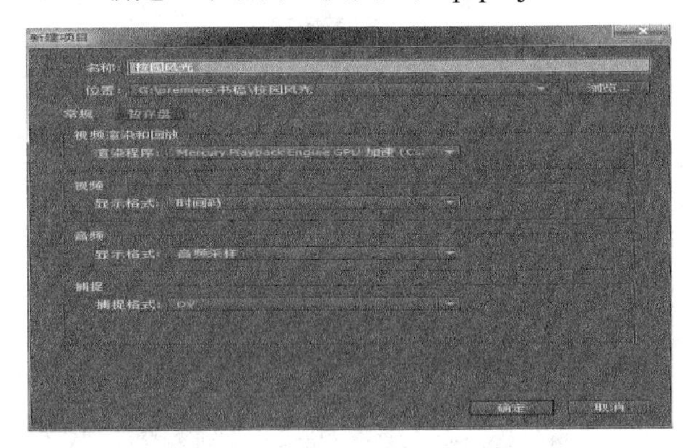

图 4.5.1　新建项目

2. 导入所需素材

利用“文件|导入”命令，在打开的对话框中分别导入：“01.jpg~04.jpg”四张图片文件、“短片.avi”文件以及“年轻的白杨.mp3”，如图 4.5.2 所示。

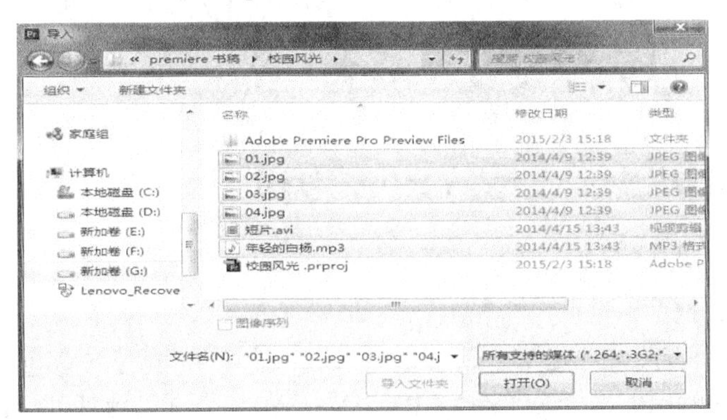

图 4.5.2　导入素材

3. 新建序列

利用“文件|新建|序列”命令，在“新建序列”对话框中选择“序列预设”选项卡中的

DV-PAL 制中的标准 48kHz。其他内容使用默认设置，如图 4.5.3 所示。

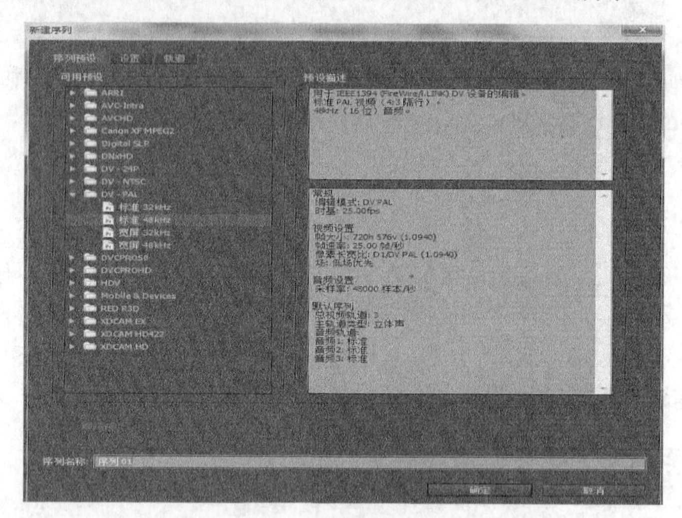

图 4.5.3　新建序列

4.5.2　制作通用倒计时片头

1. 制作通用倒计时片头

单击“文件|新建|通用倒计时片头”命令，使用默认的“视频设置”和“音频设置”，单击“确定”按钮。在打开的“通用倒计时设置”中根据自己喜好设置不同的颜色信息，如图 4.5.4 所示。

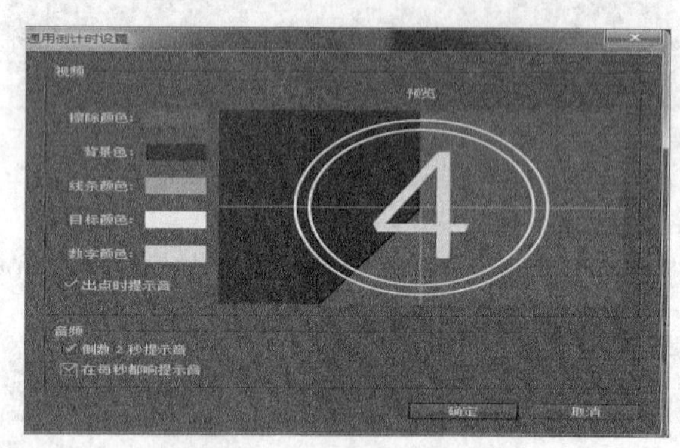

图 4.5.4　制作通用倒计时片头

2. 将通用倒计时片头插入到视频轨道 1 的零点处

4.5.3　组织作品内容

1. 插入图片文件

在“项目”窗口按照顺序选中“01.jpg”、“02.jpg”、“03.jpg”、“04.jpg”，将四个图片拖动至视频 1 轨道 00:00:10:24 处。在轨道上选中四张图片文件，选择其快捷菜单中的“设为帧大小”命令，调整图片大小。

2. 无缝插入视频文件

单击轨道左上方的“对齐”按钮，单击“节目”监视器窗口的“转到出点”按钮，将播放指示器是位置设置到图片文件的尾部。将“短片.avi”文件拖放至轨道 1 的播放点后，并与图片文件做无缝连接，如图 4.5.5 所示。

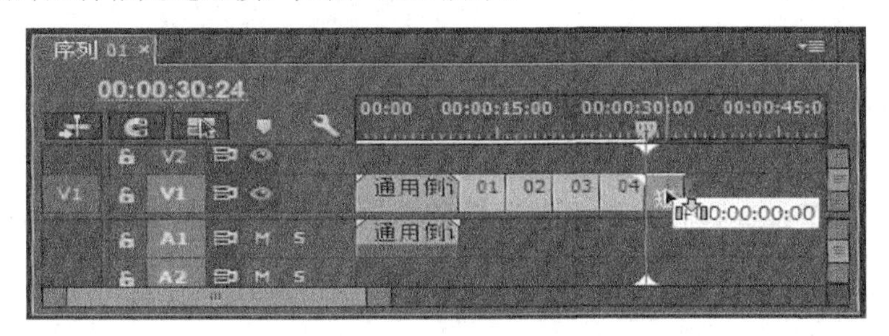

图 4.5.5　插入素材

选择“短片.avi”，在其快捷菜单中单击“设为帧大小”命令，调整视频画面的大小。

3. 插入音频文件

双击“项目”窗口的“年轻的白杨.mp3”，将其在“源”监视器窗口打开，在 00:00:00:00 处设置其入点，在 00:00:35:00 设置其出点。将这段音频拖动至音频 1 轨道的零点处。

4. 编组素材

将轨道素材全部选中，选择快捷菜单中的“编组”命令，将全部内容编组，如图 4.5.6 所示。

图 4.5.6　编组素材

预览效果，保存项目文件。

最终效果图（片段），如图 4.5.7 所示。

图 4.5.7　作品部分内容

4.6 习题

一、简答题

1.简述标记的作用。

2.简述精确地删除镜头的方法。

3.在进行三点编辑或四点编辑时，若弹出“适合剪辑”对话框说明什么？请解释该对话中的各个单选项的含义。

二、操作题——制作快、慢镜头

以往需要靠专业的摄影设备或后期电子编辑设备来实现的影视片中的快动作、慢动作镜头效果，可以使用 Premiere Pro CC 改变视频剪辑的速度和持续时间的多种方法来实现。

目前已经学习过的方法有：

- 使用工具箱中的“比率拉伸工具”；
- 使用“速度/持续时间”命令对话框中的参数设置；
- 使用“三点编辑和四点编辑”将视频剪辑插入时间线窗口序列。

步骤如下。

1. 新建项目文件“快慢镜头.prproj”

启动 Premiere Pro CC，新建一个名为“快慢镜头.prproj”的项目文件，如图 4.6.1 所示。

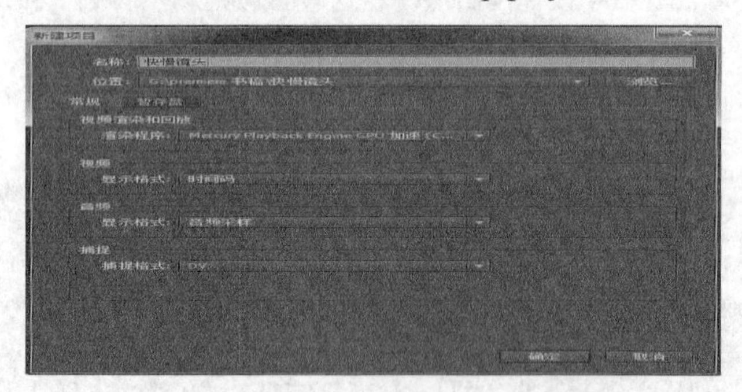

图 4.6.1　新建项目

2. 导入所需素材

利用“文件|导入”命令，在打开的对话框中分别导入 “Wildlife.wmv”视频文件。

3. 新建序列

利用“文件|新建|序列”命令，在“新建序列”对话框中选择“序列预设”选项卡中的 DV-PAL 制中的标准 48kHz。其他内容使用默认设置。

4. 使用“比率拉伸工具”制作慢镜头

下面截取马奔跑的视频片段做慢镜头。

在“项目”窗口双击“Wildlife.wmv”，将其在“源”监视器窗口打开。在 00:00:00:00 设置入点，在 00:00:04:04 设置其出点，按住“仅拖动视频”按钮，如图 4.6.2 所示，将其插入到“时间轴”序列窗口的视频 1 轨道零点处。

图 4.6.2　插入视频

将“时间轴”面板中播放指示器的位置设置到 00:00:06:00 处，选择工具箱中的“比率拉伸工具”，在视频的尾部拖动至 6 秒处，如图 4.6.3 所示。

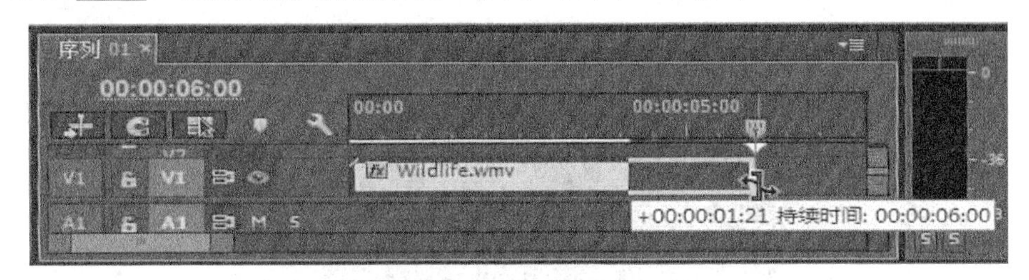

图 4.6.3　制作慢镜头

5. 使用“速度/持续时间”命令做倒放的快镜头

将“源”监视器窗口的标记全部删除。在 00:00:04:05 处重新标记入点，在 00:00:11:22 重新标记出点。将这段视频插入至“时间轴”序列窗口视频轨道的 6 秒处。

选中刚插入的这段视频，选择快捷菜单中的“速度/持续时间”命令，如图 4.6.4 所示，将其速度由 100%加快到 190%，并选中“倒放速度”复选框。

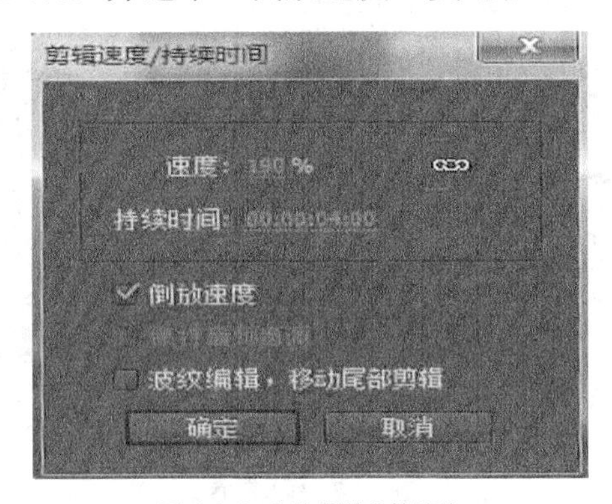

图 4.6.4　制作倒放的快镜头

这样既完成了快镜头也同时完成了倒放镜头。

6. 使用“四点编辑”将视频剪辑插入时间线窗口序列，制作慢镜头

将“源”监视器窗口的标记全部删除。在 00:00:17:08 处重新标记入点，在 00:00:20:08 重新标记出点。入点到出点间的时长为 3 秒。在“时间轴”序列窗口的 00:00:06:00 处标记入点，00:00:12:00 处标记出点。入点到出点间的时间长短为 6 秒。

单击“源”监视器窗口下方的“插入”按钮，如图 4.6.5 所示。

图 4.6.5　插入素材

在打开的“适合剪辑”对话框中选择“更改剪辑速度（适合填充）”选项，并单击“确定”按钮，如图 4.6.6 所示。

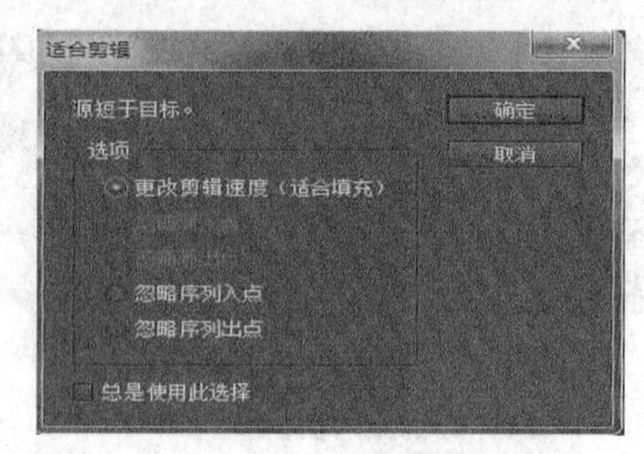

图 4.6.6 改变剪辑的速度

7. 插入音频内容

将“源”监视器中的标记点全部清除，按住“仅拖动音频”按钮，如图 4.6.7 所示。将视频文件的音频部分拖动至音频轨道 1 的零点处。

图 4.6.7 插入音频

将多出视频部分的音频删除掉，如图 4.6.8 所示。

图 4.6.8 视频音频首尾对齐

8. 预览项目文件内容，并保存项目文件

5 Chapter

第 5 章
视频过渡效果

视频过渡即视频画面从一个镜头转移到下一个镜头。一种视频过渡为简单的镜头切换，在镜头之间的衔接点未添加任何视频过渡效果，视频画面从镜头转移到镜头；另一种视频过渡是在镜头之间的衔接点添加视频过渡效果，Premiere Pro CC 提供了大量可应用于序列的视频过渡效果，如交叉溶解、叠加溶解、翻转、翻页和页面剥落等视频过渡效果。

视频过渡效果可以添加于两个镜头接点之间，也可以只将视频过渡效果应用于剪辑的开头或结尾。

学习要点：

- 视频过渡的基本原理
- 添加、删除、替换过渡
- 设置默认过渡与自动匹配序列
- 设置过渡参数
- 视频过渡类型
- 视频过渡应用实例

建议学时：上课 4 学时，上机 2 学时。

5.1 视频过渡概述

视频过渡也被称为过场或转场，即在镜头切换中加入过渡效果。有人称过渡效果为过渡特技，是用来处理镜头接点的特效。这种视频过渡技术被广泛地应用于电视、电影等数字视频制作中，以增加视觉上的感染力，达到让人觉得有趣味和难忘的某种效果，同时，在技术上也会使镜头和镜头之间的播放更为流畅。

镜头是构成影片的基本要素，镜头切换（Cut）分为硬切和软切两种：硬切即两个镜头之间没有添加任何视频过渡效果，直接剪接在一起；软切即在镜头接点之间施加了视频过渡效果。

如：“交叉溶解”视频过渡是利用透明度的渐变，A 镜头渐渐淡出 B 镜头渐渐淡入，或者说是 A 镜头渐隐 B 镜头渐现，以达到 B 镜头逐渐取代 A 镜头的目地，如图 5.1.1 所示。

图 5.1.1 “交叉溶解”视频过渡效果

Premiere Pro CC2014 提供了“3D 运动”、“划像”、“擦除”、“溶解”、“滑动”、“缩放”和“页面剥落”七类视频过渡，共包含“立方体旋转”、“翻转”、“交叉划像”、“圆划像”等 37 种视频过渡效果，如图 5.1.2 所示。

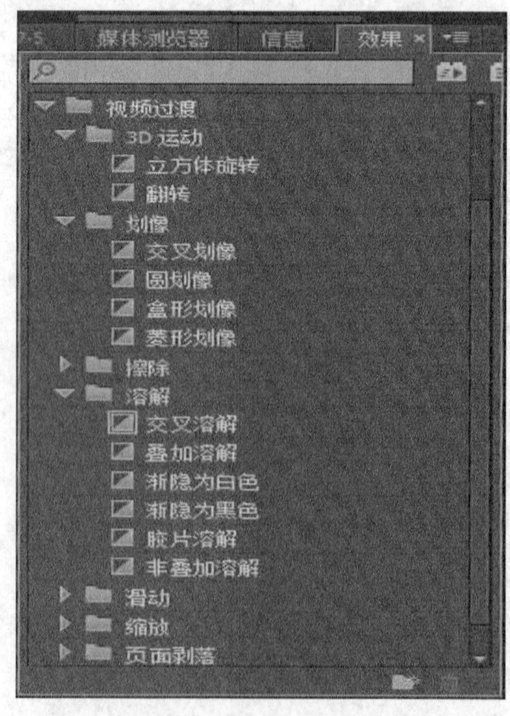

图 5.1.2 七类视频过渡效果与部分展开的文件夹

5.1.1　过渡的基本原理

过渡即一个视频片段播放结束，另一个视频片段开始播放的过程。我们将一个视频片段称为一个镜头或一个素材，要在两个镜头之间施加一个视频过渡，需要二者镜头之间有部分交叉重叠，这部分交叠的镜头称为过渡帧。

一部完整的电视剧或影片等数字视频作品，是由若干个镜头拼接而成的。这些镜头可能是由不同的人在不同的时间和地点，使用不同的摄像机拍摄而成的，因此，如果在整合编辑这些素材时不应用过渡特技，而用硬切技术，那么影片在播放时人们会觉得不自然，还有可能断续不连贯。所以，灵活、恰当的应用过渡特效，方可制作出理想的、播放连续流畅、具有独特个性、新颖的令人赏心悦目的影视作品来，如图 5.1.3 所示。

图 5.1.3　应用视频过渡效果

过渡效果包括视频过渡效果和音频过渡效果，本章介绍视频过渡效果，音频过渡效果在后面第 10 章音频效果中介绍。

5.1.2　添加、删除、替换过渡

1. 添加过渡

要在两个镜头之间添加过渡，这两个镜头必须在同一轨道上，并且它们之间没有间隙，将选择的某一过渡效果从“效果”面板拖到“时间轴”面板两个镜头之间即可。

在“效果”面板中，打开视频过渡文件夹，浏览要添加的视频过渡效果：当前 Premiere 最新版本 Premiere Pro CC2014 提供了七类 37 种视频过渡效果，单击【窗口】/【效果】/【视频过渡】/【3D 运动】，展开了视频过渡中的七个文件夹“3D 运动”“划像”“擦除”“溶解”“滑动”“缩放”和“页面剥落”与“3D 运动”子文件夹，“3D 运动”文件夹包含有“立方体旋转”和“翻转”两个视频过渡效果，如图 5.1.4 所示。

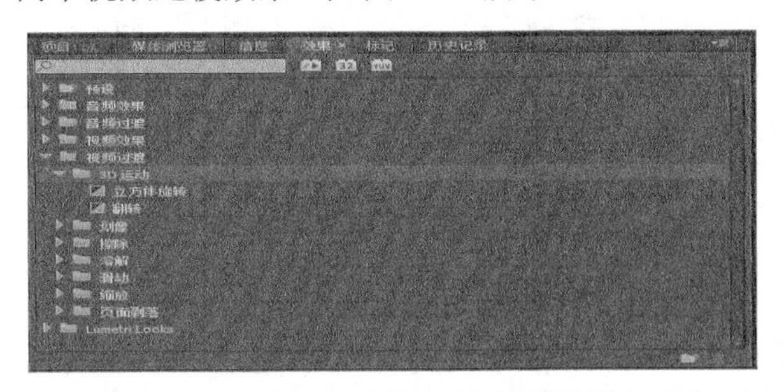

图 5.1.4　浏览视频过渡文件夹与视频过渡效果

在“效果”面板中，可以分别展开视频过渡中的七类不同视频过渡效果，如展开视频过渡“溶解”文件夹，单击【窗口】/【效果】/【视频过渡】/【溶解】，如图 5.1.5 所示。

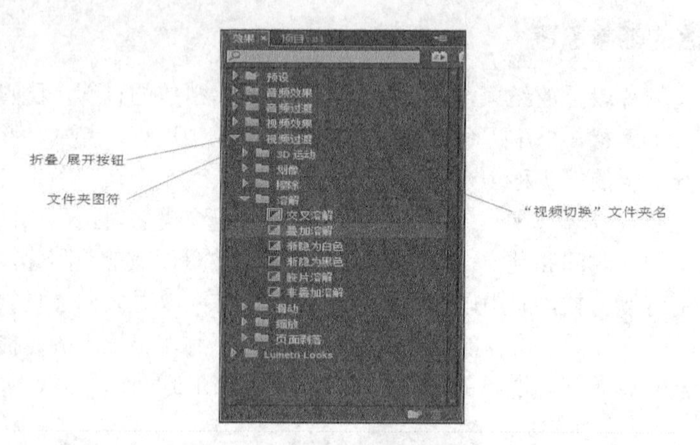

图 5.1.5 展开的“溶解”子文件夹

从图 5.1.5 展开的“溶解”子文件夹中可以看到，“溶解”子文件夹包含了“交叉溶解”、“叠加溶解”“渐隐为白色”“渐隐为黑色”“胶片溶解”和“非叠加溶解”共六种视频过渡效果。

用鼠标左键单击“折叠/展开”按钮即可折叠或展开相应的文件夹。

添加视频过渡方法 1：在展开的视频过渡子文件夹中，选中视频过渡效果，按住鼠标左键，拖曳切换效果至时间轴上相邻两镜头连接处即可，如图 5.1.6 所示。

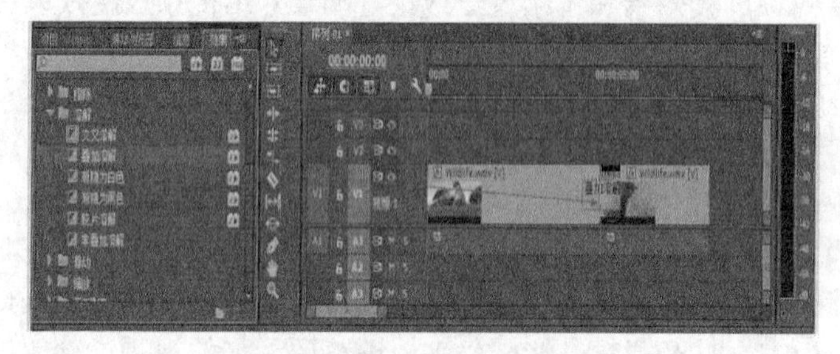

图 5.1.6 添加“叠加溶解”视频过渡

浏览视频过渡效果，可以直接按空格键，或用鼠标左键单击【节目】面板内的【播放-停止切换（Space)】按钮，即可浏览视频过渡效果，如图 5.1.7 所示。

图 5.1.7 视频过渡“叠加溶解”效果

添加视频过渡操作时要注意鼠标指针的形状与视频过渡在两素材接点处的位置关系，当鼠标在剪切线上移动指针时，指针将会变化以指明对齐选项。

❶ 添加视频过渡效果操作：在展开的视频过渡效果子文件夹中，选中视频过渡效果，按住鼠标左键，拖曳视频过渡效果至时间轴上相邻两素材连接处，当鼠标指针显示 形状时，表示视频过渡效果从两素材接点中心切入，如图 5.1.8 所示。

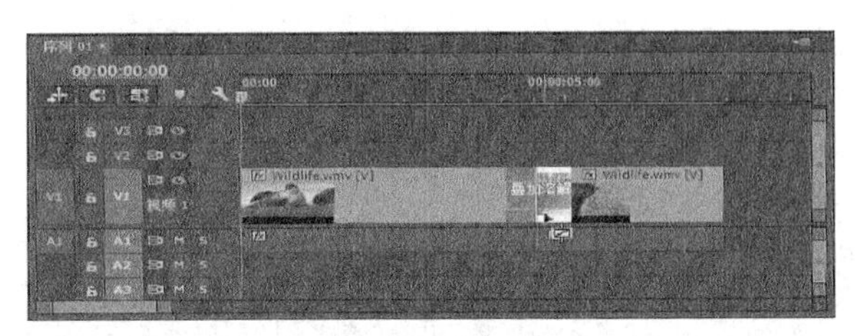

图 5.1.8　视频过渡“中点切入”

❷ 添加视频过渡效果操作：在展开的视频过渡效果子文件夹中，选中视频过渡效果，按住鼠标左键，拖曳视频过渡效果至时间轴上相邻两素材连接处，当鼠标指针显示 形状时，表示视频过渡效果从后面素材入点处切入，如图 5.1.9 所示。

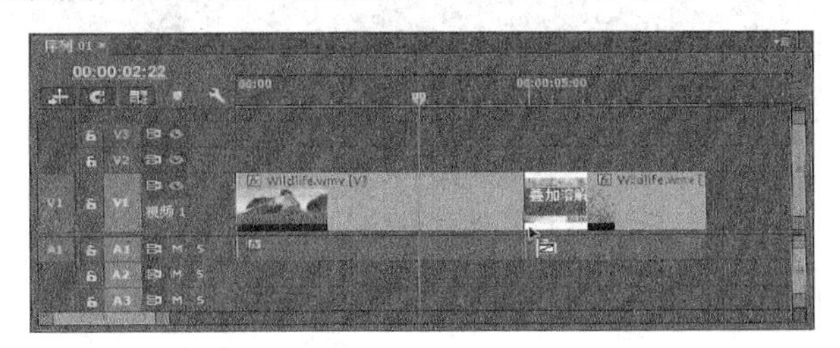

图 5.1.9　视频过渡“起点切入”

❸ 添加视频过渡效果操作：在展开的视频过渡效果子文件夹中，选中视频过渡效果，按住鼠标左键，拖曳视频过渡效果至时间轴上相邻两素材连接处，当鼠标指针显示形状时，表示视频过渡效果从前面素材出点处切入，如图 5.1.10 所示。

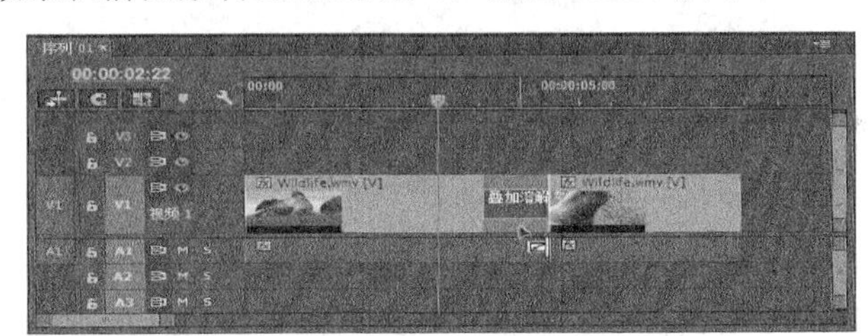

图 5.1.10　视频过渡“终点切入”

添加视频过渡方法 2：添加系统默认过渡，在需要添加过渡处直接使用快捷键 Ctrl+D 或选择【序列】/【应用视频过渡】命令，如图 5.1.11 所示。有关系统默认过渡的概念在下面介绍。具体操作步骤：❶ 指定添加过渡的位置，移动当前时间指示器到需要添加过渡处，如图 5.1.12 所示；❷ 按 Ctrl+D 组合键；系统默认过渡“交叉溶解”添加到了指定位置，如图 5.1.13 所示。

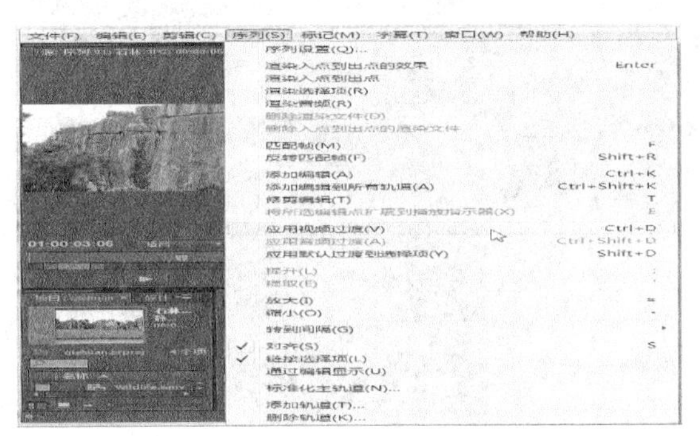

图 5.1.11　“应用视频过渡”命令窗口

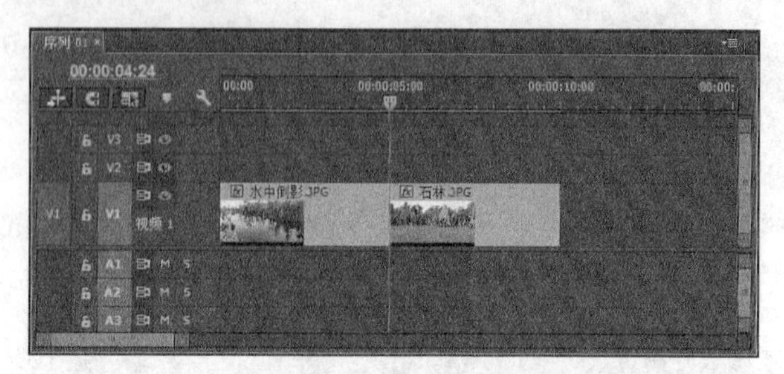

图 5.1.12 移动当前时间指示器

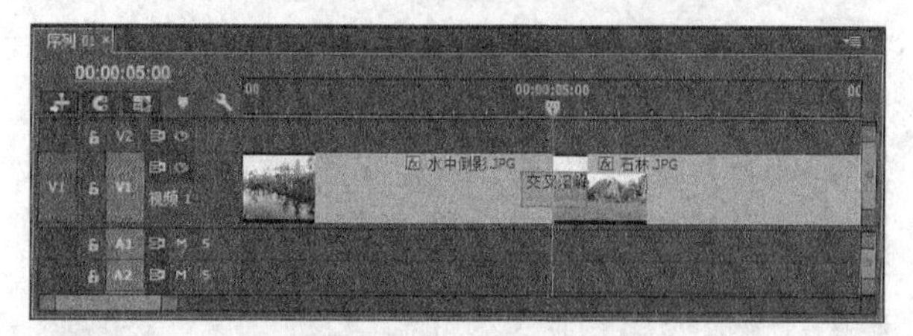

图 5.1.13 按 Ctrl+D 组合键结果

2. 删除过渡

添加过渡后，有时觉得不合适需要将添加的视频过渡删除，首先选中要删除的视频过渡，然后按【Delete】键或者单击鼠标右键，从弹出的菜单中选择“清除”命令即可，如图 5.1.14 所示。

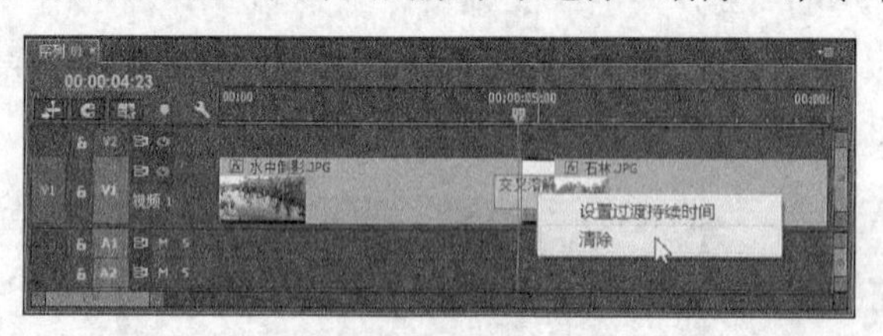

图 5.1.14 删除视频过渡

3. 替换过渡

编辑影片时，有时需要更换已经添加的视频过渡效果。直接从【效果】面板拖曳视频过渡效果至时间轴原有视频过渡效果上即可。也可以先将要替换的视频过渡删除，然后再添加视频过渡。

显然，替换过渡效果操作比删除过渡效果后再添加过渡更高效，如用“翻页”过渡替换已有的“交叉溶解”过渡，如图 5.1.15 所示。

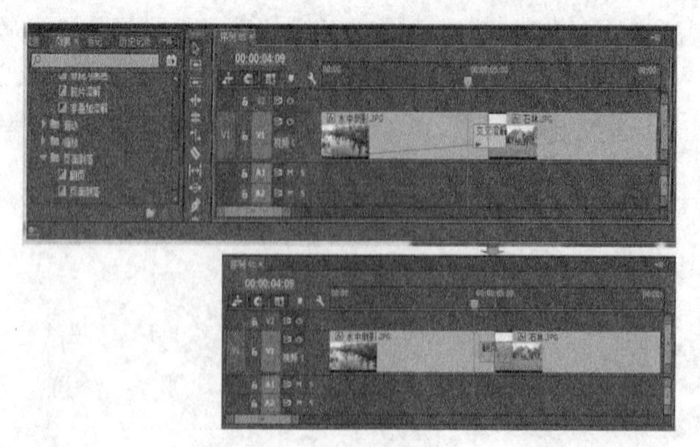

图 5.1.15 替换视频过渡

5.1.3　设置默认过渡与自动匹配序列

1．设置默认过渡

默认过渡是 Adobe Premiere Pro CC 软件指定的过渡，Adobe Premiere Pro CC 2014 指定“交叉溶解”为系统默认过渡。为了方便添加视频过渡特效，Adobe Premiere Pro CC 允许用户重新指定一个过渡为默认过渡。

添加默认过渡操作有两种方法。方法 1：使用快捷键 Ctrl+D，默认过渡被直接加入至指定的切换位置；方法 2：使用操作命令，选择【序列】/【应用视频过渡】命令，默认过渡被直接加入至指定的切换位置。

一般将使用最为频繁的过渡设置为默认过渡，以便在需要添加过渡时，不用打开效果面板选择拖动操作，直接使用快捷键即可，以节约时间提高工作效率。

默认过渡图标带有有色线框，如图 5.1.16 所示。

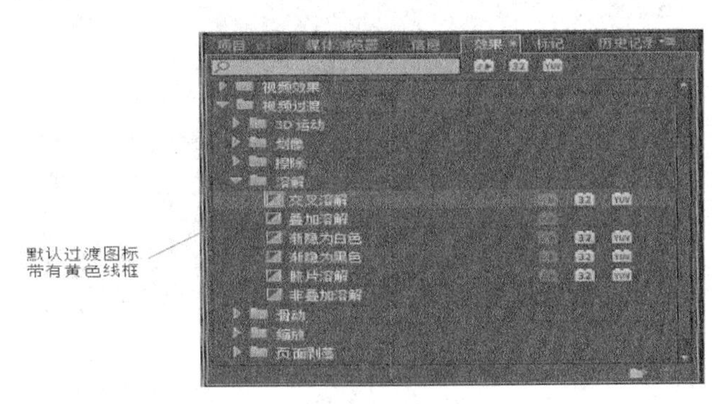

图 5.1.16　默认过渡为“交叉溶解”

设置默认过渡操作：选中“视频过渡”文件夹中的任一过渡，单击鼠标右键，从弹出的菜单中选择“将所选过渡设置为默过渡”命令即可。如：将“叠加溶解”过渡设置为默认过渡，如图 5.1.17 所示。

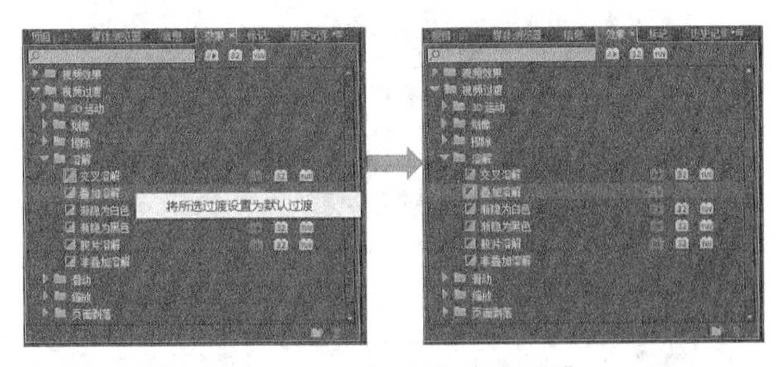

图 5.1.17　设置默认过渡为“叠加溶解”

设置默认过渡即更改系统指定的默认过渡，默认过渡由用户指定。

2．自动匹配序列

执行自动匹配序列命令可以快速地应用默认过渡，将默认过渡自动添加到所选素材连接处，操作步骤如下。

❶ 新建一个项目序列，选择【文件】/【新建】/【序列】命令，如图 5.1.18 所示。若已有项目序列，可以省略这一步。

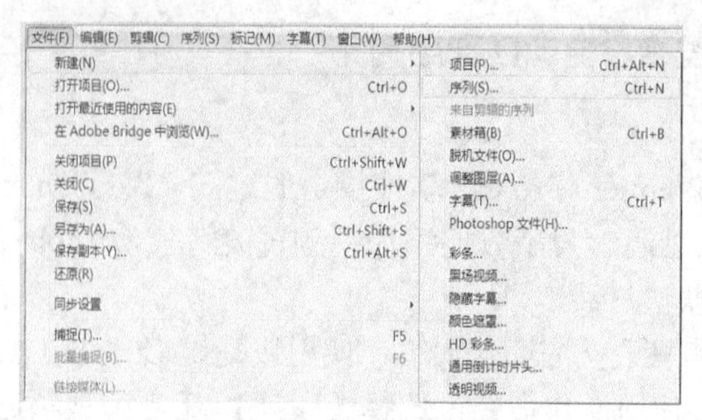

图 5.1.18 “应用新建序列”命令窗口

❷ 在项目面板中选择素材。选择素材，按住 Shift 键，单击鼠标左键，可以连续选择素材；按住 Ctrl 键，单击鼠标左键，可以单个选择素材，如图 5.1.19 所示。

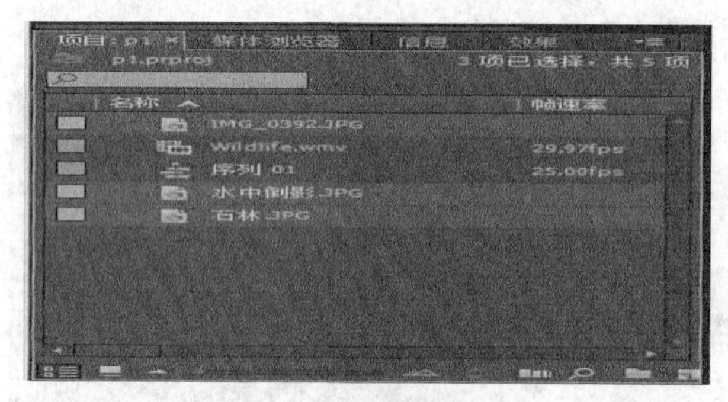

图 5.1.19 选择素材

❸ 鼠标左键单击“项目”面板右下角的自动匹配序列图标，如图 5.1.20 所示，或者选择【剪辑】/【自动匹配序列】命令，执行自动匹配序列命令，如图 5.1.21 所示。

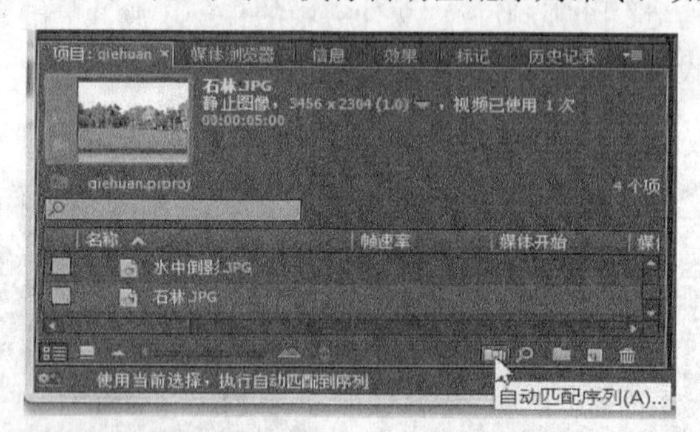

图 5.1.20 在“项目”中单击自动匹配序列按钮

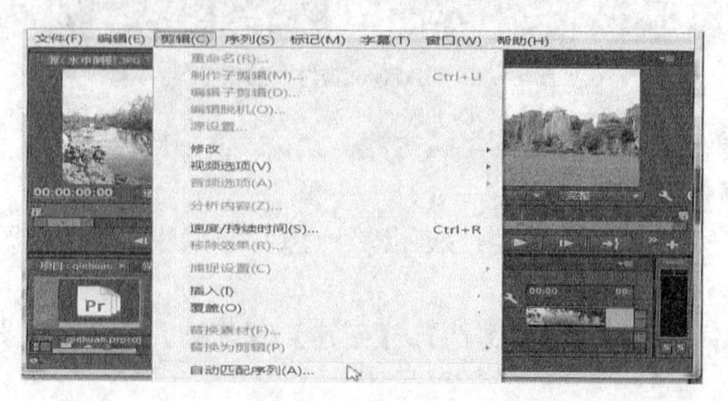

图 5.1.21 在“剪辑”窗口执行自动匹配序列命令

❹ 在弹出的“序列自动化窗口”中，鼠标左键单击【确定】按钮，如图 5.1.22 所示。

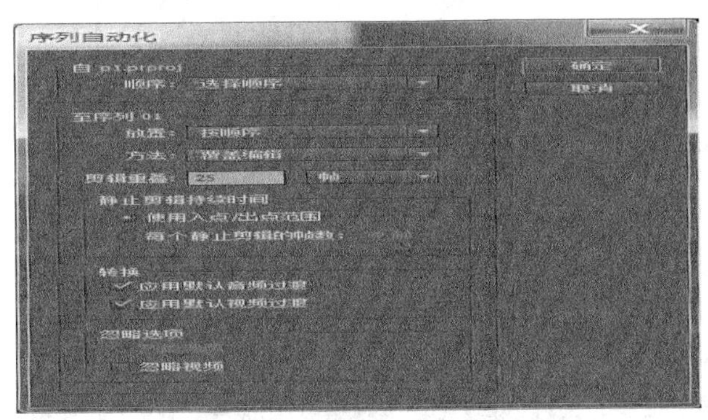

图 5.1.22　序列自动化窗口

❺ 在项目面板选择的素材与默认过渡自动添加到时间面板项目序列中，如图 5.1.23 所示。这里的默认过渡为“交叉溶解”。

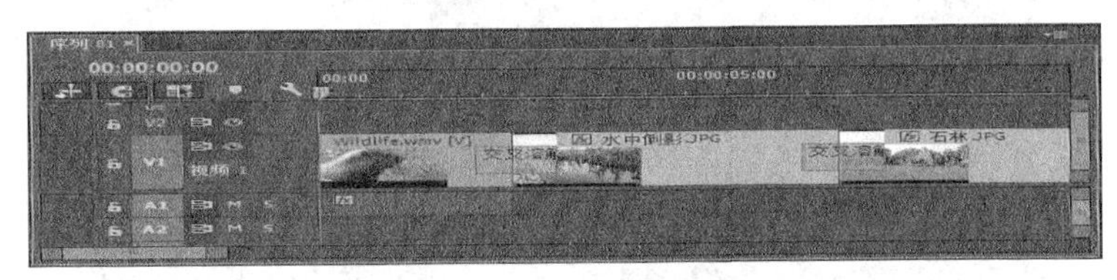

图 5.1.23　“时间轴”面板

❻ 按空格键，预览结果，如图 5.1.24 所示。

图 5.1.24　默认“交叉溶解”视频过渡效果

5.2 设置过渡参数

Premiere Pro CC 允许用户修改系统提供的过渡参数，得到不同的切换效果，一方面增强了过渡功能，一方面满足了用户发挥想象能力进行自由创作的需要。可设置的过渡参数如下。

- 长度：持续时间。
- 位置：对齐，指视频过渡效果和镜头接点之间的位置关系。
- 开始和结束状态。
- 显示实际来源。

- 视频显示、反向。
- 自定义。
- 切换方向。

5.2.1 过渡的显示

在时间轴面板的项目序列中，鼠标左键单击过渡名称，如图 5.2.1 所示，得到“效果控件”面板上过渡的显示结果及参数设置选项，如图 5.2.2 所示。

在“效果控件”面板上显示出当前过渡名称、预览窗口信息、持续时间、对齐等过渡参数设置项。

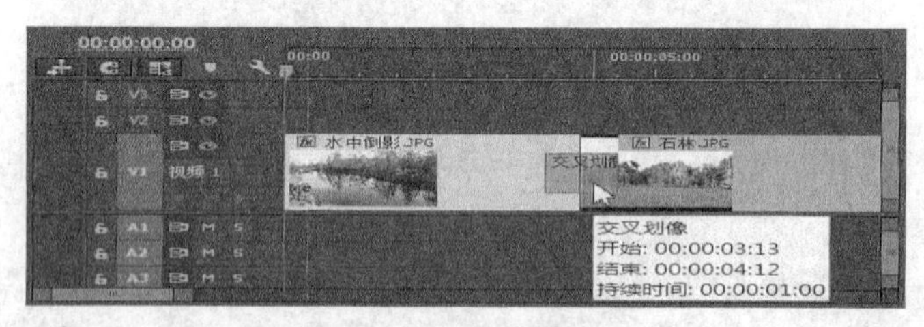

图 5.2.1 项目序列素材结构

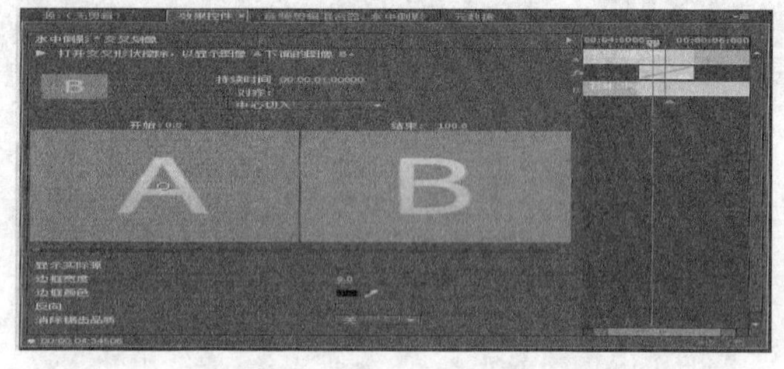

图 5.2.2 “交叉划像”视频过渡参数设置

5.2.2 改变过渡长度

Premiere Pro CC 过渡长度的初始值是由系统设定的，叫作默认过渡长度，此长度是可以重新设置的，即可以修改。

用户添加过渡效果时，过渡长度是默认的长度，因此，如果某个长度被经常使用，就有必要将它设为默认过渡长度。设置步骤如下。

方法 1：

❶ 选择【效果】面板右上角的下拉菜单 按钮，弹出窗口如图 5.2.3 所示。

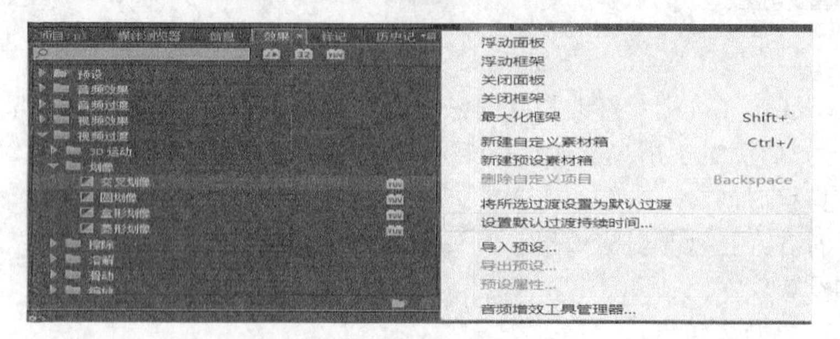

图 5.2.3 效果面板下拉菜单窗口

❷ 在弹出窗口中，选择“设置默认过渡持续时间”，弹出窗口如图 5.2.4 所示。

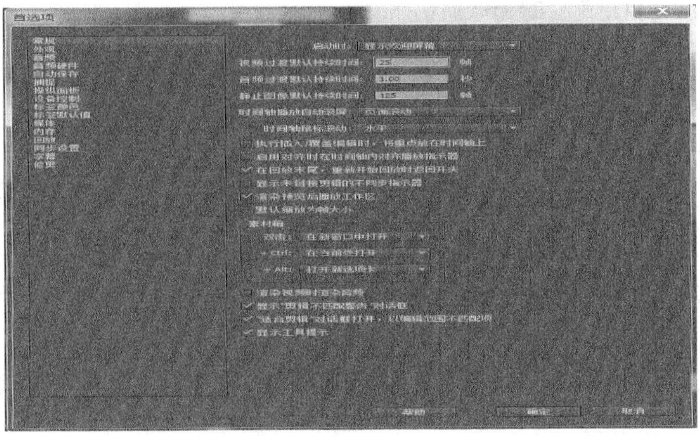

图 5.2.4 【常规】窗口

❸ 在弹出的窗口中，设置“视频过渡默认持续时间”的帧数即可。

方法 2：选择【编辑】/【首选项】/【常规】命令，如图 5.2.5 所示，同样可以弹出窗口如图 5.2.4 所示，在弹出的窗口中设置“视频过渡默认持续时间”的帧数即可。

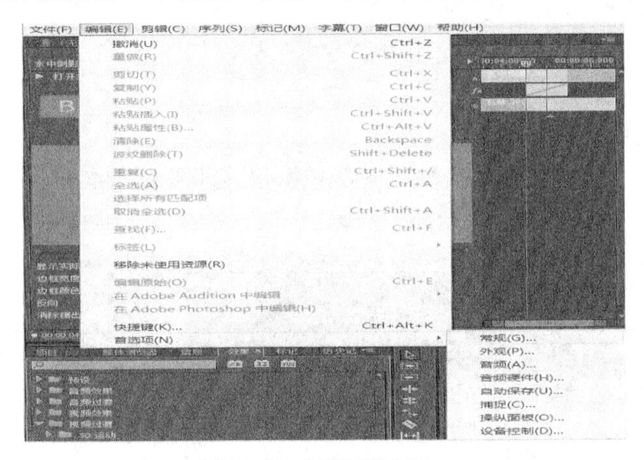

图 5.2.5 【首选项】窗口

方法 3：拖曳“时间轴”上的“视频过渡”两端，如图 5.2.6 所示。

若看不到视频过渡图片，可以拖曳时间标尺“伸缩滑块”，当鼠标在伸缩滑块上方按下拖曳时，鼠标指针将变为显示。

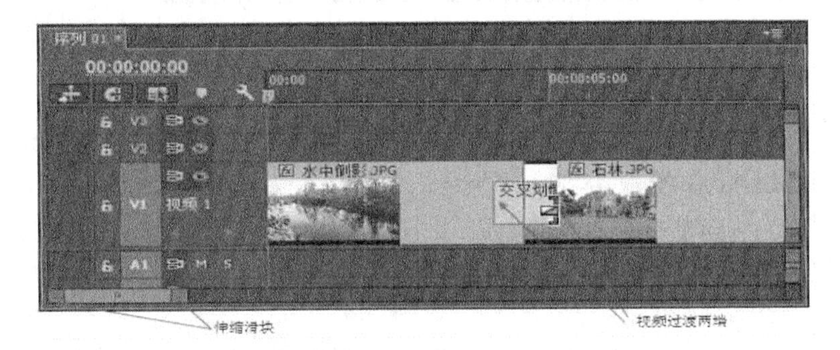

图 5.2.6 “时间轴”面板

方法4：双击“时间轴”上的“视频过渡”图片，弹出“效果控件”面板，拖曳效果控件面板上的视频过渡接片两端，如图5.2.7所示。

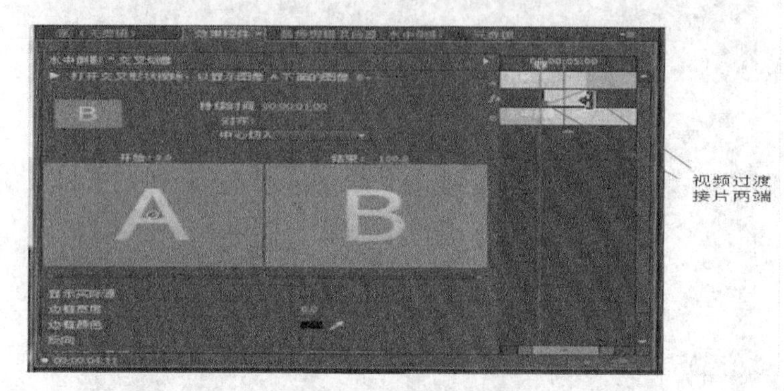

图5.2.7 “效果控件”面板

5.2.3 过渡参数的设置

不同的过渡参数有所不同，但是设置方法类似，这里我们以“交叉划像”为例，介绍过渡参数的设置。

所谓过渡参数的设置即修改过渡参数的数值而已。

在时间轴的项目序列中，鼠标左键单击过渡名称，如图5.2.1所示，得到“效果控件”面板的显示，如图5.2.2所示。

1. 设置视频过渡的“持续时间”

用鼠标左键单击“持续时间”右侧的黄颜色数值，即可在文本框内输入时间数值，如图5.2.8所示。

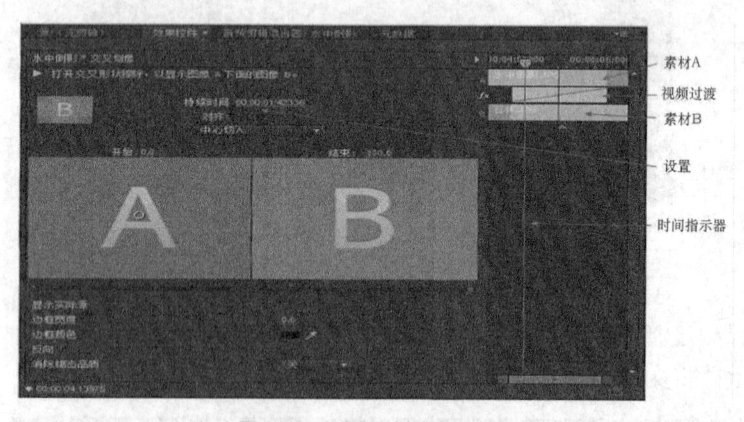

图5.2.8 设置视频过渡持续时间

注意：

❶ 时间数值四部分的含义分别表示为时：分：秒：帧。

❷ 当鼠标的光标放在黄色参数数值上面时，光标显示变为形状，左右拖动鼠标即可更改参数数值，其他显示黄色参数数值的修改方法同此。

2. 设置视频过渡的“对齐”方式

即设置当前过渡位于两素材接点之间的位置，如图5.2.9所示。“对齐”设置为“中心切入”，则过渡位于两素材接点中间；“对齐”设置为“起点切入”，则过渡从 B 素材入点处切入；“对齐”设置为“终点切入”，则过渡的结尾位于 A 素材出点处；“对齐”设置为“自定义起点”，则过渡位于两素材接点间自定义位置，如图 5.2.10 所示。

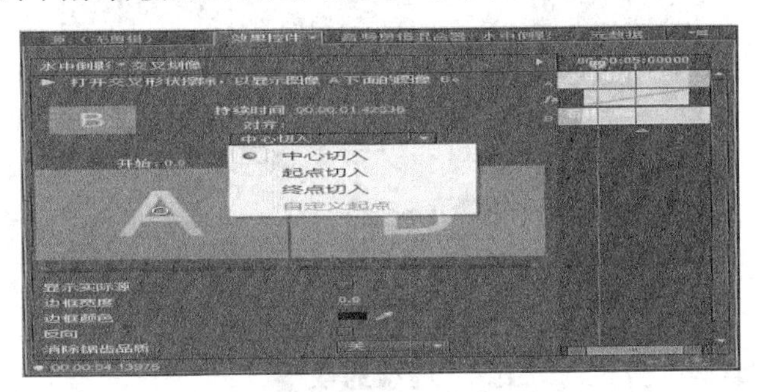

图 5.2.9　视频过渡“对齐”方式

图 5.2.10　视频过渡“对齐”切入方式

若单击▶播放过渡按钮，可以在其下面的预览区中浏览视频过渡效果，如图 5.2.11 所示。

图 5.2.11　预览过渡效果

3. 设置视频过渡的“显示实际源”

选中“显示实际源”后面的选择框，则显示 A 素材起始画面，显示 B 素材结束画面，如图 5.2.12 所示。

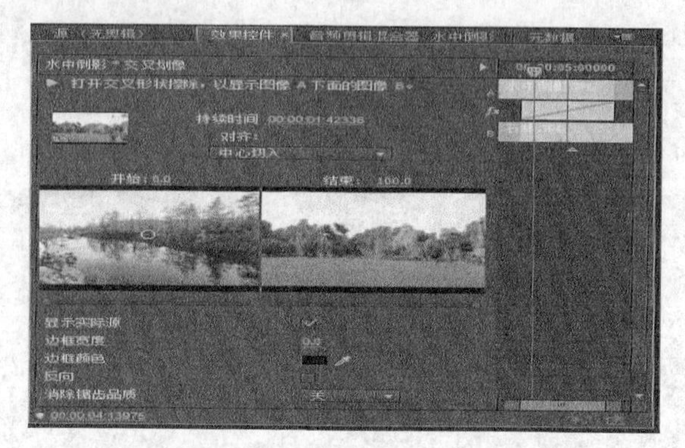

图 5.2.12 “效果控件”面板显示过渡起始画面

4. 设置视频过渡的“开始”“结束”选项的数值

当鼠标的光标放在“开始”“结束”选项右面的参数数值上面时，光标显示变为形状，左右拖动鼠标即可更改参数数值或拖动其下方的时间滑块，可以设置视频过渡在开始和结束时的效果即设置过渡效果在起点和终点完成的百分比，以什么效果开始过渡，又以什么效果结束过渡；在参数控制区中的开始 A 图像窗口正中有一个白色小圆圈“○”，用鼠标左键单击，拖动后再释放，可以改变 B 图像在画面中开始出现的位置，如图 5.2.13 所示。

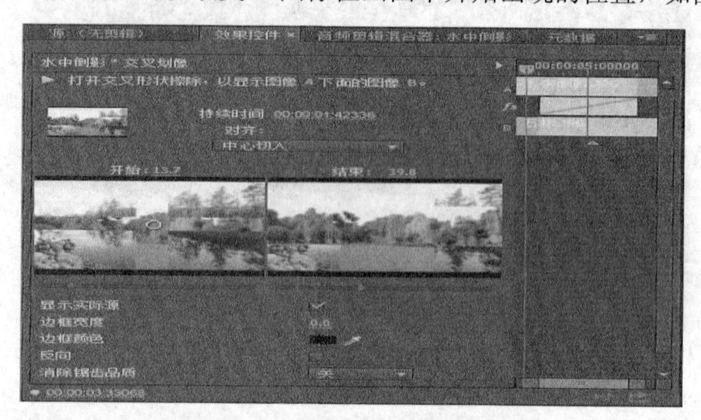

图 5.2.13 设置过渡的开始与结束效果

5. 设置视频过渡的“边框宽度”

改变“边框宽度”右面的数值，即可直接改变视频过渡边框宽度。有些过渡没有边框，如图 5.2.14 所示。

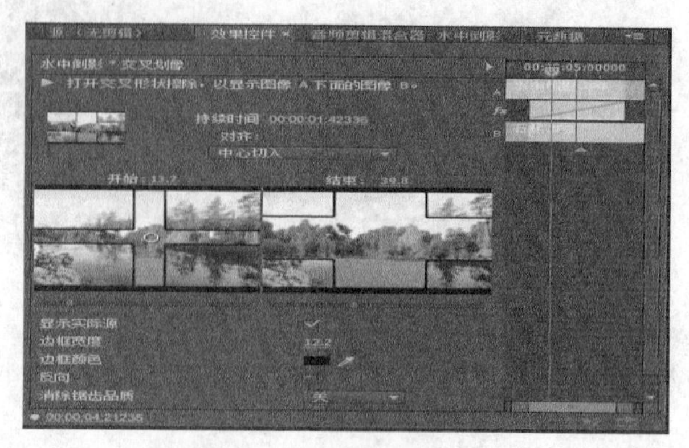

图 5.2.14 设置过渡边框宽度

6. 设置视频过渡的“边框颜色”

设置过渡边框的颜色。单击色板或使用吸管来选择颜色。单击“边框颜色”右面色板，在弹出的“拾色器”窗口中，选择颜色，单击“确定”按钮即可，如图 5.2.15 所示。

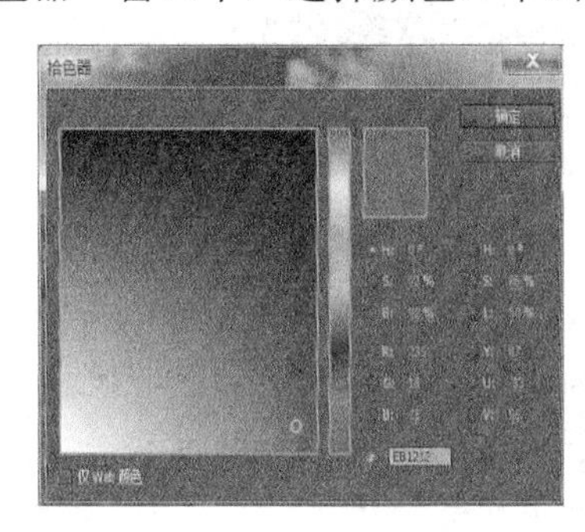
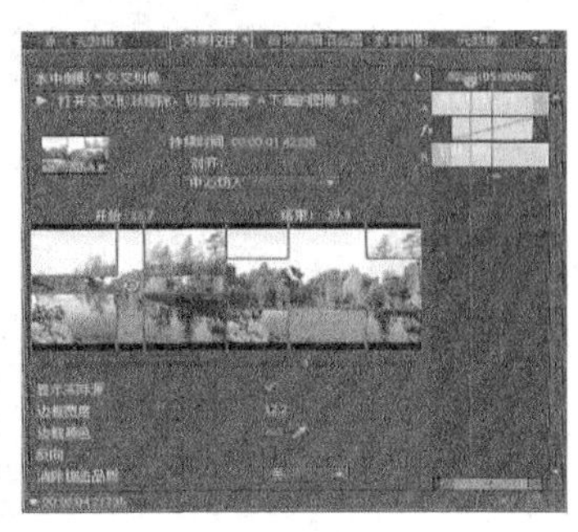

图 5.2.15　设置过渡边框颜色

7. 设置视频过渡“反向”

“反向”，设置视频过渡为倒放过渡，选中“反向”右面的选择框，则视频过渡效果为由 B 到 A，如图 5.2.16 所示。

图 5.2.16　设置“交叉划像”过渡“反向”

8. 设置“消除锯齿品质”

设置视频过渡的边界光滑度，“消除锯齿品质”右侧的下拉菜单，如图 5.2.17 所示，有四种选择。❶ 关：表示关闭对边界光滑度的调整，为系统默认状态；❷ 低：表示对边界光滑度的调整较低；❸ 中：表示对边界光滑度的调整在中等；❹ 高：表示对边界光滑度的调整较高。图 5.2.18 所示为“消除锯齿品质”为“关”时，视频过渡边界光滑度效果。

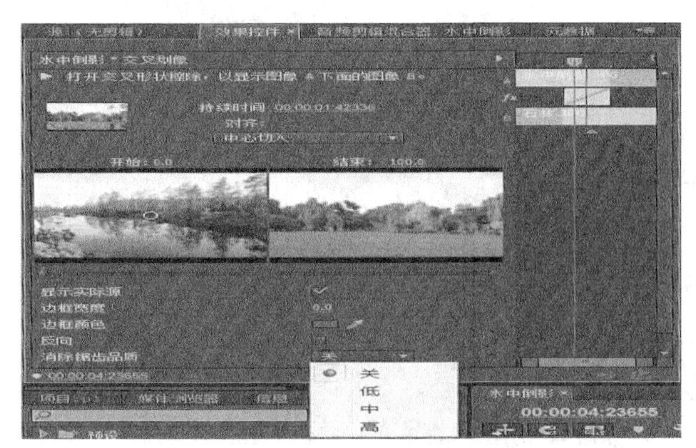

图 5.2.17　设置“消除锯齿品质”选择

图 5.2.18 边界光滑度效果

9. 设置“边缘选择器”

设置边缘选择器，可以更改过渡的方向或指向，单击视频过渡缩略图上的边缘选择器箭头即可。例如，“划出”视频过渡效果，默认过渡的方向是从左至右，若单击“自西北向东南”按钮，则过渡的方向变为从屏幕“左上角至右下角”。有些过渡没有边缘选择器，如图5.2.19和图5.2.20所示。

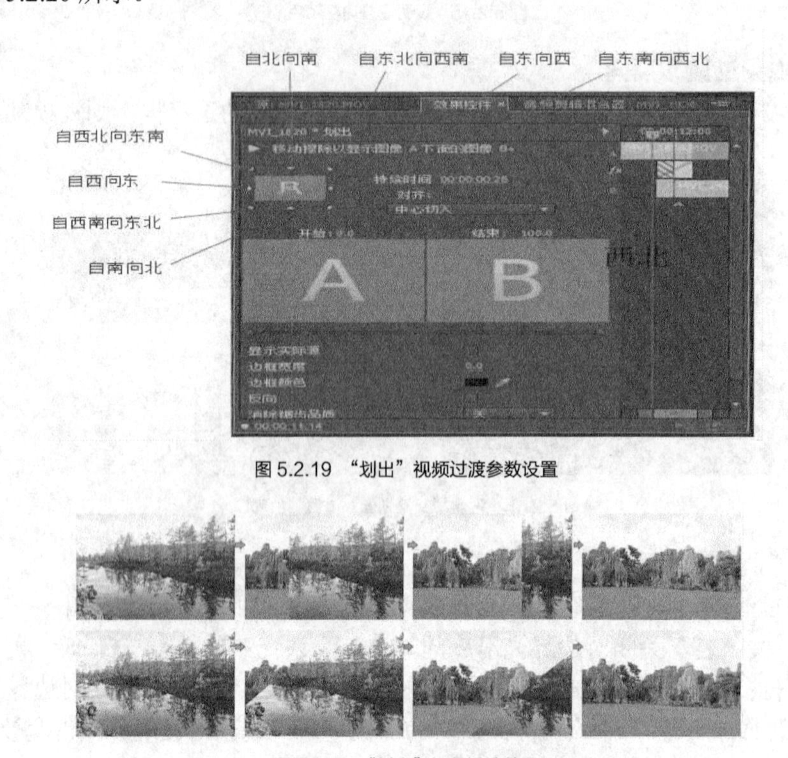

图 5.2.19 “划出”视频过渡参数设置

图 5.2.20 “划出”视频过渡效果

5.3 视频过渡类型

5.3.1 3D 运动

3D 运动类视频过渡是以三维立体运动的方式进行画面切换的。

1. 立方体旋转

“立方体旋转”视频过渡，在两个相邻的素材 A 和素材 B 中，素材 A 画面和素材 B 画面分别映射到一个立方体的两个侧面，以立方体旋转的形式实现视频过渡。过渡设置如图

5.3.1 所示；系统默认效果是立方体以反时针方向转动，素材 B 画面转入屏幕，素材 A 画面转出屏幕，如图 5.3.2 所示；选中“反向”，立方体以顺时针方向转动，素材 B 画面转入屏幕，素材 A 画面转出屏幕，如图 5.3.3 所示；设置“自北向南”，立方体以从上到下方向转动，素材 B 画面转入屏幕，素材 A 画面转出屏幕，如图 5.3.4 所示。

设置“立方体旋转”方向，在“效果控件”面板中，可用鼠标左键单击“预览窗口”四周的方向按钮。

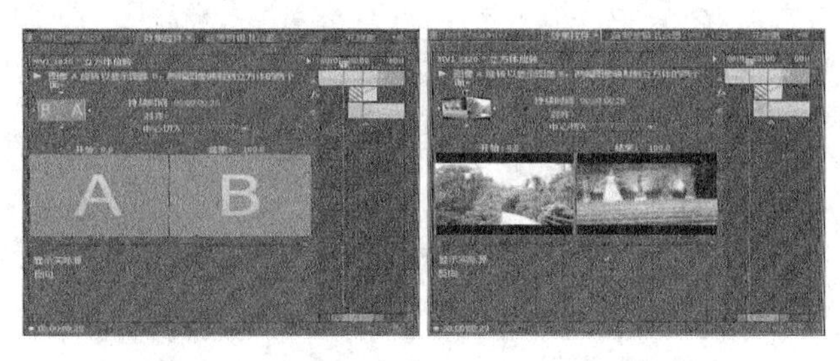

（a）未选中显示实际源　　（b）选中显示实际源

图 5.3.1 “立方体旋转”视频过渡参数设置

图 5.3.2 “立方体旋转”默认视频过渡效果

图 5.3.3 “立方体旋转”反向视频过渡效果

图 5.3.4 “立方体旋转”自北向南视频过渡效果

2. 翻转

“翻转”视频过渡，是两个相邻的素材 A 和素材 B，素材 A 画面和素材 B 画面分别映射到一个平面的两个侧面，以一个平面翻转的形式实现视频过渡。过渡设置如图 5.3.5 所示；系统默认效果是素材 A 画面以顺时针方向翻转到素材 B 画面，素材 B 画面逐渐充满屏幕，如图 5.3.6 所示；选中“反向”效果是素材 A 画面以逆时针方向翻转到素材 B 画面，素材 B

画面逐渐充满屏幕，如图 5.3.7 所示；设置“自北向南”效果是素材 A 画面从上到下方向翻转到素材 B 画面，素材 B 画面逐渐充满屏幕，如图 5.3.8 所示；“自定义”效果是由用户设置翻转平面的个数即带值，翻转过程中的背景颜色也由用户设定，如图 5.3.9 和图 5.3.10 所示。若设置“自北向南”效果，可用鼠标左键单击预览窗口上方的【▽】按钮。

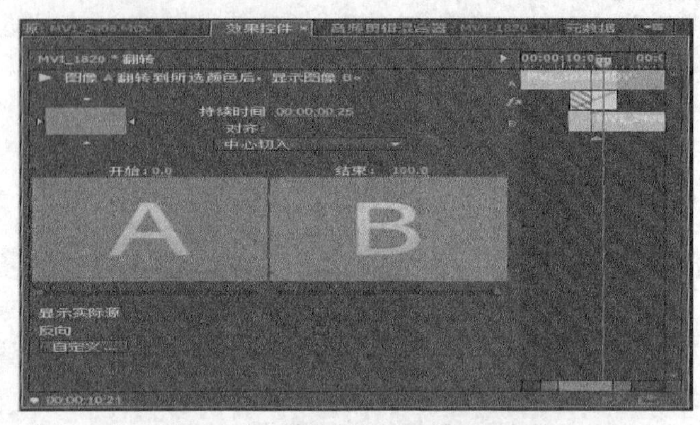

图 5.3.5 “翻转”视频过渡参数设置

图 5.3.6 “翻转”默认视频过渡效果

图 5.3.7 “翻转”反向视频过渡效果

图 5.3.8 “翻转”自北向南视频过渡效果

图 5.3.9 “翻转”自定义设置

图 5.3.10 “翻转”自定义设置效果

我们比较详细地介绍了以上两个 3D 运动视频过渡，其他 3D 运动视频过渡还有：折叠、帘式、摆入和摆出等，这里不再介绍了，在使用方法上均大同小异。

5.3.2 划像

划像类视频过渡是以划像的方式进行画面切换的。

1. 交叉划像

“交叉划像”视频过渡，在两个相邻的素材 A 和素材 B 中，以素材 A 画面为前景，以素材 B 画面为背景，前景素材 A 画面在屏幕中心，以“十”字图形方式向四周裂开，渐渐被擦除，显示出背景素材 B 画面，如图 5.3.11 和图 5.3.12 所示。

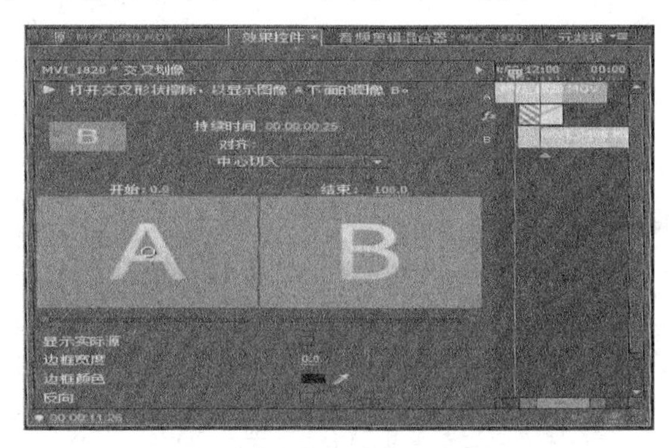

图 5.3.11 “交叉划像”参数设置

图 5.3.12 “交叉划像”效果

2. 圆划像

“圆划像”视频过渡，在两个相邻的素材 A 和素材 B 中，以素材 A 画面为前景，以素材 B 画面为背景，前景素材 A 画面在屏幕中心，以“圆”图形方式向四周展开，渐渐被擦除，显示出背景素材 B 画面，如图 5.3.13 和图 5.3.14 所示。

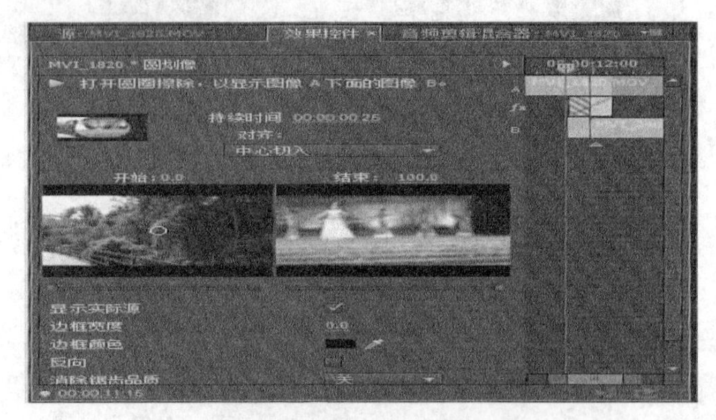

图 5.3.13 “交叉划像”参数设置

图 5.3.14 “圆划像”效果

3. 盒形划像

“盒形划像”视频过渡，在两个相邻的素材 A 和素材 B 中，以素材 A 画面为前景，以素材 B 画面为背景，前景素材 A 画面在屏幕中心，以“矩形”图形方式向四周展开，渐渐被擦除，显示出背景素材 B 画面，如图 5.3.15 和图 5.3.16 所示。

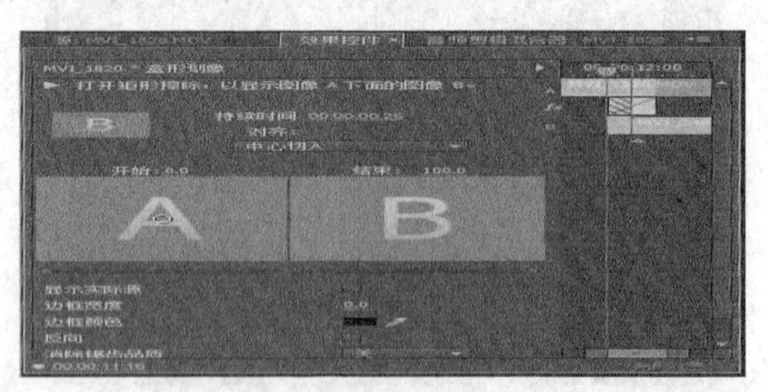

图 5.3.15 “盒形划像”参数设置

图 5.3.16 “盒形划像”效果

4. 菱形划像

“菱形划像”视频过渡，在两个相邻的素材 A 和素材 B 中，以素材 A 画面为前景，以素材 B 画面为背景，前景素材 A 画面在屏幕中心，以“菱形”图形方式向四周展开，渐渐被擦除，显示出背景素材 B 画面，如图 5.3.17 和图 5.3.18 所示。

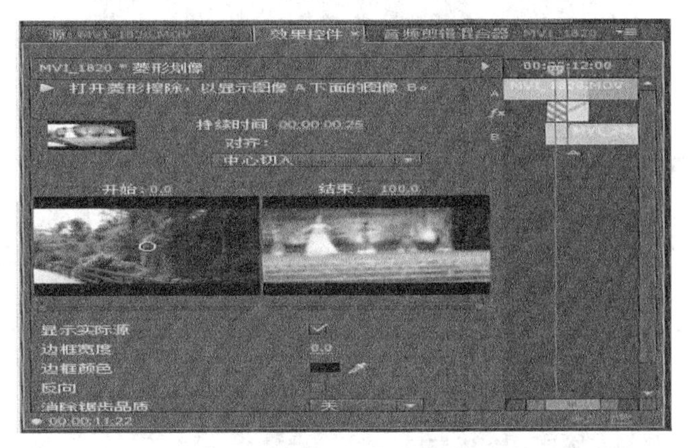

图 5.3.17 “菱形划像”参数设置

图 5.3.18 “菱形划像”效果

以上，我们介绍了交叉划像、圆划像、盒形划像和菱形划像，四种同属划像类的视频过渡，其他划像类的视频过渡还有：星形划像、点划像等，这里不再介绍了，在本质上没有任何区别，在使用方法上均大同小异。

5.3.3 擦除

擦除类视频过渡是以擦除的方式进行画面切换的。

1. 划出

“划出”视频过渡，在两个相邻的素材 A 和素材 B 中，素材 B 画面可以分别从八个不同方向移动覆盖素材 A 画面，如图 5.3.19 和图 5.3.20 所示。

在“划出”参数设置面板“预览窗口”周围分布了八个方向的按钮，可以设置切换方向。

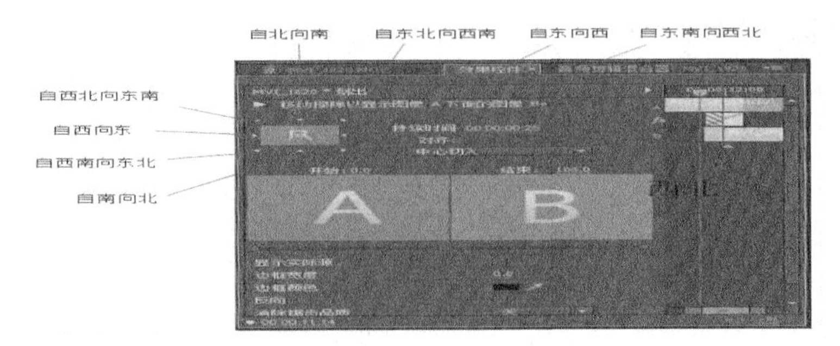

图 5.3.19 “划出”参数设置

图 5.3.20 “划出擦除”自西北向东南效果

2. 双侧平推门

“双侧平推门”擦除视频过渡，在两个相邻的素材 A 和素材 B 中，素材 A 画面以两扇门由中央向外打开的方式被擦除，门里面显示出素材 B 画面，如图 5.3.21 和图 5.3.22 所示。

设置边缘选择器，可以更改过渡的方向或指向，单击视频过渡缩略图上的边缘选择器箭头即可。

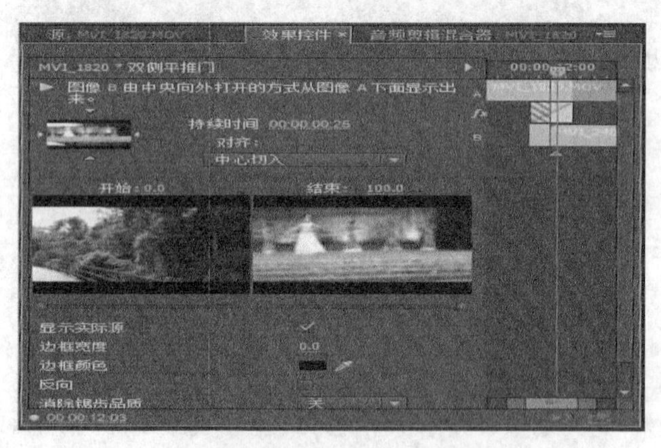

图 5.3.21 “双侧平推门”参数设置

图 5.3.22 “双侧平推门”自北向南效果

3. 带状擦除

“带状擦除”视频过渡，在两个相邻的素材 A 和素材 B 中，素材 B 画面可在水平、垂直或对角线方向上，以两组相向的条带形状向中央交叉对接，覆盖素材 A 画面，如图 5.3.23 和图 5.3.24 所示。

在效果控件面板中，设置边缘选择器，可以更改过渡的方向或指向，单击视频过渡缩略图上的边缘选择器箭头即可。

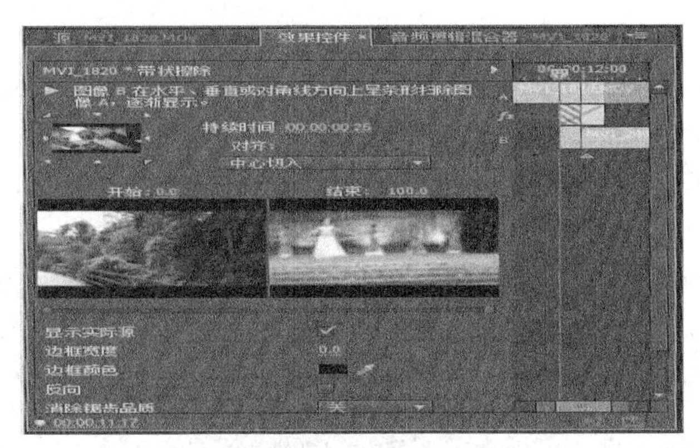

图 5.3.23 “带状擦除”参数设置

图 5.3.24 “带状擦除”自西北向东南效果

4. 径向擦除

“径向擦除”视频过渡，在两个相邻的素材 A 和素材 B 中，以某个角为中心，扫掠擦除素材 A 画面，显示出下面的素材 B 画面，如图 5.3.25 和图 5.3.26 所示。

在效果控件面板中，设置边缘选择器，可以更改过渡的方向或指向，单击视频过渡缩略图上的边缘选择器箭头即可。

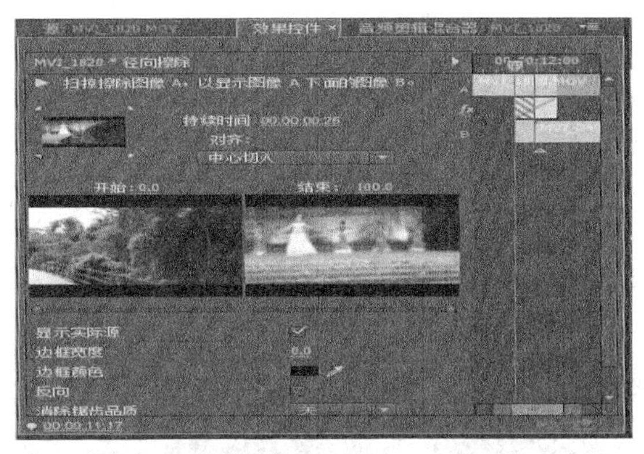

图 5.3.25 “径向擦除”参数设置

图 5.3.26 “径向擦除”自西北向东南效果

5. 插入

“插入”擦除视频过渡，在两个相邻的素材 A 和素材 B 中，素材 B 画面从矩形屏幕的某个角开始，向内推入渐渐覆盖素材 A 画面，如图 5.3.27 和图 5.3.28 所示。

在效果控件面板中，设置边缘选择器，可以更改过渡的方向或指向，单击视频过渡缩略图上的边缘选择器箭头即可。

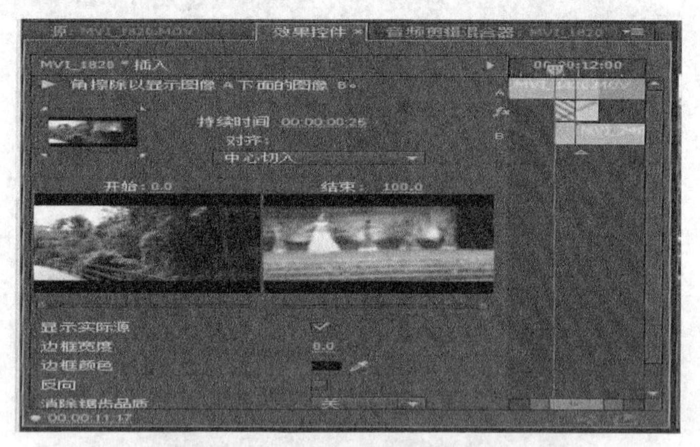

图 5.3.27 “插入擦除”参数设置

图 5.3.28 “插入擦除”默认效果

6. 时钟式擦除

“时钟式擦除”视频过渡，在两个相邻的素材 A 和素材 B 中，以时钟指针转动的方式，在屏幕中心擦除素材 A 画面，显示出素材 B 画面，如图 5.3.29 和图 5.3.30 所示。

在效果控件面板中，设置边缘选择器，可以更改过渡的方向或指向，单击视频过渡缩略图上的边缘选择器箭头即可。

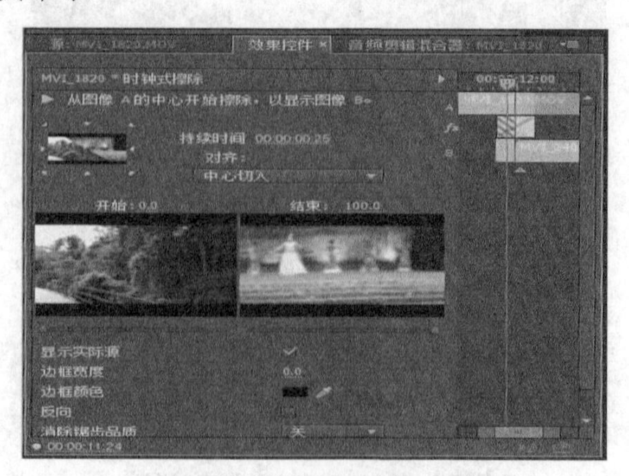

图 5.3.29 “时钟式擦除”参数设置

图 5.3.30　“时钟式擦除”默认效果

以上，我们介绍了划出、双侧平推门、带状擦除、径向擦除、插入和时钟式擦除六种同属擦除类的视频过渡，其他擦除类的视频过渡还有：棋盘、棋盘擦除、楔形擦除、水波快、油漆飞溅、渐变擦除、百叶窗、螺旋框、随机块、随机擦除和风车等过度效果，如图 5.3.31 所示。

“棋盘”视频过渡效果

“棋盘擦除”视频过渡效果

“楔形擦除”视频过渡效果

“水波快”视频过渡效果

“油漆飞溅”视频过渡效果

图 5.3.31　部分擦除视频效果

“渐变擦除”视频过渡效果

“百叶窗”视频过渡效果

“螺旋框”视频过渡效果

“随机块”视频过渡效果

“随机擦除”视频过渡效果

“风车”视频过渡效果

图 5.3.31 部分擦除视频效果（续）

5.3.4 溶解

溶解类视频过渡是以渐隐渐现或淡入淡出的方式，实现视频过渡的。

1. 交叉溶解

“交叉溶解”视频过渡是 Adobe Premiere Pro CC2014 默认的视频过渡，在两个相邻的素材 A 和素材 B 中，素材 B 画面渐渐淡入，素材 A 画面渐渐淡出，最终素材 A 画面隐去，素材 B 画面显现，如图 5.3.32 所示。

通过设置透明度和透明度关键帧，同样可以制作出交叉溶解视频过渡效果。

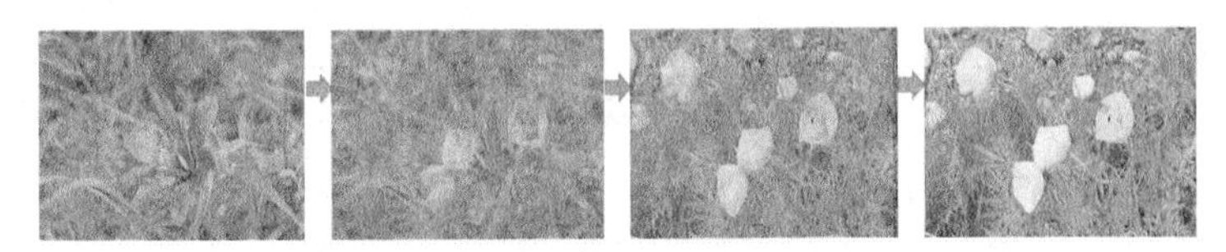

图 5.3.32 “交叉溶解”视频过渡效果

2. 叠加溶解

“叠加溶解”视频过渡，在两个相邻的素材 A 和素材 B 中，素材 B 画面渐渐淡入，素材 A 画面渐渐淡出，与此同时还有一个过渡曝光的特效发生，最终素材 A 画面隐去，素材 B 画面显现，如图 5.3.33 和图 5.3.34 所示。

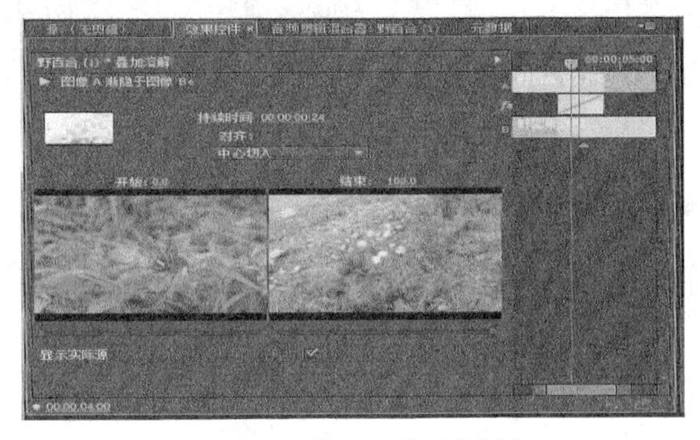

图 5.3.33 “叠加溶解”参数设置

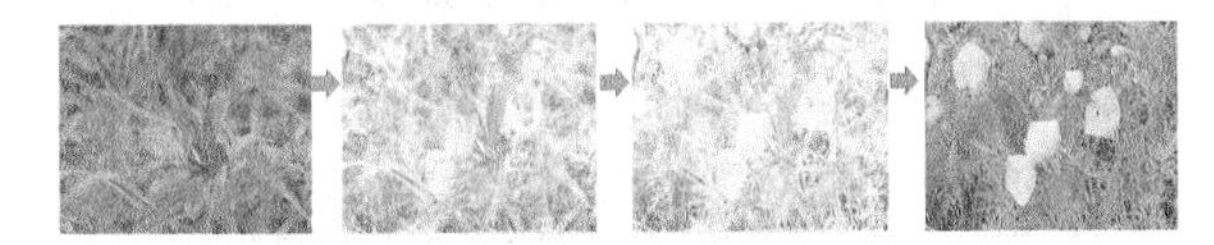

图 5.3.34 “叠加溶解”视频过渡效果

3. 非叠加溶解

“非叠加溶解”视频过渡，在两个相邻的素材 A 和素材 B 中，以素材 B 画面作为前景，素材 A 画面作为背景融合，呈现的画面由两个画面的颜色所决定，如图 5.3.35 和图 5.3.36 所示。

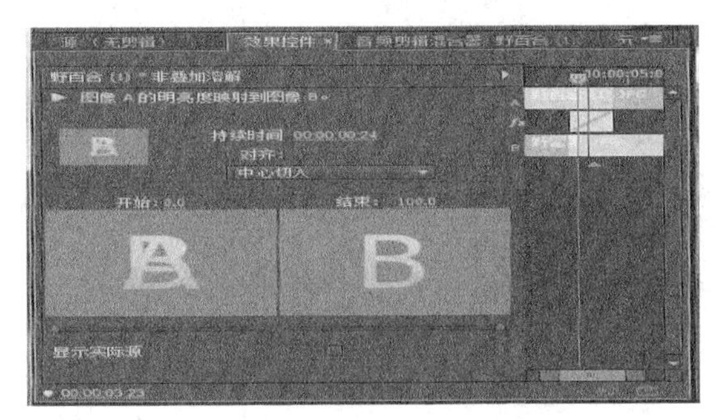

图 5.3.35 “非叠加溶解”参数设置

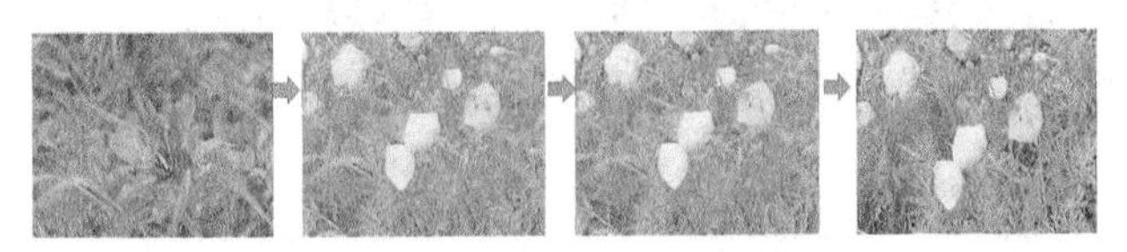

图 5.3.36 “非叠加溶解”视频过渡效果

4. 渐隐为白色

"渐隐为白色"视频过渡，在两个相邻的素材 A 和素材 B 中，素材 A 画面淡化到白色，素材 B 画面随着白色渐渐减淡显现出来，如图 5.3.37 和图 5.3.38 所示。

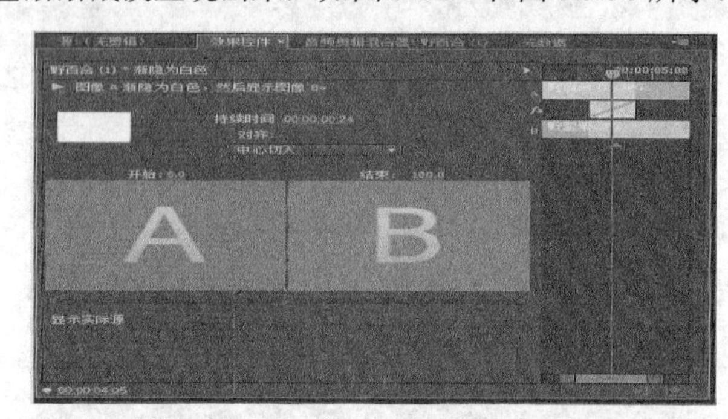

图 5.3.37 "渐隐为白色"参数设置

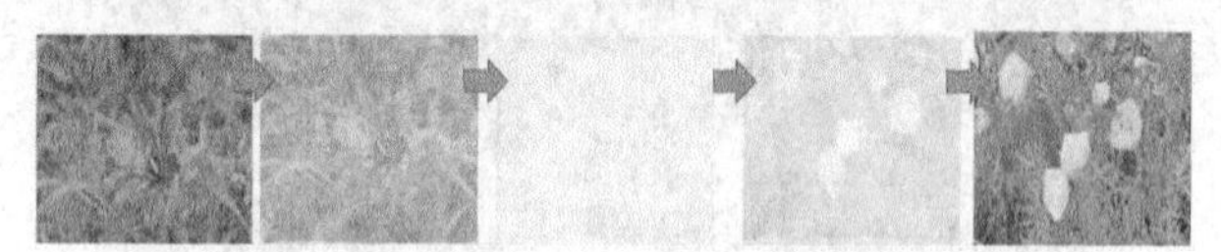

图 5.3.38 "渐隐为白色"视频过渡效果

5. 渐隐为黑色

"渐隐为黑色"视频过渡，在两个相邻的素材 A 和素材 B 中，素材 A 画面渐隐到黑色，素材 B 画面随着黑色渐渐减淡显现出来，如图 5.3.39 和图 5.3.40 所示。

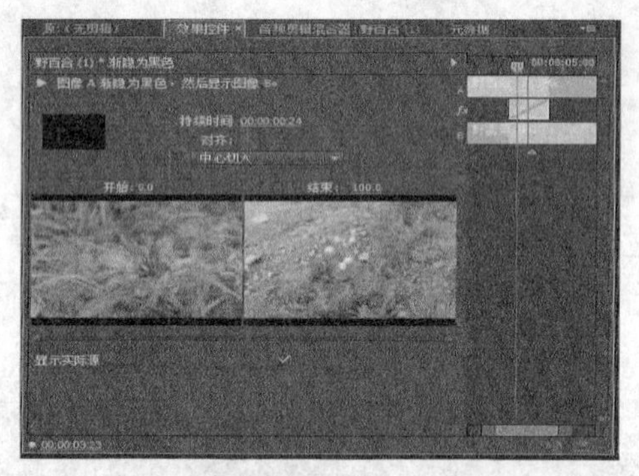

图 5.3.39 "渐隐为黑色"参数设置

图 5.3.40 "渐隐为黑色"视频过渡效果

6. 胶片溶解

"胶片溶解"视频过渡是混合在线性色彩空间中的视频过渡，在两个相邻的素材 A 和素材 B 中，素材 B 画面线性淡入，素材 A 画面线性淡出，如图 5.3.41 和图 5.3.42 所示。

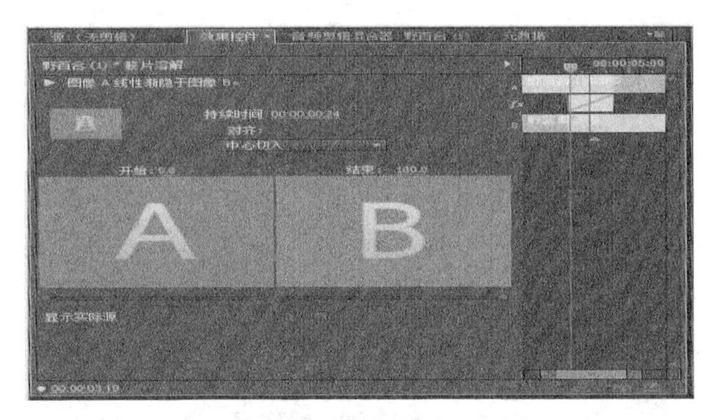

图 5.3.41 “胶片溶解”参数设置

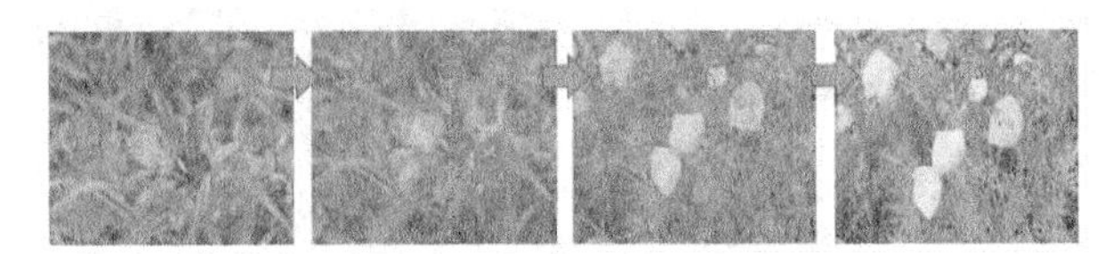

图 5.3.42 “胶片溶解”视频过渡效果

5.3.5 滑动

滑动类视频过渡是以相邻的镜头画面平行移动来实现视频过渡。

1. 中心拆分

“中心拆分”视频过渡，在两个相邻的素材 A 和素材 B 中，素材 A 画面在屏幕中心以“十”字形分为四个部分，并滑动到屏幕外，显示出素材 B 画面，如图 5.3.43 和图 5.3.44 所示。

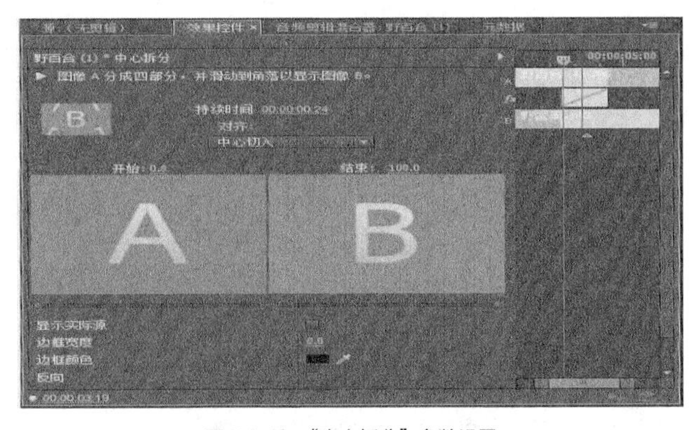

图 5.3.43 “中心拆分”参数设置

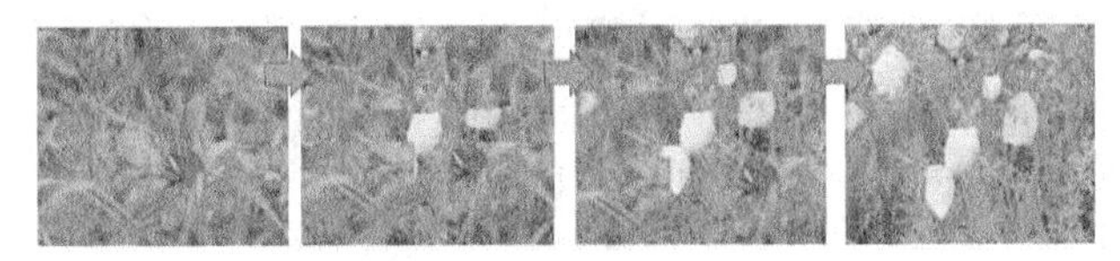

图 5.3.44 “中心拆分”视频过渡效果

2. 拆分

“拆分”视频过渡，在两个相邻的素材 A 和素材 B 中，素材 A 画面在屏幕中心以“1”字形分为两个部分，并滑动到屏幕外，显示出素材 B 画面，如图 5.3.45 和图 5.3.46 所示。

设置边缘选择器，可以更改过渡的方向或指向，单击视频过渡缩略图上的边缘选择器箭头即可。

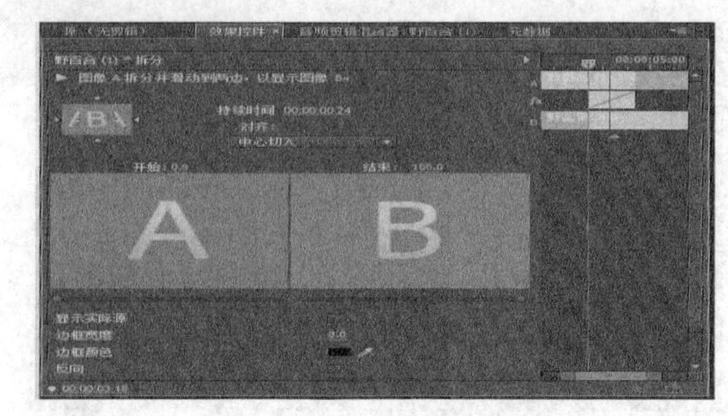

图 5.3.45 “拆分”参数设置

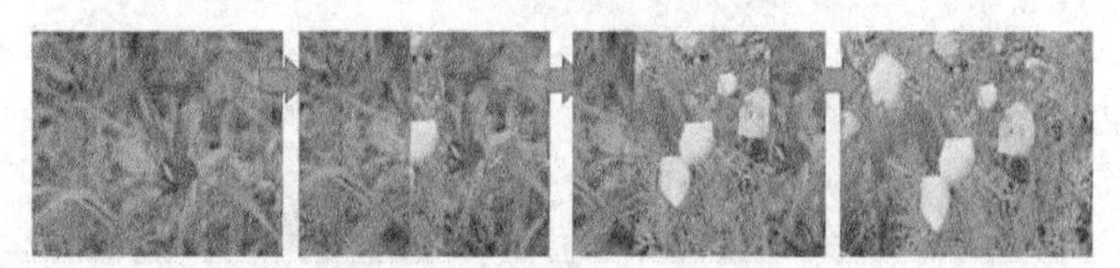

图 5.3.46 “拆分”视频过渡效果

3. 带状滑动

“带状滑动”视频过渡，在两个相邻的素材 A 和素材 B 中，素材 B 画面可以分别在水平、垂直或对角线方向上以对接的条形滑入屏幕中，覆盖素材 A 画面，如图 5.3.47 和图 5.3.48 所示。

设置边缘选择器，可以更改过渡的方向或指向，单击视频过渡缩略图上的边缘选择器箭头即可。

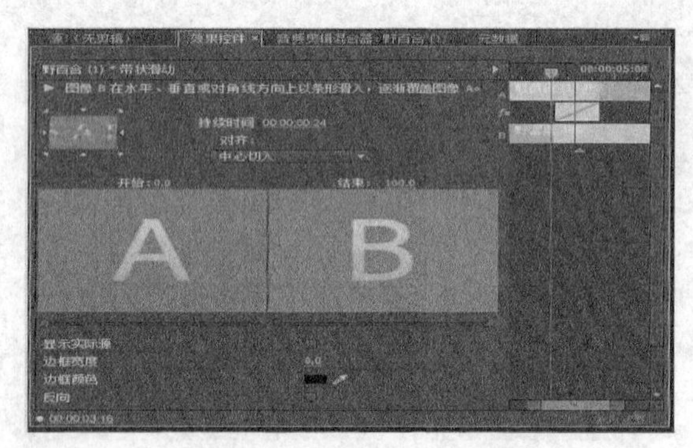

图 5.3.47 “带状滑动”参数设置

图 5.3.48 “带状滑动”垂直方向视频过渡效果

4. 滑动

“滑动”视频过渡，在两个相邻的素材 A 和素材 B 中，素材 B 画面可以在水平、垂直或对角线等八个方向上滑入屏幕中，覆盖素材 A 画面，如图 5.3.49 和图 5.3.50 所示。

设置边缘选择器，可以更改过渡的方向或指向，单击视频过渡缩略图上的边缘选择器箭头即可。

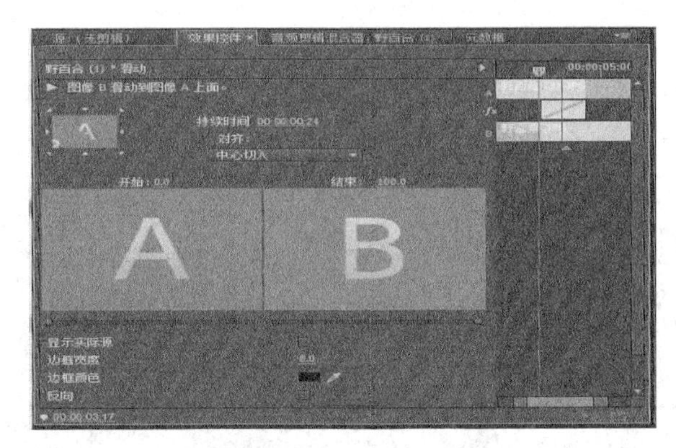

图 5.3.49 “滑动”参数设置

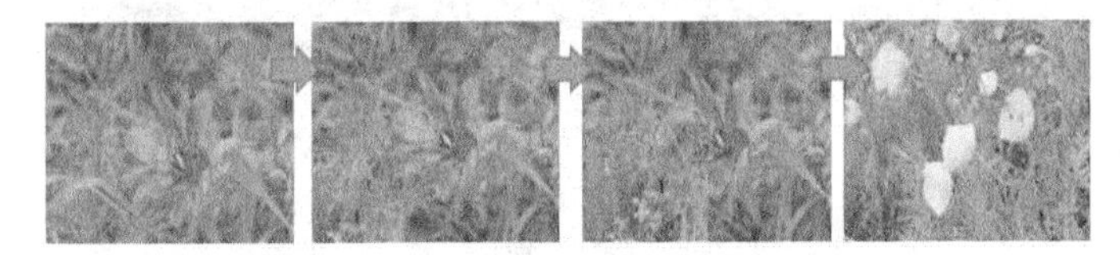

图 5.3.50 “滑动”自西南向东北方向视频过渡效果

5. 推

“推”视频过渡，在两个相邻的素材 A 和素材 B 中，素材 B 画面可以在上、下、左和右四个方向上将素材 A 画面推出，显示素材 B 画面，如图 5.3.51 和图 5.3.52 所示。

设置边缘选择器，可以更改过渡的方向或指向，单击视频过渡缩略图上的边缘选择器箭头即可。

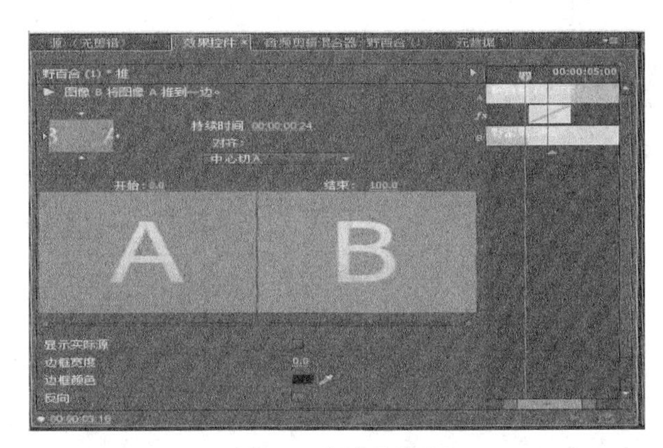

图 5.3.51 “推”参数设置

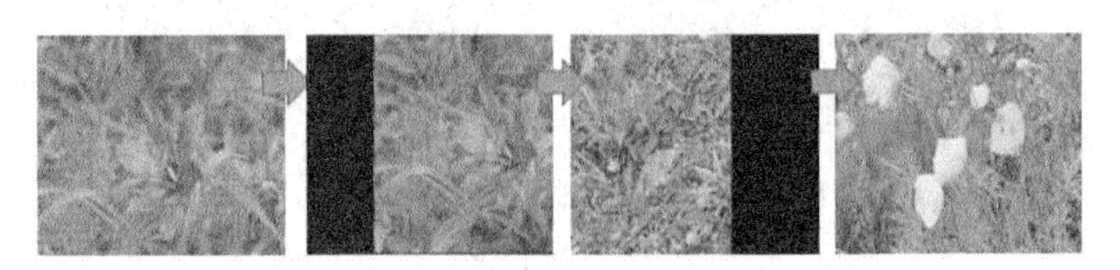

图 5.3.52 “推”默认视频过渡效果

5.3.6 缩放

缩放类视频过渡是以相邻的镜头画面放大和缩小的方式实现的。

有四种缩放类视频过渡：交叉缩放、缩放、缩放轨迹和缩放框。

1. 交叉缩放

“交叉缩放”视频过渡，在两个相邻的素材A和素材B中，素材A画面渐渐放大后退出屏幕，接着素材B画面进入屏幕渐渐缩小到正常，如图5.3.53和图5.3.54所示。

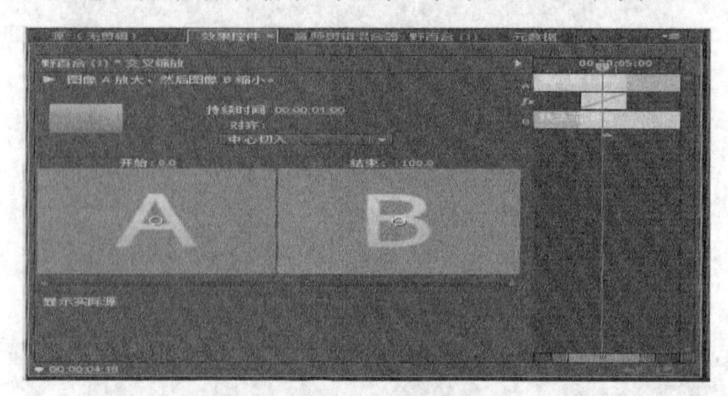

图5.3.53 “交叉缩放”参数设置

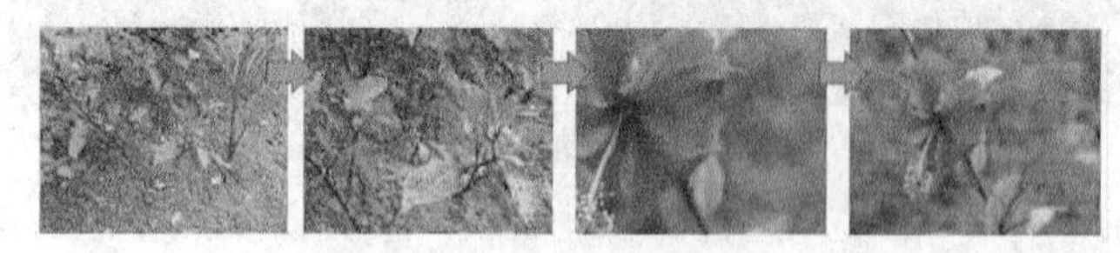

图5.3.54 “交叉缩放”默认视频过渡效果

2. 缩放

“缩放”视频过渡，在两个相邻的素材A和素材B中，素材B画面在屏幕中央渐渐放大，覆盖素材A画面，如图5.3.55所示。

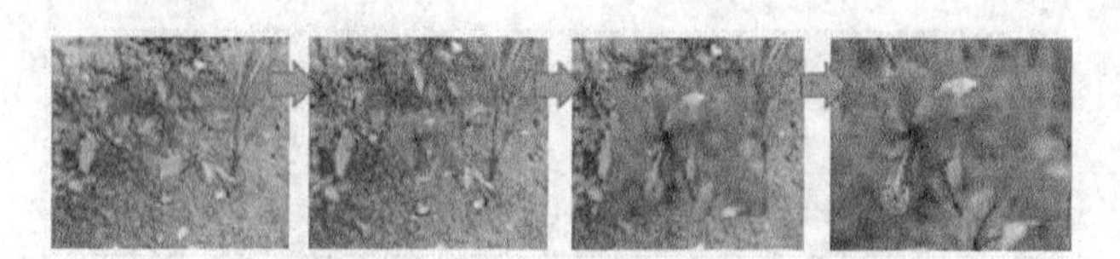

图5.3.55 “缩放”默认视频过渡效果

3. 缩放轨迹

“缩放轨迹”视频过渡，在两个相邻的素材A和素材B中，素材A画面在屏幕中充满屏幕并留有放大的轨迹，逐渐缩小到屏幕中央直至消失，素材B画面随着显现，如图5.3.56所示。

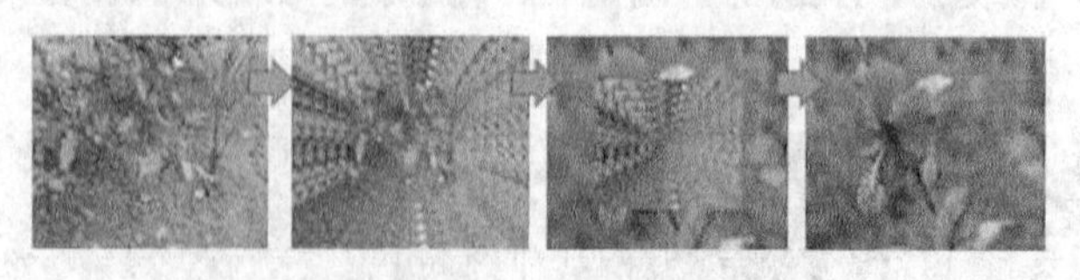

图5.3.56 “缩放轨迹”默认视频过渡效果

4. 缩放框

“缩放框”视频过渡，在两个相邻的素材A和素材B中，以素材A画面为背景，素材B画面被切分为若干个方块为前景，渐渐放大覆盖素材A画面，如图5.3.57所示。

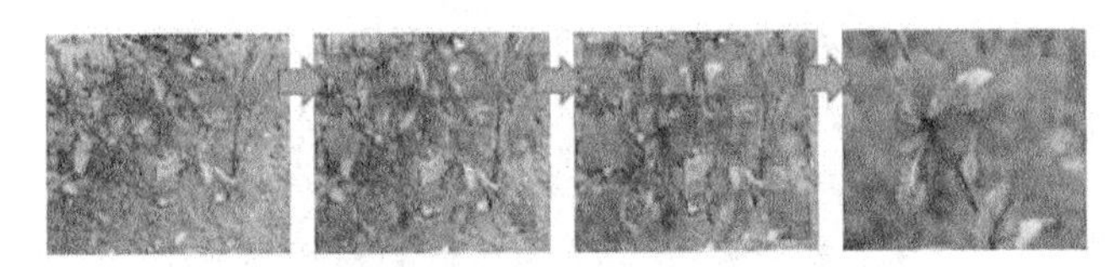

图 5.3.57 “缩放框”默认视频过渡效果

5.3.7　页面剥落

页面剥落类视频过渡是以翻页为特征的视频过渡。

有五种页面剥落视频过渡：翻页、页面剥落、中心剥落、卷页和页面滚动。

1. 翻页

“翻页”视频过渡，在两个相邻的素材 A 和素材 B 中，以素材 B 画面为背景，素材 A 画面为前景，从屏幕某个角翻开素材 A 画面，素材 A 画面背面是透明的，同时显示出素材 B 画面，如图 5.3.58 和图 5.3.59 所示。

设置边缘选择器，可以更改过渡的方向或指向，单击视频过渡缩略图上的边缘选择器箭头即可。

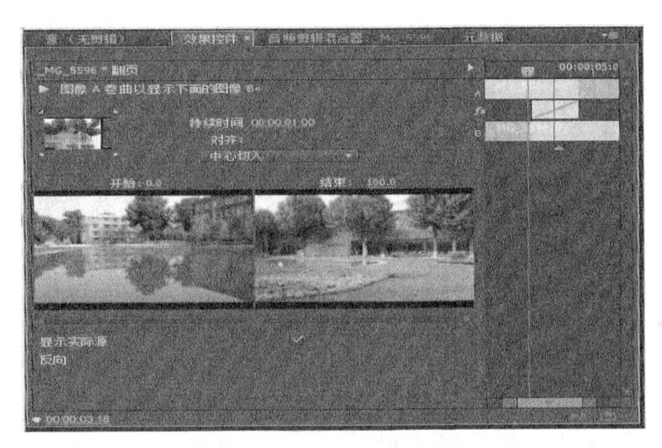

图 5.3.58 “翻页”参数设置

图 5.3.59 “翻页”默认视频过渡效果

2. 页面剥落

“页面剥落”视频过渡，在两个相邻的素材 A 和素材 B 中，以素材 B 画面为背景，素材 A 画面为前景，从屏幕某个角卷曲素材 A 画面，素材 A 画面背面是不透明的且卷曲部分有阴影，同时显示出素材 B 画面，如图 5.3.60 和图 5.3.61 所示。

设置边缘选择器，可以更改过渡的方向或指向，单击视频过渡缩略图上的边缘选择器箭头即可。

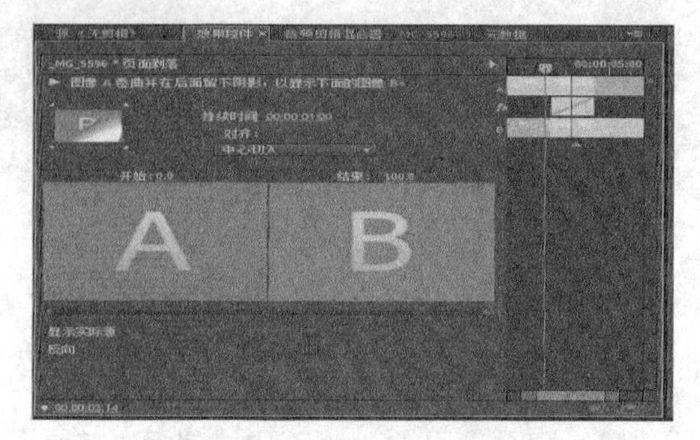

图 5.3.60 “页面剥落”参数设置

图 5.3.61 “页面剥落”默认视频过渡效果

3. 中心剥落

“中心剥落”视频过渡，在两个相邻的素材 A 和素材 B 中，以素材 B 画面为背景，素材 A 画面为前景，A 画面从屏幕中心分为四块向外卷曲离开，素材 A 画面背面是透明的，同时显示出素材 B 画面，如图 5.3.62 所示。

图 5.3.62 “中心剥落”默认视频过渡效果

4. 卷页

“卷页”视频过渡，在两个相邻的素材 A 和素材 B 中，以素材 B 画面为背景，素材 A 画面为前景，从屏幕某个角卷曲素材 A 画面，素材 A 画面背面是透明的，同时显示出素材 B 画面，如图 5.3.63 所示。

设置边缘选择器，可以对卷页角进行设定。

图 5.3.63 “卷页”默认视频过渡效果

5. 页面滚动

“页面滚动”视频过渡，在两个相邻的素材 A 和素材 B 中，以素材 B 画面为背景，素材 A 画面为前景，从屏幕某个边卷曲素材 A 画面，素材 A 画面背面是透明的，同时显示出素材 B 画面，如图 5.3.64 所示。

设置边缘选择器，可以对滚动方向进行设定。

图 5.3.64 “页面滚动”默认视频过渡效果

5.4 有关外挂视频过渡效果

外挂视频过渡效果是指：由第三方公司制作并提供的视频过渡效果外挂插件程序，效果好。如：

- 创意与易用结合——Cycore FX HD 1.7.1。
- 强大的视频过渡效果插件——Hollywood FX。
- 经典著名的雨雪粒子插件——Final Effects。
- 外挂效果一般包括：视频效果和视频过渡效果。但大部分的视频过渡效果插件会出现在 premiere 的视频效果文件夹中。
- 外挂视频过渡效果的安装：将外挂插件文件夹直接复制或安装到 premiere 的安装目录。如：C:\Program Files\Adobe\ Adobe Premiere Pro CC 2014\Plug-ins\Common 路径下，在视频效果面板中就可以找到了。

5.5 应用实例——制作电子相册

人们到祖国各地或世界各地观光旅游时，常常随手拍摄一些照片和录像，应用非线性编辑软件可将其制作成电子相册多媒体视频短片，或保留或利用网络和家人、同学、朋友等分享。

这个电子相册用到的素材是西双版纳植物园中的风景照片，其中照片 15 张，录像 1 段，各个照片和录像之间应用不同的视频过渡，同时配有优美动听的音乐。在本例中，我们有意应用有共性的视频切换，一组一组地连着应用，让读者再次自己体会它们之间的共性和差异。等后面章节学习了字幕制作后，还可添加相应的字幕等主要步骤如下。

- 新建项目，并导入图片文件。
- 将素材分别插入时间线，一个接一个。
- 添加视频过渡效果到时间线的各个素材连接处。
- 添加音乐
- 播放，看结果。

1. 新建项目文件

新建项目为“西双版纳植物园电子相册.prproj”，选择【文件 】/【新建】/【项目】，在“名称”文本内输入“西双版纳植物园电子相册”，设置存储“位置”，单击【确定】按钮，如图 5.5.1 所示。

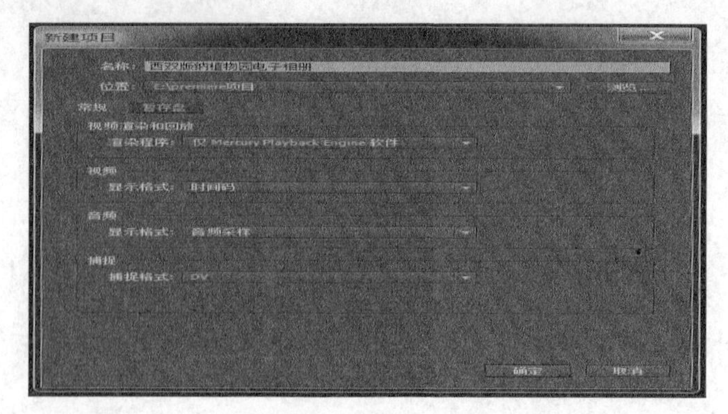

图 5.5.1 “新建项目”面板

2. 导入素材

在“项目”面板中，鼠标左键双击空白处，导入“电子相册”文件夹至“项目”窗口，鼠标左键双击“项目”窗口中的“电子相册”文件夹，即打开“电子相册”素材箱，如图 5.5.2 和图 5.5.3 所示。

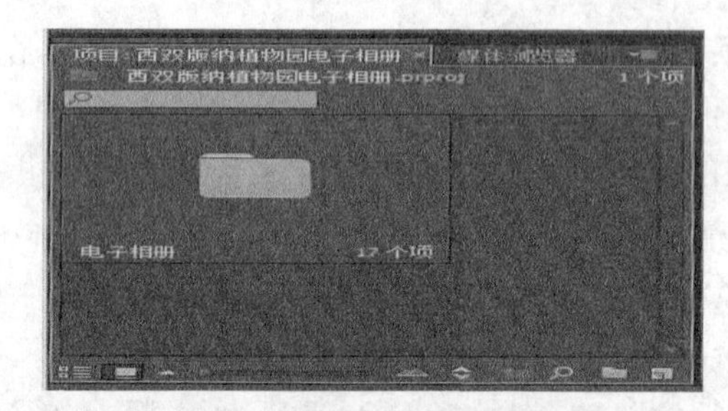

图 5.5.2 “电子相册”文件夹

图 5.5.3 “电子相册”素材箱

3. 新建序列，设置电视制式

选择【新建项】/【序列】命令，设置“DV-PAL”制式中“标准 48kHz”，单击“确定”按钮，如图 5.5.4 所示。

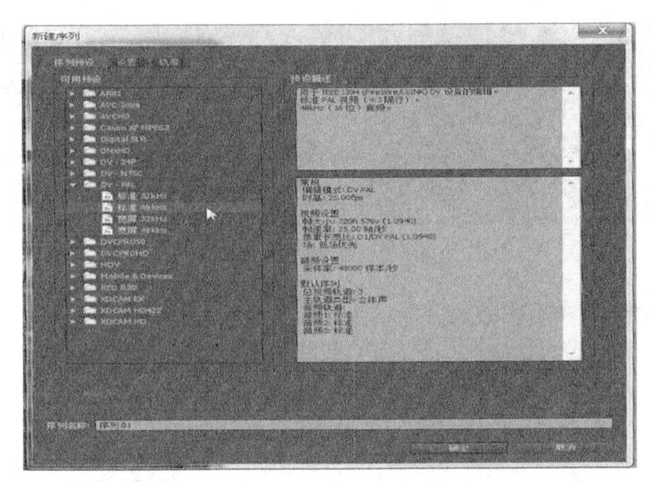

图 5.5.4 “电子相册”新建序列窗口

4. 将素材箱中的素材文件导入“时间轴”项目序列中

选择“电子相册”素材箱中的所有.JPG 文件和.mov 文件，单击“电子相册”素材箱窗口中的“自动匹配序列”命令按钮，如图 5.5.5 所示。

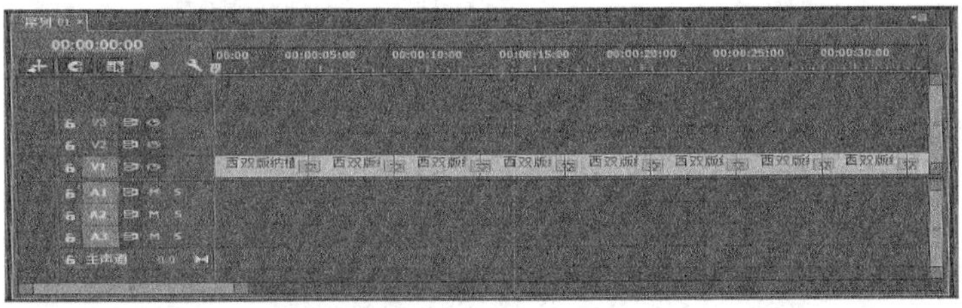

图 5.5.5 “时间轴”序列窗口

在“时间轴”序列窗口，移动当前时间指示器到时间码 00 处，设置入点；移动当前时间指示器到素材“西双版纳植物园录像.mov”的入点处，设置出点，如图 5.5.6 所示。

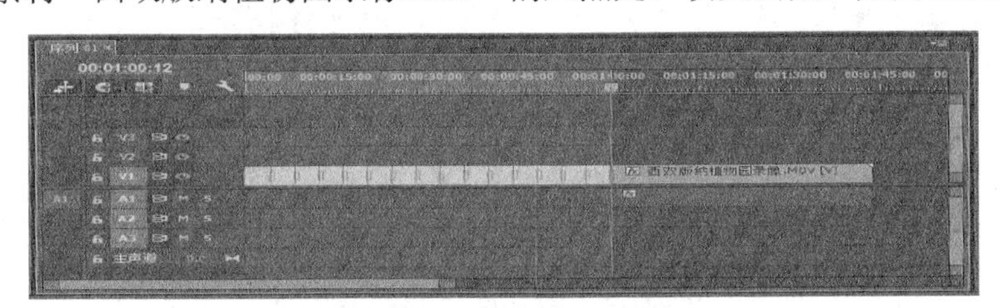

图 5.5.6 “时间轴”序列窗口

鼠标左键双击“电子相册”素材箱中的“月光下的凤尾竹.mp3”文件，在“源”素材监视器窗口的时间码 00 处，设置入点，如图 5.5.7 所示，鼠标左键单击 覆盖按钮，如图 5.5.8 所示。

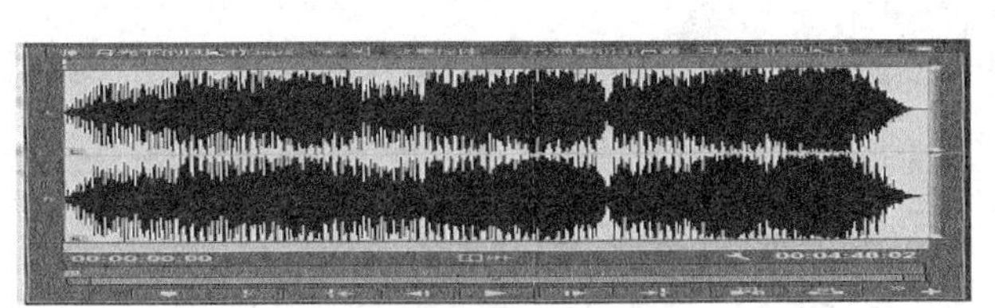

图 5.5.7 “源”素材监视器窗口

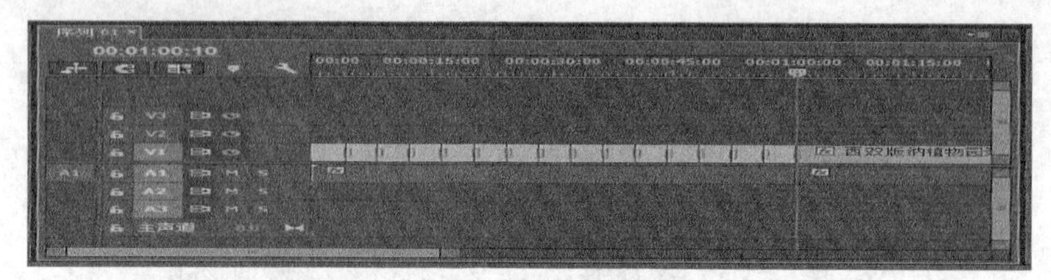

图 5.5.8 “时间轴”序列窗口

5. 组合编辑素材，添加视频过渡

（1）在“西双版纳植物园 001.jpg”和“西双版纳植物园 002.jpg”间，用“溶解”类视频过渡中的“渐隐为白色”替换“交叉溶解”，效果如图 5.5.9 所示。

图 5.5.9 “渐隐为白色”视频过渡效果

（2）在“西双版纳植物园 002.jpg”和“西双版纳植物园 003.jpg”间，用“溶解”类视频过渡中的“渐隐为黑色”替换“交叉溶解”，效果如图 5.5.10 所示。

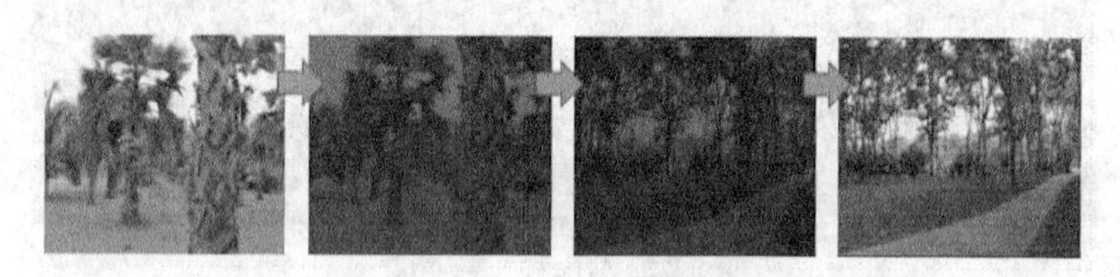

图 5.5.10 “渐隐为黑色”视频过渡效果

（3）在“西双版纳植物园 003.jpg”和“西双版纳植物园 004.jpg”间，用“溶解”类视频过渡中的“叠加溶解”替换“交叉溶解”，效果如图 5.4.11 所示。

图 5.5.11 “叠加溶解”视频过渡效果

（4）在“西双版纳植物园 004.jpg”和“西双版纳植物园 005.jpg”间，用“溶解”类视频过渡中的“交叉溶解”视频过渡，效果如图 5.5.12 所示。

图 5.5.12 “交叉溶解”视频过渡效果

（5）在“西双版纳植物园 005.jpg”和“西双版纳植物园 006.jpg”间，用“页面剥落”

类视频过渡中的“翻页”替换“交叉溶解”，效果如图 5.5.13 所示。

图 5.5.13 “翻页”视频过渡效果

（6）在“西双版纳植物园 006.jpg”和“西双版纳植物园 007.jpg”间，用“页面剥落”类视频过渡中的“页面剥落”替换“交叉溶解”，效果如图 5.5.14 所示。

图 5.5.14 “页面剥落”视频过渡效果

（7）在“西双版纳植物园 007.jpg”和“西双版纳植物园 008.jpg”间，用“3D 运动”类视频过渡中的“立方体旋转”替换“交叉溶解”，效果如图 5.5.15 所示。

图 5.5.15 “立方体旋转”视频过渡效果

（8）在“西双版纳植物园 008.jpg”和“西双版纳植物园 009.jpg”间，用“3D 运动”类视频过渡中的“翻转”替换“交叉溶解”，效果如图 5.5.16 所示。

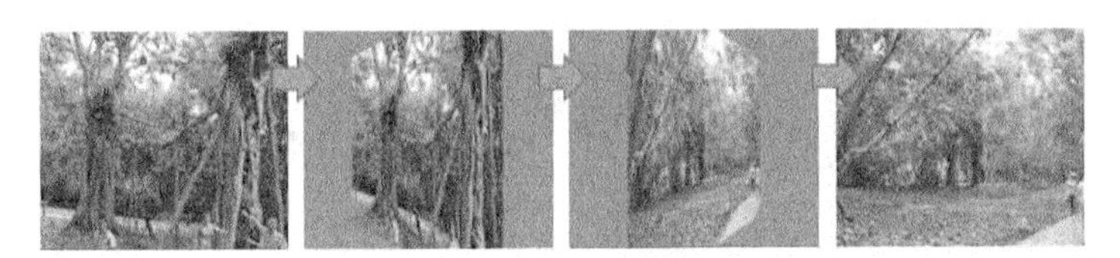

图 5.5.16 “翻转”视频过渡效果

（9）在“西双版纳植物园 009.jpg”和“西双版纳植物园 010.jpg”间，用“划像”类视频过渡中的“交叉划像”替换“交叉溶解”，效果如图 5.5.17 所示。

图 5.5.17 “交叉划像”视频过渡效果

（10）在“西双版纳植物园 010.jpg”和“西双版纳植物园 011.jpg”间，用“滑动”类视频过渡中的“中心拆分”替换“交叉溶解”，效果如图 5.5.18 所示。

图 5.5.18 “中心拆分”视频过渡效果

（11）在“西双版纳植物园 011.jpg”和“西双版纳植物园 012.jpg”间，用“擦除”类视频过渡中的“划出”替换“交叉溶解”，效果如图 5.5.19 所示。

图 5.5.19 “划出”视频过渡效果

（12）在“西双版纳植物园 012.jpg”和“西双版纳植物园 013.jpg”间，用“滑动”类视频过渡中的“滑动”替换“交叉溶解”，效果如图 5.5.20 所示。

图 5.5.20 “滑动”视频过渡效果

（13）在“西双版纳植物园 013.jpg”和“西双版纳植物园 014.jpg”间，用“划像”类视频过渡中的“圆划像”替换“交叉溶解”，效果如图 5.5.21 所示。

图 5.5.21 “圆划像”视频过渡效果

（14）在“西双版纳植物园 014.jpg”和“西双版纳植物园 015.jpg”间，用“划像”类视频过渡中的“菱形划像”替换“交叉溶解”，效果如图 5.5.22 所示。

图 5.5.22 “菱形划像”视频过渡效果

（15）在“西双版纳植物园 015.jpg”和“西双版纳植物园 016.jpg”间，用“擦除”类视频过渡中的“风车”替换“交叉溶解”，效果如图 5.5.23 所示。

图 5.5.23 “风车”视频过渡效果

6. 预览效果，保存项目文件

按空格键预览效果，按 Enter 键进行序列内容的渲染，并预览效果；保存项目文件。

还应添加字幕、编辑音频和输出影片到多种媒介上，如磁带、光盘、移动硬盘、云存储等，还可以使用 Adobe 媒体编码器，对视频进行不同格式的编码输出，后续章节将会学到。

5.6 习题

一、简答题

1.简述视频过渡中的硬切和软切概念。

2.当前 Adobe Premiere Pro 的最新版本是什么版本？它的发展经历了哪些版本？

3.设置视频过渡的长度有几种方法？如何操作？

4.在影片制作中，为什么要添加视频过渡？

5.Adobe Premiere Pro CC 有几类视频过渡？特点分别是什么？

6.Adobe Premiere Pro CC 视频过渡中的参数有哪些？

二、操作题

（1）制作黑起（镜头从黑场逐渐显现）与渐黑（镜头逐渐消失在黑场中）效果，如图 5.6.1 所示。分别用如下两种方法完成。

方法 1：新建黑场，通过黑场与素材间的“交叉溶解”实现。(【溶解】/【交叉溶解】)

方法 2：直接将“渐隐为黑色”视频过渡效果应用在素材的两端。(【溶解】/【渐隐为黑色】)

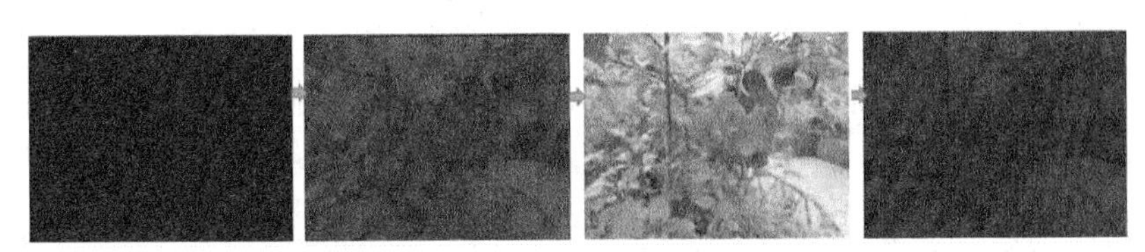

图 5.6.1 “黑起”和“渐黑”视频过渡效果

（2）制作一个具有“淡入”和“淡出”视频过渡效果、“三维立体”视频过渡效果和“划像”视频过渡效果的视频，如图 5.6.2 所示。在“时间轴”面板视频轨道中，导入三个素材，在第一个视频的首帧处添加“交叉溶解”视频过渡效果，第一与第二个素材之间添加“三维运动”中的“翻转”视频过渡效果，第二与第三个素材之间添加“圆划像”视频过渡效果，第三个素材尾帧处添加“渐隐为白色”视频过渡效果。

图 5.6.2 “淡入”、“淡出”、“三维立体”和“划像”视频过渡效果

Adobe Premiere Pro CC

6 Chapter

第 6 章
动态效果

Adobe Premiere Pro CC 可以把静止的图片、图形制作为运动的效果，主要是通过关键帧的设置，运用移动、旋转、缩放等方法使静止的图像产生运动效果。

学习要点：

- 设置关键帧
- 设置位移、缩放和旋转运动效果
- 设置不透明度
- 设置时间重映射效果
- 动态效果应用实例

建议学时：上课 4 学时，上机 2 学时。

6.1 动态效果的实现

动态效果是让静止的图像，能够有移动、旋转、缩放等状态发生，由静态变为动态。

6.1.1 关键帧的添加、移动、删除

设置关键帧，是学习动态效果最基本的内容，也是掌握本章内容的关键。所有移动、旋转、缩放和变形等状态的设置均是通过设置关键帧完成的。

什么是关键帧呢？我们看到的动画是由连续显示多个静态的图片形成的，让人看起来画面在连续运动，这其中每一个静态的图片叫作一帧。在电视中，一般每秒要显示 24 帧画面看起来才流畅。关键帧就是这些帧中特定的帧，是由人们指定的。关键帧之间的帧叫作过渡帧。

1. 添加关键帧

在“效果控件”面板和“时间轴”面板内均可添加关键帧。

（1）在“效果控件”面板中添加关键帧

在“时间轴”面板内选中素材，打开“效果控件”面板，单击【窗口】/【效果控件】，在“效果控件”面板中，单击 “运动”名称最左面的三角形，展开“运动”选项，以查看和设置“运动”效果属性，其属性包括“位置”“缩放”“旋转”“锚点”和“防闪烁滤镜”。每个属性名称的左面，均有一个切换动画按钮，单击切换动画按钮，将在“当前时间指示器”位置添加该属性的第一个关键帧，同时开启该属性的属性栏， “添加/移除关键帧”按钮被激活，若要再添加新的关键帧，要先移动“当前时间指示器”位置，单击“添加/移除关键帧”按钮即可。

如，单击“缩放”属性左面的“切换动画”按钮，添加“缩放”属性的第一个关键帧，则系统在“当前时间指示器”所在位置添加了“缩放”设置关键帧，如图 6.1.1 所示。

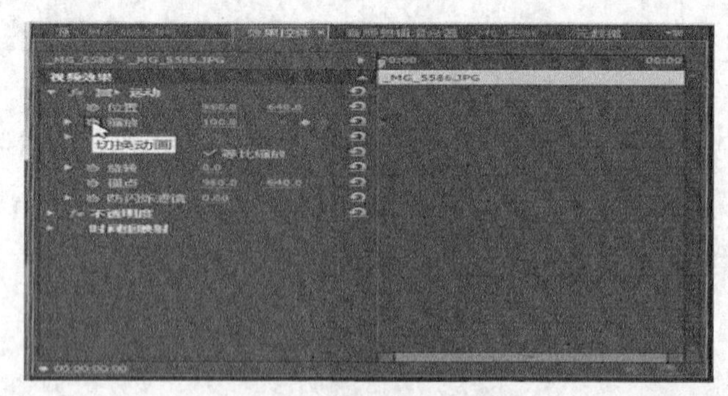

图 6.1.1 “效果控件”参数设置

当“切换动画”按钮鼠标单击一次后，即处于打开状态，与其关联的“添加/移除关键帧”按钮被激活，可以用它添加或删除关键帧，如：移动“当前时间指示器”的位置，单击“添加/移除关键帧”按钮中心的小圆圈即可添加一个关键帧，如图 6.1.2 所示。

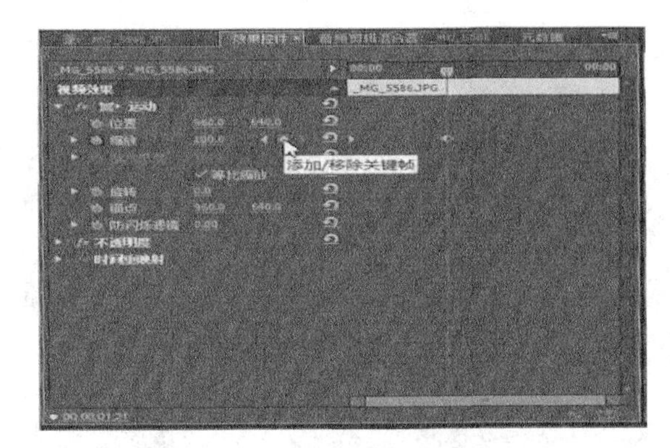

图 6.1.2 “效果控件”参数设置

单击 “添加/移除关键帧”按钮两端的“◂”或“▸”时，可以快速移动“当前时间指示器”到左边或右边的关键帧处。

注意：

当鼠标单击 “切换动画”按钮一次后，即处于打开状态，若再次单击“切换动画”按钮，将删除相应属性的所有关键帧，如图 6.1.3 所示。

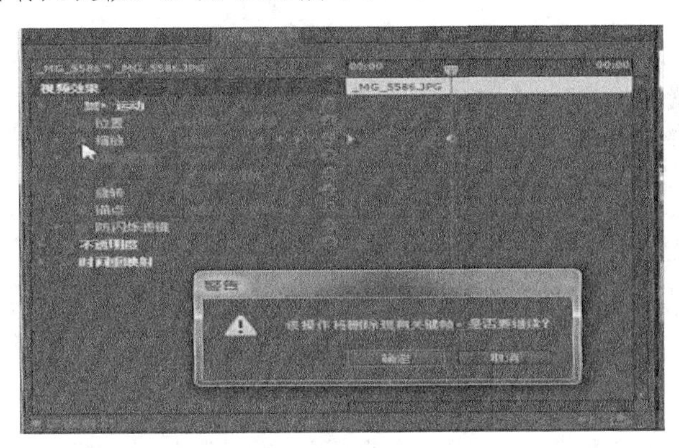

图 6.1.3 “效果控件”参数设置

（2）在“时间轴”面板中添加关键帧

在“时间轴”面板内选中素材，鼠标右键单击“时间轴”面板内选中的素材，在弹出的窗口中，指定“显示剪辑关键帧”/“运动”的属性选项，如：选定其中的“缩放”属性，如图 6.1.4 所示。

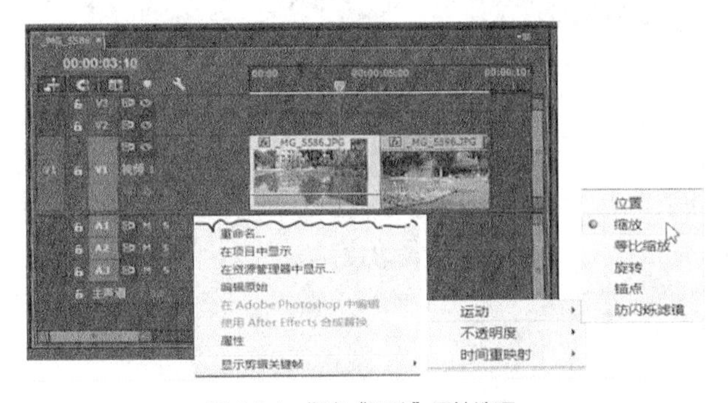

图 6.1.4 指定“运动”属性选项

移动“当前时间指示器”的位置，在“时间轴”面板内，单击 “添加/移除关键帧”按钮中心的小圆圈即可添加一个关键帧，如图 6.1.5 所示。

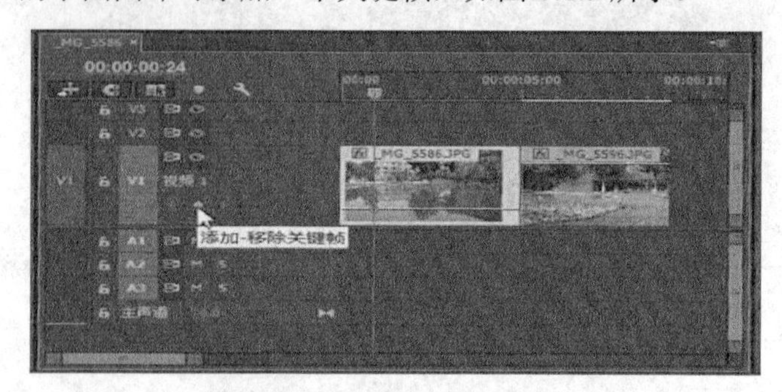

图 6.1.5 “时间轴”面板参数设置

提示：若“时间轴”面板视频轨道中，未显示 “添加/移除关键帧”按钮，可用鼠标双击视频轨道中 “切换轨道输出”按钮右面空白处。

2. 移动关键帧

关键帧的位置是可以移动的，在“效果控件”面板中或“时间轴”面板内，选择要移动的关键帧，按住鼠标左键拖动到合适的位置即可，如图 6.1.6 和图 6.1.7 所示。

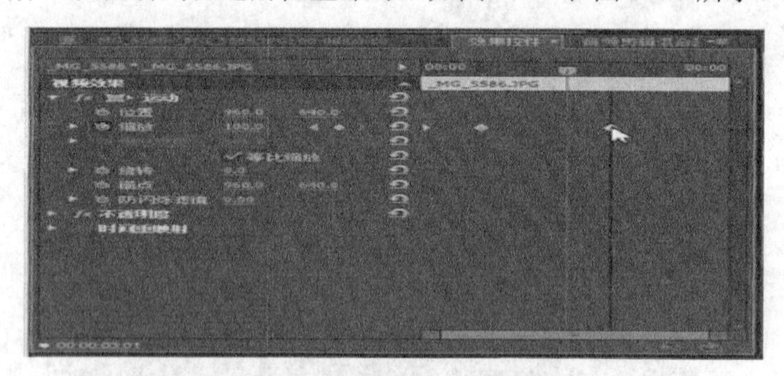

图 6.1.6 “效果控件”参数设置

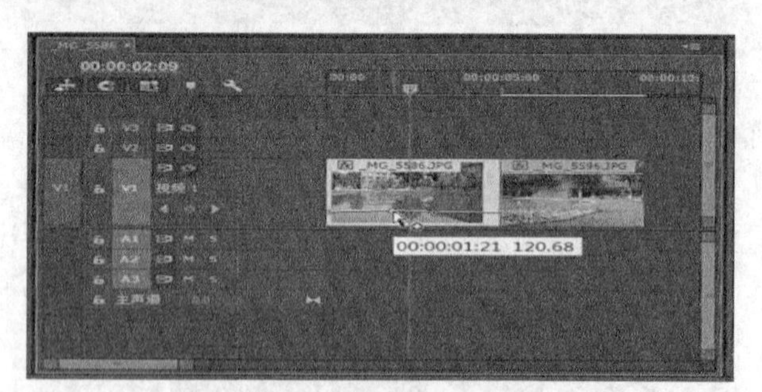

图 6.1.7 “时间轴”面板参数设置

3. 删除关键帧

在“效果控件”面板中或“时间轴”面板内，选择要删除的某一关键帧，单击鼠标右键，在弹出的菜单中选择“清除”命令即可删除所选关键帧，如图 6.1.8 所示；或按 Delete 键或按 Backspace 键或单击 “添加/移除关键帧”按钮中心的小圆圈即可。

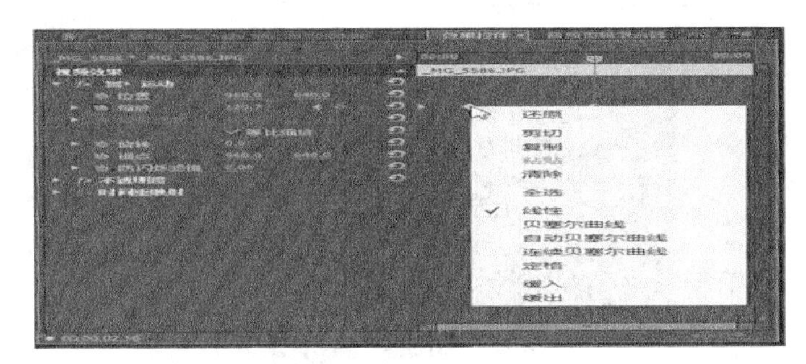

图 6.1.8　“效果控件”参数设置

6.1.2　动态效果的实现条件

实现动态效果的条件：镜头中的关键帧数量大于等于 2；相邻的关键帧上，效果的参数值不同则可以实现动态效果，否则将保持某个状态不变。

6.2　设置运动效果

设置运动效果是用于控制镜头的位置、尺寸和旋转，在 Premiere Pro CC 中即设定素材画面运动的位移、缩放和旋转等动态效果。下面分别介绍这三种运动效果。

6.2.1　设置位移动画

位移动画是由素材在屏幕中的位置移动而产生的，是通过设置素材在屏幕中的位置变化实现的，位置变化过程中所形成的路径即素材的运动轨迹，同时也决定了运动方向。

在“时间轴”面板内选中素材，打开“效果控件”面板，展开“运动”选项，单击“位置”左边的切换动画按钮，添加第一个关键帧。

在“节目”监视器中，双击素材画面，画面中心出现 1 个中心控制点，周围出现 8 个控制柄，如图 6.2.1 所示。

图 6.2.1　“节目”监视器窗口

在“节目”监视器中，移动素材画面的位置，如图 6.2.2 所示。

图 6.2.2　“节目”监视器窗口

在“效果控件”面板中，移动“当前时间指示器”添加关键帧，如图 6.2.3 所示。

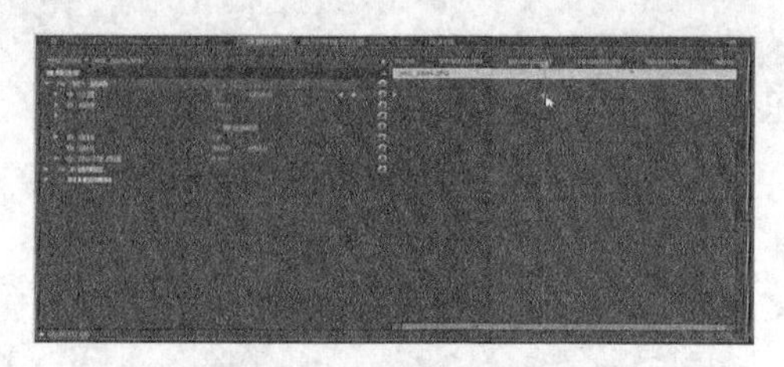

图 6.2.3 “效果控件”参数设置

在“节目”监视器中，移动素材画面的位置，如图 6.2.4 所示。

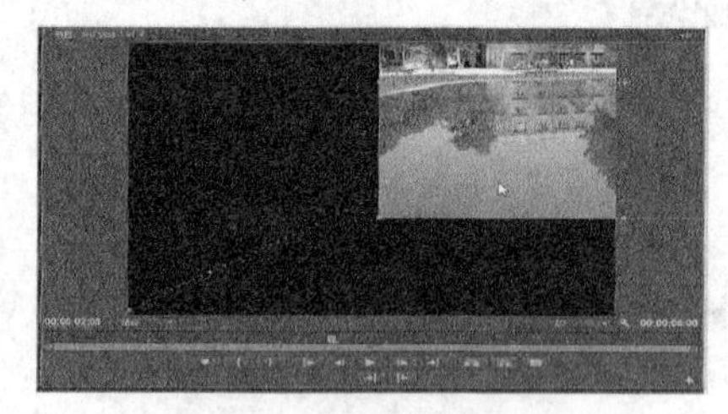

图 6.2.4 “节目”监视器窗口

重复上述操作，即移动“当前时间指示器”，添加关键帧，调整素材画面位置，即形成了素材画面在屏幕上移动变化的动画。

在运动路径的端点附近，有稍大一点的点叫作锚点。用鼠标拖动锚点，可以改变运动路径为曲线，如图 6.2.5 所示。

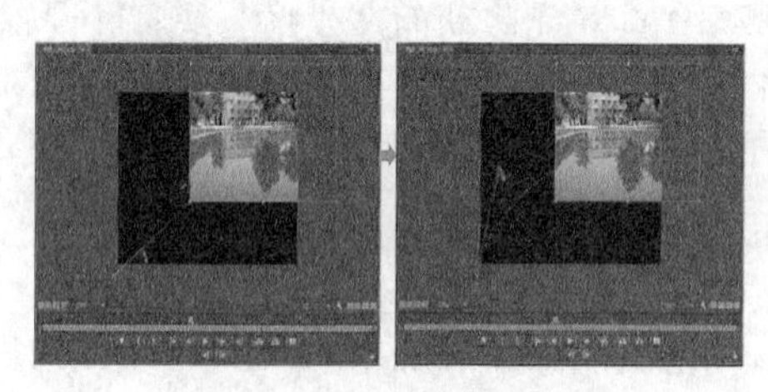

图 6.2.5 “节目”监视器窗口

重复上述操作，即移动“当前时间指示器”，添加关键帧，调整素材画面位置，即形成了素材画面在屏幕上移动变化的动画，单击空格键，预览效果，如图 6.2.6 所示。

图 6.2.6 “移动”动画效果

6.2.2 设置缩放动画

缩放动画是由素材画面在屏幕中不同位置的缩小和放大或放大和缩小而产生的，素材在屏幕中的不同位置需要设置关键帧，缩小和放大需要设置关键帧处“缩放”的参数值。

在“时间轴”面板内选中素材，打开“效果控件”面板，展开“运动”选项，单击“缩放”左边的切换动画按钮，添加第一个关键帧，改变“缩放”右边的参数值，如图 6.2.7 所示。

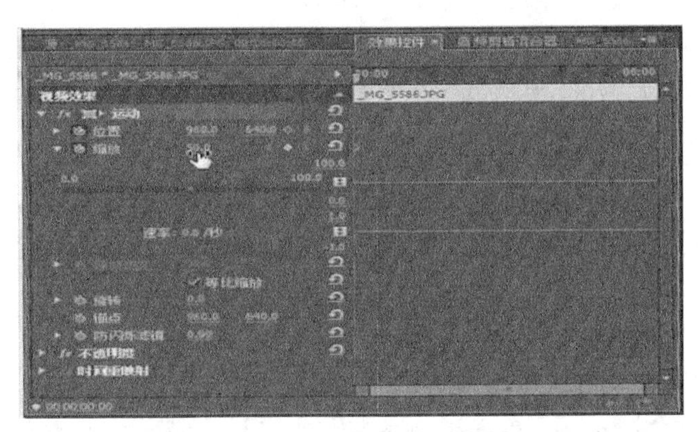

图 6.2.7　“效果控件”参数设置

在“效果控件”面板中，移动“当前时间指示器”添加关键帧，改变“缩放”右边的参数值，如图 6.2.8 所示。

图 6.2.8　“效果控件”参数设置

重复上述操作，即移动“当前时间指示器”，添加关键帧，设置“缩放”选项参数的数值，即形成了素材画面在屏幕上缩放的动画，单击空格键，预览效果，如图 6.2.9 所示。

图 6.2.9　“缩放”动画效果

6.2.3 设置旋转动画

旋转动画是素材画面在屏幕中围绕指定轴线转动而产生的。素材在屏幕中的不同位置需要设置关键帧，旋转角度需要设置“旋转”右面的参数值。

在“时间轴”面板内选中素材，打开“效果控件”面板，展开“运动”选项，单击“旋转”左边的切换动画按钮，添加第一个关键帧，改变“旋转”右边的参数值，如图 6.2.10 所示。

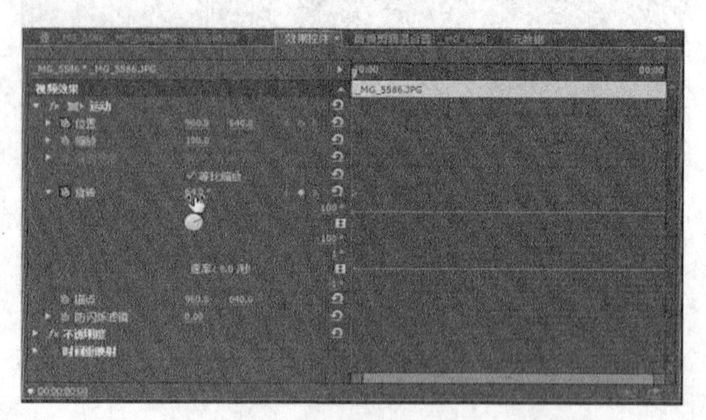

图 6.2.10 “效果控件”参数设置

在“效果控件”面板中，移动“当前时间指示器”添加关键帧，改变“旋转”右边的参数值，如图 6.2.11 所示。

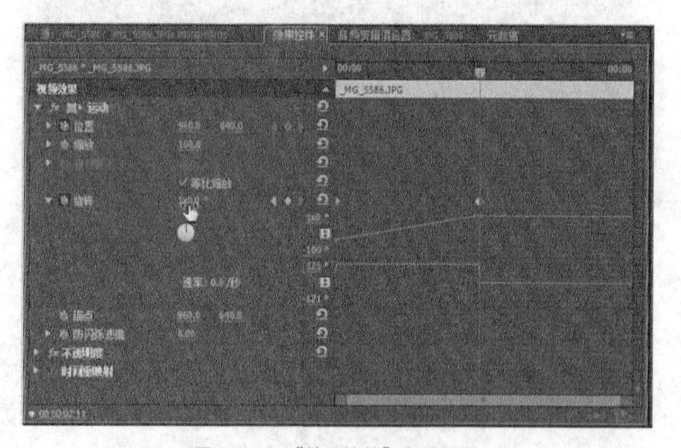

图 6.2.11 “效果控件”参数设置

重复上述操作，即移动“当前时间指示器”，添加关键帧，设置“旋转”选项参数的数值，即形成了素材画面在屏幕上旋转的动画，单击空格键，预览效果，如图 6.2.12 所示。

图 6.2.12 “旋转”动画效果

6.3 设置不透明度效果

在时间轴面板中，有多个视频轨道，不同视频轨道上的镜头是从上到下覆盖的关系，位于上层轨道之中的镜头优先显示，将覆盖屏幕中相同区域的下层镜头。一般称上层轨道中的镜头为前景，下层轨道中的镜头为背景。

前景画面和背景画面的叠加将形成一种特殊的效果。在 Premiere Pro CC 软件中，前景画面和背景画面的叠加是通过设置“不透明度”与“混合模式”实现的。

6.3.1 设置不透明度

“不透明度”参数的初始值为 100.0%，表示画面不透明，全覆盖下层轨道的镜头；“不透明度”参数的值为 0.0%，表示画面完全透明，前景画面完全消失，下层轨道的镜头透过前景全部显示。“不透明度”参数的值在 100.0%至 0.0%之间时，下层轨道镜头画面将部分地透过前景而显现出来；若下层轨道无镜头，则显示屏幕的背景色——黑色。

在“时间轴”面板内选中素材，打开“效果控件”面板，单击 fx 不透明度 不透明度属性选项左面的折叠按钮，展开“不透明度”选项，单击 不透明度 不透明度选项左面的折叠按钮，展开“不透明度”设置选项，可以使用“不透明度”滑杆设置“不透明度”的参数值；也可以直接设置“不透明度”右面的参数值或用鼠标悬浮在参数值上方。当鼠标指针显示变为小手时，左右拖动即可修改参数值，如图 6.3.1 所示。

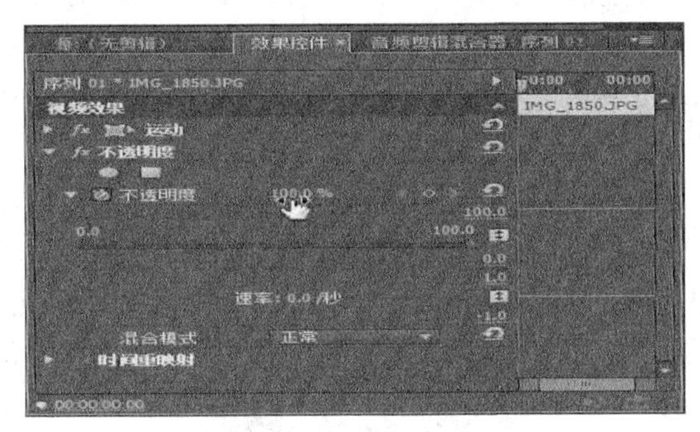

图 6.3.1 “不透明度”参数设置

在 不透明度 不透明度设置选项中，有一个切换动画按钮，单击切换动画按钮，将在“当前时间指示器”位置添加“不透明度”的第一个关键帧，同时开启“不透明度”的属性栏， “添加/移除关键帧”按钮被激活。若要再添加新的关键帧，要先移动“当前时间指示器”位置，单击“添加/移除关键帧”按钮即可。

1. 单个视频轨道

只有在单个视频轨道时，降低素材“不透明度”参数的值。下层轨道无镜头，则显示屏幕的背景色——黑色，因此素材画面呈现为半透明效果，图像变暗。

在“时间轴”面板内选中素材，打开“效果控件”面板，单击“不透明度”左侧的折叠按钮，展开“不透明度”选项，设置“不透明度”右边的参数值，如图 6.3.2 所示。

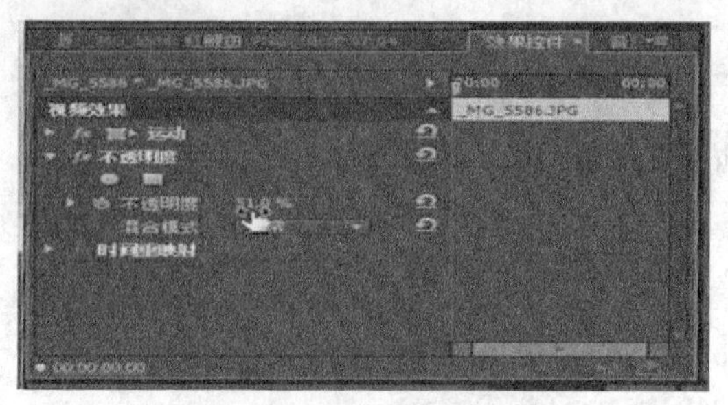

图 6.3.2 “不透明度”参数设置

改变“不透明度”前后的效果比较，如图 6.3.3 所示。

（不透明度=100%）

（不透明度=51%）

图 6.3.3 比较不同透明度效果

为素材添加多个“不透明度”关键帧，并设置不同参数值。在“时间轴”面板内选中素材，打开“效果控件”面板，单击 “不透明度”左侧的 折叠按钮，展开“不透明度”选项，单击 “不透明度”左边的 “切换动画”按钮，添加第一个关键帧，设置“不透明度”右边的参数值；移动“当前时间指示器”，添加关键帧，再设置“不透明度”右边的参数值，如图 6.3.4 所示。按空格键，预览效果，如图 6.3.5 所示。

图 6.3.4 “不透明度”参数设置

图 6.3.5 “不透明度”变化效果

2. 多个视频轨道

例 6.1，一个镜头画面中的湖水中没有鱼，要通过视频轨道图像叠加并设置“不透明度”制作出视频，让湖水中显示有不少的彩色鲤鱼。

导入“时间轴”面板的两个素材，在“时间轴”面板中视频轨道的结构，如图 6.3.6 所示。

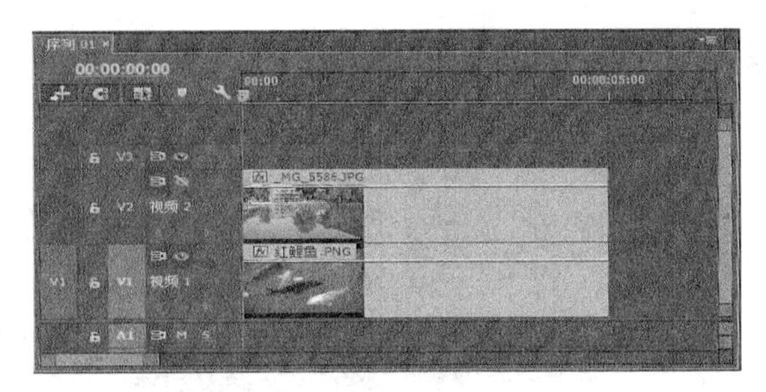

图 6.3.6　素材镜头结构

“视频 1”轨道和“视频 2”轨道中的图像如图 6.3.7 所示。

（“视频 2”轨道中的图片）

（“视频 1”轨道中的图片）

图 6.3.7　两个素材图像

在“时间轴”面板内，选中“视频 2”轨道中素材，打开“效果控件”面板，单击“不透明度”左侧的折叠按钮，展开“不透明度”选项，单击“不透明度”左边的“切换动画”按钮，添加第一个关键帧，设置“不透明度”右边的参数值为 100.0%；移动“当前时间指示器”添加关键帧，改变“不透明度”右边的参数值为 40.0%；移动“当前时间指示器”添加关键帧，改变“不透明度”右边的参数值为 100.0%，如图 6.3.8 所示。

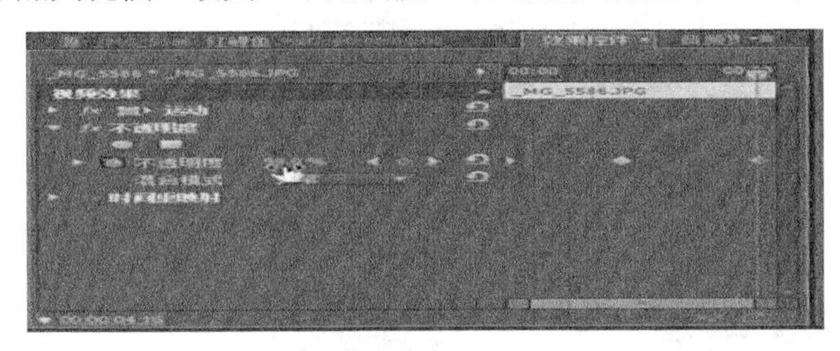

图 6.3.8　“不透明度”参数设置

在“时间轴”面板内，选中“视频 1”轨道中素材，打开“效果控件”面板，单击“运动”名称最左面的折叠按钮，展开“运动”选项，设置视频 1 轨道中素材的“缩放宽度”如图 6.3.9 所示。

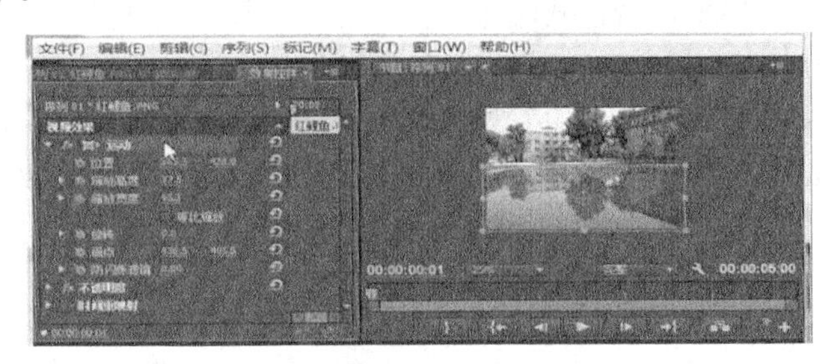

图 6.3.9　“缩放宽度”参数设置

按空格键，预览效果，如图 6.3.10 所示。

图 6.3.10 视频轨道图像叠加效果

6.3.2 设置混合模式

在时间轴面板中，多个视频轨道图像之间是互相覆盖的关系，位于上层轨道之中的镜头覆盖下层轨道的镜头，它们的混合（叠加）将形成一种特殊的效果。在 Premiere Pro CC 软件中，不同轨道图像之间的叠加是通过设置“不透明度”与“混合模式”实现的。

Premiere Pro CC 中为图像提供了多种“混合模式”，在每种“混合模式”中，不同轨道图像之间的混合比例与“不透明度”的参数值有关。

“混合模式”不能设置关键帧，意味着素材一旦设定为某种“混合模式”，该素材将持续使用此效果。

在“时间轴”面板内选中素材，打开“效果控件”面板，单击“不透明度”左侧的折叠按钮，展开“不透明度”选项，单击“混合模式”右侧的下拉菜单按钮，弹出“混合模式”下拉菜单，如图 6.3.11 所示。

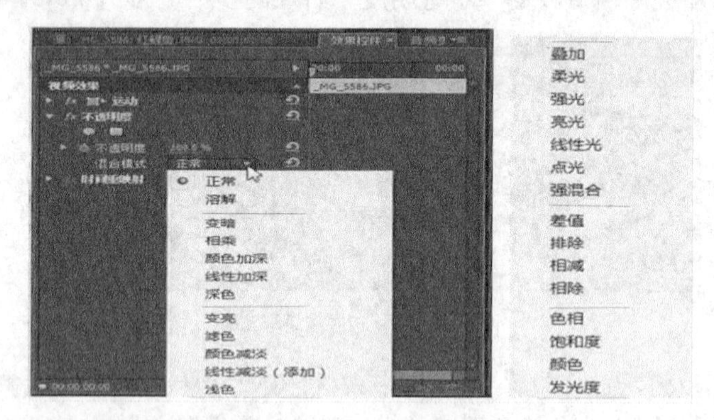

图 6.3.11 “混合模式”下拉菜单

“混合模式”菜单，根据混合模式结果之间的相似成度分为正常、减色、加色、复杂、差值和 HSL 六个类别，这些类别在菜单中以分隔线隔开。

以例 6.1“两个视频轨道图像叠加”为例说明。

“不透明度”参数值设置为 100.0%不变，改变混合模式后的效果，如图 6.3.12 所示。

图 6.3.12 不同“混合模式”效果

运用“混合模式”，会得到不同于“不透明度”混合的独特画面效果，可用于强化图像细节、强化画面反差、瞬间曝光过度等。

这些混合模式算法中涉及的概念包括源颜色、基础颜色和结果颜色。源颜色是指应用混合模式的图层的颜色；基础颜色是指“时间轴”面板中位于源图层下方的合成图层的颜色；结果颜色是指混合操作的输出，即合成的颜色。

下面分别介绍各个混合模式的算法原理。

1. 正常类混合模式

正常类混合模式包括正常、溶解模式。其算法为：除非“不透明度”小于源图层的 100%，否则像素的结果颜色不受基础像素的颜色影响。“溶解”混合模式会将源图层的一些像素变成透明。

❶ 正常：结果颜色为源颜色。该模式忽略基础颜色。正常是默认模式。

❷ 溶解：每个像素的结果颜色为源颜色或基础颜色。结果颜色为源颜色的概率取决于源的不透明度。如果源的不透明度为 100%，则结果颜色为源颜色。如果源的不透明度为 0%，则结果颜色为基础颜色。

2. 减色类混合模式

减色类混合模式包括变暗、相乘、颜色加深、线性加深、深色。这些混合模式往往会使颜色变暗，一些模式采用的颜色混合方式与在绘画中混合彩色颜料的方式大致相同。

❶ 变暗：每个结果颜色通道值是源颜色通道值和相应基础颜色通道值之间的较小值（较暗的一个）。

❷ 相乘：对于每个颜色通道，将源颜色通道值与基础颜色通道值相乘，并根据项目的颜色深度除以 8 bpc（RGB 每一个 Channel 有 2^8 个色阶）、16 bpc 或 32 bpc 像素的最大值。结果颜色绝不会比原始颜色亮。如果任一输入颜色为黑色，则结果颜色为黑色。如果任一输入颜色为白色，则结果颜色为其他输入颜色。此混合模式与使用多个标记笔在纸上绘图或在光前放置多个滤光板的效果相似。当与黑色或白色以外的其他某种颜色混合时，带有此混合模式的每个图层或绘画描边会产生更暗的颜色。

❸ 颜色加深：结果颜色比源颜色暗，以通过提高对比度反映出基础图层颜色。原始图层中的纯白色不会改变基础颜色。

❹ 线性加深：结果颜色比源颜色暗，以反映出基础颜色。纯白色不发生变化。

❺ 深色：每个结果像素的颜色为源颜色值与相应基础颜色值之间的较暗者。“深色”与“变暗”相似，但“深色”对单个颜色通道不起作用。

3. 加色类混合模式

加色类混合模式包括变亮、滤色、颜色减淡、线性减淡（添加）、浅色。这些混合模式往往会使颜色变亮，一些模式采用的颜色混合方式与混合投影光的方式大致相同。

❶ 变亮：每个结果颜色通道值为源颜色通道值或相应基础颜色通道值之间的较高者（较亮者）。

❷ 滤色：将通道值的补色相乘，然后获取结果的补色。结果颜色绝不会比任一输入颜色暗。“滤色”模式的效果类似于将多个摄影幻灯片同时投影到单个屏幕之上。

❸ 颜色减淡：结果颜色比源颜色亮，以通过减小对比度反映出基础图层颜色。如果源颜色为纯黑色，则结果颜色为基础颜色。

❹ 线性减淡：结果颜色比源颜色亮，以通过增加亮度反映出基础颜色。如果源颜色为纯黑色，则结果颜色为基础颜色。

❺ 浅色：每个结果像素的颜色为源颜色值与相应基础颜色值之间的较亮者。“浅色”类似于“变亮”，但“浅色”对单个颜色通道不起作用。

4. 复杂类混合模式

复杂类混合模式包括叠加、柔光、强光、亮光、线性光、点光、强混合。这些混合模式会根据某种颜色是否比 50% 灰色亮，对源颜色和基础颜色执行不同的操作。

❶ 叠加：根据基础颜色是否比 50% 灰色亮，对输入颜色通道值进行相乘或滤色。结果保留基础图层的高光和阴影。

❷ 柔光：根据源颜色，使基础图层的颜色通道值变暗或变亮。结果类似于漫射聚光灯照在基础图层上。对于每个颜色通道值，如果源颜色比 50% 灰色亮，则结果颜色比基础颜色亮，就像被减淡了一样。如果源颜色比 50% 灰色暗，则结果颜色比基础颜色暗，就像被加深了一样。带纯黑色或纯白色的图层会明显变暗或变亮，但不会变成纯黑色或纯白色。

❸ 强光：根据原始源颜色，对输入颜色通道值进行相乘或滤色。结果类似于耀眼的聚光灯照在图层上。对于每个颜色通道值，如果基础颜色比 50% 灰色亮，则图层将变亮，就像滤色后的效果。如果基础颜色比 50% 灰色暗，则图层将变暗，就像被相乘后的效果。该模式适用于在图层上创建阴影外观。

❹ 亮光：根据基础颜色增加或减小对比度，以使颜色加深或减淡。如果基础颜色比 50% 灰色亮，则图层将变亮，因为对比度减小了。如果基础颜色比 50% 灰色暗，则图层将变暗，因为对比度增加了。

❺ 线性光：根据基础颜色减小或增加亮度，以使颜色加深或减淡。如果基础颜色比 50% 灰色亮，则图层将变亮，因为亮度增加了。如果基础颜色比 50% 灰色暗，则图层将变暗，因为亮度减小了。

❻ 点光：根据基础颜色替换颜色。如果基础颜色比 50% 灰色亮，则比基础颜色暗的像素将被替换，而比基础颜色亮的像素保持不变。如果基础颜色比 50% 灰色暗，则比基础颜色亮的像素将被替换，而比基础颜色暗的像素保持不变。

❼ 强混合：增强源图层蒙版下方的可见基础图层的对比度。蒙版大小决定了对比区域；反转源图层决定了对比区域的中心。

5. 差值类混合模式

差值类混合模式包括差值、排除、相减、相除。这些混合模式会根据源颜色和基础颜色值之间的差值创建颜色。

❶ 差值：对于每条颜色通道，从颜色较亮的输入值减去颜色较暗的输入值。用白色绘画可反转背景颜色；用黑色绘画不会发生变化。

如果差值模式的两个图层具有相同的可视元素要进行对齐，可将一个图层放在另一个图层之上，并将最上面图层的混合模式设置为“差值”。然后，可移动其中一个图层，直到要对齐的可见元素的像素全部为黑色，即各像素之间的差值为零，因而元素完全堆叠在一起。

❷ 排除：结果类似于“差值”模式，但对比度比差值模式低。若源颜色为白色，则结果颜色为基础颜色的补色。若源颜色为黑色，则结果颜色为基础颜色。

❸ 相减：从底色中减去源文件。如果源颜色为黑色，则结果颜色为基础颜色。在 32 bpc 项目中，结果颜色值可小于 0。

❹ 相除：基础颜色除以源颜色。如果源颜色为白色，则结果颜色为基础颜色。在 32 bpc 项目中，结果颜色值可大于 1.0。

6. HSL 类混合模式

HSL 类混合模式包括色相、饱和度、颜色、发光度。这些混合模式会将颜色的 HSL 表示形式（色相、饱和度和发光度）中的一个或多个分量从基础颜色转换为结果颜色。

❶ 色相：结果颜色具有基础颜色的发光度和饱和度，以及源颜色的色相。

❷ 饱和度：结果颜色具有基础颜色的发光度和色相，以及源颜色的饱和度。

❸ 颜色：结果颜色具有基础颜色的发光度，以及源颜色的色相和饱和度。此混合模式会保留基础颜色的灰色阶。此混合模式适用于给灰度图像上色以及给彩色图像着色。

❹ 发光度：结果颜色具有基础颜色的色相和饱和度，以及源颜色的发光度。此模式与“颜色”模式正好相反。

6.4 设置时间重映射效果

使用“时间重映射”，可以更改整个剪辑的视频部分的速度，实现速率变化的快速运动和慢速运动效果；实现倒放镜头与静帧画面、一个剪辑中不同速度间的平滑过渡。

设置画面快速运动，可以节约播放时间，给观众带来较强的视觉冲击和滑稽氛围；画面慢速运动，可以延长播放时间，起到强调运动细节的作用。

6.4.1 改变素材速率

Premiere Pro CC 提供了多种方式来修改素材的速度和持续时间。可以使用“速度/持续时间”命令、“速率伸展工具”或者“时间重映射”功能。

使用“时间重映射”改变素材速率，可以在“效果控件”面板或“时间轴”面板的视频轨道中设置完成。

1. 在“效果控件”面板内改变素材速率

在“时间轴”面板内，选中素材，打开“效果控件”面板，单击▶ 时间重映射“时间重映射”左侧的▶折叠按钮，展开“时间重映射”选项。单击▶ ⏱ 速度“速度”左边的⏱“切换动画”按钮，即打开时间重映射“速度”属性的切换动画设置，◀ ◆ ▶“添加/移除关键帧”按钮被激活。若要添加关键帧，单击◀ ◆ ▶“添加/移除关键帧”按钮中心的小圆圈即可添加一个关键帧，若要继续添加关键帧，要先移动“当前时间指示器”位置，单击“添加/移除关键帧”按钮即可；单击▶ ⏱ 速度“速度”左侧的▶折叠按钮，展开“速度”设置选项，“速度”右边参数值为默认值“100.00%”，如图 6.4.1 所示。

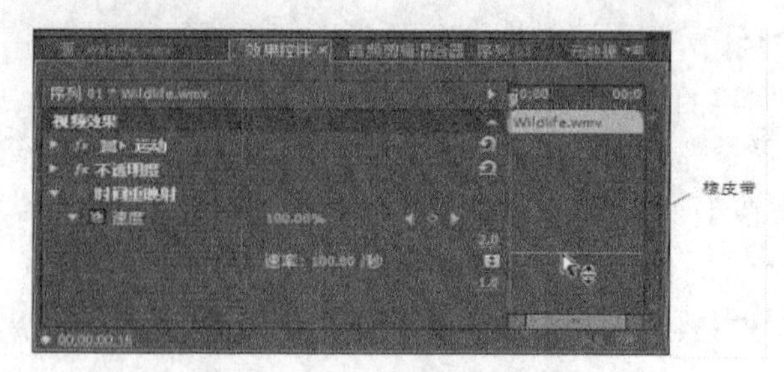

图 6.4.1 “时间重映射”选项参数设置

“橡皮带”控制剪辑速度，当鼠标移动到“橡皮带”上时，鼠标指针形状变化为，用鼠标向上拖动“橡皮带”，速度增大；向下拖动“橡皮带”，速度减小。按住鼠标向上拖动，当速度值大于 100%时制作的就是快镜头；按住鼠标向下拖动，速度值小于 100%时制作的就是慢镜头；速度的数值以百分比的形式表示，100%表示素材的原始速度。

改变“速度”参数值为“50.00%”，用鼠标向上、向下拖动“橡皮带”即可改变速度参数值，如图 6.4.2 所示。按空格键，预览画面，观察播放速度。

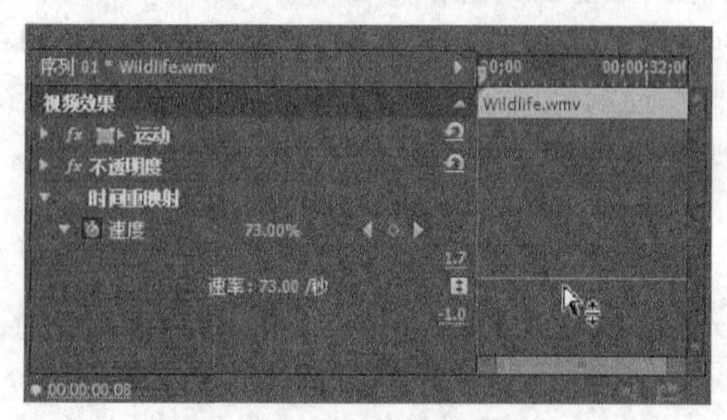

图 6.4.2 “速度”选项参数设置

速度关键帧是两个相邻的图标，可以把这两个图标移开，创建具有过渡效果的渐变速度。

为素材添加关键帧，可以设置素材某一段的速度变化；拆分速度关键帧，可以设置速度过渡，以使相邻两段镜头播放时平缓过渡。

为素材添加两个速度关键帧，并设置两个关键帧之间部分镜头速度，如图 6.4.3 所示。按空格键，预览效果。注意速度切换变化时跳变。

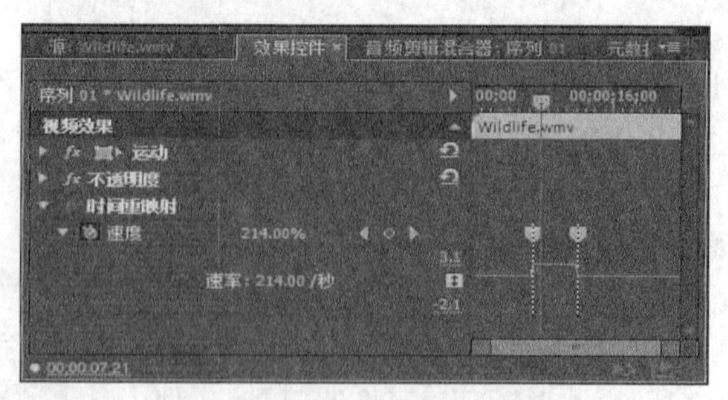

图 6.4.3 “速度”选项关键帧参数设置

设置速度过渡，拆分速度关键帧，向右拖动速度关键帧的右侧一半，或向左拖动左侧一半，如图 6.4.4 所示。按空格键，预览效果，注意速度切换变化较为缓慢。

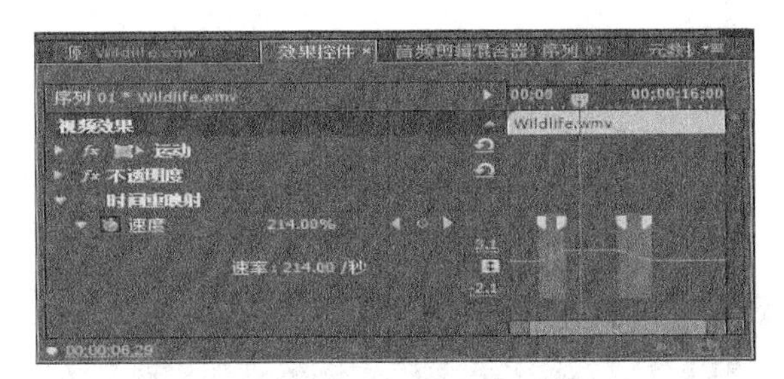

图 6.4.4 “速度”过渡参数设置

速度关键帧的两半之间出现的灰色区域，指明速度过渡的长度。橡皮带在这两半之间形成斜坡，表示它们之间发生的速度渐变。灰色区域出现蓝色曲线控件，若未出现蓝色曲线控件，鼠标单击速度关键帧两个相邻的图标即可。

要更改速度过渡长度的加速或减速，可以拖动曲线控件上的任何一个手柄，速度变化将根据速度斜坡曲率缓入或缓出，如图 6.4.5 所示。

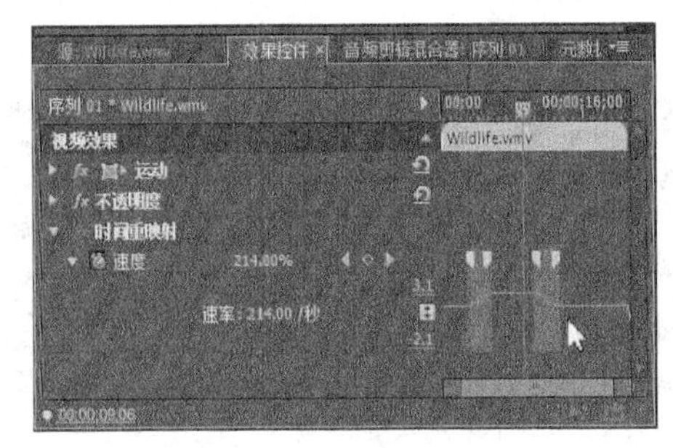

图 6.4.5 “速度”过渡长度参数设置

2. 在“时间轴”面板内改变素材速率

在“时间轴”面板内，选中素材，右键单击选中素材，选择【显示剪辑关键帧】/【时间重映射】/【速度】命令，如图 6.4.6 所示。

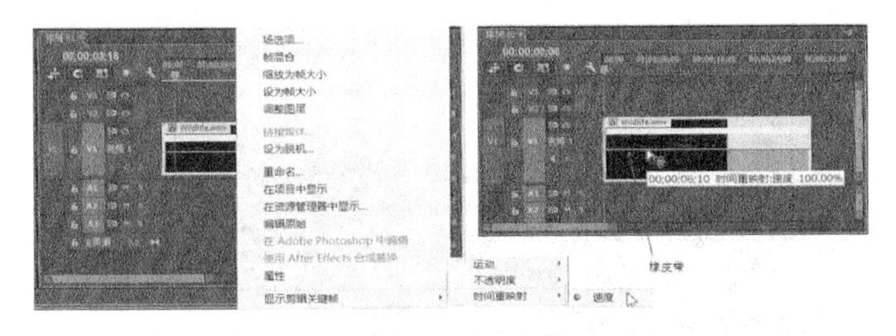

图 6.4.6 “时间轴”面板“速度”参数设置

改变“速度”参数值，用鼠标向上、向下拖动“橡皮带”即可改变速度参数值，如图 6.4.7 所示。按空格键，预览画面，观察播放速度。

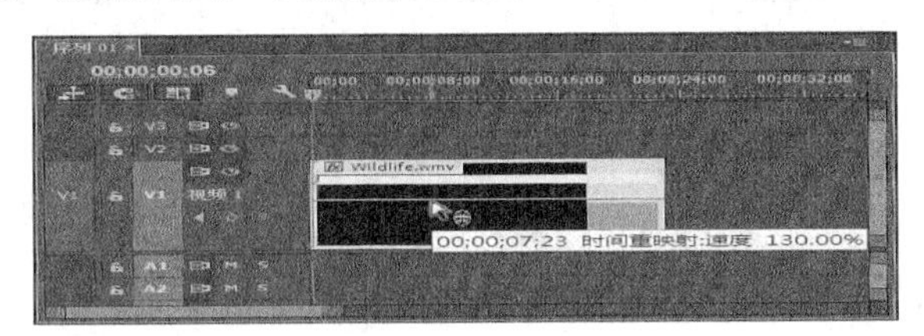

图 6.4.7 “时间轴”面板“速度”参数设置

为素材添加关键帧，可以设置素材某一段的速度变化；拆分速度关键帧，可以设置速度过渡，以使相邻两段镜头播放时平缓过渡。

为素材添加两个速度关键帧，并设置两个关键帧之间部分镜头速度，如图 6.4.8 所示。按空格键，预览效果。注意速度切换变化时跳变。

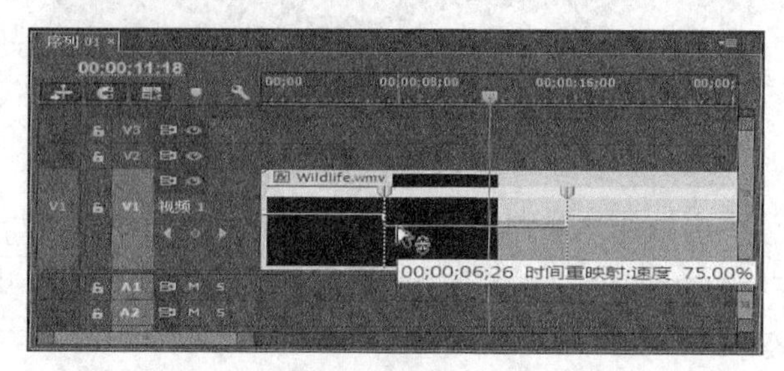

图 6.4.8 “时间轴”面板“速度”参数设置

设置速度过渡，拆分速度关键帧，向右拖动速度关键帧的右侧一半，或向左拖动左侧一半，如图 6.4.9 所示。按空格键，预览效果，注意速度切换变化较为缓慢。

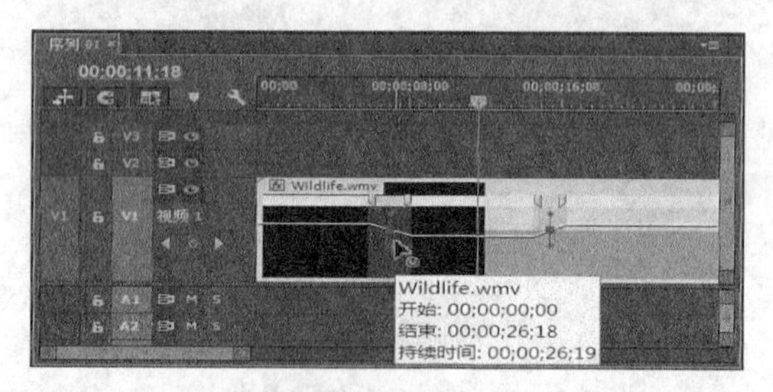

图 6.4.9 “时间轴”面板“速度”参数设置

速度关键帧的两半之间出现的灰色区域，指明速度过渡的长度。橡皮带在这两半之间形成斜坡，表示它们之间发生的速度渐变。灰色区域出现蓝色曲线控件，若未出现蓝色曲线控件，鼠标单击灰色区域即可。

要更改速度过渡长度的加速或减速，可以拖动曲线控件上的任何一个手柄，速度变化将根据速度斜坡曲率缓入或缓出，如图 6.4.10 所示。

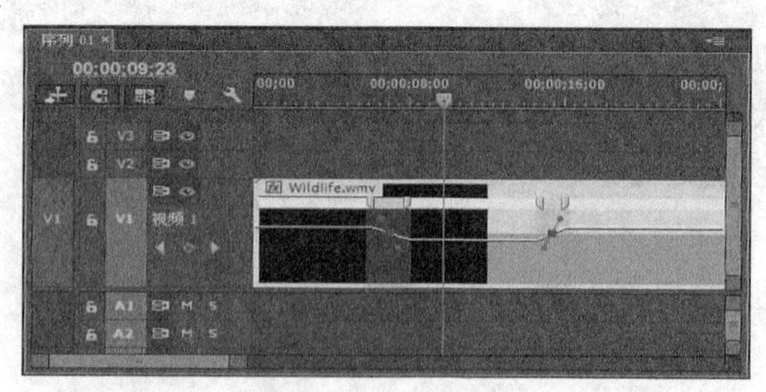

图 6.4.10 “时间轴”面板“速度”过渡长度参数设置

6.4.2 设置倒放镜头与静帧画面

在“效果控件”面板和“时间轴”面板内均可设置倒放镜头和静帧画面。

1. 设置倒放镜头

制作倒放的镜头效果，可以按住 Ctrl 键的同时，向右拖动速度关键帧，直至设置倒放效果的结束位置为止。释放鼠标后可以看到系统自动为视频剪辑添加了两个速度关键帧，在原有的速度“关键帧”与新增加的第一个速度“关键帧”之间有一串箭头标记，此段区间的内容为倒放的内容，观察此时的速度值为-100.00/秒，负数表示倒放速度。

（1）在“效果控件”面板设置倒放镜头

在“时间轴”面板内，选中素材，打开“效果控件”面板，单击“时间重映射”左侧的折叠按钮，展开“时间重映射”选项，单击“速度”左边的“切换动画”按钮，即打开时间重映射“速度”属性的切换动画设置；单击“速度”左侧的折叠按钮，展开“速度”选项，移动“当前时间指示器”的位置，单击“速度”右面的“添加/移除关键帧”按钮中心的小圆圈即添加一个关键帧；按住 Ctrl 键的同时，向右拖动速度关键帧到一个适当的位置，释放鼠标，如图 6.4.11 所示。按空格键，预览画面。

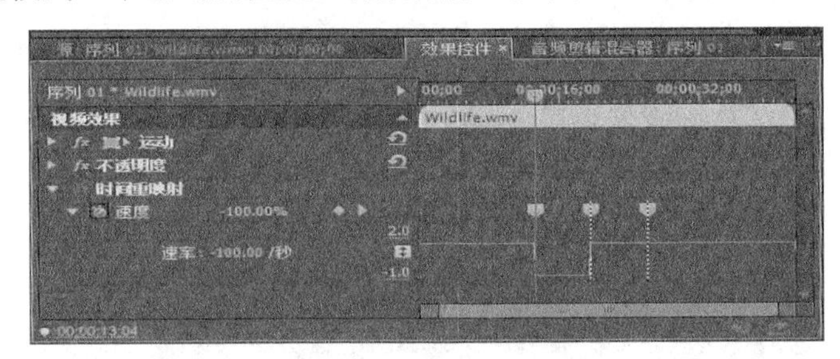

图 6.4.11 “效果控件”面板“倒放镜头”参数设置

（2）在“时间轴”面板设置倒放镜头

在“时间轴”面板内，选中素材，右键单击选中素材，选择【显示剪辑关键帧】/【时间重映射】/【速度】命令，如图 6.4.12 所示。

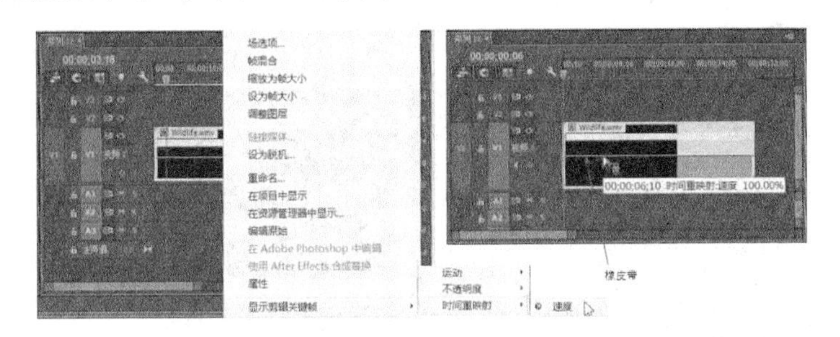

图 6.4.12 “时间轴”面板“速度”参数设置

移动“当前时间指示器”的位置，单击“添加/移除关键帧”按钮中心的小圆圈即添加一个关键帧；按住 Ctrl 键的同时，向右拖动速度关键帧到一个适当的位置，释放鼠标，如图 6.4.13 所示。

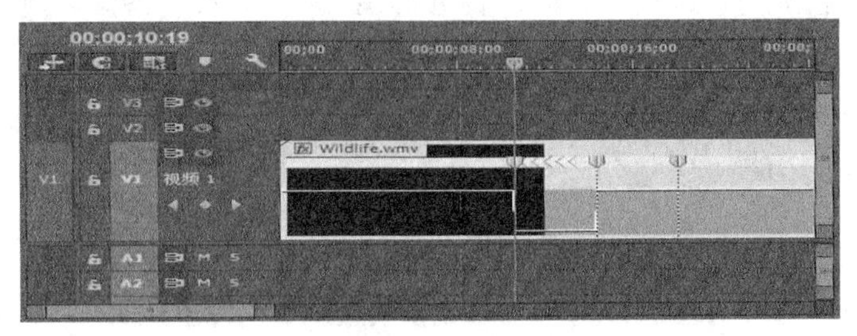

图 6.4.13 “时间轴”面板“倒放镜头”参数设置

2. 设置静帧画面

按住 Ctrl 键和 Alt 键的同时向右拖动速度关键帧，直至设置冻结帧的结束位置为止，释放鼠标后，系统将自动在结束位置添加一个新的速度关键帧，在两速度关键帧之间有一串竖线标记，此段区间的内容为静帧画面，此时的速度值为 0.00 帧/秒。

（1）在“效果控件”面板设置静帧画面

在“时间轴”面板内，选中素材，打开“效果控件”面板，单击“时间重映射”左侧的折叠按钮，展开“时间重映射”选项，单击“速度”左边的“切换动画”按钮，即打开时间重映射“速度”属性的切换动画设置；单击“速度”左侧的折叠按钮，展开“速度”选项，移动“当前时间指示器”的位置，单击“速度”右面的“添加/移除关键帧”按钮中心的小圆圈即添加一个关键帧；按住 Ctrl 键和 Alt 键的同时向右拖动速度关键帧，直至设置冻结帧的结束位置为止，释放鼠标，如图 6.4.14 所示。按空格键，预览画面。

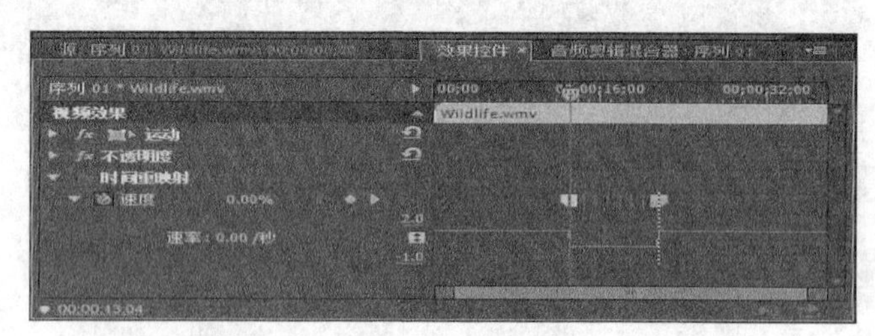

图 6.4.14 “效果控件”面板“静帧画面”参数设置

（2）在“时间轴”面板设置静帧画面

在“时间轴”面板内，选中素材，右键单击选中素材，选择【显示剪辑关键帧】/【时间重映射】/【速度】命令，如图 6.4.15 所示。

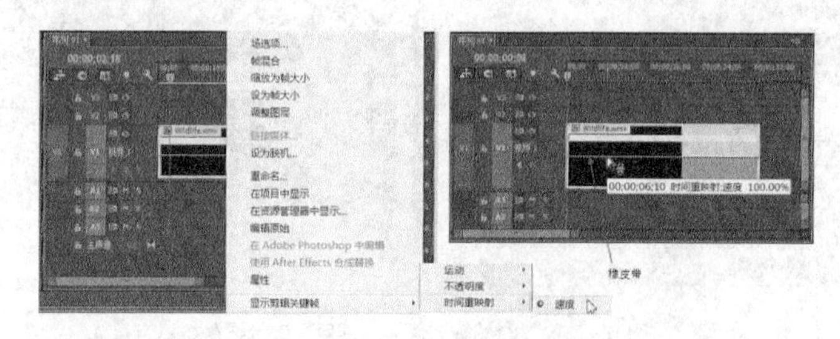

图 6.4.15 “时间轴”面板“速度”参数设置

移动“当前时间指示器”的位置，单击“添加/移除关键帧”按钮中心的小圆圈即添加一个关键帧；按住 Ctrl 键和 Alt 键的同时向右拖动速度关键帧，直至设置冻结帧的结束位置为止，释放鼠标，如图 6.4.16 所示。按空格键，预览画面。

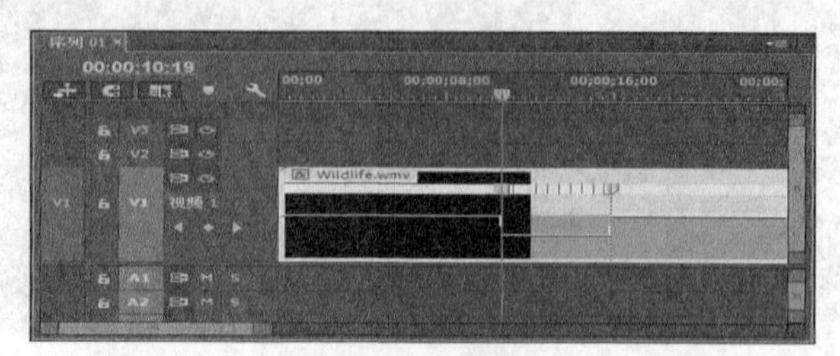

图 6.4.16 “时间轴”面板“静帧画面”参数设置

6.5 应用实例——制作弹跳的皮球

6.5.1 多视频画面的连续动态播放

本实例制作的是多视频画面的连续动态播放效果，其效果主要由不同视频素材连续动态播放，一个接一个入画和出画，并配有优美动听的音乐，如图 6.5.1 所示。在制作过程中，利用“模糊与锐化”视频效果制作一个虚化处理的背景。设置视频镜头为动态效果播放，通过设置镜头的“缩放”和“位移”关键帧完成。镜头之间的切换有淡入和淡出的视频效果，通过设置“不透明度”关键帧实现。同时要使视频的运动方向和运动速度相同，相邻镜头之间的间距大致相同。

图 6.5.1 多视频画面连续动态播放效果

操作步骤如下。

1. 新建项目文件

新建项目为“多视频画面连续动态播放.prproj”，选择【文件 】/【新建】/【项目】，在“名称”文本内输入“多视频画面连续动态播放”，设置存储“位置”，单击【确定】按钮，如图 6.5.2 所示。

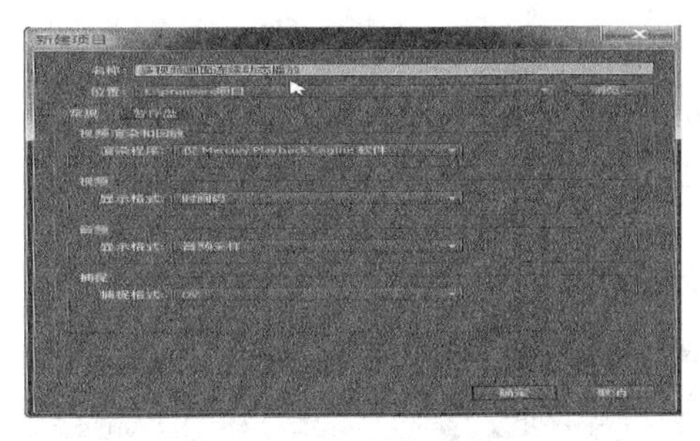

图 6.5.2 “新建项目”面板

2. 导入素材

在“项目”面板中，鼠标左键双击空白处，导入“多视频画面连续动态播放”文件夹至“项目”面板，鼠标左键双击“项目”窗口中的“多视频画面连续动态播放”文件夹，即打开“多视频画面连续动态播放”素材箱，如图 6.5.3 和图 6.5.4 所示。

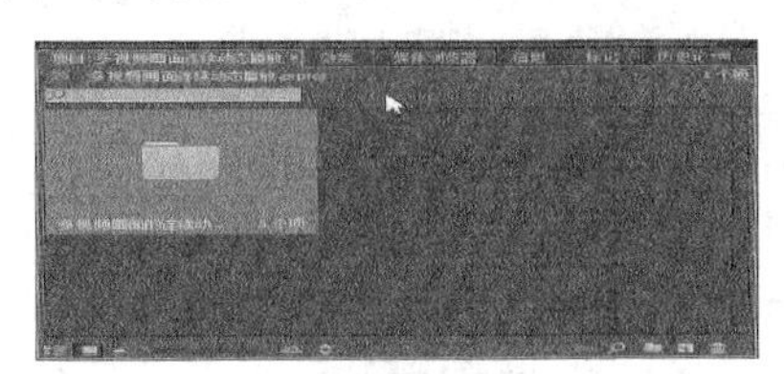

图 6.5.3 “多视频画面连续动态播放”文件夹

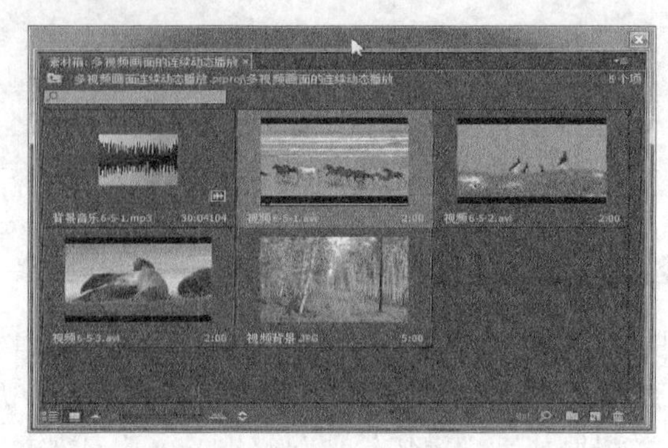

图 6.5.4 “多视频画面连续动态播放”素材箱

3. 新建序列，设置电视制式

选择【新建项】/【序列】命令，设置“DV-PAL”制式中“标准 48kHz”，单击【确定】按钮，如图 6.5.5 所示。

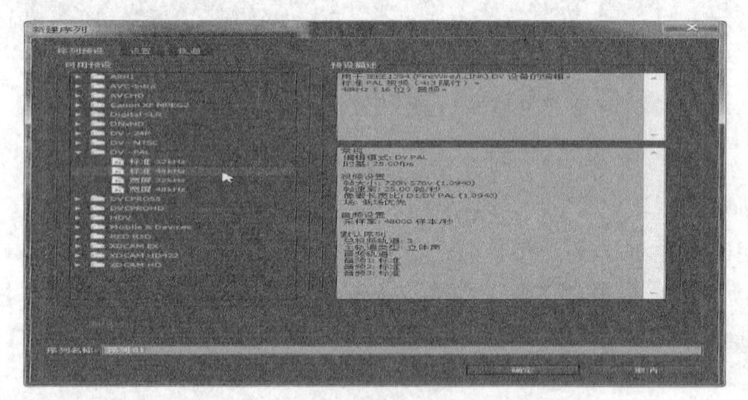

图 6.5.5 “多视频画面连续动态播放”新建序列窗口

4. 将素材箱中的素材文件导入“时间轴”的项目序列中

选择“多视频画面连续动态播放”素材箱中的素材文件，分别拖曳它们到“时间轴”面板，拖曳“背景音乐 6-5-1.mp3”到“A1”轨道上，拖曳“视频背景.JPG”到“V1”轨道上，拖曳“视频 6-5-1.avi”到“V2”轨道上，拖曳“视频 6-5-2.avi”到“V3”轨道上，拖曳“视频 6-5-4.avi”到“V4”轨道上，如图 6.5.6 所示。

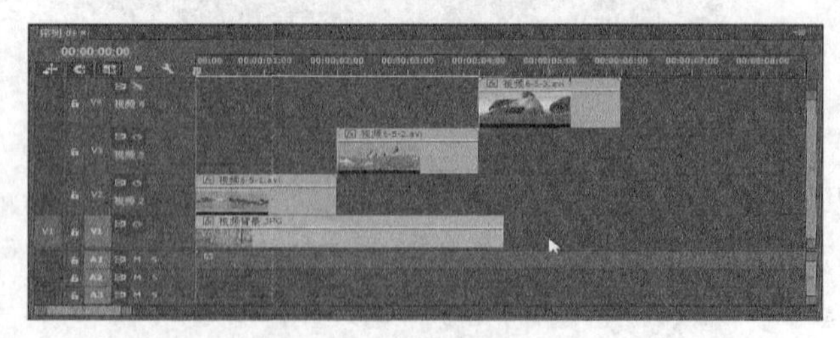

图 6.5.6 “时间轴”序列窗口

5. 组合编辑素材，设置运动效果

（1）设置屏幕背景为模糊画面：在“时间轴”面板内选中素材“视频背景.JPG”，打开“效果”面板， 展开“视频效果”文件夹，展开“模糊和锐化”文件夹，如图 6.5.7 所示，拖曳“快速模糊”到“V1”轨道“视频背景.JPG”素材上，关闭“V2”的“切换轨道输出”。

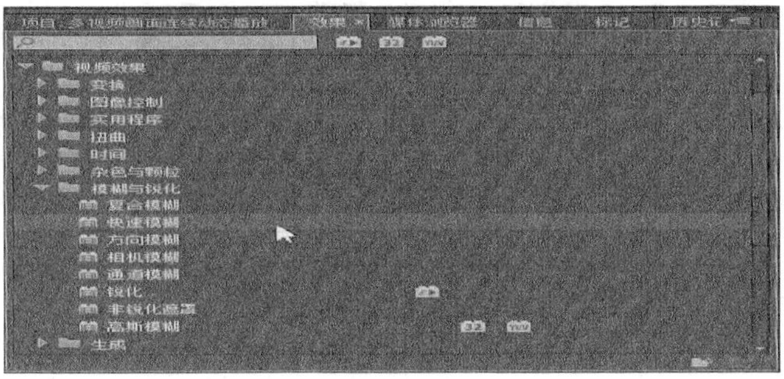

图 6.5.7 “效果”面板

打开“效果控件”面板，展开“快速模糊”选项，设置“模糊度”参数值为“43”，如图 6.5.8 所示，打开“V2”的“切换轨道输出”。屏幕背景效果，如图 6.5.9 所示。

图 6.5.8 “效果控件”面板

图 6.5.9 屏幕背景效果

（2）设置位移动画效果：在“时间轴”面板内选中素材“视频 6-5-1.avi”，打开“效果控件”面板，展开“运动”选项，移动“当前时间指示器”到时间码“00:00:00:00”处即素材“视频 6-5-1.avi”的首帧，单击“位置”左边的“切换动画”按钮，添加一个关键帧，在“节目”监视器中，双击“节目”面板素材窗口，调整素材画面到屏幕右侧入画位置，设置“位置”的纵坐标为“240”，如图 6.5.10 所示。

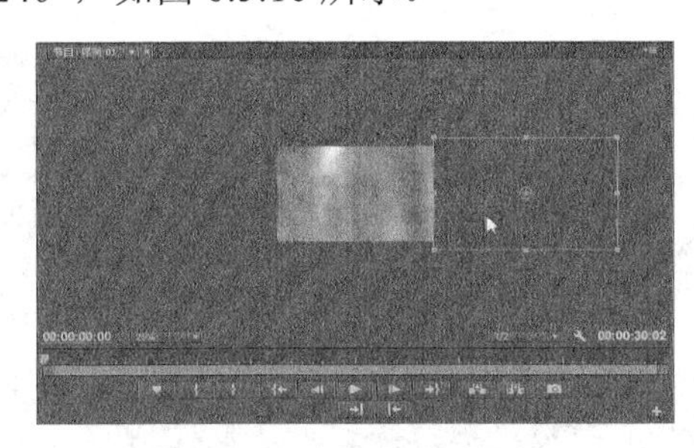

图 6.5.10 “节目监视器”面板

在“效果控件”面板中，移动“当前时间指示器”到素材“视频 6-5-1.avi”的尾帧，添加关键帧，调整素材画面到屏幕左侧出画位置，设置“位置”的纵坐标为“240”，效果如图 6.5.11 所示。

图 6.5.11 “节目监视器”面板

设置“位置”的纵坐标为“240”，是为了使画面沿着屏幕中心水平运动。

（3）设置缩放动画效果：在“时间轴”面板内选中素材“视频 6-5-1.avi”，打开“效果控件”面板， 展开“缩放”选项，移动“当前时间指示器”到时间码“00:00:00:00”处即素材“视频 6-5-1.avi”的首帧，单击“缩放”左边的“切换动画”按钮，添加一个关键帧，设置“缩放”参数值为“67”，移动“当前时间指示器”到素材“视频 6-5-1.avi”的尾帧，添加关键帧，设置“缩放”参数值为“67”，移动“当前时间指示器”到素材“视频 6-5-1.avi”的屏幕中央，添加关键帧，设置“缩放”参数值为“80”，如图 6.5.12 所示。

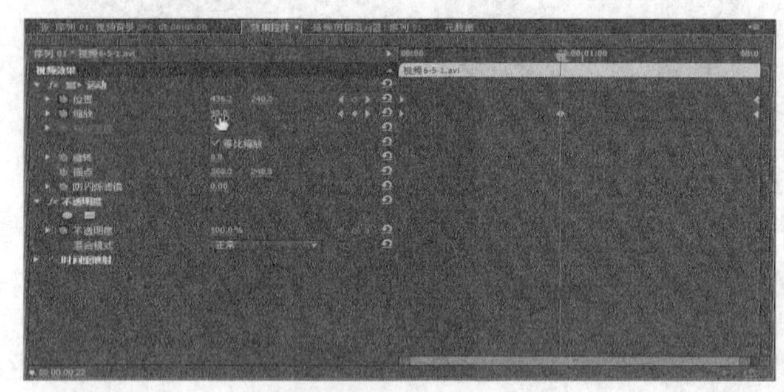

图 6.5.12 “效果控件”面板

（4）设置透明度渐变效果：在素材“视频 6-5-1.avi”的首帧和尾帧添加“不透明度”关键帧，参数值均设为“0.0%”，以使镜头在全透明状态下出现和消失，在镜头中间添加两个“不透明度”关键帧，参数值均设为“100.0%”，以使镜头图像在两个关键帧之间完全显现，如图 6.5.13 所示。

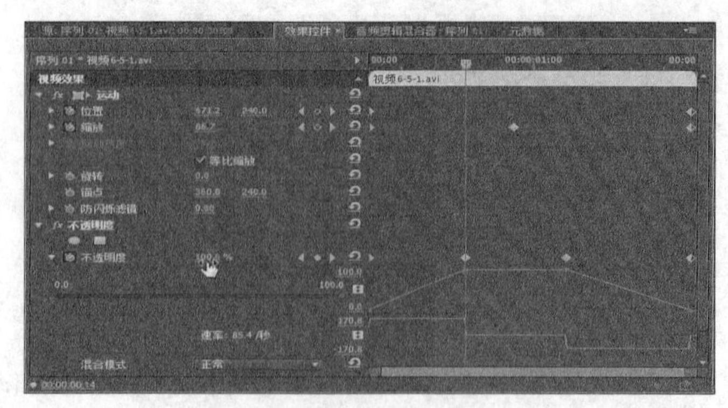

图 6.5.13 “效果控件”面板

（5）复制素材“视频6-5-1.avi”的视频效果的“运动”和“不透明度”设置参数，分别粘贴到素材“视频6-5-2.avi”和素材“视频6-5-3.avi”；调整V2轨道和V3轨道中的镜头相对位置关系，注意相邻镜头画面之间的间隔距离；两个镜头之间重叠越多，画面之间的间隔距离越近，反之，画面之间的间隔距离越远；将长出的背景素材和音频文件用“剃刀工具”切开后删除，如图6.5.14所示。

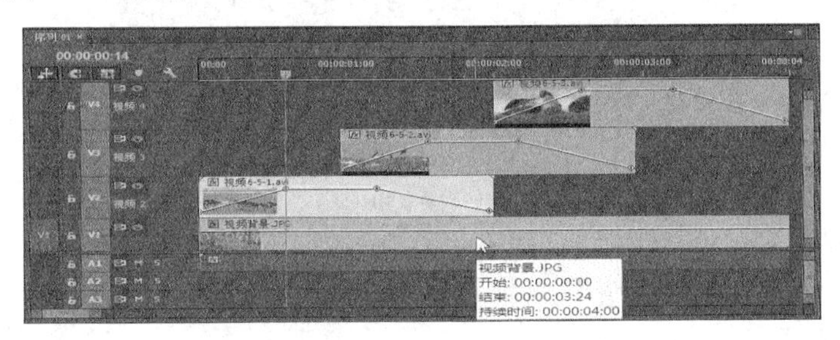

图6.5.14 “时间轴”序列窗口

（6）按Enter键渲染后，播放效果如图6.5.15所示。保存项目文件。

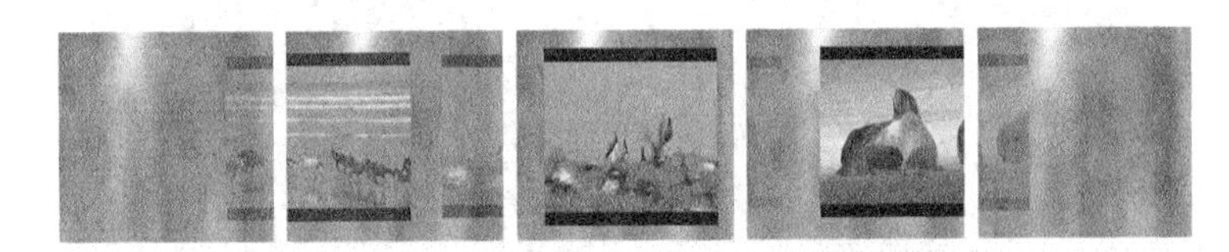

图6.5.15 多个视频画面的连续动态播放效果

6.5.2 弹跳的皮球

本实例是制作一个弹跳的皮球运动效果，其效果主要由背景广场和一个皮球从空中落地后不断弹跳的效果组合而成，如图6.5.16所示。在制作过程中，主要通过设置多组皮球画面的位移、旋转、缩放关键帧和参数值来实现。操作步骤如下。

图6.5.16 弹跳的皮球动态播放效果

1. 新建项目文件

新建项目为“弹跳的皮球.prproj”，选择【文件】/【新建】/【项目】，在“名称”文本内输入“弹跳的皮球”，设置存储“位置”，单击【确定】按钮，如图6.5.17所示。

图 6.5.17 “新建项目”面板

2. 导入素材

在“项目”面板中，鼠标左键双击空白处，导入“弹跳的皮球”文件夹至“项目”面板，弹出“导入分层文件”窗口，在对话框中选择“各个图层”，不选“背景层”，单击“确定”按钮，如图 6.5.18 所示。

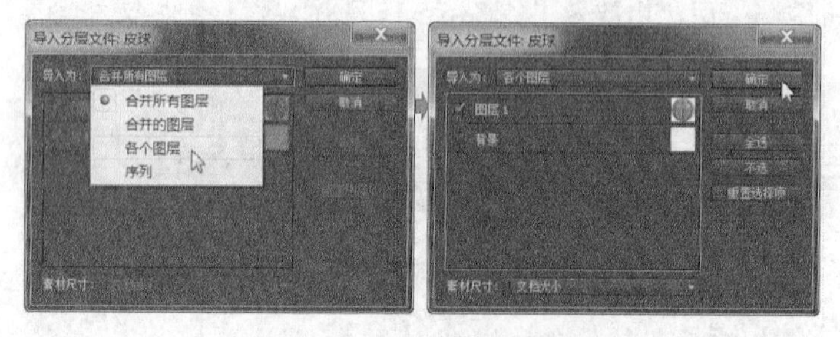

图 6.5.18 “导入分层文件”窗口

鼠标左键双击“项目”窗口中的“弹跳的皮球”文件夹，即打开“弹跳的皮球”素材箱，如图 6.5.19 和图 6.5.20 所示。

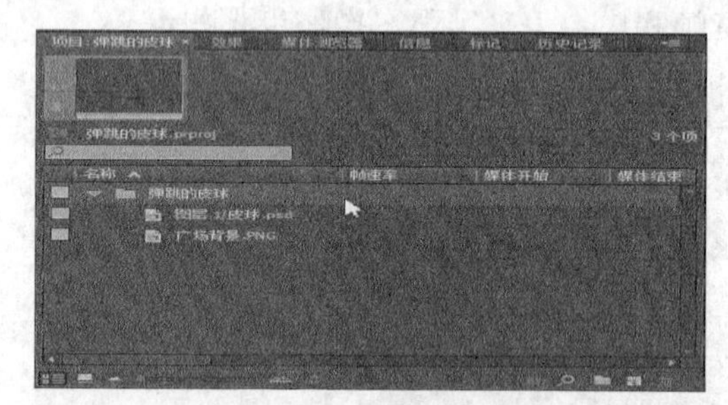

图 6.5.19 “弹跳的皮球”文件夹

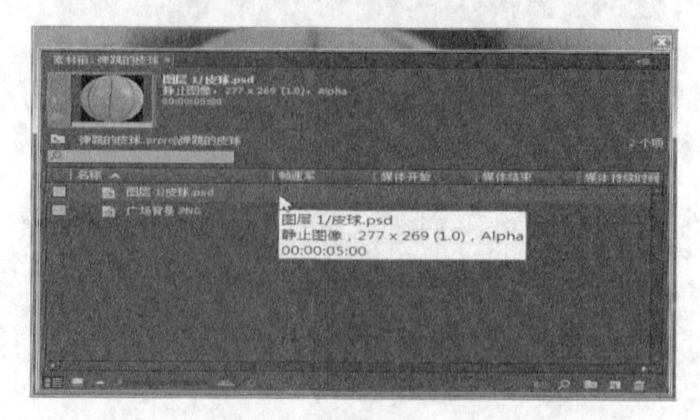

图 6.5.20 “弹跳的皮球”素材箱

3. 新建序列，设置电视制式

选择【新建项】/【序列】命令，设置“DV-PAL”制式中“标准 48kHz”，单击【确定】按钮，如图 6.5.21 所示。

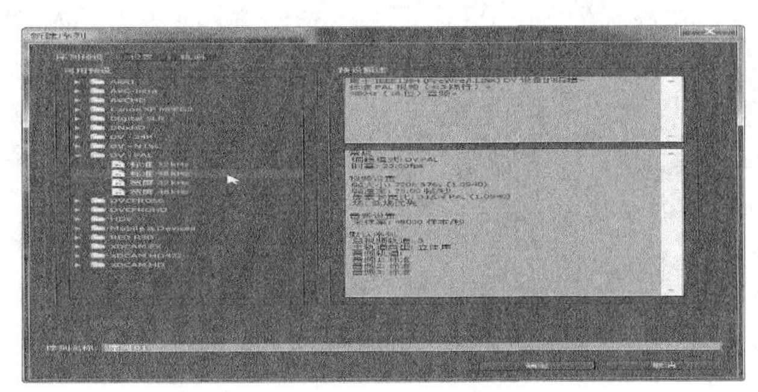

图 6.5.21 “弹跳的皮球”新建序列窗口

4. 将素材箱中的素材文件，导入“时间轴”的项目序列中

选择“弹跳的皮球”素材箱中的素材文件，分别拖曳它们到“时间轴”面板，拖曳“广场背景.PNG”到“V1”轨道上，拖曳“图层 1/皮球.psd”到“V2”轨道上，如图 6.5.22 所示。

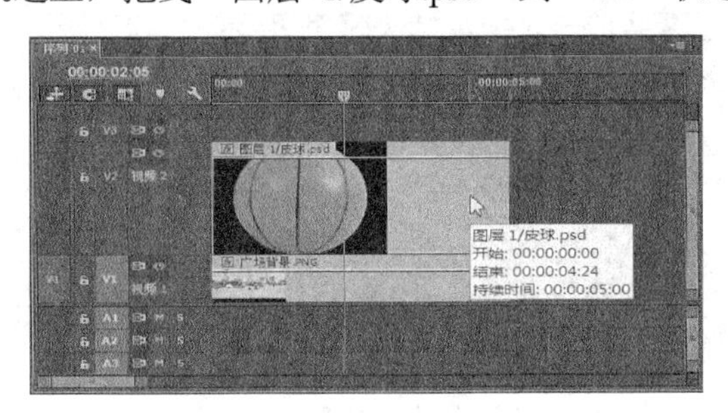

图 6.5.22 “时间轴”序列窗口

5. 设置运动效果

（1）设置位移、旋转和缩放关键帧和参数值：在“时间轴”面板内选中素材“图层 1/皮球.psd，打开“效果控件”面板，展开“运动”选项，移动“当前时间指示器”到时间码“00:00:00:00”处即素材“图层 1/皮球.psd ”的首帧；一一单击“位置、旋转和缩放”左边的“切换动画”按钮，添加一组关键帧，在“节目”监视器中，双击“节目”面板素材窗口，将皮球缩小，拖动到屏幕的左上角位置，如图 6.5.23 所示。

图 6.5.23 “效果控件和节目监视器”面板

（2）移动“当前时间指示器”到时间码“00:00:02:00”处，单击“位置、旋转和缩放”左边的“切换动画”按钮，添加第二组关键帧，在“节目”监视器中，双击“节目”面板素材

窗口，将皮球适当缩小，拖动到屏幕的左下角位置；改变“旋转”参数值，以使皮球向下落时有转动的动作，如图 6.5.24 所示。

图 6.5.24 “效果控件和节目监视器”面板

（3）移动“当前时间指示器”到时间码“00:00:03:00”处，单击“位置、旋转和缩放”左边的“切换动画”按钮，添加第三组关键帧，在“节目”监视器中，双击“节目”面板素材窗口，将皮球适当放大，拖动到屏幕的中央适当位置；改变“旋转”参数值，以使皮球向上弹时有转动的动作，如图 6.5.25 所示。

图 6.5.25 “效果控件和节目监视器”面板

（4）移动“当前时间指示器”到时间码“00:00:04:00”处，单击“位置、旋转和缩放”左边的“切换动画”按钮，添加第四组关键帧，在“节目”监视器中，双击“节目”面板素材窗口，将皮球适当缩小，拖动到屏幕的下方适当位置；改变“旋转”参数值，以使皮球向下落时有转动的动作，如图 6.5.26 所示。

图 6.5.26 “效果控件和节目监视器”面板

（5）移动“当前时间指示器”到时间码“00:00:05:00”处，单击“位置、旋转和缩放”左边的“切换动画”按钮，添加第五组关键帧，在“节目”监视器中，双击“节目”面板素材窗口，将皮球适当放大，拖动到屏幕的中央适当位置；改变“旋转”参数值，以使皮球向上弹时有转动的动作，如图 6.5.27 所示。

图 6.5.27 “效果控件和节目监视器”面板

（6）移动“当前时间指示器”到时间码“00:00:06:00”处，单击“位置、旋转和缩放”左边的“切换动画”按钮，添加第六组关键帧，在“节目”监视器中，双击“节目”面板素材窗口，将皮球适当缩小，拖动到屏幕的右下角适当位置；改变“旋转”参数值，以使皮球向下落时有转动的动作，如图 6.5.28 所示。

图 6.5.28 “效果控件和节目监视器”面板

（7）为素材的前 4 秒设置慢镜头，为后面内容设置快镜头。在“效果控件”面板内，移动“当前时间指示器”到时间码“00:00:00:00”处、“00:00:04:00”处、“00:00:05:00”处，分别添加“速度”关键帧；用鼠标拖动“橡皮带”，使时间码“00:00:00:00”处关键帧至“00:00:04:00”处关键帧之间的速度值为 56%；使时间码“00:00:04:00”处关键帧至“00:00:05:00”处关键帧之间的速度值为 103%；“00:00:05:00”处关键帧之后的速度值为 113%。

将时间码“00:00:04:00”处关键帧和“00:00:05:00”处关键帧分开一小段，以使速度的过渡平滑一些，如图 6.5.29 所示。

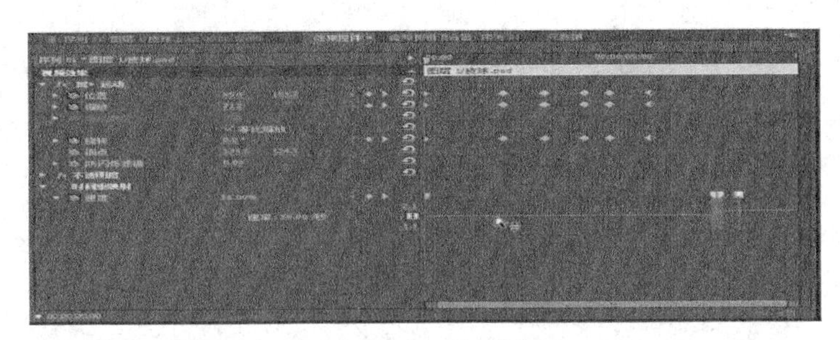

图 6.5.29 “效果控件”面板

（8）在“时间轴”窗口，使用工具箱“选择工具”，拖曳“广场背景.PNG”右边界，使其与“图层 1/皮球.psd”的尾帧对齐，如图 6.5.30 所示。

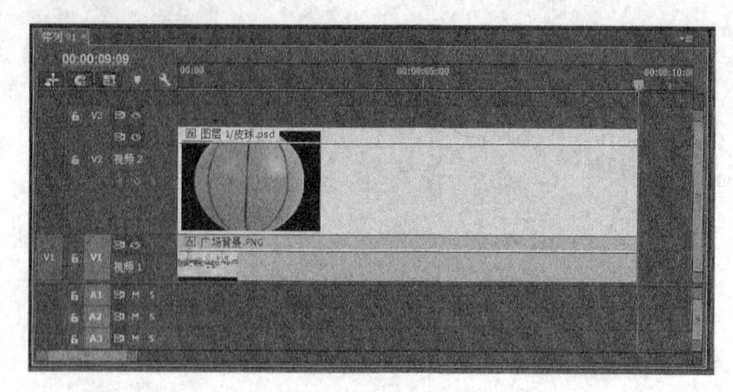

图 6.5.30 “时间轴”面板

（9）按 Enter 键进行序列内容的渲染，并预览结果。保存项目文件。

6.6 习题

一、简答题

1.简述实现动态效果的条件。

2.Adobe Premiere Pro CC 设置动画效果有几种方法？是如何实现的？

3.Adobe Premiere Pro 中“不透明度”参数的初始值是多少？其含义是什么？“不透明度”参数的值为 0.0%时，其含义是什么？

4.橡皮带有什么作用？

5.Adobe Premiere Pro 在影片制作中，如何实现快镜头、慢镜头、倒放镜头和静帧画面？

6.简述 Adobe Premiere Pro CC 的“效果”面板和“效果控件”面板的作用。

二、操作题

1．制作图片从远方飞来，停留片刻后又飞走；飞来时慢镜头，飞走时快镜头

方法：设置图片的位置、缩放、旋转、速度关键帧，如图 6.6.1 和图 6.6.2 所示。

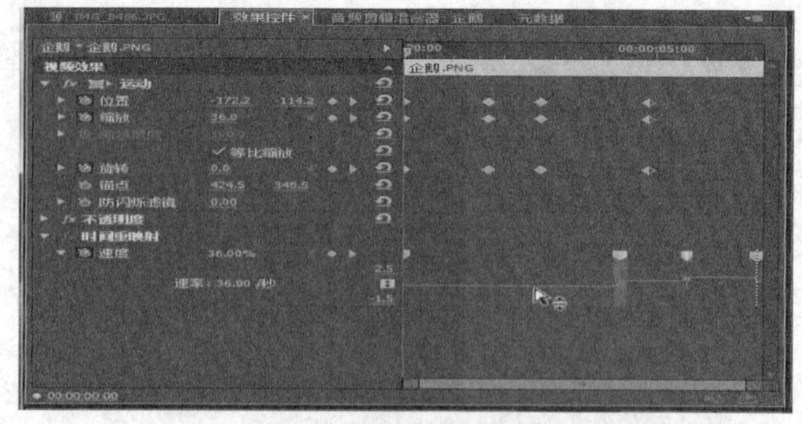

图 6.6.1 “效果控件”面板参数设置

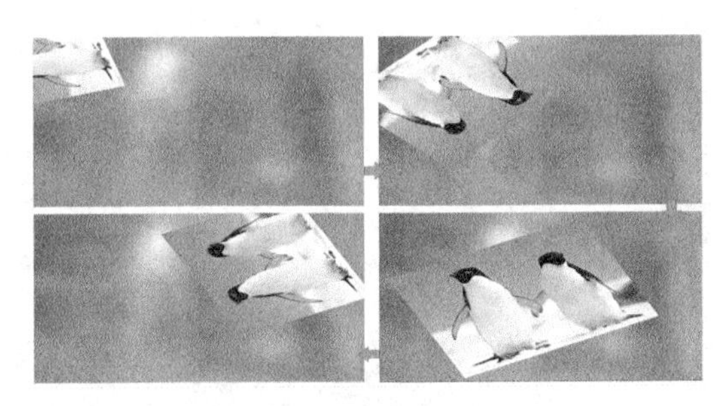

图 6.6.2 “图片远方飞来又飞去”效果

2. 设置“不透明度”制作淡入淡出效果

方法：在“效果控件”面板或“时间轴”面板中，设置不同透明度的关键帧，如图 6.6.3 和图 6.6.4 所示。

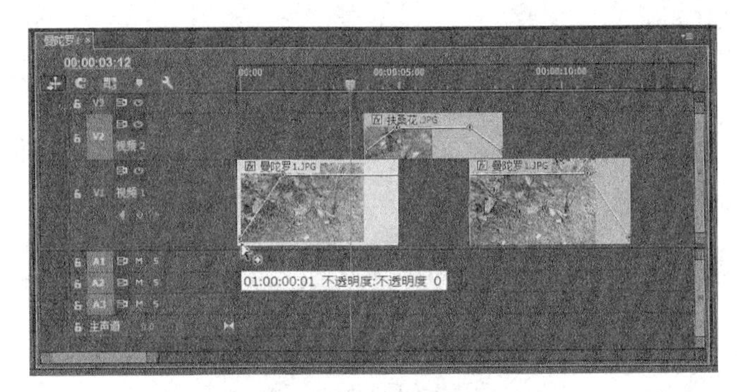

图 6.6.3 “时间轴”面板参数设置

图 6.6.4 “设置不透明度实现淡入淡出”效果

Adobe Premiere Pro CC

7 Chapter

第 7 章 视频效果

在 Adobe Premiere Pro CC 软件中，效果分为两大类：视频过渡和视频效果。

视频过渡用于处理镜头之间的衔接，控制两个镜头；视频效果用于修饰某个镜头本身，控制一个镜头。例如调整画面的亮度、色彩，将画面扭曲、风格化等都可以通过视频效果来实现。

学习要点：

- 了解视频效果的分类
- 视频效果添加与控制
- 色彩理论
- 图像控制类效果
- 颜色校正类效果
- 调整类效果
- Lumetri Looks

建议学时：上课 4 学时，上机 2 学时。

7.1 视频效果的使用

为了更好地掌握和理解视频效果，看看视频效果与视频过渡有什么不同，如表 7.1.1 所示。

表 7.1.1　视频效果与视频过渡比较

	视频过渡	视频效果
应用场合	两个剪辑之间或一个剪辑的两端	一个剪辑
参数	长度、位置、开始与结束状态	复杂
个数	一个	多个

7.1.1　视频效果的分类

Adobe Premiere Pro CC2014 提供（内置）了变换、图像控制、实用程序、扭曲、时间、杂色与颗粒、模糊与锐化、生成、视频、调整、过时、过渡、透视、通道、键控、颜色校正和风格化共 17 类视频效果，共包含 131 个视频效果，如图 7.1.1 和图 7.1.2 所示。

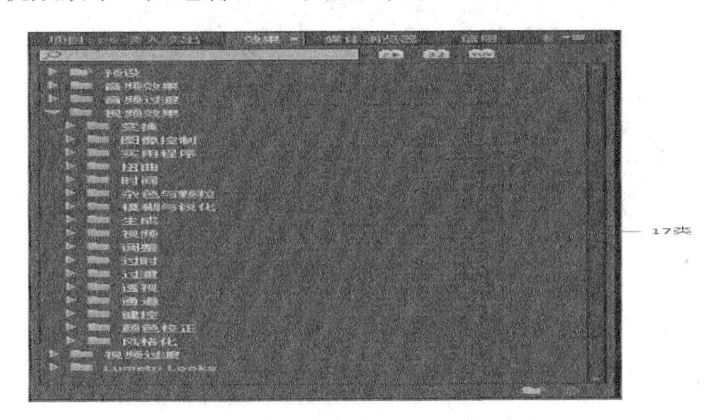

图 7.1.1 “效果”面板显示有 17 类视频效果

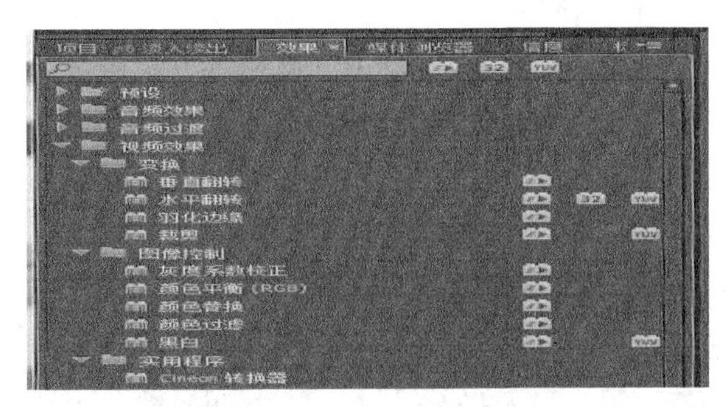

图 7.1.2 “效果”面板部分展开的视频效果

1. 变换（Transform）类

变换类主要是通过对图像的位置、方向和距离等参数进行调节，从而制作出画面视角变化的效果。包括垂直翻转效果、水平翻转效果、羽化边缘效果和裁切效果。

例如，水平翻转效果：将剪辑中的每个帧从左到右反转；剪辑仍正向播放，如图 7.1.3 所示。

图 7.1.3 “水平翻转”参数设置与效果

2. 图像控制（Image Control）类

图像控制类主要是对素材图像中的特定颜色像素进行处理，产生特殊的视觉效果。包括灰度系数校正、色彩平衡（RGB）、颜色替换、颜色过滤和黑白效果。

例如，颜色替换效果：替换颜色，如图 7.1.4 所示。

图 7.1.4 “颜色替换”参数设置与效果

3. 实用程序（Utility Program）类

实用程序类主要是通过调整画面的黑白斑来调整画面的整体效果，它只有 Cineon 转换器一种效果。

4. 扭曲（Distort）类

扭曲类主要通过对图像进行几何扭曲变形来制作各种各样画面变形效果。包括位移、变形稳定器、变换、放大、旋转、果冻效应修复、波形变换、球面化、紊乱置换、边角定位、滤镜和镜头扭曲。

例如，旋转效果：使图形旋转变形，如图 7.1.5 所示。

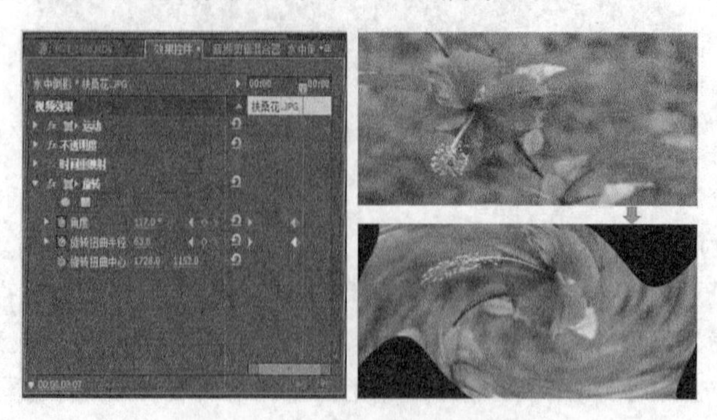

图 7.1.5 “旋转”参数设置与效果

5. 时间（Time）类

时间类主要是通过处理视频相邻帧变化，产生特殊的视觉效果。包括抽帧时间和残影。

例如，残影效果：合并来自剪辑不同时间的帧。残影效果有各种用途，包括从简单的视觉残影到条纹和污迹效果。只有当剪辑包含运动时，该效果方可显效。在默认情况下，应用残影效果时，任何事先应用的效果都将被忽略，如图 7.1.6 所示。

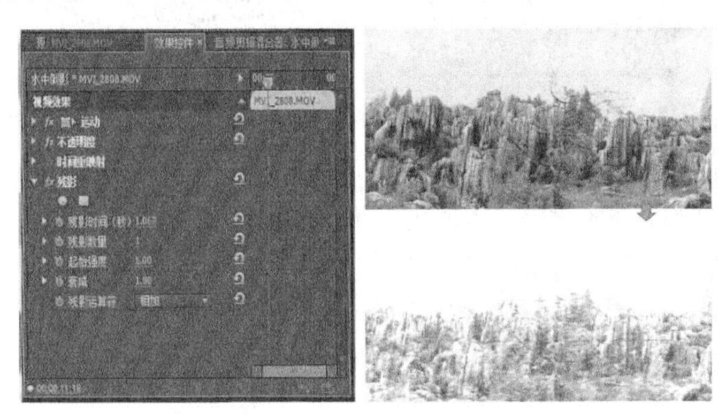

图 7.1.6 “残影”参数设置与效果

6. 杂色与颗粒（Noise Grain）类

杂色与颗粒类主要用于去除画面中的杂色或者在画面中增加杂色。包括中间值、杂色、杂色 Alpha、杂色 HLS、杂色 HLS 自动、蒙尘与划痕。

例如，中间值效果：将每个像素替换为另一像素，此像素具有指定半径邻近像素的中间颜色值。当“半径”值较低时，该效果可用于减少某些类型的杂色。在“半径”值较高时，该效果为图像提供绘画风格的外观，如图 7.1.7 所示。

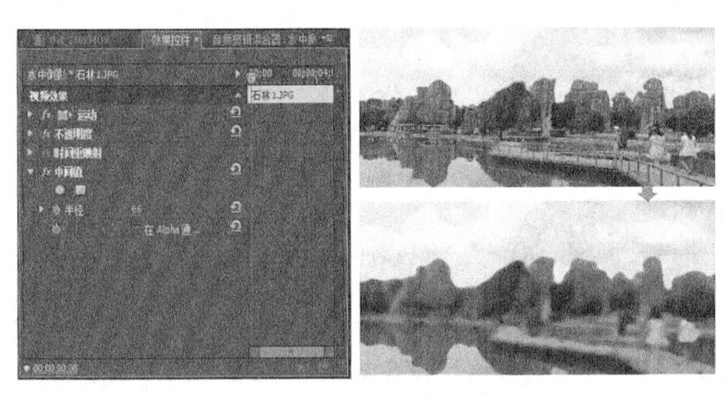

图 7.1.7 “中间值”参数设置与效果

7. 模糊与锐化（Blur & Sharpen）类

模糊与锐化类主要用于柔化或者锐化图像，或边缘过于清晰，或对比度过强的图像区域，甚至把原本清晰的图像变得很朦胧，以至模糊不清楚。包括复合模糊、快速模糊、方向模糊、相机模糊、通道模糊、锐化、非锐化遮罩、高斯模糊。

例如，快速模糊：可使大型区域图像快速变为模糊，如图 7.1.8 所示。

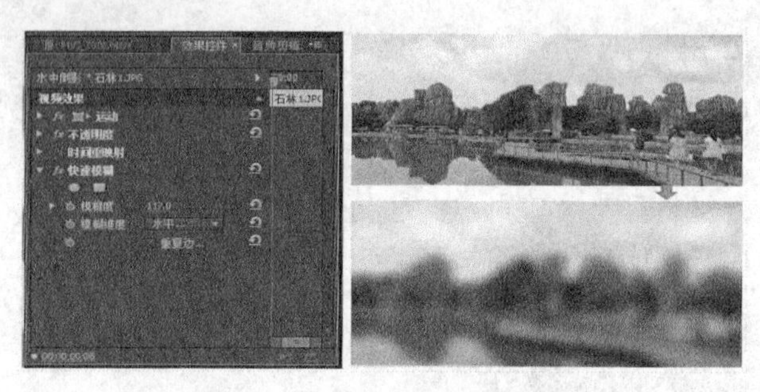

图 7.1.8 “快速模糊”参数设置与效果

8. 生成（Generate）类

生成类主要用于画面的处理或增加生成某种效果。包括书写、单元格图案、吸管填充、四色渐变、圆形、棋盘、椭圆、油漆桶、渐变、网格、镜头光晕和闪电。

例如，单元格图案效果：生成基于单元格杂色的单元格图案。使用此效果可创建静态或移动的背景纹理和图案。图案可依次用作纹理遮罩，用作过渡映射或用作置换映射源，如图 7.1.9 所示。

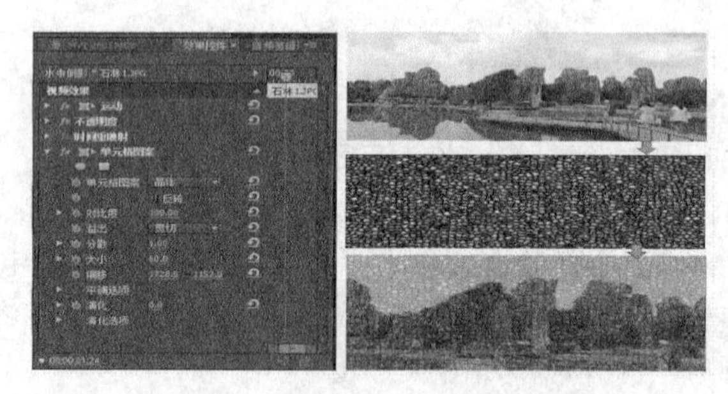

图 7.1.9 “单元格图案”参数设置与效果

9. 视频（Video）类

视频类主要用于使影片符合电视输出要求，例如给素材添加时间码，显示当前影片播放的时间。包括剪辑名称和时间码。

10. 调整（Adjust）类

调整类主要用于调整图像画面。包括 ProcAmp、光照效果、卷积内核、提取、自动对比度、自动色阶、自动颜色、色阶和阴影/高光。

例如，阴影/高光效果：基于阴影和高光，降低图像中的高光，在不使整个图像变暗或变亮的同时增亮图像中的主体，其默认设置用于修复有逆光问题的图像，如图 7.1.10 所示。

图 7.1.10 “阴影/高光”参数设置与效果

11. 过时（Tradition）类

过时类集合了以前版本中不同视频类里包含的视频效果。包括 RGB 差值键、垂直定格、弯曲、摄像机视图、水平定格、消除锯齿、色度键、蒙版、蓝屏键和重影。

例如，摄像机视图效果：模拟摄像机从不同角度查看剪辑，从而使剪辑扭曲。通过控制摄像机的位置，可扭曲剪辑的形状，如图 7.1.11 所示。

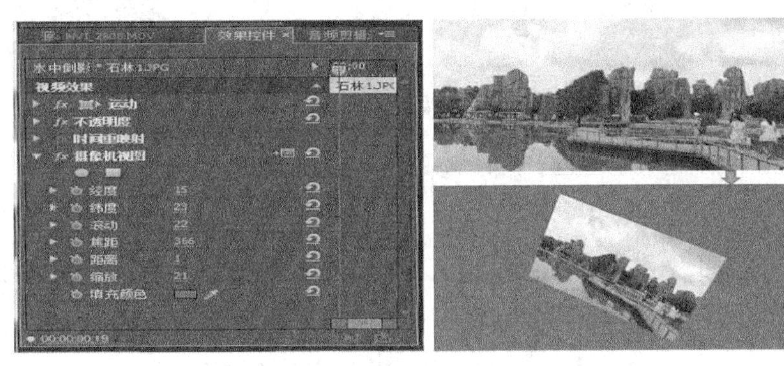

图 7.1.11 “摄像机视图”参数设置与效果

12. 过渡（Transition）类

过渡类主要用于场景过渡（转换），其用法与“视频切换”类似，但需要设置关键帧，方可产生转场效果。包括块溶解、径向擦除、渐变擦除、百叶窗和线性擦除。

例如，块溶解效果：可使剪辑在随机块中消失。可以单独设置块的宽度和高度，以像素为单位，如图 7.1.12 所示。

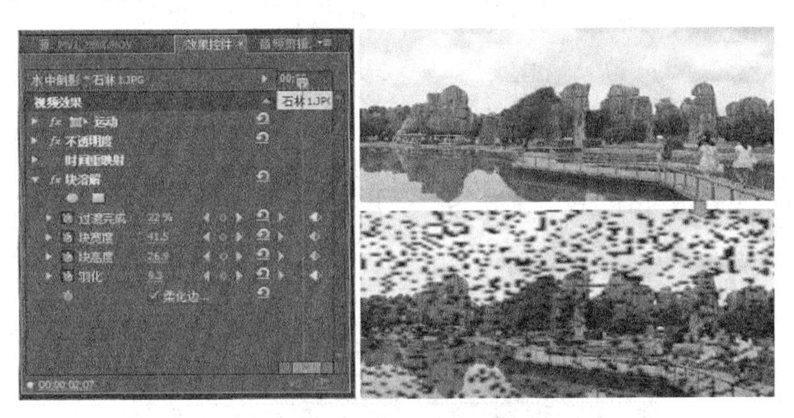

图 7.1.12 “块溶解”参数设置与效果

13. 透视（Perspective）类

透视类主要用于制作三维立体效果和空间效果。包括基本 3D、投影、放射阴影、斜角边、斜面 Alpha。

例如，基本 3D 效果：在 3D 空间中操控剪辑，可以围绕水平和垂直轴旋转图像等，如图 7.1.13 所示。

图 7.1.13 “基本 3D”参数设置与效果

14. 通道（Channel）类

通道类主要是利用图像通道的转换与插入等方式来改变图像，产生各种特殊效果。包括反转、复合运算、混合、算数、纯色合成、计算和设置遮罩。

例如，反转效果：反转图像的颜色信息，如图 7.1.14 所示。

图 7.1.14 “反转”参数设置与效果

15. 键控（Keying）类

键控类主要用于对图像进行抠像操作，或使用不同的画面图层叠加方法以合成不同的场景，或制作各种无法拍摄的画面。包括 16 点无用信号遮罩、4 点无用信号遮罩、8 点无用信号遮罩、Alpha 调整、亮度键、图像遮罩键、差值遮罩、移除遮罩、超级键、轨道遮罩键、非红色键和颜色键。

例如，颜色键效果：抠出所有类似于指定的主要颜色的图像像素，如图 7.1.15 所示。

图 7.1.15 “颜色键”参数设置与效果

16. 色彩校正（Color Correction）类

色彩校正类主要用于对素材画面颜色校正处理。包括 Lumetri、RGB 曲线、RGB 颜色矫正器、三向颜色矫正器、亮度与对比度、亮度曲线、亮度矫正器、分色、均衡、广播级颜色、快速颜色矫正器、更改为颜色、更改颜色、色调、视频限幅器、通道混合器、颜色平衡和颜色平衡（HLS）。

例如，更改为颜色效果：使用色相、亮度和饱和度 (HLS) 值，将在图像中指定的颜色更改为另一种颜色，保持其他颜色不受影响，如图 7.1.16 所示。

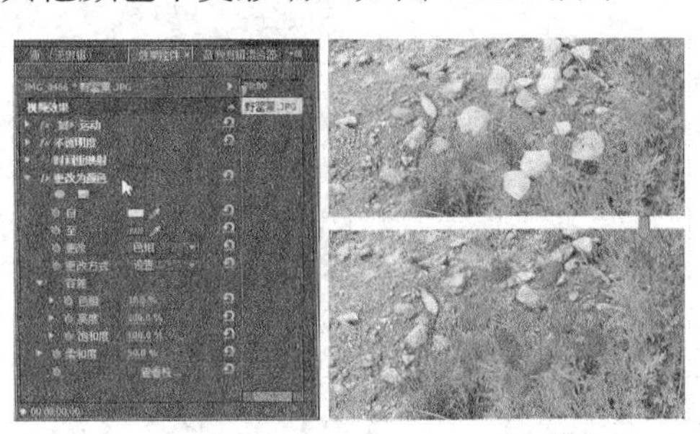

图 7.1.16 "更改为颜色"参数设置与效果

17. 风格化（Distort）类

风格化类主要是通过改变图像中的像素，或对图像的色彩进行处理，从而产生各种抽象派或印象派的作品效果，还可以模仿其他门类的艺术作品，如浮雕、素描等。包括 Alpha 发光、复制、彩色浮雕、抽帧、曝光过度、查找边缘、浮雕、画笔描边、粗糙边缘、纹理化、闪光灯、阈值和马赛克。

例如，画笔描边效果：向图像应用粗糙的绘画外观。还可以实现点彩画样式，其方法是将画笔描边的长度设置为 0 并且增加描边浓度。该效果可改变 Alpha 通道以及颜色通道；若已经蒙住图像的一部分，画笔描边将在蒙版边缘上方绘制，如图 7.1.17 所示。

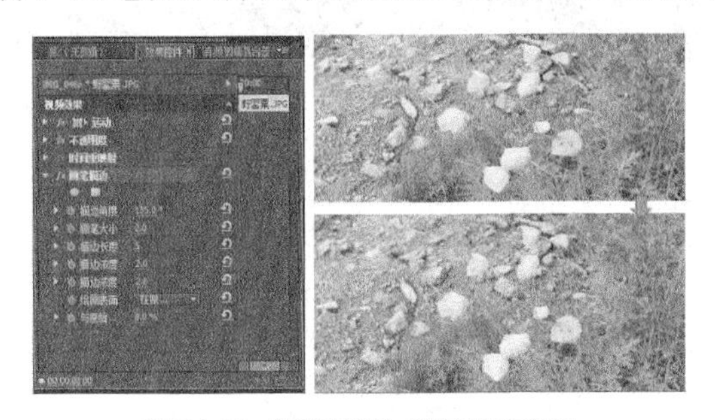

图 7.1.17 "画笔描边"参数设置与效果

7.1.2 视频效果添加与控制

Adobe Premiere Pro CC2014 提供了变换、图像控制、实用程序、扭曲、时间、杂色与颗粒、模糊与锐化、生成、视频、调整、过时、过渡、透视、通道、键控、颜色校正和风格化共 17 类视频效果，共包含 131 个视频效果，用户可以根据影片制作或创作的需要，灵活使用，制作出各式各样的艺术效果来。

视频效果的添加与控制，与视频过渡的添加与控制类似，用户可以为任意视频轨道内的镜头添加任意多个视频效果。

1. 视频效果的添加

通过"效果控件"面板和"时间轴"面板均可添加视频效果。

（1）通过"效果控件"面板添加视频效果

在“时间轴”面板内选中素材，打开“效果控件”面板：【窗口】/【效果控件】，在“效果”面板内选择所要添加的视频效果，将其拖曳至“效果控件”面板内即可。当按住鼠标左键拖动选择的视频效果时，鼠标显示符号将变为，如图 7.1.18 所示。

图 7.1.18 “效果”面板与“效果控件”面板

若要为同一个视频素材添加多个视频效果，在“效果”面板内，可继续选择其他视频效果，将其拖曳至“效果控件”面板内即可，如图 7.1.19 所示。

图 7.1.19 应用多个视频效果

注意：

当一个视频素材添加了多个视频效果后，视频效果的排列顺序不同，视频显示结果可能也不同，可以在“效果控件”面板内，直接拖动视频效果以调整其位置。

（2）通过“时间轴”面板添加视频效果

打开“效果”面板，展开“视频效果”文件夹，展开“视频效果”文件夹下的子文件夹，选择所要添加的视频效果，将其拖曳至视频轨道中的视频素材上即可。当按住鼠标左键拖动选择的视频效果时，鼠标显示符号将变为，如图 7.1.20 所示。

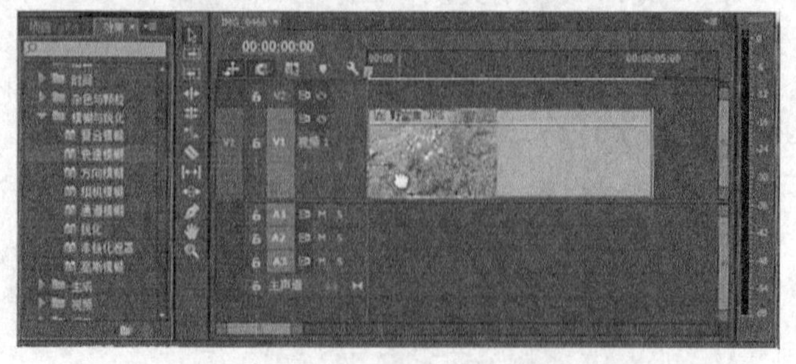

图 7.1.20 通过“时间轴”面板添加视频效果

若要为同一个视频素材添加多个视频效果，在“效果”面板内，可继续选择其他视频效果，将其拖曳至视频轨道中的视频素材上即可。

2. 视频效果的删除

删除不需要的视频效果：在“时间轴”面板内选中素材，打开“效果控件”控制面板：【窗口】/【效果控件】，选择“效果控件”面板内将要删除的视频效果，按 Delete 键或 Backspace 键即可；或右键单击将要删除的视频效果，在弹出的命令菜单中选择“清除”即可，如图 7.1.21 所示。

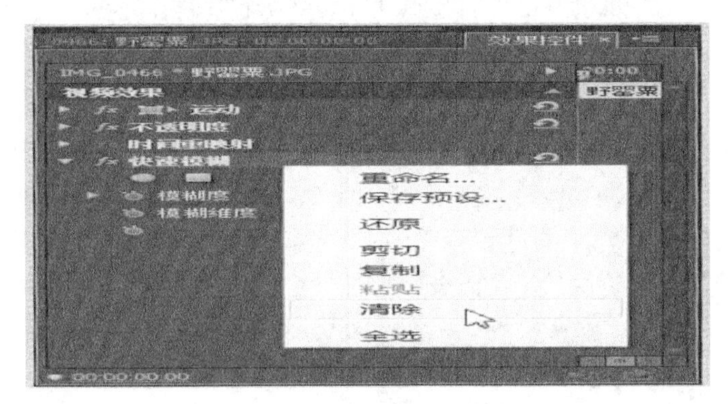

图 7.1.21 视频效果的删除

3. 视频效果的复制

在同时编辑多个素材时，有的素材可能有相同的视频效果设置，Premiere Pro CC 软件提供了复制和粘贴功能，可加快编辑速度，节约时间，同时保证了设置相同。

在“时间轴”面板内选中素材，在“效果控件”面板内，❶ 按 Ctrl+A 组合键为全选，或按住 Ctrl 键用鼠标单击将要复制的视频效果为单选；❷ 按 Ctrl+C 组合键，或右键单击一个已选择的视频效果，在弹出的命令菜单中选择“复制”命令；❸ 在“时间轴”面板内选中新的素材，在“效果控件”面板内，按 Ctrl+V 组合键，或右键单击空白处，在弹出的命令菜单中选择“粘贴”命令，如图 7.1.22 所示。

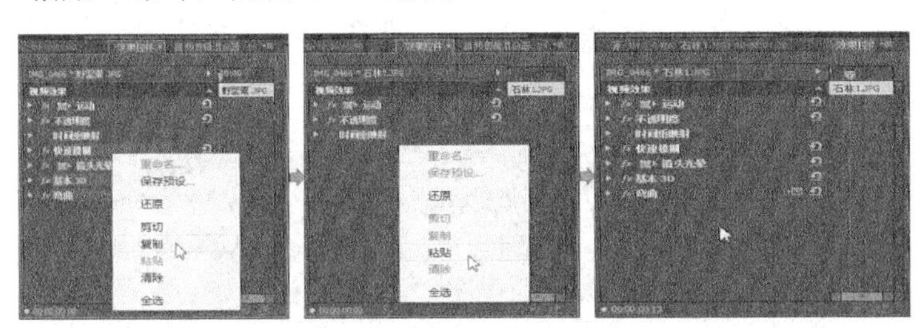

图 7.1.22 复制/粘贴视频效果

4. 视频效果的编辑

当用户为素材添加了视频效果以后，要实现视频效果的功能，需要对视频效果的属性参数进行设置。

在“时间轴”面板内选中素材，打开“效果控件”控制面板：【窗口】/【效果控件】，单击视频效果左侧的▶折叠按钮，即可显示该效果所具有的全部参数，如图 7.1.23 所示。

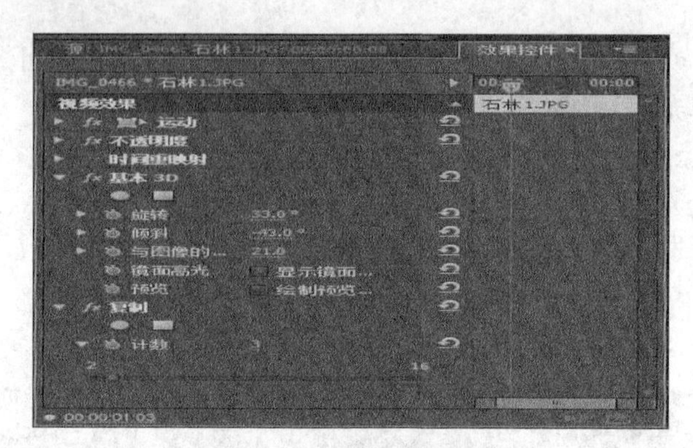

图 7.1.23　显示视频效果参数

修改某个属性参数值可以根据不同情况有三种方法：❶ 单击属性参数后面的有颜色的数值，可以直接输入数值，如图 7.1.24 所示；❷ 将鼠标放在属性参数后面有颜色的数值上方时，鼠标符号显示变为，按住鼠标左键左右拖动即可，如图 7.1.25 所示；❸ 有的属性参数下方有数值滑块，可以直接拖动改变该属性参数值，如图 7.1.26 所示。

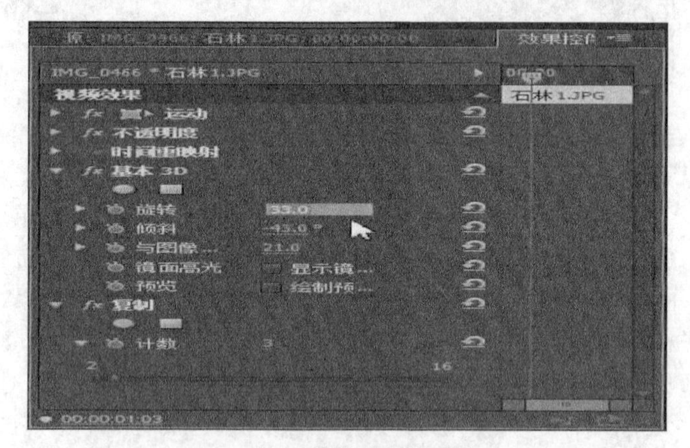

图 7.1.24　修改视频属性参数值

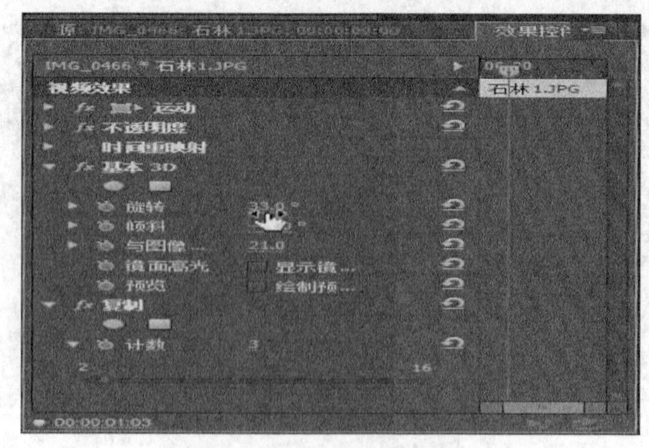

图 7.1.25　修改视频属性参数值

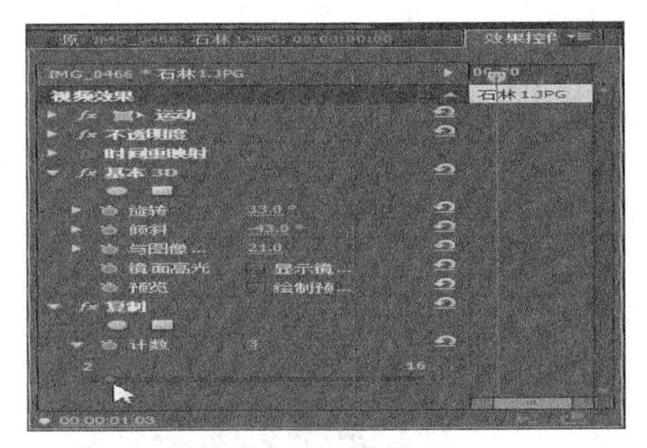

图 7.1.26　修改视频属性参数值

“效果控件”面板中各个视频参数设置完成后，素材在“节目”面板中的显示效果如图 7.1.27 所示。

图 7.1.27　视频效果

5. 通过“调整图层”对视频效果的编辑

当编辑多个素材时，为提高编辑效率，可以应用复制和粘贴的方法，实现同一视频效果的设置，在不同的素材上的复制。

Premiere Pro CC 软件还可以通过建立调整图层的方法，在调整图层中添加视频效果并进行设置，其视频效果，可以应用在下层视频轨道中所有的素材上。

调整图层，用户可以建立、删除、显示和隐藏，不破坏视频素材。

创建调整图层，单击“项目”面板底部的“新建”按钮，如图 7.1.28 所示。

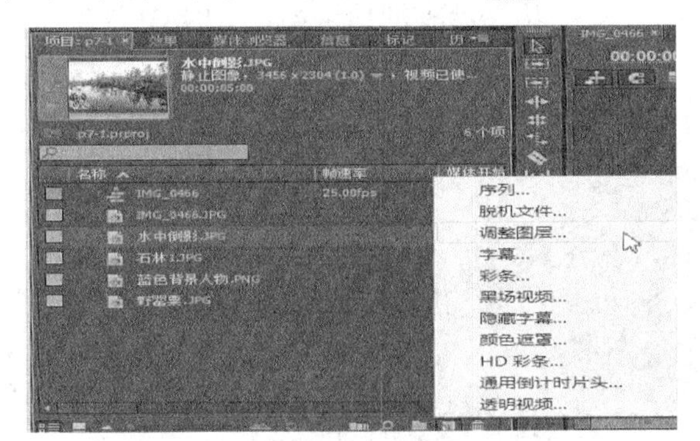

图 7.1.28　创建“调整图层”

在弹出的菜单中，选择“调整图层”命令。在弹出的“调整图层”对话窗口中，单击“确定”按钮即可，如图 7.1.29 所示。在“项目”面板中创建了“调整图层”项目，如图 7.1.30 所示。

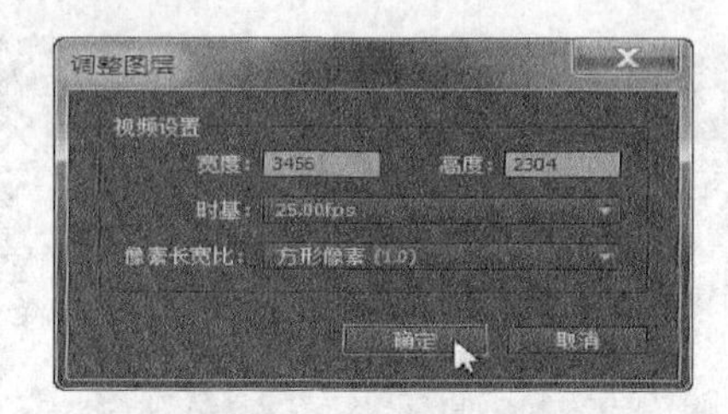

图 7.1.29 “调整图层”对话框

图 7.1.30 显示创建的“调整图层”

将创建的调整图层，拖动到素材视频轨道的上方视频轨道中，并调整播放长度与下层轨道中的素材相等，如图 7.1.31 所示。

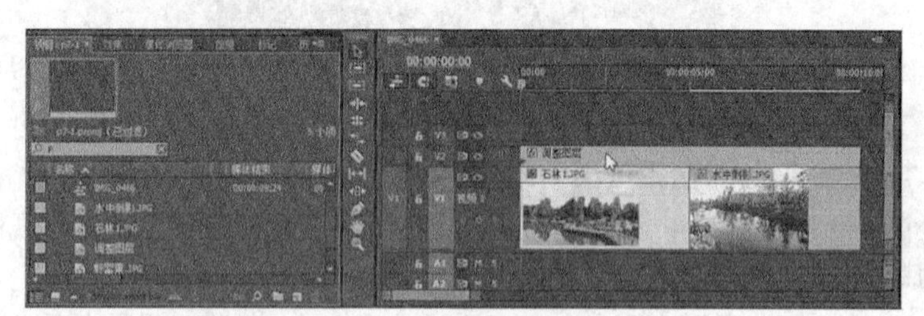

图 7.1.31 插入“调整图层”

在“时间轴”面板内选中调整图层，按照视频效果的添加方法，为调整图层添加视频效果。对调整图层中视频效果的编辑，与一般素材中视频效果的编辑相同。

视频轨道中的控件，可以应用于调整图层，如：“切换轨道输出”同样可以控制调整图层视频的显示和隐藏。

例如，为调整图层添加“查找边缘”视频效果，视频效果如图 7.1.32 所示。

图 7.1.32 “调整图层”中添加视频效果

7.2 色彩调整

7.2.1 色彩理论

在影视制作中，由于素材有色彩需要在后期制作中进行处理，所以，掌握有关色彩理论的基本原理，也是学好 Premiere Pro CC 影视作品后期制作的前提。

色彩理论研究，从人对色彩的知觉和心理效果出发，用科学分析的方法，把复杂的色彩现象还原为基本要素，利用色彩空间、量与质上的可变幻性，按照一定的色彩规律去组合各个构成要素间的相互关系，创造出新的、理想的色彩效果。

通过对色彩理论的学习和了解，让从事影视制作技术人员理解色彩、分析色彩，寻找色彩变化的规律，从而提高运用色彩的能力，为学习 Premiere Pro CC 在校正、调整和优化镜头色彩方面打下良好的基础。

1. 色彩视觉的构成

首先要了解光与色的关系：光是色彩之母，没有光就没有色，有了光就会产生物体的线条、体积、形体、色彩、文理、质感等视知觉所能看到的现象。

在同一种光线条件下，人们看到不同景物具有不同颜色，是因为物体表面具有不同的吸收与反射光线的能力，因此，色彩的发生是光对人的眼睛和大脑产生作用的结果，是一种视知觉。

（1）光通过下列三种形式产生视觉

❶ 光源光：光源发出的有色光直接进入视觉系统，如霓虹灯、台灯、烛火等发出的光均为光源光，如图 7.2.1 所示。

霓虹灯

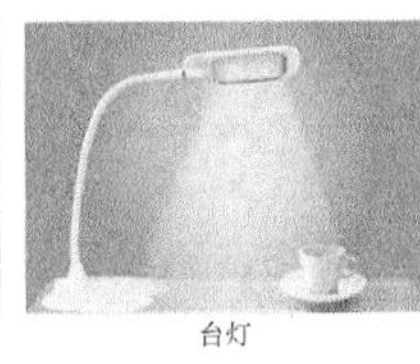
台灯

烛火

图 7.2.1 光源光

❷ 透射光：光源光穿过透明或半透明的物体之后，再进入视觉系统的光线即为透射光。透射光的亮度和颜色取决于入射光穿过被透射物体后的光透射率及波长，如图 7.2.2 所示。

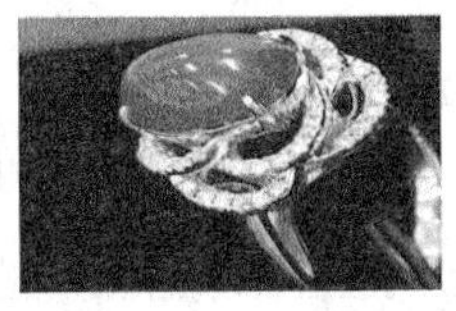

图 7.2.2 透射光

❸ 反射光：在光线照射之下，眼睛能看到的任何物体都是该物体的反射光进入视觉器官所致。

（2）视觉色彩可分为物体色和固有色两类。

❶ 物体色：是指光线投射到某个物体后，通过反射所呈现的颜色。日常人们所见到的非发光物体呈现不同的颜色，是光源光、反射光和透射光三种光产生复合色光的结果。如，在日光的照射下，白色表面几乎反射全部光线，黑色表面几乎吸收全部光线，所以会呈现白色和黑色两种不同的物体色；蓝色表面吸收日光中除了蓝色以外的其他色光，所以反射出蓝色光；当透射光由白色变为单色时，情况将发生变化。如，同样是白色的表面，用绿色光照射时，因为只有一种绿色光能够反射，因此会呈现绿色；而红色表面由于没有红色光可以反射，因而会把绿色的投射光吸收掉，呈现偏黑的颜色。

❷ 固有色：不是非常准确的概念，由于物体本身的色彩不是固定不变的，但它具有普遍性，人们在直觉中形成了对某一物体的色彩印象。在白天，当光线强烈时，物体的固有色呈现在接近受光和明暗之间的灰色中间区域；当光线微弱时，物体的固有色变得暗淡模糊。如，在正常光线下观察红色的花朵，玫瑰花的基本色是紫红色，荷花为粉红色，美人蕉则偏朱红色，如图 7.2.3 所示。

玫瑰花

荷花

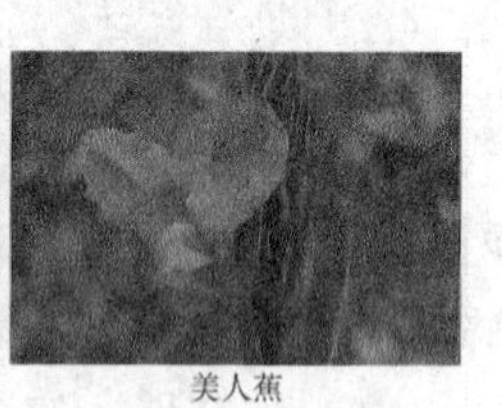
美人蕉

图 7.2.3 正常光线下的花朵

2. 色彩三属性

色相、亮度与饱和度被称为色彩三属性或色彩三要素。色彩一般分为无彩色和有彩色两大类。无彩色是指白、灰、黑等不带颜色的色彩，即反射白光的色彩；有彩色是指红、黄、蓝、绿等带有颜色的色彩。

有彩色的色彩具有色彩三个属性——色相、亮度、饱和度；无彩色的色彩只有色彩属性的一个属性——亮度。

（1）色相

色相也称为色泽即色彩的相貌特征，如红、黄、蓝等。在色彩体系中，色相分为原色、间色和复色。原色指第一次色即最基本最原始而非其他颜色合成的，红、黄、蓝；间色是指第二次色即由两个原色混合而成的颜色，橙、紫、绿；复色包含第三级色，第三级色包括黄橙、红橙、红紫、蓝紫、蓝绿、黄绿。由原色、间色和第三级色共 12 种色相的色彩变化在光谱色感上是均匀的。若把光谱中的红、橙、黄、绿、蓝、紫等各个色带圈起来，构成环形的色相关系，则构成色相环。在它们之间取中间色即第三级色，可以得到 12 色相环，如图 7.2.4 所示；更进一步则构成 24 色相环，如图 7.2.5 所示。

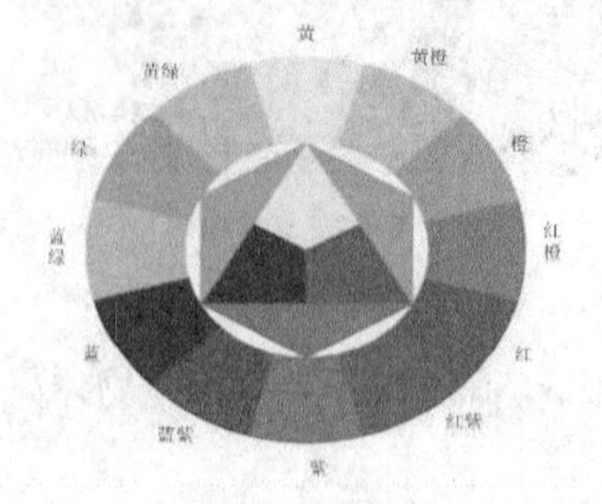

图 7.2.4 12 色相环

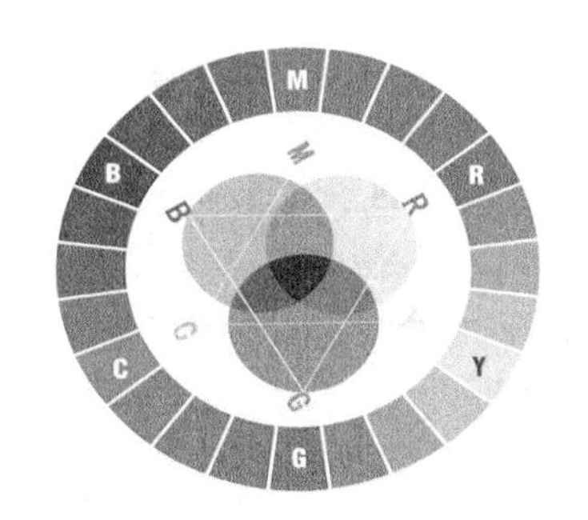

图 7.2.5 24 色相环

（2）亮度

亮度也称为明度，是指色彩的明暗、深浅程度。无彩色的色相，最亮是白，最暗是黑，黑白之间是不同程度的灰；有彩色的色相则是依据本身具有的明亮度值，依靠加减灰、白来调节明暗。若按一定的间隔划分，可构成明暗尺度。明度变化，如图 7.2.6 所示。

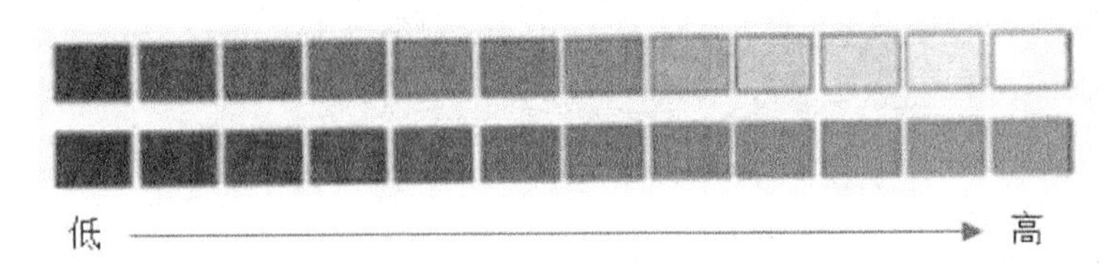

图 7.2.6 不同亮度的色彩

（3）饱和度

饱和度指色彩的鲜艳程度，也叫色度或纯度或彩度。三原色（红、黄、蓝）饱和度最高，其次是间色（橙、紫、绿），最后是复色。颜色调和的次数愈多饱和度越低。

色彩三属性如图 7.2.7 所示。

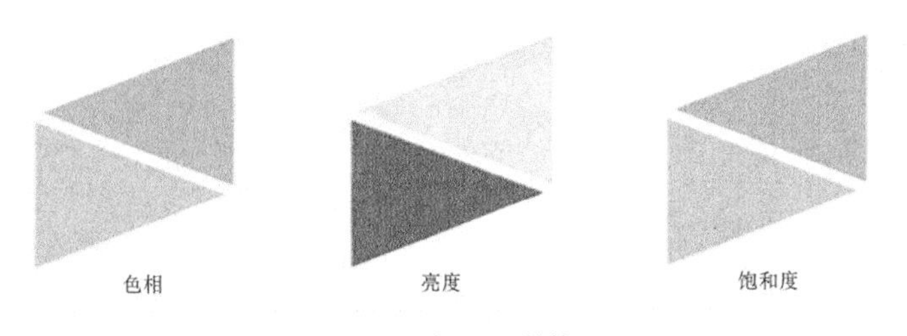

图 7.2.7 色彩三属性效果

色彩三要素之间的关系：任何颜色无论是亮度的提高还是降低，其饱和度和色相都将发生变化。

3. RGB 色彩理论

三原色光模式（RGB color model）是工业界的一种颜色标准，又称 RGB 颜色模型或红绿蓝颜色模型，是一种加色模型，将红（Red）、绿（Green）、蓝（Blue）三原色的色光以不同的比例相加，以产生多种多样的色光。

RGB 三原色光显示主要用于电视和计算机的显示器，有 CRT (Cathode Ray Tube)阴极射线管显示、LCD (Liquid Crystal Display)液晶显示和等离子显示等方法，将三种原色光在每一像素中组合成从全黑色到全白色之间各种不同的颜色光，目前在计算机硬件中采取每一像素用

24bit 表示的方法，所以三种原色光各分到 8bit，每一种原色的强度依照 8bit 的最高值 28 分为 256 个值。用这种方法可以组合 16777216 种颜色，但人眼实际只能分辨出 1000 万种颜色。

颜色通常是用 RGB 三种成分来定义的，采用 RGB 三维空间来进行描述，把 RGB 三种成分的数值当作欧几里得空间中普通笛卡尔坐标系的坐标值。在 RGB 模型中使用 0 到 1 之间的非负数作为立方体的坐标值，将原点（0,0,0）作为黑色，强度值沿坐标轴方向递增到达位于对角线（1,1,1）处的白色，如图 7.2.8 所示。

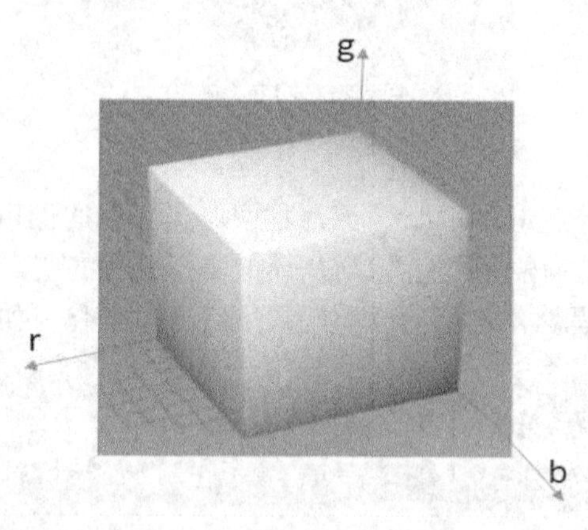

图 7.2.8 (r.g.b)色彩立方体坐标系

一个 RGB 组合（r,g,b）代表一个给定颜色的点在立方体内部、表面或者边上的三维坐标。这种表示方法使得在计算两个颜色相近程度时只需简单计算它们之间的距离：距离越短颜色越接近。

每像素 24 位（bit per pixel，bpp）编码的 RGB 值：使用三个 8 位无符号整数（0 到 255）表示红色、绿色和蓝色的强度。这是当前主流的标准表示方法，用于真彩色和 JPEG 或者 TIFF 等图像文件格式里的通用颜色交换。它可以产生 1600 万种颜色组合，对人眼来说其中很多已经分辨不出来。

图 7.2.9 展示了 24 bpp 的 RGB 立方体的三个“完全饱和”面，它们被展开到平面上。

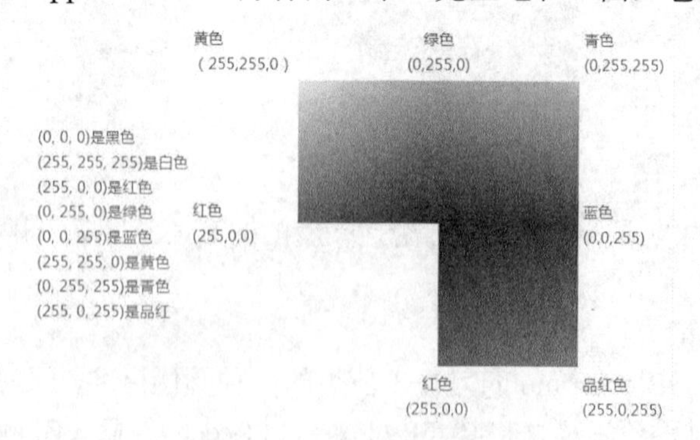

图 7.2.9 “(r.g.b)”色彩平面

用户在使用 Premiere Pro CC 颜色拾取器时，可以根据需要，参照图 7.2.9 所示，设置 R（红）、G（绿）、B（蓝）的参数值，如图 7.2.10 所示。

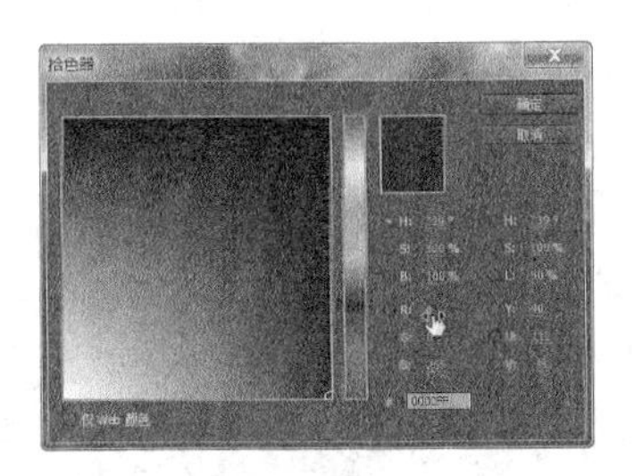

图 7.2.10　颜色拾取器

7.2.2　图像控制类效果

图像控制类效果主要是对素材图像中的特定颜色像素进行处理，以产生特殊的视觉效果。包括灰度系数校正、色彩平衡（RGB）、颜色替换、颜色过滤和黑白效果。

1. 灰度系数校正

灰度系数校正效果：通过对素材亮度的调整，在不显著更改阴影和高光的情况下使素材剪辑变亮或变暗。

其实现的方法是更改中间调的亮度级别（中间灰色阶），同时保持暗区和亮区不受影响。默认灰度系数设置为 10。在效果的“设置”对话框中，可将灰度系数从 1 调整到 28；椭圆和 4 点多边形蒙版，用于设定调整范围。如图 7.2.11 所示。

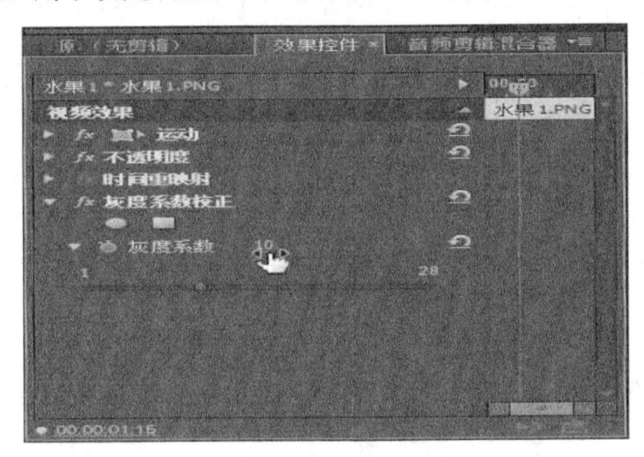

图 7.2.11　“灰度系数校正”效果控件面板

例 7.1：如图 7.2.12 所示，是经过添加“灰度系数校正”效果处理的三张五颜六色的新鲜水果图像，中间一张为原图，默认灰度系数设置为 10 的效果；靠左边的一张，设置灰度系数值为 6 的效果，可以看出，减小灰度系数值，水果颜色变浅；靠右边的一张，设置灰度系数值为 17 的效果，加大灰度系数值，水果颜色变深，显得更加鲜艳和新鲜。

图 7.2.12　“灰度系数校正”参数设置与效果比较

2. 色彩平衡

色彩平衡效果：通过更改素材剪辑中的红色、绿色和蓝色的数值，以改变素材的颜色，如图 7.2.13 所示。

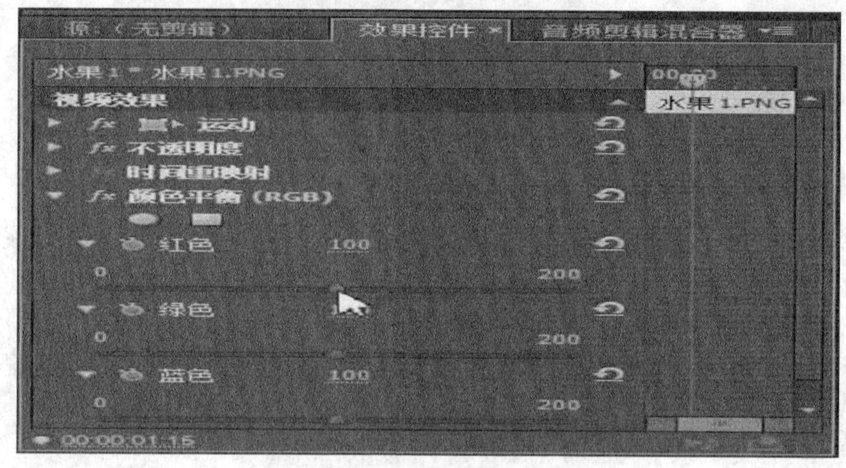

图 7.2.13 “色彩平衡”效果控件面板

调整红色、绿色和蓝色的数值，可以改变素材的颜色，红色、绿色和蓝色的数值变化对素材颜色的影响规律，可以参看图 7.2.9 所示。椭圆和 4 点多边形蒙版，用于设定调整范围。

例 7.2：如图 7.2.14 所示，是经过添加“色彩平衡”效果处理的三张五颜六色的新鲜水果图像，中间一张为原图，默认系数值均为 100 的效果；靠左边的一张，设置“红色”系数值为 0 的效果，红色成分降为 0，其他值不变，整个画面朝着青色方向变化，图像中红色水果变为了黑色，背景颜色由白色变成了蓝绿色；靠右边的一张，保持绿色成分不变，调大红色和蓝色的数值，整个画面朝着品红方向变化，图像中的红色水果显得更加鲜艳。

图 7.2.14 “色彩平衡”参数设置与效果比较

例 7.3：在“色彩平衡”效果控件中，有椭圆和多边形蒙版，可以在指定区域中施加效果，效果不影响其他区域。现在用椭圆蒙版，设定最前面的一个红色水果，调整参数设置，改变其颜色，如图 7.2.15 所示。

图 7.2.15 “色彩平衡”面板与效果比较

3. 颜色替换

颜色替换效果：将选定颜色替换成新的颜色，同时保留灰色阶。

使用此效果可以更改图像中对象的颜色，其方法是选择对象的颜色即“目标颜色”，然后调整控件中“替换颜色”来创建新的颜色。有关颜色设置，可以单击颜色块或使用吸管工具；椭圆和 4 点多边形蒙版，用于指定调整范围，如图 7.2.16 所示。

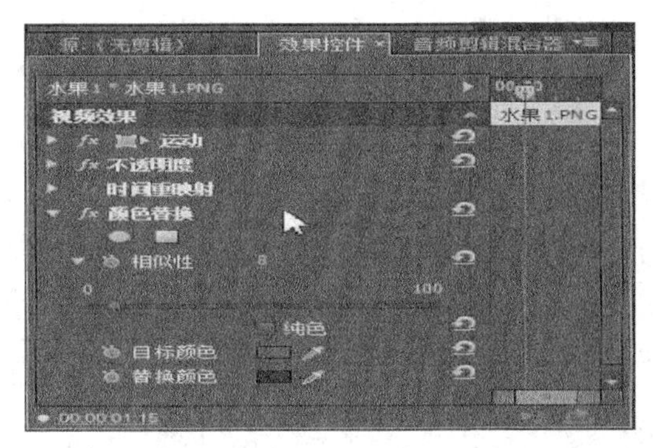

图 7.2.16 “颜色替换”效果控件面板

“相似性”属性非常有用，可以扩大或减小要替换的颜色范围，对实现颜色替换至关重要。

“纯色”选项指定替换的颜色不保留任何灰色阶。

例 7.4：如图 7.2.17 所示，是经过添加“颜色替换”效果处理的素材图像，用椭圆蒙版，设定最前面的一个红色水果，它的颜色为目标颜色，用吸管工具指定，替换颜色为后面深颜色水果，用吸管工具指定，调整相似性、蒙版羽化、蒙版不透明度参数，如图 7.2.17 所示。

图 7.2.17 “颜色替换”面板与效果比较

4. 颜色过滤

颜色过滤效果：将素材剪辑画面转换成灰度效果，但不包括指定的单个颜色，如图 7.2.18 所示。

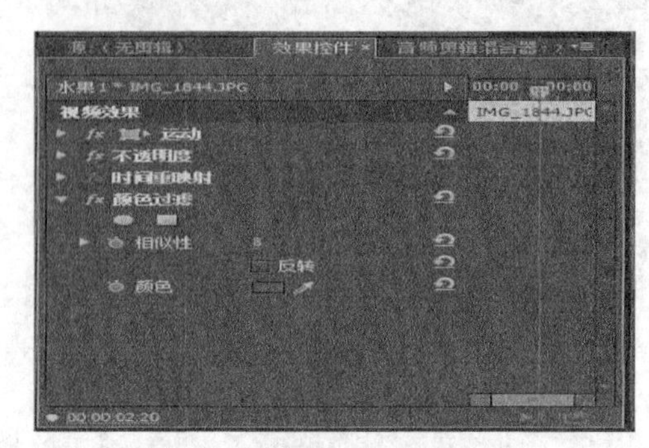

图 7.2.18 “颜色过滤”效果控件面板

“相似性”属性非常有用，可以扩大或减小灰色范围，以区分出保留色。

椭圆和 4 点多边形蒙版，用于指定调整范围。

颜色过滤效果的用途有二：一是将素材剪辑画面转换成灰度效果；二是将可强调剪辑的特定区域保留原颜色，突出主题，其余区域转成灰度效果。

例 7.5：在一张图片中，为了突出鲜花，可以选择保留鲜花的颜色，使素材剪辑的其余部分以灰度显示，用“颜色”吸管，在“节目监视器”中取样鲜花的颜色，设置“相似性”参数值为 19，如图 7.2.19 所示。

图 7.2.19 “颜色过滤”面板与效果比较

5. 黑白

黑白效果：将彩色素材剪辑转换成灰度效果，即将颜色显示为灰度。

不能设置关键帧，只有椭圆和 4 点多边形蒙版，用于指定调整范围，如图 7.2.20 所示。

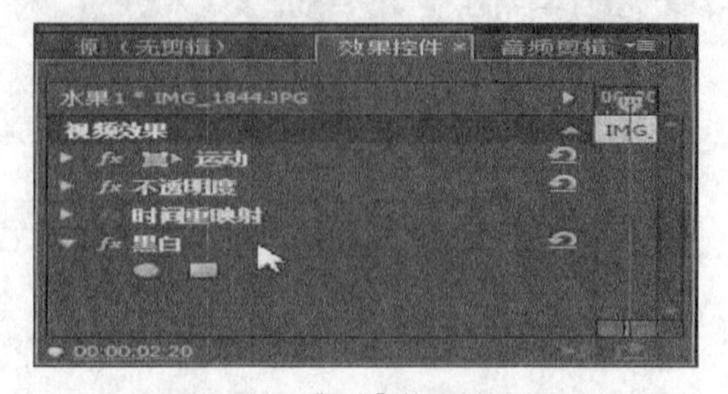

图 7.2.20 “黑白”效果控件面板

例 7.6：利用“黑白”效果，将一张彩色图片显示为灰色图片，在“时间轴”轨道面板中，选中该素材，将“黑白”效果拖动到“效果控件”面板即可，如图 7.2.21 所示。

图 7.2.21 “黑白”面板与效果比较

例 7.7：利用“黑白”效果中的蒙版，将一张彩色图片中的部分显示为灰色图片。在“时间轴”轨道面板中，选中该素材，将“黑白”效果拖动到“效果控件”面板；单击创建椭圆形蒙版按钮，在“节目监视器”中，拖动“椭圆”到第一朵花上并调节其大小；再次单击创建椭圆形蒙版按钮，在“节目监视器”中，拖动“椭圆”到第二朵花上并调节其大小，如图 7.2.22 所示。

图 7.2.22 “黑白”面板与效果比较

7.2.3　颜色校正类效果

影片在拍摄完成之后，由于种种原因，需要对素材的色彩再次处理，它包括素材的亮度方面偏暗或偏亮、饱和度方面偏色等。虽然图像控制类效果和调整类效果也可以解决部分问题，有时还是需要颜色校正类和它们之间相互叠加应用或独立应用，效果更好。

颜色校正类主要用于对素材画面颜色校正处理。在 Adobe Premiere Pro CC2014 中，颜色校正类包括 Lumetri、RGB 曲线、RGB 颜色矫正器、三向颜色矫正器、亮度与对比度、亮度曲线、亮度矫正器、分色、均衡、广播级颜色、快速颜色矫正器、更改为颜色、更改颜色、色调、视频限幅器、通道混合器、颜色平衡和颜色平衡（HLS）共十八种。

按照颜色三要素概念对这十八种颜色校正效果再次分别进行介绍。

1. 颜色校正效果

在颜色校正类效果中，快速颜色校正器和三向颜色校正器效果包含色相和饱和度控件，可以快速平衡颜色，使白色、灰色和黑色保持中性，可以消除所有颜色中的色偏；亮度校正器和 RGB 颜色校正器可分别从亮度和色相方面消除素材的色偏问题。

（1）快速颜色校正器

快速颜色校正器效果：使用色相和饱和度控件来调整剪辑的颜色。该效果也有色阶控件，用于调整图像阴影、中间调和高光的强度。一般大多使用此效果进行颜色校正，如图 7.2.23 所示。

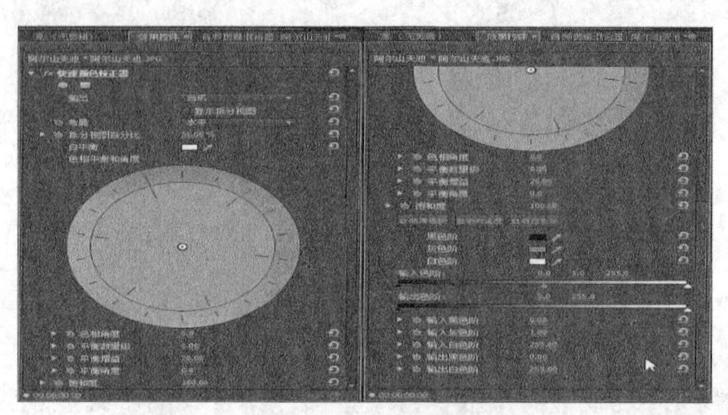

图 7.2.23 “快速颜色校正器”面板

输出：在“节目监视器”中查看调整的最终结果，有“合成”和色调值调整“亮度”两个输出选项。显示拆分视图，将图像的左边或上边部分显示为校正视图，将图像的右边或下边部分显示为未校正视图即原图。

布局：确定“拆分视图”图像是并排（水平）还是上下（垂直）布局。

拆分视图百分比：调整校正视图的大小，默认值为 50%，如图 7.2.24 所示。

图 7.2.24 “拆分视图”效果

白平衡：通过使用吸管工具，在监视器桌面上的任意位置，采样图像中的目标颜色，将白平衡分配给图像；或单击色板打开 Adobe Premiere Pro CC 拾色器，选择颜色，定义白平衡。

色相平衡和角度：使用色轮控制色相平衡和色相角度。小圆形围绕色轮中心移动，控制色相 (UV) 转换，将改变平衡数量级和平衡角度。小垂线设置控件的相对粗精度，此控件控制平衡增益。可以在矢量示波器中查看对“色相平衡和角度”的调整。

色相角度：用于色相旋转控制。默认值为 0，负值向左旋转色轮，正值则向右旋转色轮。

平衡数量级：控制由“平衡角度”所确定的颜色的百分比。

平衡增益：用于调整亮度值。

平衡角度：确定色相值的选择范围。

饱和度：控制图像颜色的饱和度。默认值为 100，不影响颜色。当饱和度值小于 100 时为降低饱和度，颜色变浅；当饱和度值为 0 则消除颜色；当饱和度值大于 100 时为升高饱和度，颜色加深。

自动黑色阶：将使图像中的阴影变亮。

自动对比度：同时选择自动黑色阶、自动白色阶和自动对比度，将使高光变暗而阴影部分变亮。

自动白色阶：将使图像中的高光变暗。

黑色阶、灰色阶、白色阶：这些颜色的设定，用于设置最暗阴影、中间调灰色和最亮高光的色阶。

输入色阶：外面的两个输入色阶滑块将黑场和白场映射到输出滑块的设置。中间输入滑块用于调整图像中的灰度系数。

输出色阶：将黑场和和白场输入色阶滑块映射到指定值，影响图像的总体对比度。

输入黑色阶、输入灰色阶、输入白色阶：改变高光、中间调或阴影的黑场、中间调和白场输入色阶。

输出黑色阶、输出白色阶：改变输入黑色对应的映射输出色阶、高光、中间调或阴影对应的输入白色阶。

例 7.8：一张图像画面颜色偏黄色，添加“快速颜色校正器”效果，可以使用调色盘，把不想要的浅黄色偏，通过添加浅蓝色偏进行中和。此蓝色调将被添加到场景中的所有颜色，这样就会消除整个场景中的色偏，如图 7.2.25 所示。

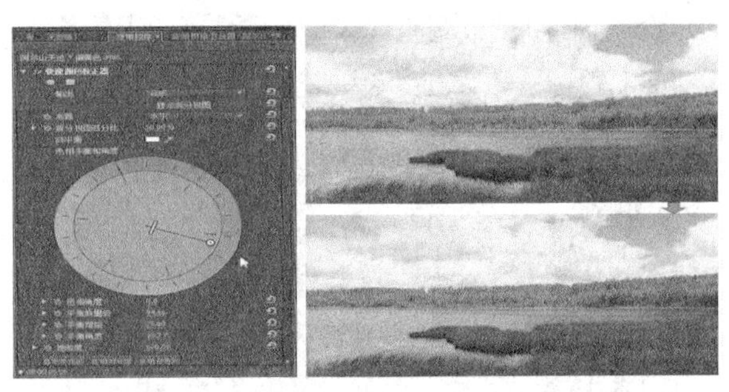

图 7.2.25　“快速颜色校正器”面板与效果比较

（2）三向颜色矫正器

三向颜色校正器效果：对阴影、中间调和高光调整素材剪辑的色相、饱和度和亮度，进行精细校正，还可使用“辅助颜色校正”控件指定要校正的颜色范围，进一步精细调整，如图 7.2.26 所示。

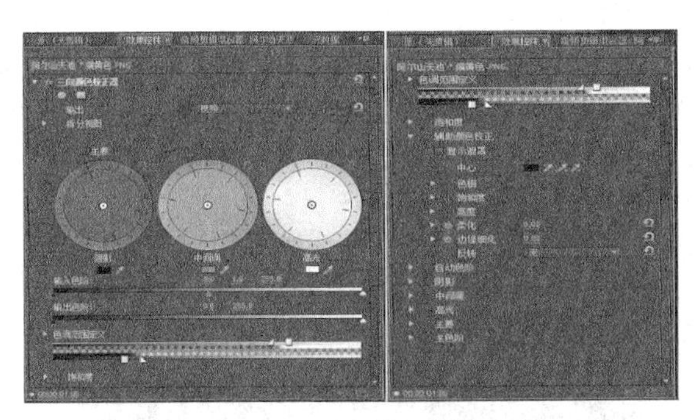

图 7.2.26　“三向颜色校正器”面板

阴影（左轮）、中间调（中轮）和高光（右轮）：三个色轮调整色相、饱和度。

其他属性参数可参照“快速颜色校正器”。

例 7.9：一张图像画面颜色偏黄色，添加“三向颜色校正器”效果，可以使用三个调色盘，把不想要的浅黄色偏消除，如图 7.2.27 所示。

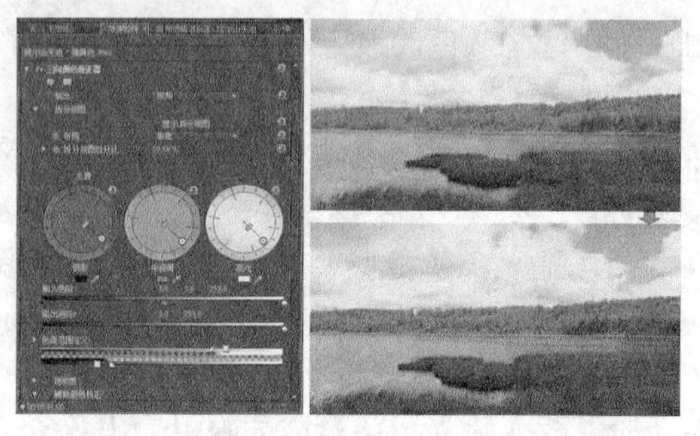

图 7.2.27 “三向颜色校正器”面板与效果比较

（3）亮度矫正器

亮度校正器效果：用于调整剪辑中高光、中间调和阴影中的亮度和对比度，即调整太暗或太亮的图像，使用“辅助颜色校正”控件，可以指定要校正的颜色范围，如图 7.2.28 所示。

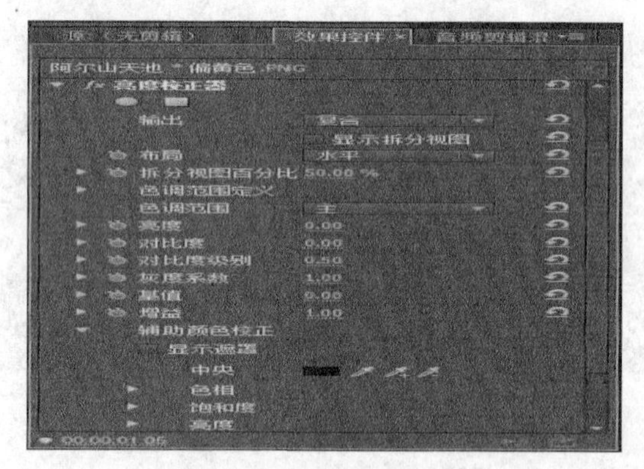

图 7.2.28 “亮度校正器”面板

其中有些属性选项与“快速颜色矫正器”相同，下面的属性选项需要介绍。

亮度：控制剪辑中的黑色阶，使黑色画面内容显示为黑色。

对比度：调整图像的对比度。

对比度级别：设置剪辑的原始对比度值。

灰度系数：调整素材图像的中间调值，使对比度变化，类似于亮度曲线效果中更改曲线的形状，调整太暗或太亮的图像。

基值：与“增益”控件一块使用可增加图像的总体亮度。

例 7.10：一张图像画面颜色偏黄色，添加“亮度校正器”效果，可以使用图像亮度提高，把不想要的浅黄色偏减少，如图 7.2.29 所示。

图 7.2.29 “亮度校正器”面板与效果比较

（4）RGB 颜色校正器

RGB 颜色校正器效果：通过调整 RGB 每个颜色通道的中间调值、对比度和亮度，调整素材剪辑中的颜色；应用时可分别对每个颜色通道进行色调调整；通过使用“辅助颜色校正”控件，还可以指定要校正的颜色范围，如图 7.2.30 所示。

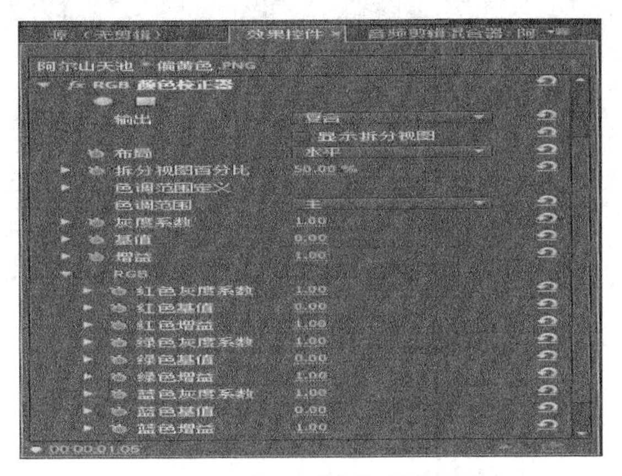

图 7.2.30 “RGB 颜色校正器”面板

可以分别调整 RGB 每个颜色通道的中间调值、对比度和亮度。展开每个通道的灰度系数、基值和增益选项为：

- 红色灰度系数、绿色灰度系数和蓝色灰度系数；
- 红色基值、绿色基值和蓝色基值；
- 红色增益、绿色增益和蓝色增益；

可根据实际情况，有选择地调整。

例 7.11：一张图像画面颜色偏黄色，添加“RGB 颜色校正器”效果，可以只选择调整蓝色灰度系数、蓝色基值、蓝色增益，把不想要的浅黄色偏减少，如图 7.2.31 所示。

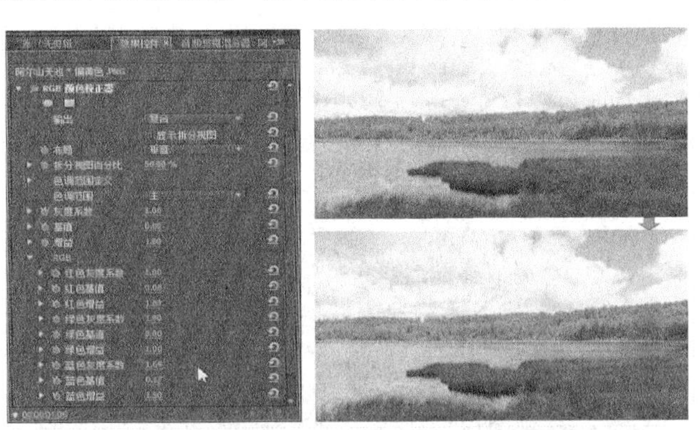

图 7.2.31 “RGB 颜色校正器”面板与效果比较

2. 亮度调整效果

“亮度与对比度”和“亮度曲线”效果大多用于调整视频画面的亮度，前者操作简单，功能较弱，后者功能较强，调节较为精细。

（1）亮度与对比度

亮度与对比度效果：顾名思义，该效果调整素材剪辑的亮度和对比度。默认值为 0.0 表示未做更改；使用亮度与对比度效果最方便对图像色调范围进行简单调整；一次性调整素材图像中的所有像素值：高光、阴影和中间调，如图 7.2.32 所示。

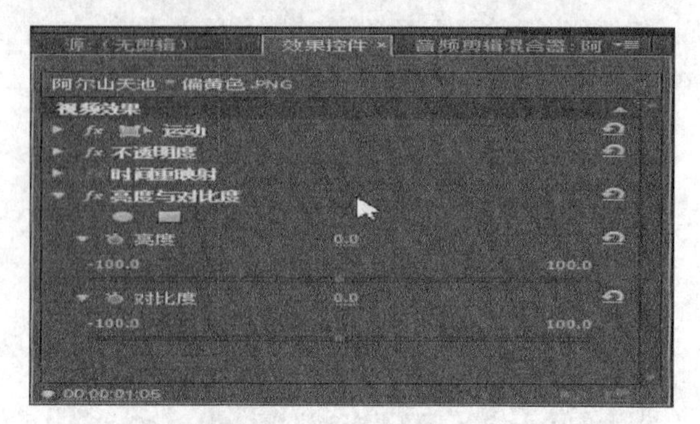

图 7.2.32 “亮度与对比度”面板

例 7.12：一张图像画面颜色偏黄色，添加“亮度与对比度”效果，可以使用亮度、对比度滑块移动，把不想要的浅黄色偏降低，如图 7.2.33 所示。

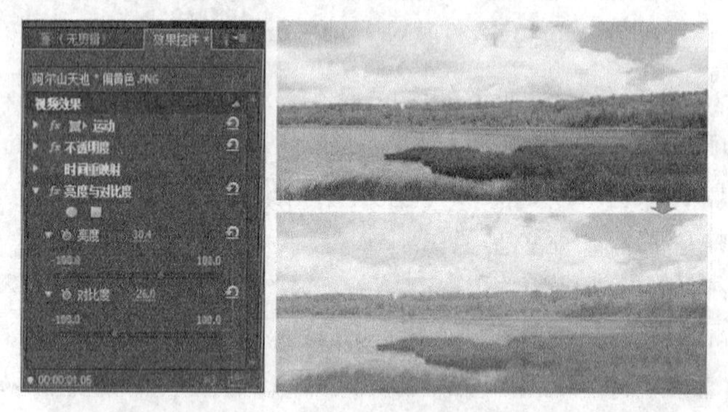

图 7.2.33 “亮度与对比度”面板与效果比较

（2）亮度曲线

亮度曲线效果：拖曳曲线调整素材剪辑的亮度和对比度。可以使用“辅助颜色校正”控件；可以通过选择“显示拆分视图”，在屏幕上输出比较；向上拖曳曲线提高画面亮度，反之降低画面亮度，如图 7.2.34 所示。

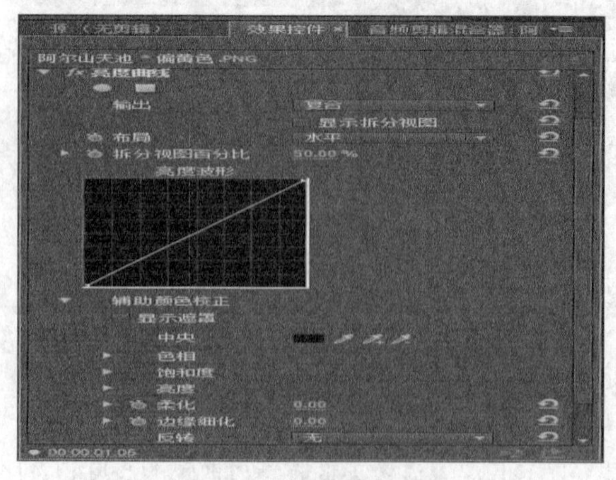

图 7.2.34 “亮度曲线”面板

例 7.13：一张图像画面颜色偏黄色，添加“亮度曲线”效果，可以拖曳亮度曲线，使用“辅助颜色校正”中的“色相”和“饱和度”调节，把不想要的浅黄色偏降低，如图 7.2.35 所示。

图 7.2.35 “亮度曲线”面板与效果比较

3. 饱和度调整效果

大多视频颜色校正效果均可直接或间接控制画面颜色的饱和度，将画面颜色转化为灰色，一般直接常用的是分色、色调和颜色平衡（HLS）效果。

（1）分色

分色效果：从素材剪辑中移除所有颜色，但除去指定要保留的颜色之外，如图 7.2.36 所示。

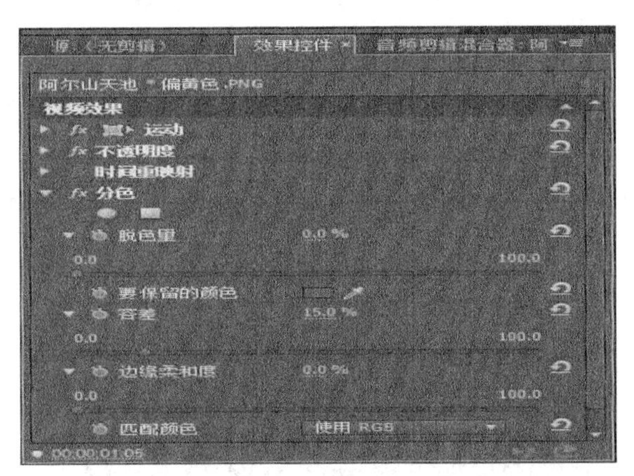

图 7.2.36 “分色”面板

脱色量：指定移除多少颜色，默认值为 0%，不移除颜色，原素材画面不变；值为 100% 时，选定颜色图像区域全部显示为灰色。

要保留的颜色：可以使用吸管或拾色器，指定要保留的颜色。

容差：进行颜色匹配运算，值为 0% 所有像素脱色，“要保留的颜色”除外；值为 100% 表示无颜色变化。

边缘柔和度：颜色边界的柔和度，值较高时将使从彩色到灰色的过渡更平滑。

匹配颜色：指定是要比较颜色的 RGB 值还是色相值。选择“使用 RGB”执行更严格的匹配，使图像更大程度脱色。

例 7.14：一张水果画面，添加“分色”效果，用吸管取样要保留的颜色为其中的绿颜色水果，改变脱色量为 100%，边缘柔和度为 12%，保留了指定的绿色，其他颜色变为了灰色，效果如图 7.2.37 所示；当保留颜色指定为黑色，改变脱色量为 0%、60%、80%、100%的效果时，如图 7.2.38 所示。

图 7.2.37 “分色”面板与效果比较

图 7.2.38 不同脱色量“分色”效果比较

（2）色调

色调效果：改变素材画面的颜色信息，可将素材画面变为灰色或双色调。

“将黑色映射到”和“将白色映射到”指定将明暗像素映射到的颜色，两者中间像素被分配中间值；“着色量”指定效果的强度，如图 7.2.39 所示。

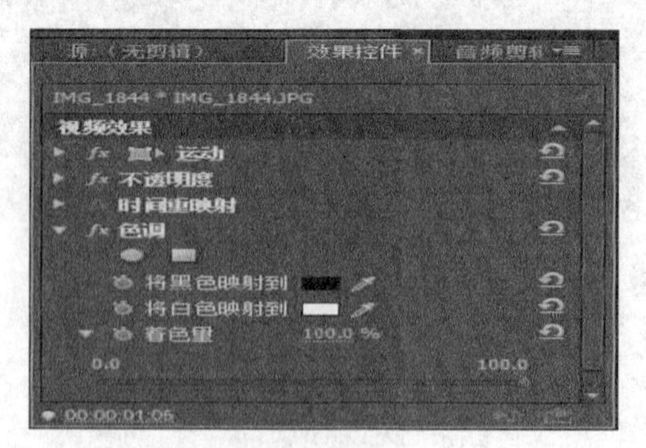

图 7.2.39 “色调”面板

例 7.15：一张彩色画面，添加“分色”效果后，效果如图 7.2.40 所示；当“将黑色映射到”和“将白色映射到”指定为不同的颜色后，“着色量”值设定为 85%，画面变为双色调效果，如图 7.2.41 所示。

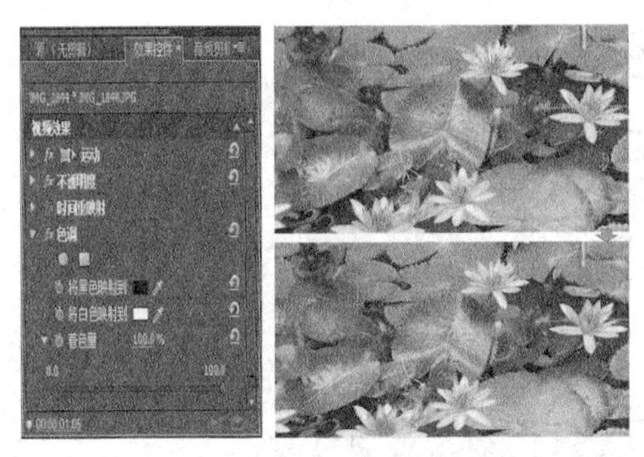

图 7.2.40 “色调”面板与效果比较

图 7.2.41 双色调“分色”效果

（3）颜色平衡（HLS）

颜色平衡 (HLS) 效果:更改图像色相、明亮度和饱和度。

色相:设置图像的配色方案。

亮度: 设置图像的亮度。

饱和度:调整图像的颜色饱和度；默认值为 0，表示不影响颜色；负值表示降低饱和度；-100 表示将剪辑转换成灰度；大于 0 的值将产生饱和度更高的颜色。

提示：若“颜色平衡”的“饱和度”控件不能达到理想的结果，可尝试“三向颜色校正器”效果中的“饱和度”控件，如图 7.2.42 所示。

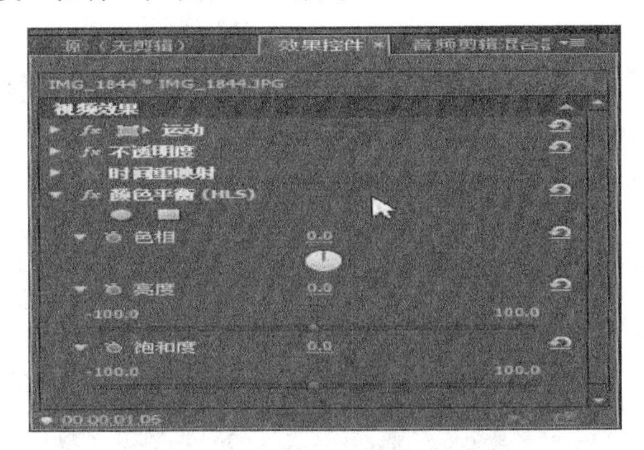

图 7.2.42 “颜色平衡（HLS）”面板

例 7.16：一张彩色画面，添加“颜色平衡”效果后，设置“饱和度”值为-100 和 30 时，效果如图 7.2.43 所示；当设置“亮度”值为-30 和 30 时，效果如图 7.2.44 所示。

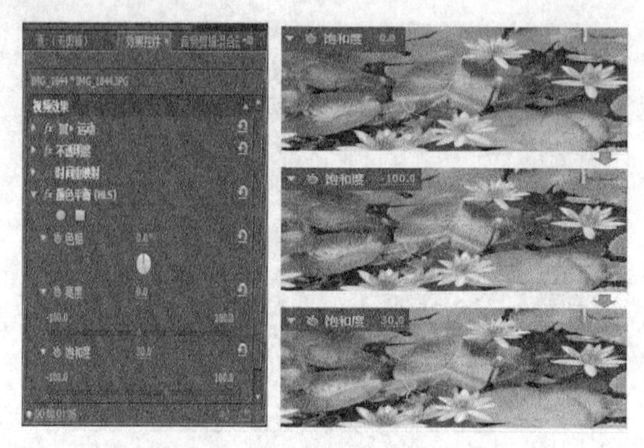

图 7.2.43 “饱和度”效果比较

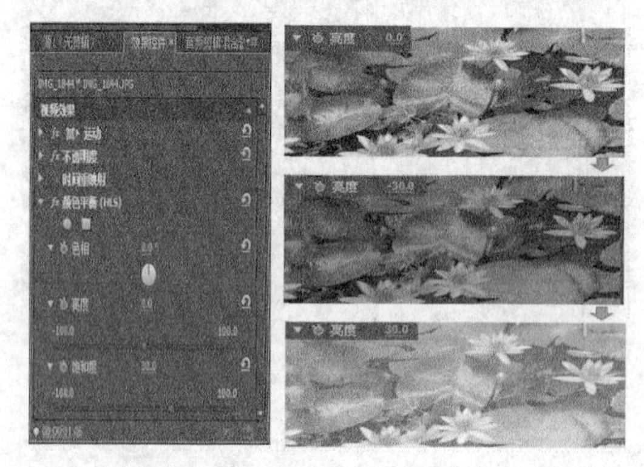

图 7.2.44 “颜色平衡（HLS）”效果比较

4. 其他颜色调整效果

上面分别从颜色、亮度和饱和度方面，有侧重点地介绍了视频颜色校正效果，是从视频颜色三属性上的分开介绍；其他的颜色调整，是视频颜色三属性的综合调整设置介绍，其中包括 RGB 曲线、色彩平衡、通道混合器和更改颜色设置等。

（1）RGB 曲线

RGB 曲线效果：可以对 RGB 每个颜色通道，使用曲线调整素材剪辑的颜色；可以使用“主要”曲线调整素材画面的亮度和对比度。每条曲线允许在整个图像的色调范围内调整多达 16 个不同的点。通过使用“辅助颜色校正”控件，能够设定要校正的颜色范围，如图 7.2.45 所示。

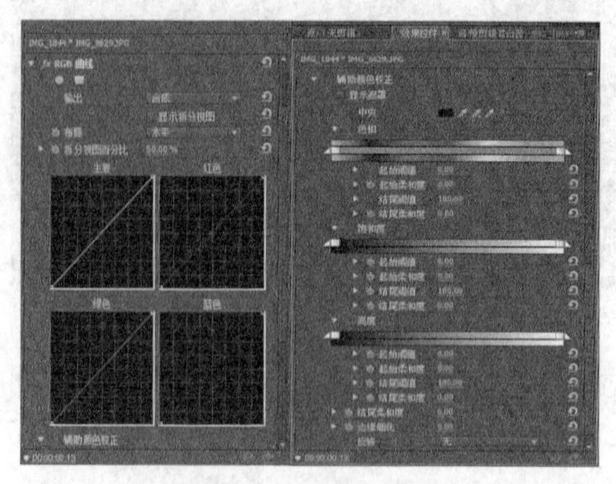

图 7.2.45 “RGB 曲线”面板

一些属性的使用可参照前面已经讲过的“快速颜色校正器”和“RGB 颜色校正器”的使用。

主通道：拖曳该曲线将改变所有通道的亮度和对比度。使曲线向上弯曲会使剪辑变亮，使曲线向下弯曲会使剪辑变暗，曲线较陡峭的部分表示图像中对比度较高的部分；通过单击可将点添加到曲线上，通过拖动可操控形状，最多添加 16 个点到曲线中，删除点，将其拖曳到图表外。

红色、绿色和蓝色：在更改曲线形状时将改变红色、绿色和蓝色通道的亮度和对比度。使曲线向上弯曲会使通道变亮，使曲线向下弯曲会使通道变暗，曲线较陡峭的部分表示通道中对比度较高的部分；通过单击可将点添加到曲线上，通过拖动可操控形状，最多添加 16 个点到曲线中，删除点，将其拖曳到图表外。

辅助颜色校正：指定校正的颜色范围。可以通过色相、饱和度和明亮度定义颜色。

显示遮罩：是可选项，决定是否显示“蒙版”设定的图像区域。

中心：在指定的范围中定义中心颜色，选择吸管工具，在屏幕上单击任意位置以指定颜色，此颜色会显示在色板中；使用 + 吸管工具扩大颜色范围，使用 - 吸管工具减小颜色范围；可以单击色板打开 Adobe 拾色器，选择颜色。

色相、饱和度和亮度：根据色相、饱和度或亮度指定要校正的颜色范围。

结尾柔和度：使指定区域的边界模糊，以使校正更大程度上与原始图像混合，较高的值会增加柔和度。

边缘细化：使指定区域有更清晰的边界，校正显得更明显，较高的值会增加指定区域的边缘清晰度。

反转：限制颜色校正所有的颜色，其中使用“辅助颜色校正”，设置指定的颜色范围除外。

例 7.17：一张彩色画面，添加“RGB 曲线”效果后，向上拖曳“绿色”和“蓝色”通道的曲线，画面中的草变得更绿，天变得更蓝，效果如图 7.2.46 所示。

图 7.2.46 “RGB 曲线”面板与效果比较

（2）颜色平衡

颜色平衡效果：通过更改素材图像阴影、中间调和高光中的红色、绿色和蓝色所占的量，以达到颜色平衡的目地。

保持发光度：此选项很有用，在更改颜色时保持图像的平均亮度，可保持图像中的色调平衡，如图 7.2.47 所示。

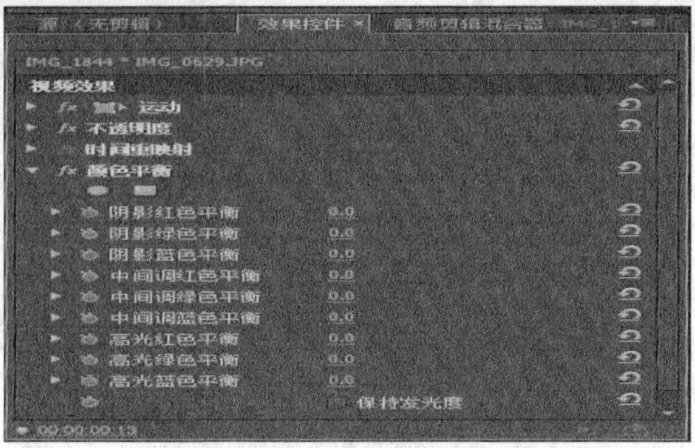

图 7.2.47 “色彩平衡”面板

例 7.18：一张彩色画面，添加“色彩平衡”效果后，调整阴影、中间调、高光蓝色平衡，选中“保持发光度”，画面中的天变得更蓝，白云更白且层次分明，油菜花更黄，如图 7.2.48 所示。

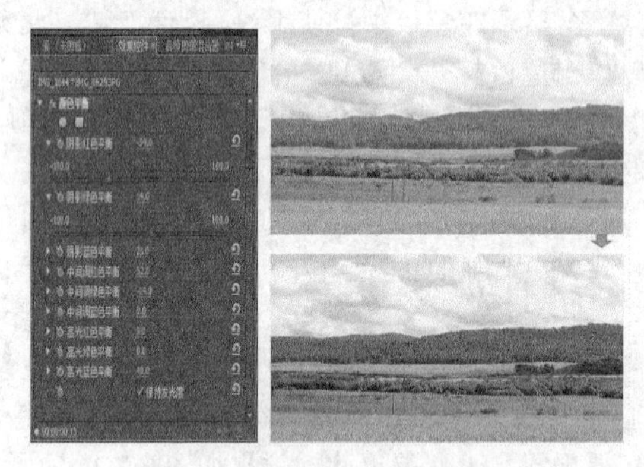

图 7.2.48 “颜色平衡”面板与效果比较

（3）通道混合器

通道混合器效果：通过设置 RGB 颜色通道，以修改画面颜色。

单色：当单色选项选中时，使用红色、绿色和蓝色输出通道中的红色输出通道的值，创建灰度图像。

该效果可达到其他颜色调整工具无法轻松完成的创意颜色调整，它通过选择每个颜色通道所占的百分比，创建高质量灰度图像、棕褐色调或其他着色图像，如图 7.2.49 所示。

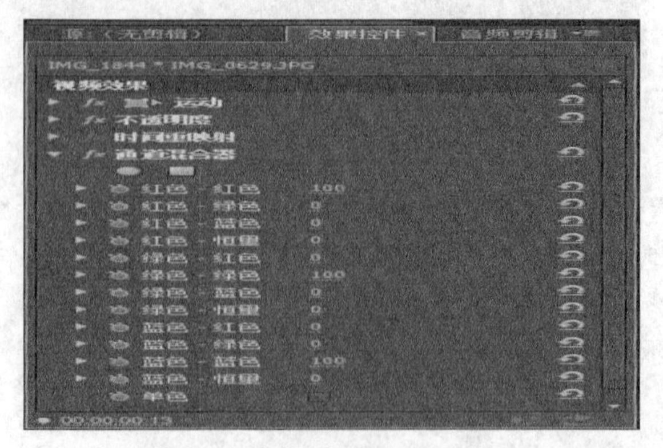

图 7.2.49 “通道混合器”面板

例 7.19：一张彩色画面，添加“通道混合器”效果后，调整各通道的值，效果如图 7.2.50 所示；选中“单色”选项后，效果如图 7.2.51 所示。

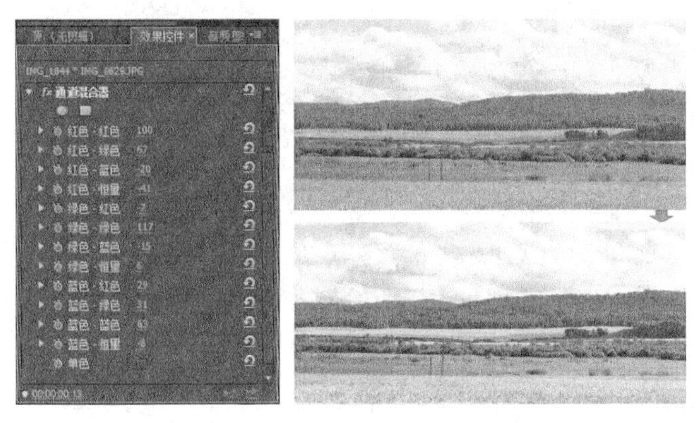

图 7.2.50　“通道混合器”面板与效果比较

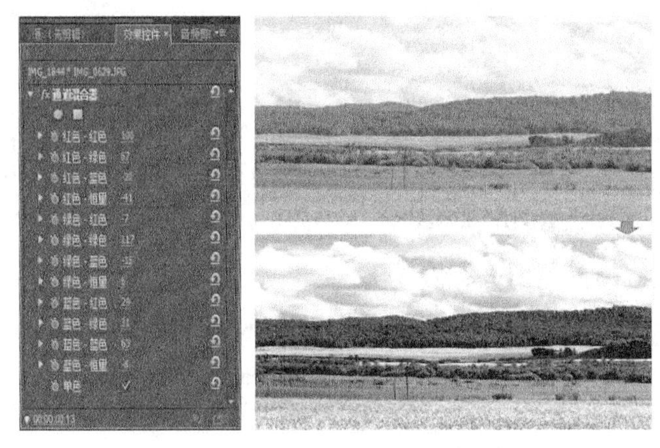

图 7.2.51　“通道混合器”面板与效果比较

（4）更改颜色

更改颜色效果：通过调整素材颜色的色相、亮度和饱和度，以更改画面颜色。

视图：“校正的图层”显示当前更改颜色效果的结果；“颜色校正遮罩”显示将要更改的图层的区域。

色相变换：色相的调整量。

亮度变换：正值使匹配的像素变亮，负值使它们变暗。

饱和度变换：正值增加匹配的像素的饱和度（向纯色移动）；负值降低匹配的像素的饱和度（向灰色移动）。

要更改的颜色：要更改的中心颜色。

匹配容差：颜色可以在多大程度上不同于“要匹配的颜色”并且仍然匹配。

匹配柔和度：不匹配的像素受效果影响的程度。

匹配颜色：确定一个在其中比较颜色以确定相似性的色彩空间。RGB 在 RGB 色彩空间中比较颜色。色相在颜色的色相上做比较，忽略饱和度和亮度：因此鲜红和浅粉匹配。色度使用两个色度分量来确定相似性，忽略明亮度（亮度）。

反转颜色校正蒙版：反转“颜色校正蒙版”的颜色，如图 7.2.52 所示。

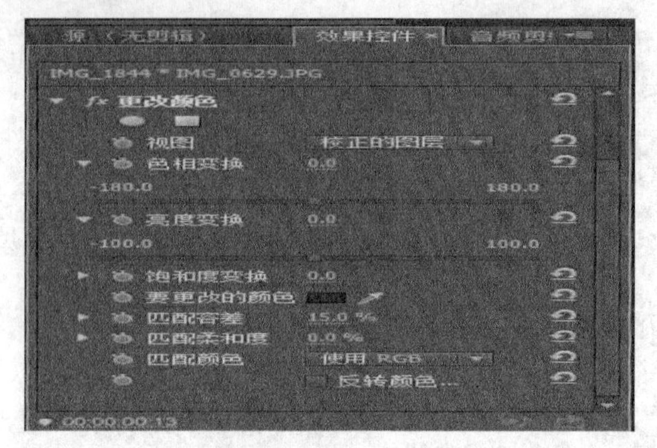

图 7.2.52 “更改颜色”面板

例 7.20：一张彩色画面，添加“更改颜色”效果后，要更改油菜花的颜色，用“吸管”取样油菜花的颜色，调整“色相变换”值为-120.5，效果如图 7.2.53 所示。

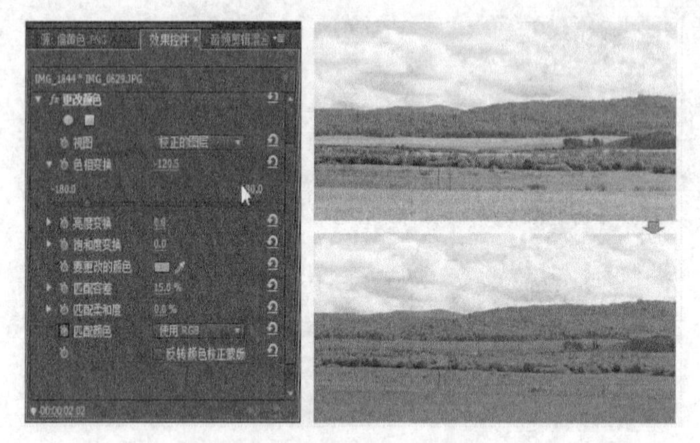

图 7.2.53 “更改颜色”面板与效果比较

（5）更改为颜色

更改为颜色效果：在图像中选择要更改的颜色，调整色相、亮度和饱和度 (HLS) 值，更改为另一种颜色，且保持其他颜色不受影响。

“更改为颜色”提供了“更改颜色”效果未能提供的灵活性和选项，这些选项包括用于精确颜色匹配的色相、亮度和饱和度容差滑块，以及选择希望更改成的目标颜色的精确 RGB 值的功能，如图 7.2.54 所示。

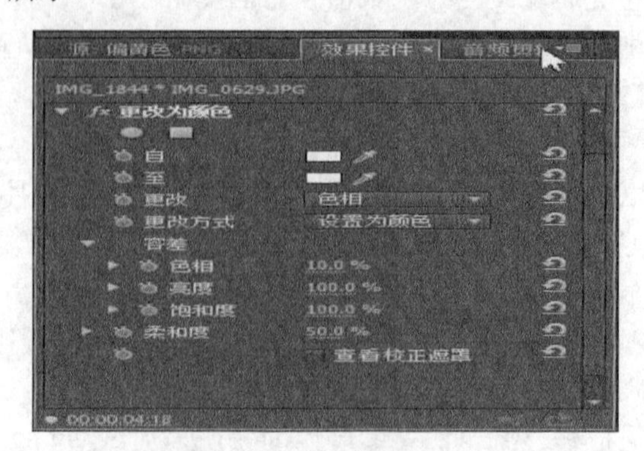

图 7.2.54 “更改为颜色”面板

例 7.21：一张彩色画面，添加“更改为颜色”效果后，要更改油菜花的颜色，用“自”中的“吸管”取样油菜花的颜色，用“至”中的颜色板取样目标颜色，调整“容差”中的参数设置，效果如图 7.2.55 所示。

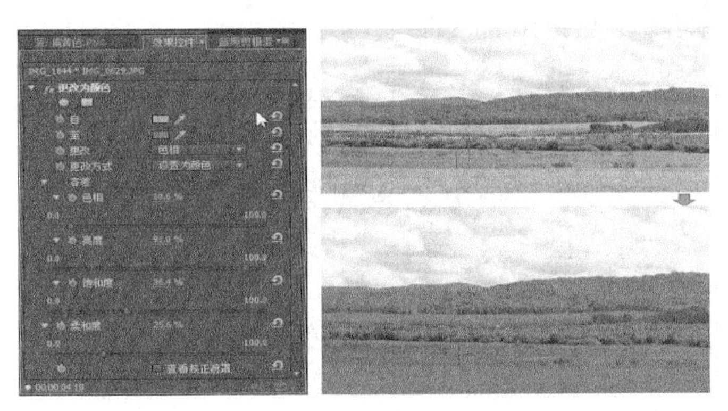

图 7.2.55 “更改为颜色”面板与效果比较

7.2.4 调整类效果

调整类效果主要用于调整图像画面。包括 ProcAmp、光照效果、卷积内核、提取、自动对比度、自动色阶、自动颜色、色阶和阴影/高光。

1. 阴影/高光

阴影/高光效果：基于阴影和高光区域，降低图像中的高光，在不使整个图像变暗或变亮的同时增亮图像中的主体，默认设置用于修复有逆光问题的图像。如图 7.2.56 所示。

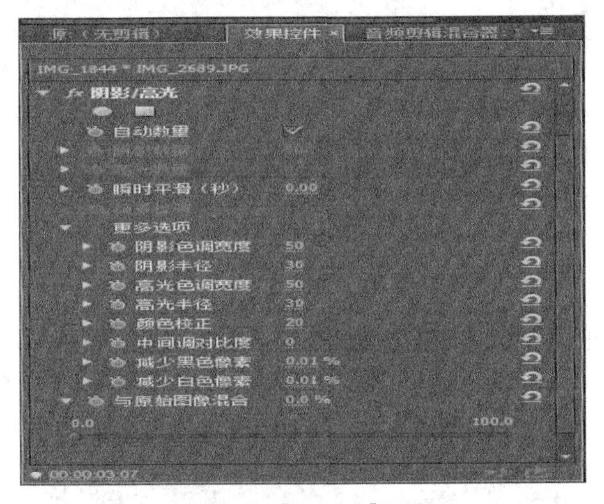

图 7.2.56 “阴影/高光”面板

自动数量：若选中“自动数量”，则“阴影数量”和“高光数量”被禁用，并使用默认亮度和阴影设置，同时激活“瞬时平滑”控件。

阴影数量：设置图像中的阴影变亮的程度，只有当取消选择“自动数量”时，此控件方被激活。

高光数量：设置图像中的高光变暗的程度，只有当取消选择“自动数量”时，此控件方被激活。

瞬时平滑：作为外观更平滑的校正。

场景检测：若选中此项，在应用“瞬时平滑”功能时，则超出场景变化的帧将被忽略。

例 7.22：使用“阴影/高光”效果，使用默认设置用于修复有逆光问题的图像。原图像是在逆光的情况下拍照的图片，可以应用默认修复，在“时间轴”面板内，选中此素材，将“阴影/高光”效果拖到“效果控件”面板即可，如图 7.2.57 所示。

图 7.2.57 “阴影/高光”面板与效果比较

例 7.23：使用“阴影/高光”效果，手动调节，修复有逆光问题的图像，效果更好。原图像是在逆光的情况下拍照的图片，取消“自动数量”选择，调高“阴影数量”和“阴影色调宽度”的值，如图 7.2.58 所示。

图 7.2.58 “阴影/高光”面板与效果比较

2. 色阶

色阶效果：应用于调节素材图像的亮度和对比度，以校正图像的颜色平衡及色调范围，它综合了“亮度与对比度”“颜色平衡”“灰度系数校正”等效果的功能，如图 7.2.59 所示。

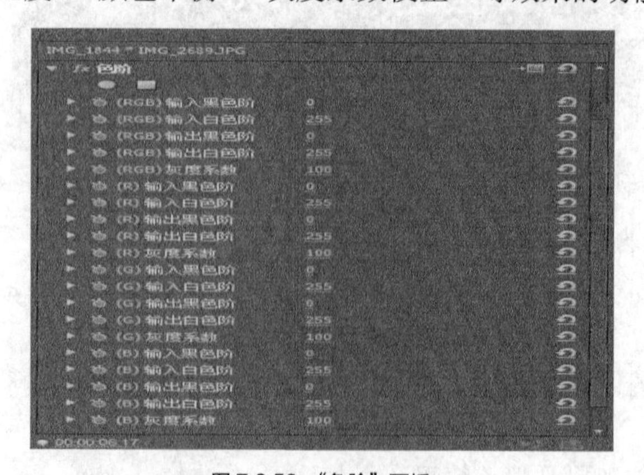

图 7.2.59 “色阶”面板

使用“色阶”效果，较为复杂，结合实例，逐项分解开介绍。

在“时间轴”面板，选择素材，添加“色阶”效果，打开效果面板，如图 7.2.60 所示。

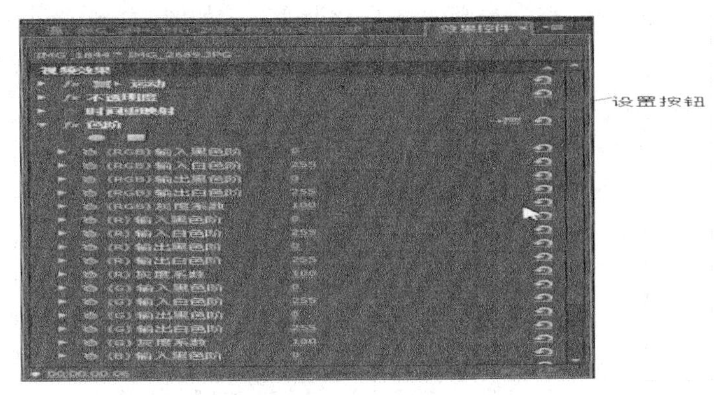

图 7.2.60 “色阶”面板

为了在编辑时，查看剪辑中 RGB、红色、绿色和蓝色通道中颜色的波形情况，在“色阶”面板中，单击设置按钮，弹出“色阶设置”对话框，如图 7.2.61 所示。

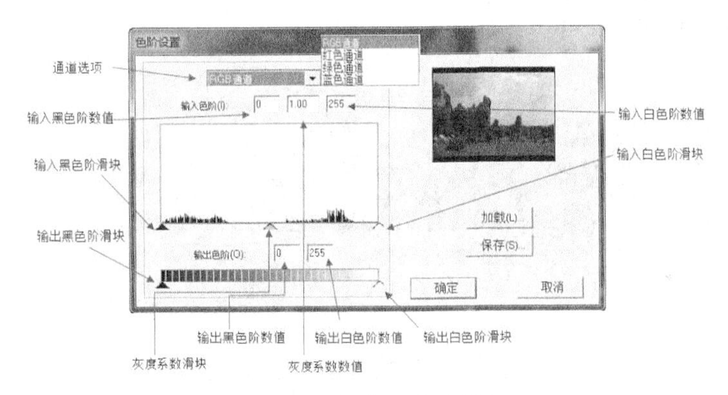

图 7.2.61 “色阶设置”对话框

使用“色阶”效果的全部调节设置工作均可在“色阶设置”对话框中完成。

（1）输入黑色阶

控制画面暗调部分，设置阴影，输入黑色阶的默认参数值为 0，拖动“输入黑色阶滑块”，向右拖动，增大参数值，画面将由阴影向高光方向逐渐变暗，如图 7.2.62 所示。

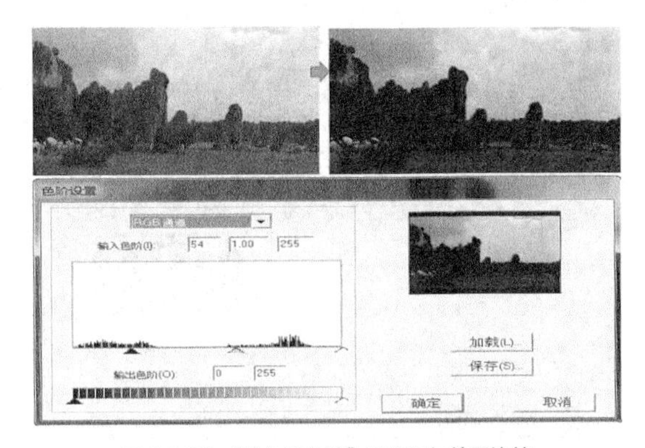

图 7.2.62 “输入黑色阶”对话框与效果比较

（2）输入白色阶

控制画面高光部分，输入白色阶的默认参数值为 255，拖动“输入白色阶滑块”，向左拖动，减小参数值，画面将由高光向阴影方向逐渐变亮，如图 7.2.63 所示。

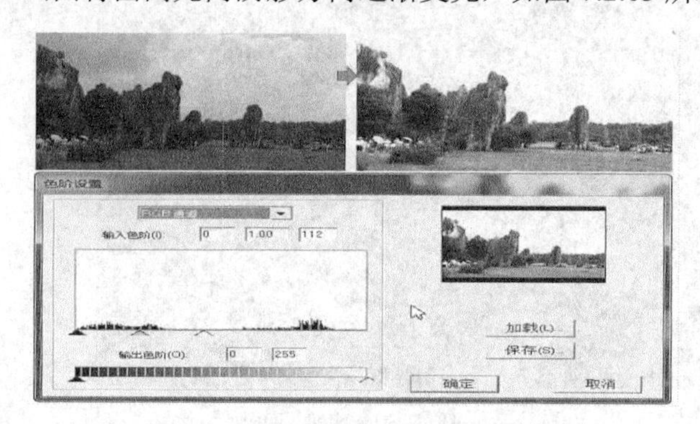

图 7.2.63 “输入白色阶”对话框与效果比较

（3）输出黑色阶

控制画面最暗部分，输出黑色阶的默认参数值为 0，拖动“输出黑色阶滑块”，向右拖动，增大参数值，画面逐渐变亮，如图 7.2.64 所示。

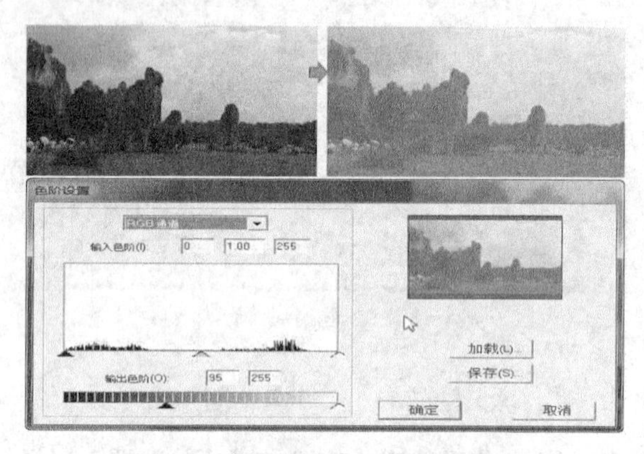

图 7.2.64 “输出黑色阶”对话框与效果比较

（4）输出白色阶

控制画面最亮部分，输出白色阶的默认参数值为 255，拖动“输出白色阶滑块”，向左拖动，减小参数值，画面逐渐变暗，如图 7.2.61 所示。

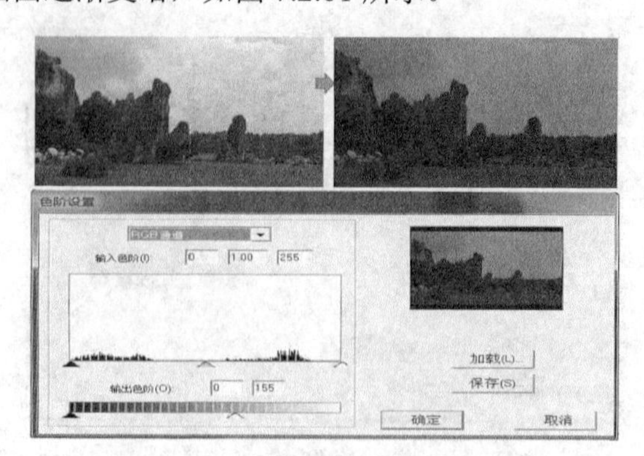

图 7.2.65 “输出白色阶”对话框与效果比较

（5）灰度系数

控制画面灰度部分，设置中间调，灰度系数默认参数值为 1.00，拖动“灰度系数滑块”，向左拖动，增大参数值，画面逐渐变亮；向右拖动，减小参数值，画面逐渐变暗，如图 7.2.66 所示。

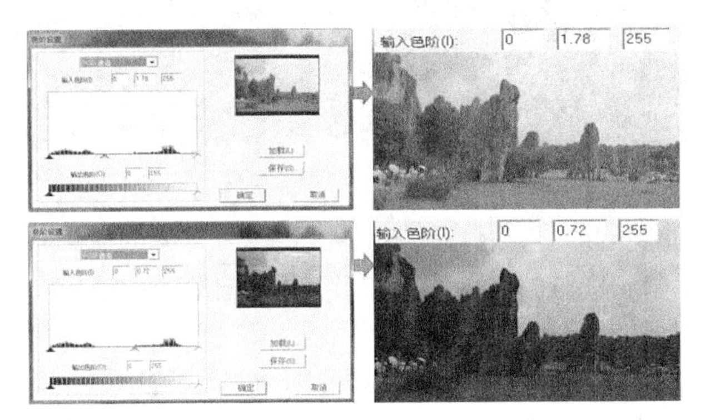

图 7.2.66　“灰度系数”对话框与效果比较

（6）通道选项

使用“通道选项”可以指定颜色通道，为不同的颜色通道设置输入、输出色阶和灰度系数，如图 7.2.67 所示。

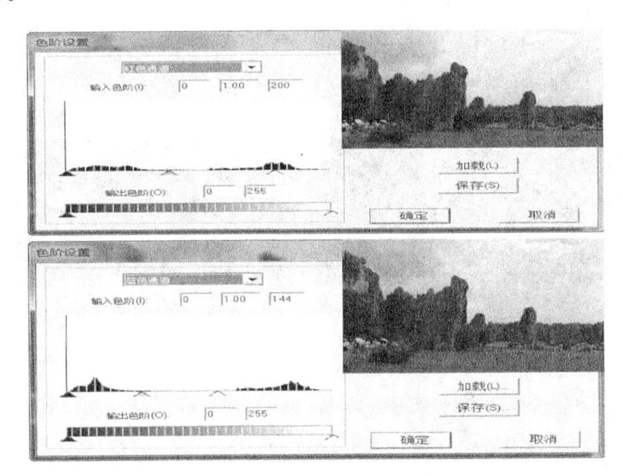

图 7.2.67　不同通道的色阶设置

3. 光照效果

可以为素材画面添加光照效果。通过设置光照属性，制作出有创意的、特殊光照效果。例如为画面添加聚光灯效果，如图 7.2.68 所示。“光照效果”面板如图 7.2.69 所示。

图 7.2.68　画面聚光灯效果

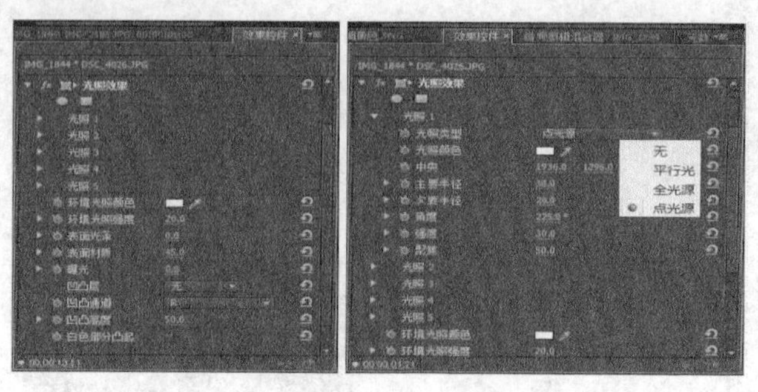

图 7.2.69 “光照效果”面板

（1）默认光照效果设置

如图 7.2.69 所示，即“光照效果”默认设置，Premiere Pro CC2014 提供 5 盏灯可用，介绍一盏如何使用，其他四盏相同。

展开“光照 1”属性，在“效果控件”面板中，单击“光照效果”左边的“变换”图标，在“节目”监视窗口中，可显示“光照效果”默认“光照 1”的调整控制柄和“中心”圆圈。拖动光的控制柄和“中心”圆圈，可以调整灯光的范围、椭圆的旋转及位置。

❶ 光照类型中可以选择四种选择。

无：关闭光照。

平行光：像太阳一样的灯光照射。

全光源：在图像上方提供四面八方的光照。

点光源：投射椭圆形光束，即聚光灯效果，如图 7.2.70 所示。

图 7.2.70 不同种类的光照效果

❷ 光照颜色：更改光源的颜色。单击色板，可使用 Adobe 拾色器选择颜色，或单击“吸管”图标在屏幕任意位置选择颜色，如图 7.2.71 所示。

图 7.2.71 不同的光照颜色效果

❸ 中央：设置 X 和 Y 坐标值，移动光照位置。

❹ 主要半径：调整全光源或点光源的长度。

❺ 次要半径：调整点光源的宽度，如图 7.2.72 所示。

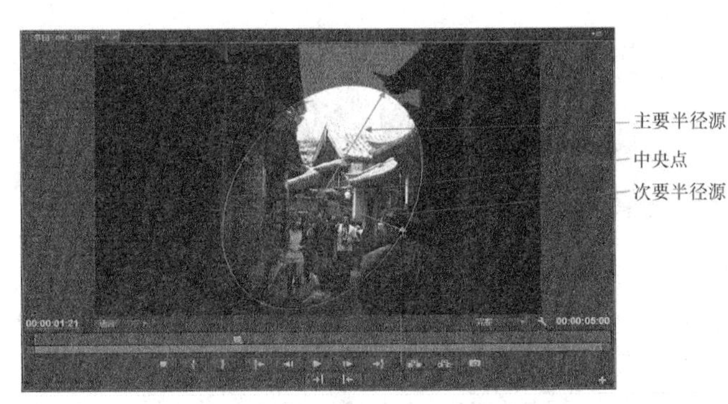

图 7.2.72　半径、中央点示意图

❻ 角度：更改平行光或点光源的光照方向，如图 7.2.73 所示。

图 7.2.73　不同的照射角度光照效果

❼ 强度：控制光照亮度，如图 7.2.74 所示。

图 7.2.74　不同的光照强度效果

❽ 聚焦：调整点光源明亮区域的大小，如图 7.2.75 所示。

图 7.2.75　不同的光照聚焦效果

（2）环境光照颜色

环境光照颜色：更改环境光的颜色，单击色板，可使用 Adobe 拾色器选择颜色，或单击“吸管”图标在屏幕任意位置选择颜色，如图 7.2.76 所示。

图 7.2.76　不同的环境光照颜色效果

（3）环境光照强度

环境光照颜色：更改环境光照的亮度，具有漫射光的效果。当取值为 100 时表示完全使用光源，当取值为 -100 时表示关闭灯光，如图 7.2.77 所示。

图 7.2.77　不同的环境光照强度效果

（4）表面光泽

表面光泽：环境表面反射光的程度，取值在范围在 -100（低反射）与 100（高反射）之间，如图 7.2.78 所示。

图 7.2.78　不同的表面光泽设置效果

（5）表面材质

表面材质：根据取值系统选择反射主体是光本身还是光照对象，当取值为 -100 时表示反射光本身，最亮；当取值为 100 时表示反射主体为对象，最暗，如图 7.2.79 所示。

图 7.2.79　不同的表面材质设置效果

（6）曝光

曝光：直接影响画面的照亮度，曝光默认亮度值 0，值减小画面变暗，反之变亮，如图 7.2.80 所示。

图 7.2.80　不同的曝光设置效果

4. 其他的调整效果

在图像的调整类中，已经介绍了阴影/高光、色阶和光照效果。自动对比度、自动色阶和自动颜色三种视频效果，在使用设置和功能上均比较简单，自动完成色调的校正，其中：自动对比度调整素材画面的总体对比度和颜色混合；自动色阶用于自动校正高光和阴影，其效果可能会消除或增加色偏；自动颜色通过设置中间调以调整对比度和颜色。下面分别介绍卷积内核、ProcAmp和提取三种视频调整效果。

（1）卷积内核

卷积内核效果：基于被称为卷积的数学运算，更改素材剪辑中每个像素的亮度值来实现图像的调整，如图7.2.81所示。

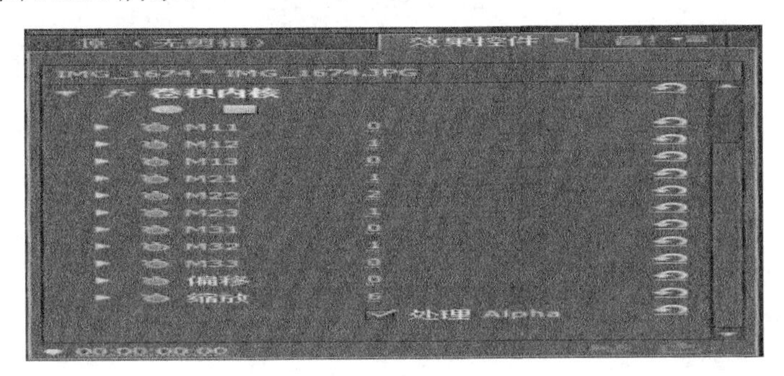

图7.2.81 “卷积内核”面板

M11至M33为卷积内核设置的一组控件，这九个控件构成3x3像素亮度矩阵，对应计算网格中的单元格。控件上的标签以字母“M”开头，表示在矩阵中的位置，第一个下标表示行，第二个下标表示列。例如，M11控件影响网格第一行第一列中的单元格；M12控件影响第一行第二列中的单元格。使用此效果可对素材画面的边缘、浮雕、亮度、模糊和锐化等效果进行微调。

在使用卷积内核时，对已有的添加效果，应用卷积内核预设对其进行调整，比使用卷积内核效果创建新的计算矩阵更方便。

可以用“卷积内核”效果微调素材画面的“查找边缘”，增加画面立体感，如图7.2.82所示。

图7.2.82 “卷积内核”应用效果

（2）ProcAmp

ProcAmp效果：模仿放大器原理，控制素材剪辑图像的亮度、对比度、色相、饱和度和拆分百分比，如图7.2.83所示。

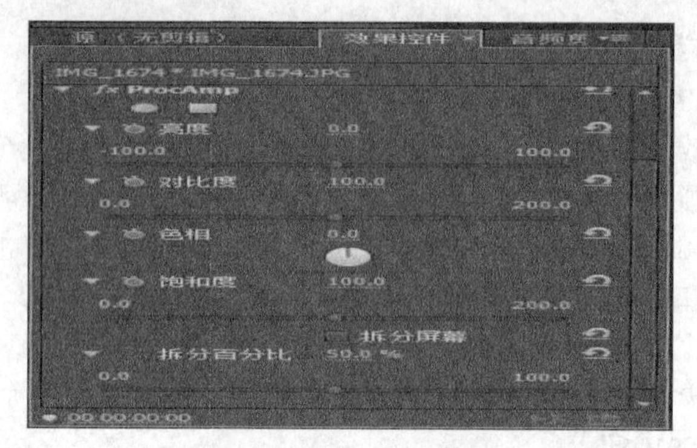

图 7.2.83 “ProcAmp”面板

❶ 亮度：控制素材画面亮度，默认值为 0.0，取值范围为-100.0 至 100.0。当亮度值小于 0.0 时，画面变暗；当亮度值大于 0.0 时，画面变亮，如图 7.2.84 所示。

图 7.2.84 不同“亮度”值画面效果

❷ 对比度：控制素材画面黑白对比度，默认值为 100.0，取值范围为 0 至 200。当对比度值小于 100.0 时，黑色增强，画面变暗；当对比度值大于 100.0 时，白色增强，画面变亮，如图 7.2.85 所示。

图 7.2.85 不同“对比度”值画面效果

❸ 色相：控制素材画面的颜色变化，默认值为 0.0，拖动调色盘指针旋转，可改变画面的颜色，如图 7.2.86 所示。

图 7.2.86 不同“色相”值画面效果

❹ 饱和度：控制素材画面的颜色含量，以改变画面色彩的鲜艳程度，默认值为 100.0，取值范围为 0 至 200。当饱和度值小于 100.0 时，降低饱和度，画面颜色变淡；当饱和度值大于 100.0 时，提高饱和度，画面颜色变得鲜艳，如图 7.2.87 所示。

图 7.2.87 不同“饱和度”值画面效果

（3）提取

提取效果：在素材剪辑中移除颜色，创建灰度图像，如图 7.2.88 所示。

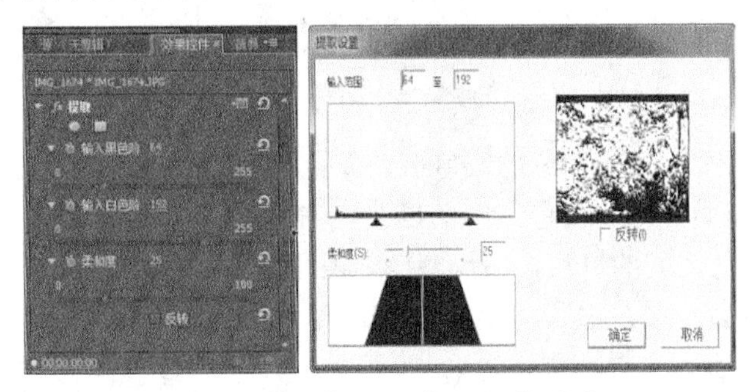

图 7.2.88 “提取”面板与“提取设置”对话框

在“提取”面板中，鼠标单击“提取”右面的设置按钮，会弹出“提取设置”对话框，用于设置“提取”的各项参数。

当“提取”效果应用于编辑的素材时，默认设置将素材剪辑变为灰色图像，如图 7.2.89 所示。

图 7.2.89 “提取”默认设置效果

下面逐项介绍“提取”各参数值的应用：

❶ 输入黑色阶：控制素材画面颜色的黑色调，默认值为 64，取值范围为 0 至 255。当输入黑色阶值小于 64 时，画面白色增多，黑色减少；当输入黑色阶值大于 64 时，画面黑色增多，白色减少，如图 7.2.90 所示。

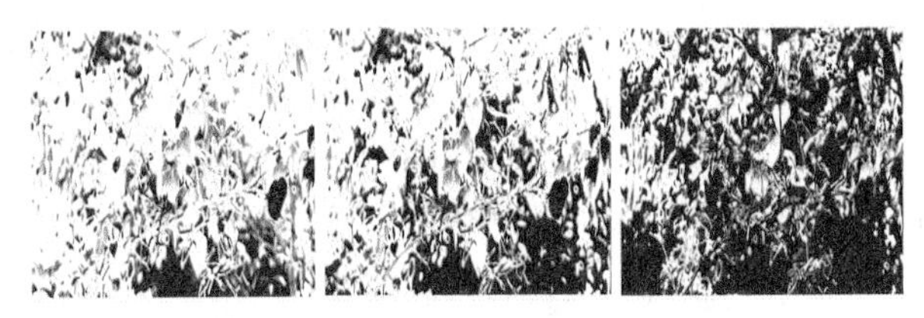

图 7.2.90 不同的“输入黑色阶”的值画面效果

❷ 输入白色阶：控制素材画面颜色的白色调，默认值为 192，取值范围为 0 至 255。当输入白色阶值小于 192 时，画面黑色增多，白色减少；当输入白色阶值大于 192 时，画面白色增多，黑色减少，如图 7.2.91 所示。

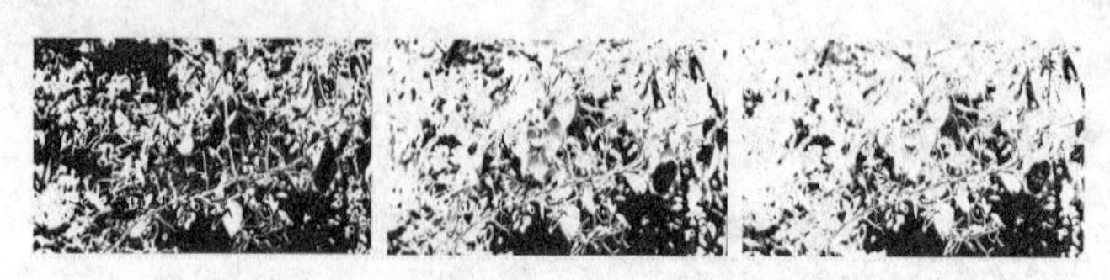

图 7.2.91 不同的“输入白色阶”的值画面效果

❸ 柔和度：控制素材画面颜色的灰色调，默认值为 25，取值范围为 0 至 100。当柔和度值小于 25 时，在画面黑色和白色之间的过渡，白色增多，黑色减少；当柔和度值大于 25 时，在画面黑色和白色之间的过渡，白色减少，黑色增多；柔和度值设置得适当，则画面黑色和白色之间的过渡会平缓、柔和，如图 7.2.92 所示。

图 7.2.92 不同的“柔和度”的值画面效果

❹ 反转：控制素材画面的颜色黑白颠倒，如图 7.2.93 所示。

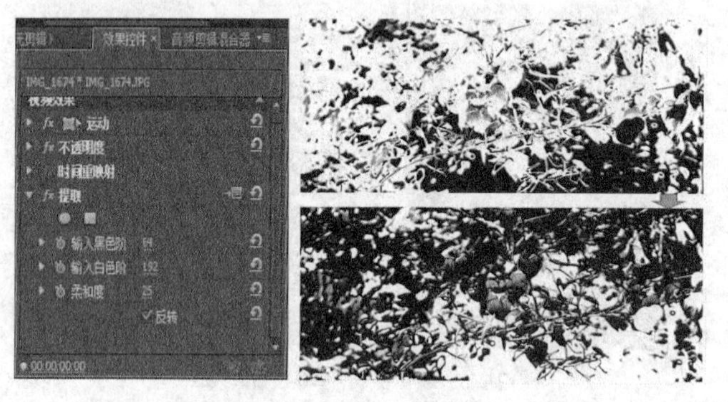

图 7.2.93 “反转”画面效果

7.2.5 Lumetri Looks

Lumetri Looks 是 Adobe Premiere Pro CC 中新增的视频效果，在 Adobe Premiere Pro CC 中使用 “效果”面板，展开“Lumetri Looks”文件夹，将 Lumetri Looks 选项组中的视频效果，直接应用至 Adobe Premiere Pro CC 中的序列，或者还可将 Adobe Premiere Pro CC 序列导出为 EDL（编辑决策列表格式），加载到 Adobe SpeedGrade 中进行编辑。Lumetri Looks 选项组中的视频效果不能在 Adobe Premiere Pro CC 中编辑，只能使用。Adobe SpeedGrade 是一款独立于 Adobe Premiere Pro CC 软件的颜色分级应用软件，可为素材应用高级颜色分级功能。

Lumetri Looks 包含的视频效果，在使用方面，除去不能编辑外与其他视频效果相同。

1. Lumetri Looks 应用

Lumetri Looks 效果应用于处理素材画面的颜色，属于颜色分级应用，它包括去饱和度、电影、色温和风格四种视频效果，在“效果”面板中，打开“Lumetri Looks”效果文件夹，如图 7.2.94 所示。

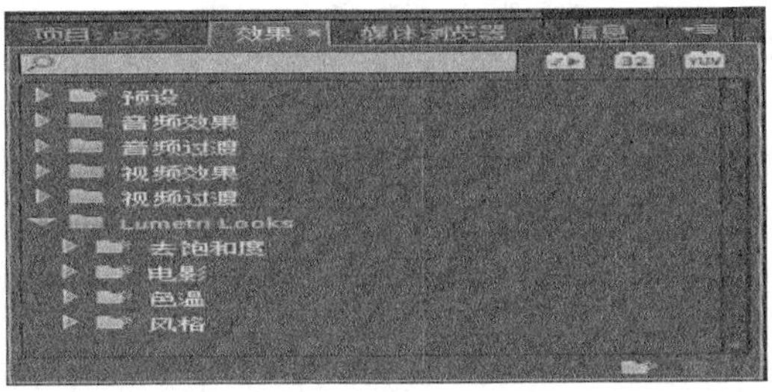

图 7.2.94 “Lumetri Looks” 效果面板

（1）去饱和度

去饱和度效果：对素材图像画面颜色饱和度进行预制调整，如图 7.2.95 所示。

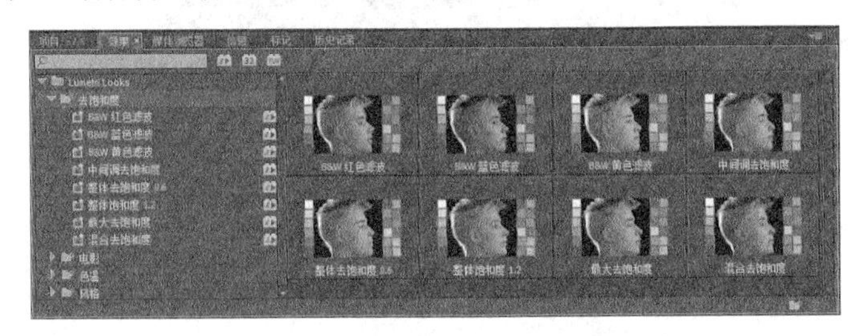

图 7.2.95 “去饱和度”面板与其八个视频效果

去饱和度效果包括八个子选项：B&W 红色滤波、B&W 蓝色滤波、B&W 黄色滤波、最大去饱和度、中间调去饱和度、整体去饱和度 0.6、整体去饱和度 1.2 和混合去饱和度。其中 B&W 红色滤波、B&W 蓝色滤波、B&W 黄色滤波和最大去饱和度四个视频效果，将去除素材图像画面颜色，将其变为不同程度的灰色调；中间调去饱和度，整体去饱和度 0.6、整体去饱和度 1.2、混合去饱和度四个视频效果，将不同程度地改变素材画面颜色的鲜艳程度。

应用去饱和度视频效果，如图 7.2.96 所示。

图 7.2.96 不同的“去饱和度”视频效果

（2）电影

电影效果：提供了八种不同的比较经典的电影画面，应用于素材图像画面颜色的调整，如图 7.2.97 所示。

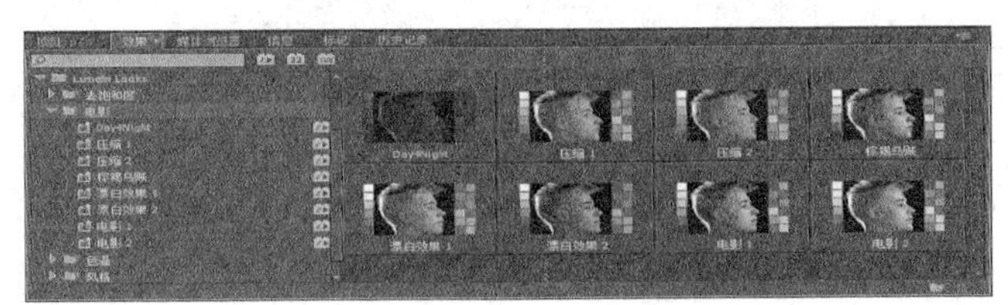

图 7.2.97 “电影”面板与其八个视频效果

电影效果包括八个子选项：Day4Night、压缩 1、压缩 2、棕褐乌贼、漂白效果 1、漂白效果 2、电影 1 和电影 2 共八种图像画面颜色的调整效果。

Day4Night 视频效果画面颜色比较暗；压缩 1 和压缩 2 视频效果画面颜色鲜艳；棕褐乌贼视频效果画面颜色偏黄，感觉像是很老的影片；漂白效果 1 和漂白效果 2 视频效果画面颜色比较淡一些，为低饱和度效果；电影 1 和电影 2 视频效果画面颜色较为适中，颜色饱和度比原图稍微降低了一些。

应用电影视频效果，如图 7.2.98 所示。

图 7.2.98　不同的“电影”视频效果

（3）色温

色温效果：基于图像画面颜色的色调，提供了八种不同的预制图像画面色调可供选择，如图 7.2.99 所示。

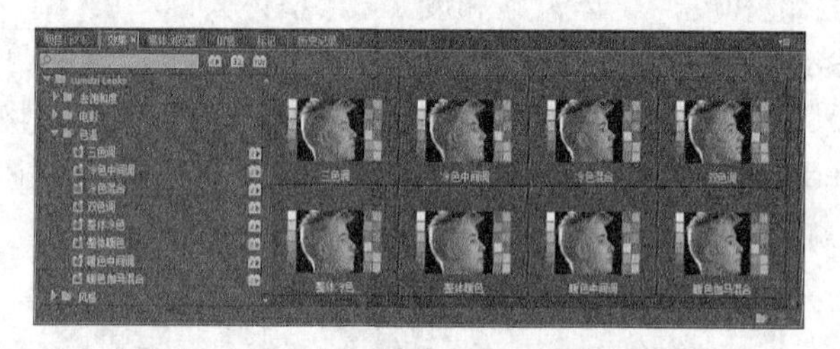

图 7.2.99　“色温”面板与其八个视频效果

色温效果包括八个子选项：双色调、三色调、整体冷色、冷色中间调、冷色混合、整体暖色、暖色中间调和暖色伽玛混合共八种图像画面颜色的调整效果。

色温视频效果可分为三组略微不同的图像画面颜色调整：冷暖适中的颜色色调为双色调和三色调，冷颜色色调为整体冷色、冷色中间调和冷色混合，暖颜色色调为整体暖色、暖色中间调和暖色伽玛混合。

应用电影视频效果如图 7.2.100 所示。

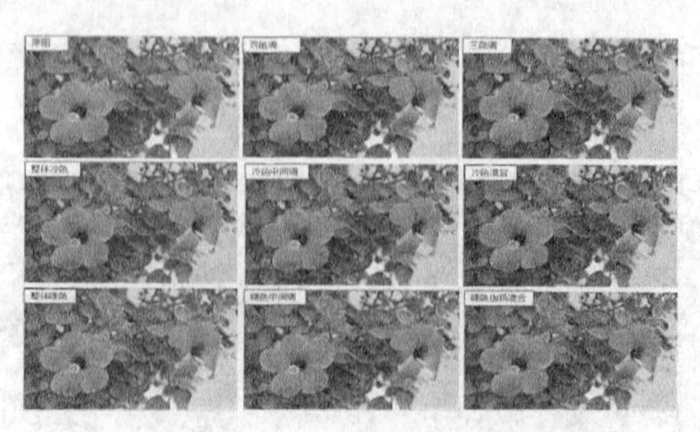

图 7.2.100　不同的“电影”视频效果

（4）风格

风格效果：基于电影年代的不同风格的图像画面颜色调整，提供了八种不同的预制图像画面颜色可供选择，如图 7.2.101 所示。

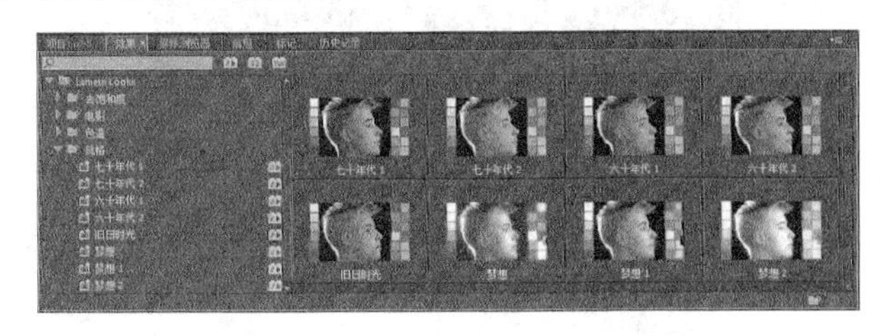

图 7.2.101　“风格”面板与其八个视频效果

色温效果包括八个子选项：旧日时光、六十年代 1、六十年代 2、七十年代 1、七十年代 2、梦想、梦想 1 和梦想 2 共八种图像画面颜色的调整效果。

在色温视频效果中，旧日时光视频效果，画面颜色为黑白且偏黄，亮度偏暗；六十年代 1 和六十年代 2 视频效果，图像画面颜色饱和度稍低，亮度较暗；七十年代 1 和七十年代 2 视频效果，图像画面颜色饱和度稍低，亮度较亮；梦想视频效果，图像画面颜色中的绿色变为了蓝紫色，红色较淡，亮度偏亮；梦想 1 视频效果，图像画面颜色的色调适中、亮度偏亮；梦想 2 视频效果，图像画面颜色的饱和度有所提高、亮度偏亮。

应用电影视频效果，如图 7.2.102 所示。

图 7.2.102　不同的“风格”视频效果

2. 编辑与导出 Lumetri Looks

在“效果”面板中，打开“Lumetri Looks”效果文件夹，它包含四个子文件夹——去饱和度、电影、色温和风格四种视频效果。这四个子文件夹中又分别包含了八种视频效果，均属于颜色分级应用，可以使用，不能直接编辑，但是可以间接编辑。

间接编辑“Lumetri Looks”视频效果，要分为三个步骤方可完成，首先将 Premiere Pro CC 编辑的“Lumetri Looks”视频效果序列导出为 EDL 文件；然后使用 Adobe SpeedGrade 颜色分级软件编辑 EDL 文件，保存为 Look 文件；在 Premiere Pro CC 中，使用“Lumetri Looks”视频效果时，单击“Lumetri Looks”视频效果名称右侧的设置按钮，在弹出的“Look 和 LUT”对话框中，打开 Look 文件即可。

这里只介绍导出 EDL 文件和打开 Look 文件操作。

（1）导出 EDL 文件

例如：在“时间轴”面板内选中素材，打开“效果控件”面板：【窗口】/【效果控件】，在“效果”面板内，展开“Lumetri Looks”文件夹，再展开“去饱和度”子文件夹，选择“整体饱和度 1.2”视频效果，将其拖曳至“效果控件”面板内，如图 7.2.103 所示。

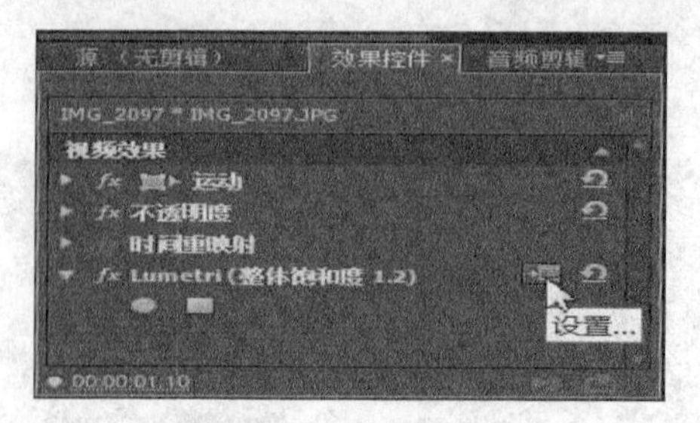

图 7.2.103 “效果控件”面板

选中素材系列，鼠标单击素材，选择【文件】/【导出】/【EDL】命令，弹出“EDL 导出设置”对话框，如图 7.2.104 所示。可以更改对话框内相关选项。

图 7.2.104 “EDL 导出设置”对话框

单击“确定”按钮，弹出“将序列另存为 EDL”保存文件对话框，如图 7.2.105 所示。

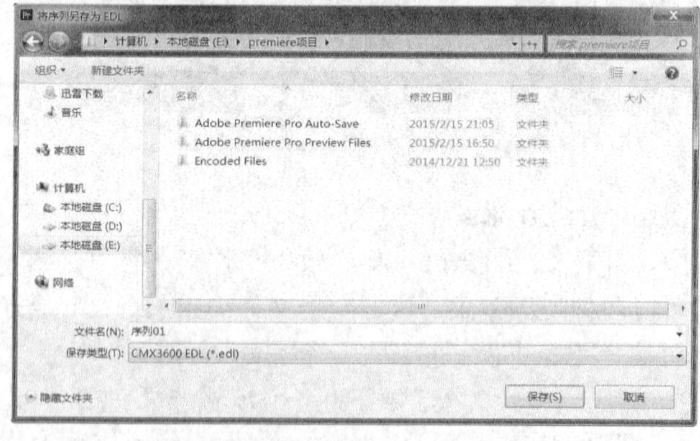

图 7.2.105 保存 EDL 文件对话框

选择 EDL 文件的保存位置，在“文件名”后面文本框内输入 EDL 文件的名称，单击“保存”即可。保存的文件名后缀为“.edl”文件。

（2）打开 Look 文件

例如：在“时间轴”面板内选中素材，打开“效果控件”面板：【窗口】/【效果控件】，在“效果”面板内，展开“Lumetri Looks”文件夹，再展开“去饱和度”子文件夹，选择“整体饱和度 1.2”视频效果，将其拖曳至“效果控件”面板内，如图 7.2.106 所示。

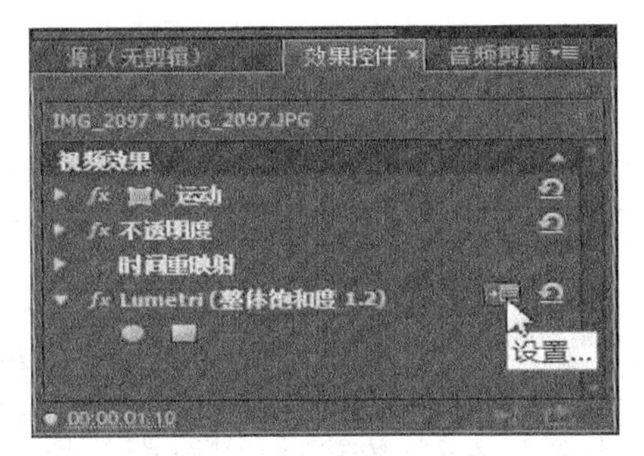

图 7.2.106 “效果控件”面板

单击“Lumetri”右面的设置按钮，弹出“Look 和 LUT”对话框，如图 7.2.107 所示。在该对话框内选择后缀名为 Look 的文件，单击“打开”即可。

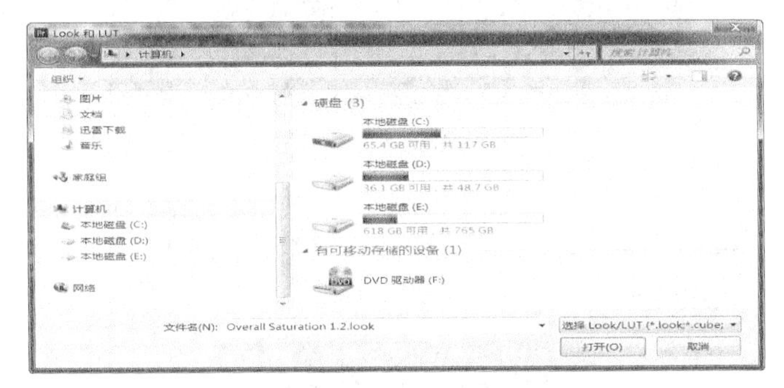

图 7.2.107 “Look 和 LUT”对话框

7.3 应用实例——视频效果综合应用

7.3.1 野象谷旅游记

本实例是要将用户在西双版纳“野象谷”旅游途中，拍摄的照片和录像制作为一个“野象谷旅游记”短片，如图 7.3.1 所示。使用 Premiere Pro CC 软件，预览照片和录像后，认为画面过于平淡，需要使用颜色校正类视频效果，调整拍摄视频的画面颜色效果。在制作过程中，创建“调整图层”，添加“光照效果”“色阶”和“颜色平衡”视频效果。“光照效果”视频效果添加在图片较为黑暗的“野象房图片”上，设置发光颜色和关键帧，视频效果给人一种神秘的感觉；“色阶”和“颜色平衡”视频效果调整画面的对比度和色调，使画面变亮的同时色彩更加鲜艳。为使镜头衔接过渡平滑，在各个接点需要添加适当的视频过渡效果，这样也会给短片增加一定的趣味。

图 7.3.1 “野象谷旅游记”视频效果

操作步骤如下。

1. 新建项目文件

新建项目为“野象谷旅游记.prproj”，选择【文件 】/【新建】/【项目】，在“名称”文本内输入“野象谷旅游记”，设置存储“位置”，单击【确定】按钮，如图 7.3.2 所示。

图 7.3.2 “新建项目”面板

2. 导入素材

导入素材，在“项目”面板中，鼠标左键双击空白处，导入“野象谷旅游记”素材文件至“项目”面板，如图 7.3.3 所示。

图 7.3.3 “项目”面板

3. 新建序列，设置电视制式

选择【新建项】/【序列】命令，设置“DV-PAL”制式中“标准 48kHz”，单击【确定】按钮，如图 7.3.4 所示。

图 7.3.4 新建序列窗口

4. 将素材文件导入“时间轴”的项目序列中

选择“项目”面板中的素材文件，拖曳它们到“时间轴”面板“V1”轨道上，并调整图像比例以适合屏幕大小，如图 7.3.5 所示。

图 7.3.5 “时间轴”序列面板

5. 添加视频过渡

在“效果”面板中，分别选择“渐隐为白色”“交叉划像”“圆划像”“盒形划像”“菱形划像”“推”和“扭曲出点”，将它们分别拖曳到“时间轴”面板的左侧视频开始处、第 1 接点、第 2 接点、第 3 接点、第 4 接点、第 5 接点和右侧视频结尾处，如图 7.3.6 所示。

图 7.3.6 “时间轴”面板

6. 添加光照效果

在“效果”面板中，选择“光照效果”将其拖曳到“时间轴”面板的第一个镜头中，选择第一个镜头，打开“效果控件”面板，设置“光照效果”，设置“光照颜色”为红色，在“节目”监视中，调整“椭圆”位置，让光从画面的房子中发出，如图 7.3.7 所示。

图 7.3.7 “光照效果”视频效果

在该镜头的首帧处添加“光照颜色”关键帧，尾帧处添加“光照颜色”关键帧并设置颜色为绿色，如图 7.3.8 所示。

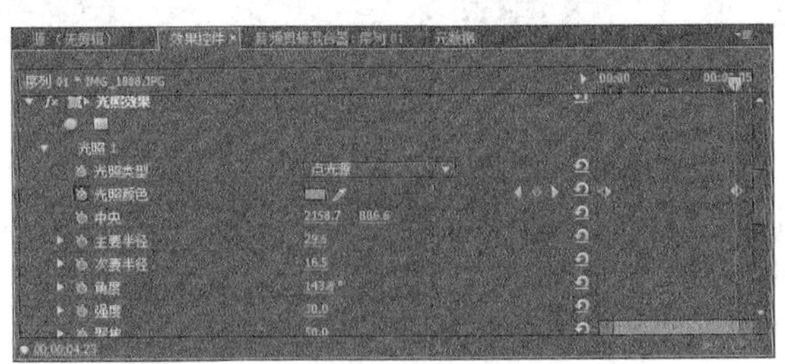

图 7.3.8 设置“光照颜色”关键帧

7. 创建“调整图层”

在“项目”面板中，单击“新建项”按钮，在弹出的菜单中选择“调整图层”命令，如图 7.3.9 所示。

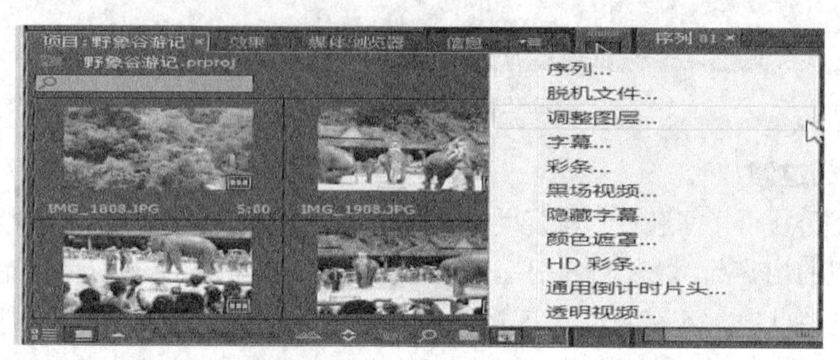

图 7.3.9 创建“调整图层”

8. 将“调整图层”插入至“时间轴”面板

拖动“调整图层”至“时间轴”面板的“V2”轨道中，并拖动尾部，使其长度与“V1”轨道中的素材长度一致，如图 7.3.10 所示。

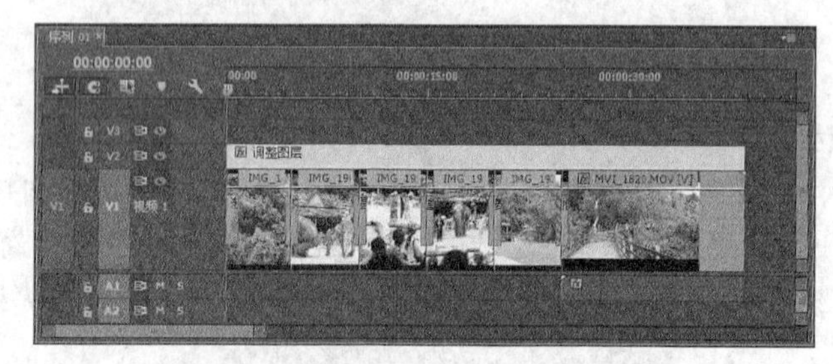

图 7.3.10 将“调整图层”插入“时间轴”面板

9. 设置“调整图层”

（1）添加“色阶”视频效果至“调整图层”

选中“效果”面板，展开“视频效果”文件夹，展开“调整”文件夹，拖动“色阶”至“时间轴”面板的“V2”轨道中的“调整图层”中，如图 7.3.11 所示。

图 7.3.11 添加“色阶”视频效果至“调整图层”

（2）设置“色阶”视频效果

在“时间轴”面板中，拖动“当前时间指示器”，在“节目”监视器中预览视频效果。

在“效果控件”面板中，展开“色阶”效果，展开“调整”文件夹，展开“RGB 输入黑色阶”，拖动下方“滑块”，调整其参数值为 27，展开“RGB 输入白色阶”，拖动下方“滑块”，调整其参数值为 238，增强图像画面对比度，如图 7.3.12 所示。

图 7.3.12　设置“色阶”视频效果与效果比较

（3）添加“色彩平衡”视频效果至“调整图层”

选中“效果”面板，展开“视频效果”文件夹，展开“颜色校正”文件夹，拖动“颜色平衡”至“时间轴”面板的“V2”轨道中的“调整图层”中，如图 7.3.13 所示

图 7.3.13　添加“色彩平衡”视频效果至“调整图层”

（4）设置“颜色平衡”视频效果

在“时间轴”面板中，拖动“当前时间指示器”，在“节目”监视器中预览视频效果。

在“效果控件”面板中，展开“颜色平衡”效果，当鼠标在其属性参数数值上方时，变为形状时，左右拖动鼠标，调整各个参数值，以调整画面的暗部、中间调和高光部分的颜色，如图 7.3.14 所示。

图 7.3.14　设置“颜色平衡”视频效果与效果比较

10. 保存项目文件

按 Enter 键进行序列内容的渲染，并预览结果。保存项目文件。

7.3.2 往日影片

本实例制作往日电影视频效果，如图 7.3.15 所示，将彩色视频画面的颜色变为黑白且偏黄，亮度偏暗效果。在制作过程中，创建“调整图层”，添加“旧日时光”效果，将画面变为黑白且偏黄，亮度偏暗效果。创建“通用倒计时片头”添加到影片的开头处，影片结尾添加“风车”视频效果。

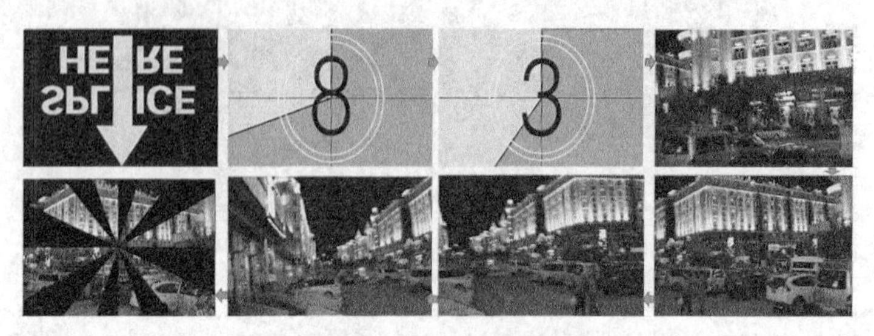

图 7.3.15 “往日影片”视频效果

操作步骤如下。

1. 新建项目文件

新建项目为“往日电影.prproj”，选择【文件 】/【新建】/【项目】，在“名称”文本内输入“往日电影”，设置存储“位置”，单击【确定】按钮，如图 7.3.16 所示。

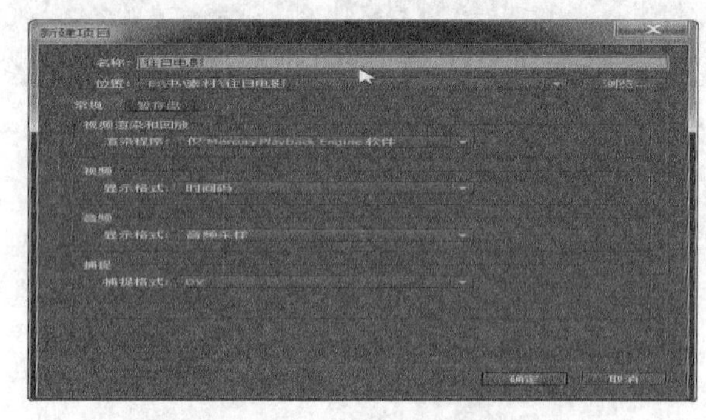

图 7.3.16 “新建项目”面板

2. 导入素材

在“项目”面板中，鼠标左键双击空白处，导入“往日电影”素材文件至“项目”面板，如图 7.3.17 所示。

图 7.3.17 “项目”面板

3. 新建序列，设置电视制式

选择【新建项】/【序列】命令，设置“DV-PAL”制式中“标准 48kHz”，单击【确定】按钮，如图 7.3.18 所示。

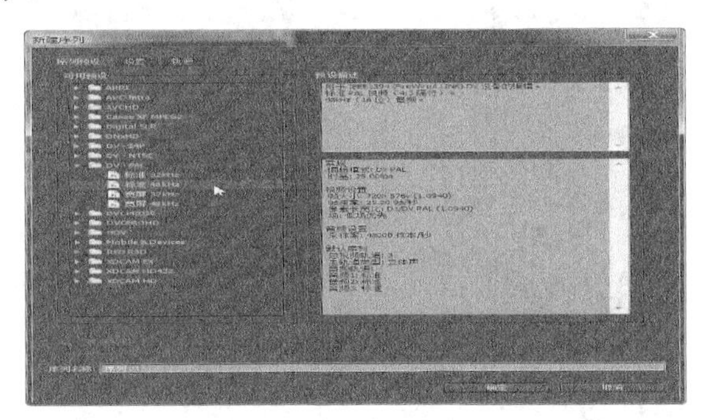

图 7.3.18 新建序列窗口

4. 将素材文件导入“时间轴”的项目序列中

选择“项目”面板中的素材文件，拖曳到“时间轴”序列 01 面板“V1”轨道上，并调整图像比例以适合屏幕大小，如图 7.3.19 所示。

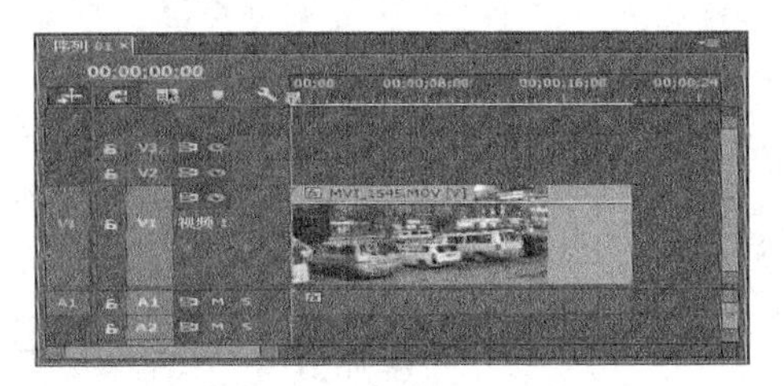

图 7.3.19 “时间轴”序列面板

5. 创建“通用倒计时片头”

在“项目”面板中，单击“新建项”按钮，在弹出的菜单中选择“通用倒计时片头”命令，如图 7.3.20 所示。弹出“新建通用倒计时片头”对话框，如图 7.3.21 所示，单击“确定”按钮，弹出“通用倒计时设置”对话框，如图 7.3.22 所示。

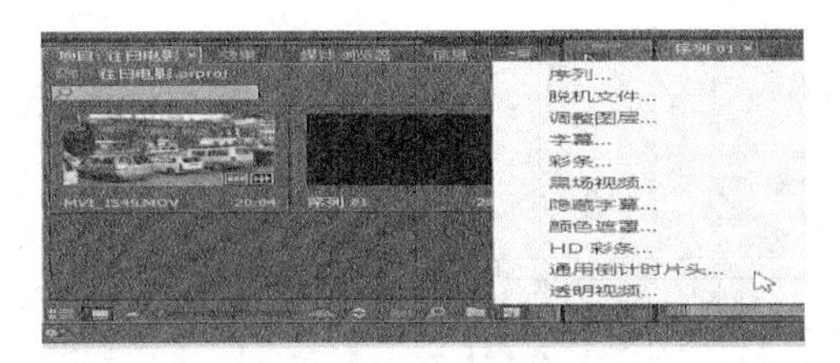

图 7.3.20 “项目”面板

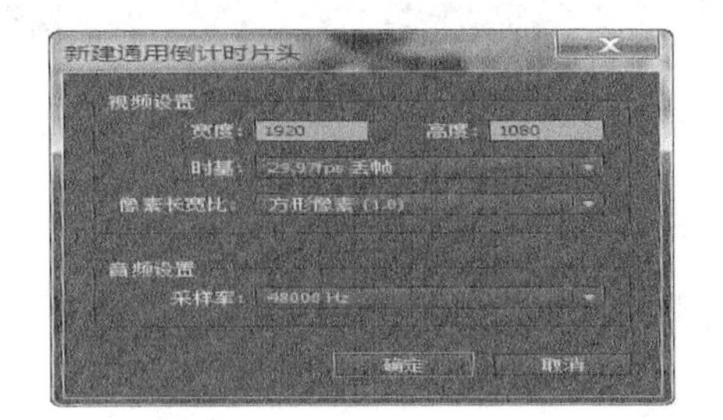

图 7.3.21 “新建通用倒计时片头”对话框

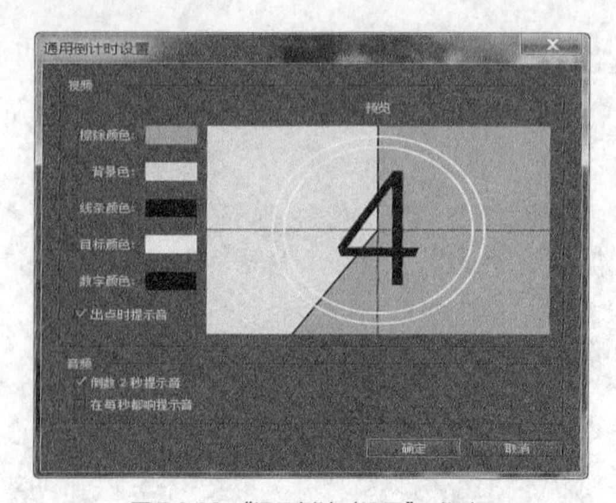

图 7.3.22 “通用倒计时设置”对话框

6. 设置“通用倒计时片头”

在弹出的“通用倒计时设置”对话框的“音频”选项组中，选中“在每秒都响提示音”选项，如图 7.3.23 所示，单击“确定”按钮即可。

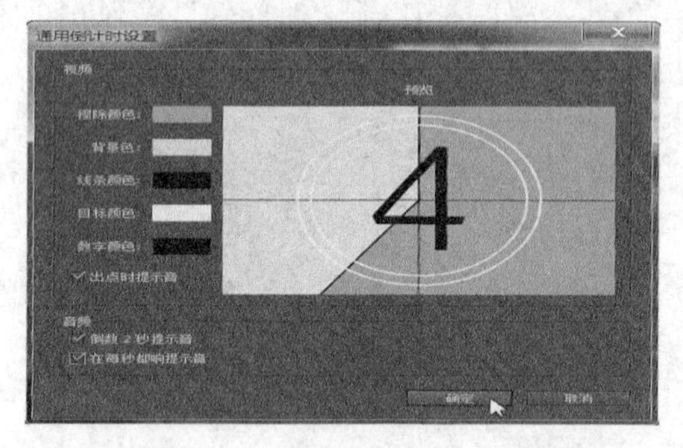

图 7.3.23 “通用倒计时设置”对话框

7. 将“通用倒计时片头”插入“时间轴”面板“V1”轨道中

选择“项目”面板中的“通用倒计时片头”，拖曳到“时间轴”序列 01 面板“V1”轨道左端，如图 7.3.24 所示。

图 7.3.24 “时间轴”序列面板

8. 添加视频过渡

在“效果”面板中，选择“风车”视频效果，将其拖曳到“时间轴”面板“V1”轨道右侧视频结尾处，如图 7.3.25 所示。

图 7.3.25 “时间轴”面板

9. 创建“调整图层”

在“项目”面板中，单击“新建项”按钮，在弹出的菜单中选择“调整图层”命令，如图 7.3.26 所示。

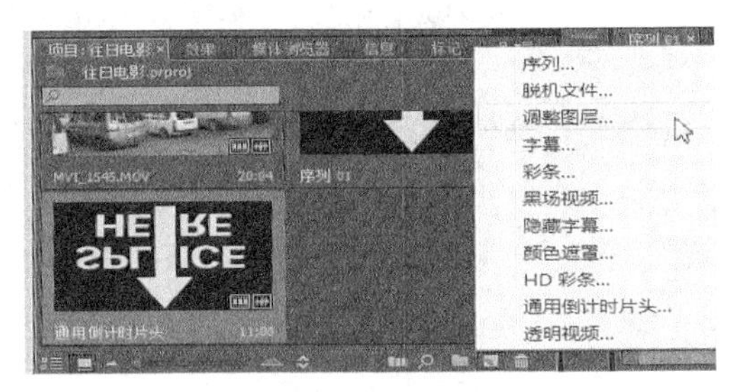

图 7.3.26 创建“调整图层”

10. 将“调整图层”插入至“时间轴”面板

拖动“调整图层”至“时间轴”面板的“V2”轨道中，并拖动尾部，使其长度与“V1”轨道中的素材长度一致，如图 7.3.27 所示。

图 7.3.27 将“调整图层”插入“时间轴”面板

11. 设置“调整图层”

选中“效果”面板，展开“Lumetri Looks”文件夹，展开“风格”文件夹，拖动“旧日时光”至“时间轴”面板的“V2”轨道中的“调整图层”中，如图 7.3.28 所示。

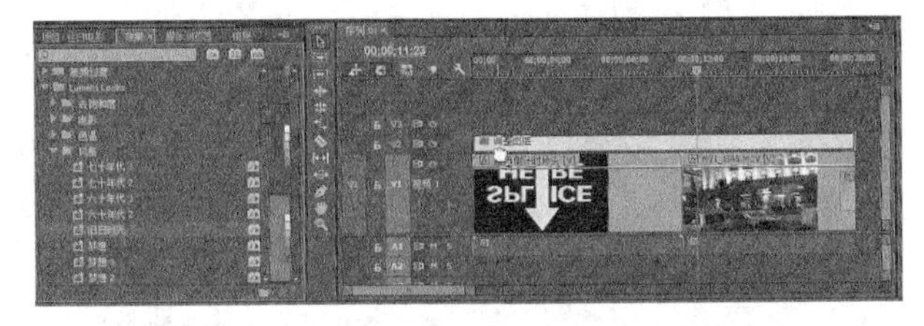

图 7.3.28 添加“旧日时光”视频效果至“调整图层”

12. 保存项目文件

按 Enter 键进行序列内容的渲染，并预览结果，保存项目文件。

7.4 习题

一、简答题

1. 光与色是何关系？色彩的三个属性是什么？何为三原色光模式(RGB Color Model)？

2. Adobe Premiere Pro CC 2014 提供（内置）了多少种类视频效果？随意简答出自己熟悉的 7 种类型的视频效果概念。

3. 图像控制类中的“色彩平衡”效果是如何调整图像画面颜色的？“颜色过滤”效果与“黑白”效果有什么不同？

4. 图像的亮度调整你常用哪几种？说说其中的两种视频效果使用方法。

5. 比较一下“颜色平衡”与“色阶”效果。

6. “光照效果”视频效果最多可以使用几盏灯？又有几种光照类型？它们都发出什么光？

二、操作题

1. 单色保留效果

要求：在奔跑的马群中，只保留白颜色马的颜色不变，其他颜色的马在奔跑的过程中变为灰色，之后再逐渐恢复颜色。

方法：使用图像控制中的“颜色过滤”，设置“相似性”关键帧，三个“相似性”关键帧的参数值分别为 100、38 和 100，“颜色”用吸管，在节目“监视器”中取白马的颜色。

如图 7.4.1 和图 7.4.2 所示。

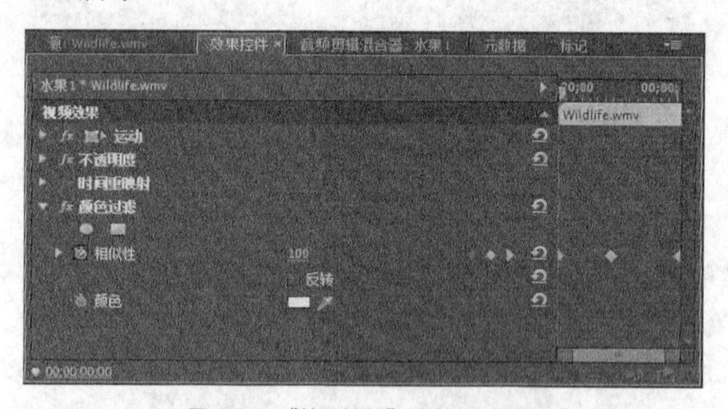

图 7.4.1 “效果控件”面板参数设置

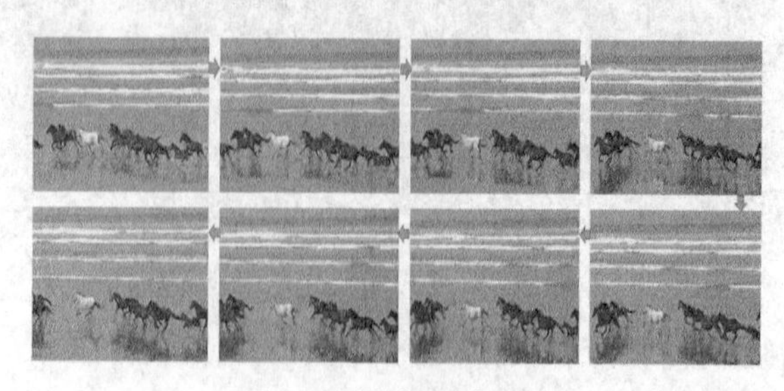

图 7.4.2 “单色保留”效果

2. 制作黑白电影效果

要求：制作黑白电影效果，将彩色电影转为黑白电影效果。

方法：将彩色电影视频拖动到“时间轴”面板视频轨道，添加“B&W 红色滤波”效果，将彩色画面调整为黑白，再添加“卷积内核”等效果，调整画面的细节部分。制作“渐隐→闪白→渐入”的效果视频插入在黑白电影的开头：制作“彩色遮罩/白色”，将其按照指定长度为 2 秒插入到视频轨道的素材的开头处，在“白色遮罩”视频的开始处添加“交叉溶解”视频过渡，在尾部添加“渐隐为黑色”视频过渡，如图 7.4.3 所示。

图 7.4.3 “黑白电影”效果

Adobe Premiere Pro CC

Chapter 8

第 8 章 视频合成

Premiere Pro CC 的视频合成是基于轨道进行的，当上一轨道素材包含透明信息时，下一轨道素材的内容就会透过上一轨道的透明区域显示出来，从而实现视频画面的合成。Premiere Pro CC 视频内容的合成是至上而下进行的，其音频内容的合成是所有音频轨道内容的混音，与音频轨道的上下顺序无关。

学习要点：

- 熟悉 Premiere Pro CC 视频合成的常用方法
- 掌握键控效果的使用
- 掌握外挂效果的添加及使用

建议学时：上课 4 学时，上机 6 学时。

8.1 视频合成的常用方法

通过调整透明度和混合模式均可以实现视频的合成。透明度用于控制上一个视频轨道的内容与下一个视频轨道的内容相叠加的强度；混合模式可以将上下轨道层中的内容按照指定的混合算法进行合成。

8.1.1 素材本身包含 Alpha 通道

Photoshop、After Effects、Illustrator 等软件可以在保存特定文件格式时，一并保存其 Alpha 通道。对于本身包含 Alpha 通道的素材，导入 Premiere Pro CC 后，在“项目管理器”窗口中选中该素材，单击“剪辑|修改|解释素材”菜单中的“修改剪辑”命令，在打开的对话框中可以选择 Alpha 通道的处理方式：忽略 Alpha 通道或反转 Alpha 通道，如图 8.1.1 所示。

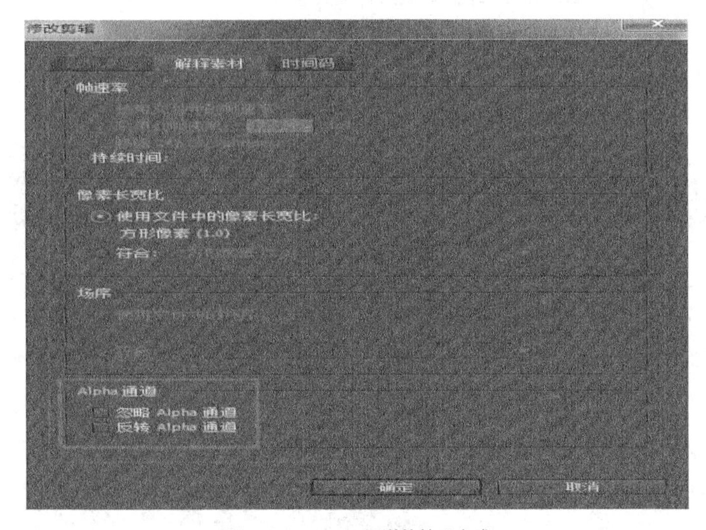

图 8.1.1 Alpha 通道的处理方式

在图 8.1.2 中，左侧图是具有 Alpha 通道的“小狗.psd”文件，右侧图是其 Alpha 通道的内容。

图 8.1.2 具有 Alpha 通道的“小狗.psd”文件

在“时间轴”序列窗口的视频 1 轨道插入一个视频素材，效果如图 8.1.3 左侧图所示；将“小狗.psd”素材插入到视频轨道 2 上，两个素材合成的效果如图 8.1.3 右侧图所示。

图 8.1.3 通过 Alpha 通道合成素材

8.1.2 调节素材的不透明度

在默认情况下，素材是完全不透明的，可以调整素材的不透明度为素材设置透明。当素材的“透明度”值低于 100%时，可以显示出其下一级轨道中的素材内容；当“透明度”值为 0 时，素材完全透明。可以使用关键帧来精确控制透明的过渡。

下面通过设置透明度的值为素材设置淡出效果。

1. 在“效果控件”中调节素材的不透明度

在“时间轴”序列窗口的视频轨道 1 和视频轨道 2 分别插入两个素材。

对轨道 2 上的素材在其不同位置分别设置“透明度”为 100%和 0%的值，位置如图 8.1.4 所示。

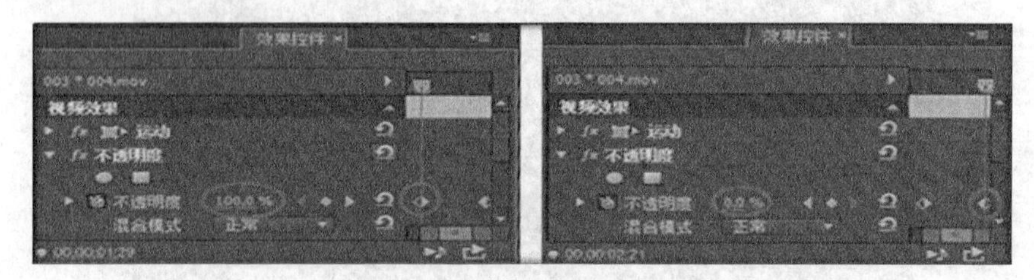

图 8.1.4 添加透明度关键帧

最终的合成效果如图 8.1.5 所示。

图 8.1.5 淡出效果图

2. 在“时间轴”面板中调节素材的不透明度

将素材导入“时间轴”轨道中，鼠标右键单击效果开启按钮，选择“不透明度”选项，可以为素材添加不透明度的关键帧，如图 8.1.6 所示。

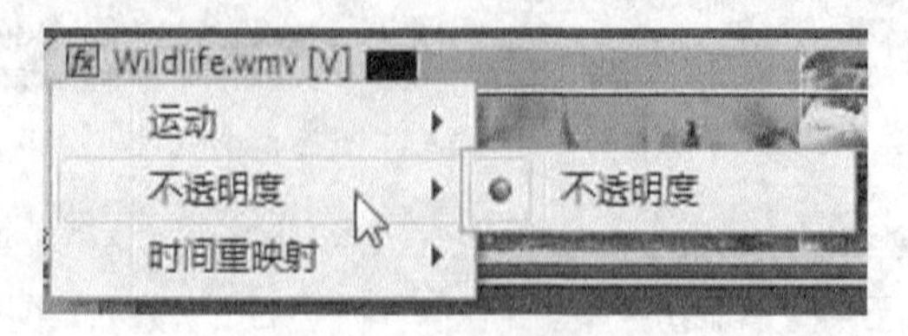

图 8.1.6 不透明度选项

在零点设置“不透明度”关键帧值为 0，在 00:00:04:22 处设置“不透明度”关键帧值为 100，制作了淡入效果。在 00:00:25:04 处设置“不透明度”关键帧值为 100，在视频结束点设置“不透明度”关键帧值为 0，制作了淡出的效果，如图 8.1.7 所示。

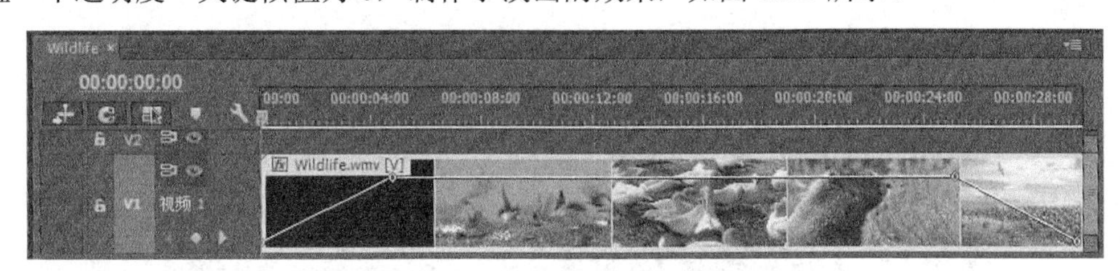

图 8.1.7　设置不透明度关键帧

因为这里把素材置入了视频 1 轨道，轨道层的下一层轨道中没有素材，所以为该轨道层的素材制作渐隐效果后，会实现黑起或渐黑的效果。

8.1.3　设置“混合模式”

Premiere“视频效果”中的混合模式和 Photoshop 中图层的混合模式相似。混合就是上层视频轨道上的图像像素与下层视频轨道上的图像像素进行混合，从而产生不同的颜色视觉。

总的来看，混合模式分为几种类型。

1.“正常”模式

“正常”模式是轨道的默认模式。在该模式下，轨道的覆盖程度与不透明度有关。当不透明度为 100%时上面轨道可以完全覆盖下面的轨道，当不透明度小于 100%时上面视频轨道的颜色就会受到下面视频轨道的影响。

2.“溶解”模式

“溶解”模式将使视频轨道间产生融合作用，结果像素由上下视频轨道的像素随机决定。不透明度越小，融合的效果越明显。

3.“加深”型混合模式

“加深”型混合模式包括“变暗”“颜色加深”“深色”“线性加深”“相乘”等，混合后图像的对比度增强，图像亮度变暗。

4.“减淡”型混合模式

“减淡”型混合模式包括“变亮”“滤色”“颜色减淡”“线性减淡”“浅色”等，混合后的效果与“加深”型混合模式相反，混合后图像的对比度减弱，图像亮度增加。

5.“对比”型混合模式

“对比”型混合模式包括“叠加”“柔光”“强光”“亮光”“线性光”“点光”“强混合”等。混合结果是暗于 50%的灰色区域混合后变暗，亮于 50%的灰色区域混合后变亮，图像整体对比度加强。

6.“比较”型混合模式

“比较”型混合模式包括“差值”和“排除”模式。该模式能比较相混合的模式，相同的区域显示为黑色，不同的区域则以灰度或彩色显示。

7.“色彩”型混合模式

“色彩”型混合模式包括“色相”“对比度”“颜色”“发光度”等混合模式。它们根据色彩的色相，饱和度和亮度三要素，将其中一种或两种要素应用到混合的效果中。

例如：如果一个视频的画面整体偏暗，除了进行调色与校色外，还可以将它插入到两个相邻的视频轨道，如图 8.1.8 所示。并在上一层视频轨道设置混合模式为“滤色”。

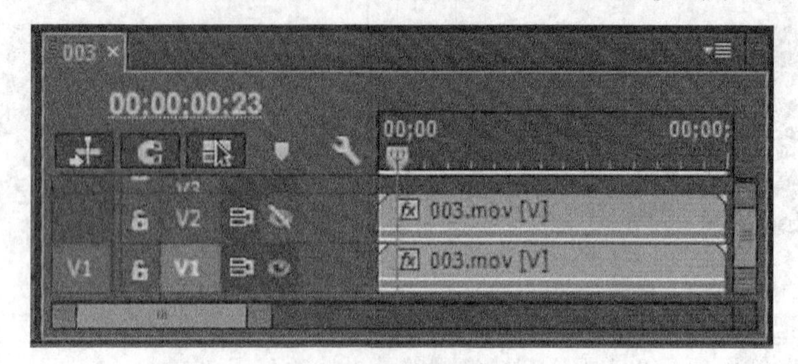

图 8.1.8 轨道内容

效果截图如图 8.1.9 所示。

图 8.1.9 使用效果前后比较

8.2 抠像

单击菜单“窗口|效果”命令，在打开的“效果”面板中找到“视频效果”，在其“键控”特效文件夹中包含了大量的抠像视频效果，如图 8.2.1 所示。

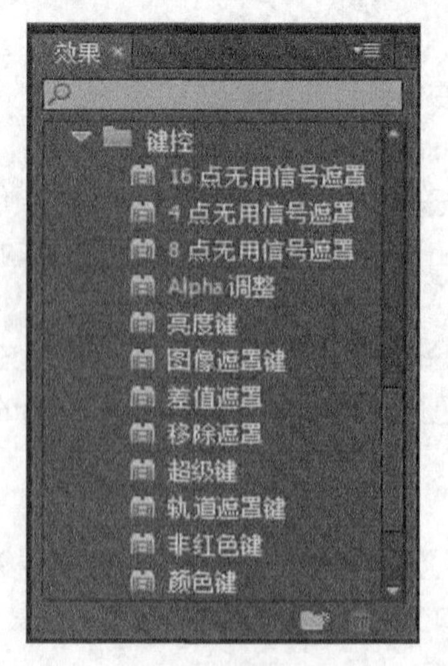

图 8.2.1 键控特效

8.2.1 基于颜色抠像

将指定的颜色，或与指定的颜色相近的颜色设置为透明，从而达到抠像的目的。

在“键控”特效文件夹中有很多这样的特效。如：非红色键、颜色键等。

1. 非红色键

该效果可以基于蓝色或绿色的背景创建透明区域。参数如图 8.2.2 所示。

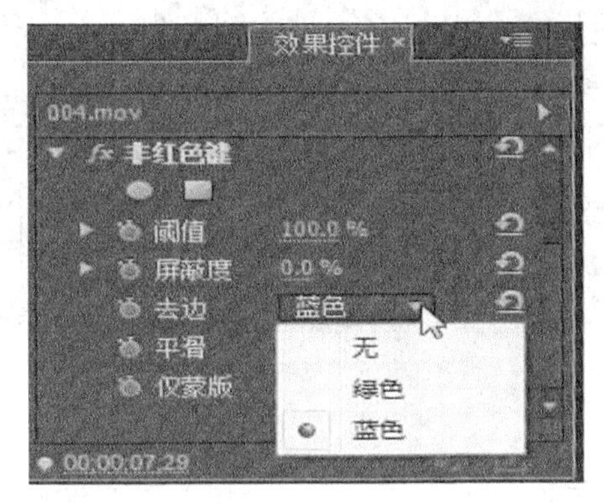

图 8.2.2 “非红色键”参数

其中：“阈值”设置用于确定剪辑透明区域的蓝色阶或绿色阶。在移动“阈值”滑块时，使用“仅蒙版”选项可查看黑色（透明）区域。“阈值”越小则透明度的值越大。“屏蔽度”：该值越小，则去除背景颜色的效果越明显。“去边”：可以选择“无、绿色、蓝色”根据画面内容选择要去除的背景颜色。“平滑”：可以选择“无、高、低”，指去除锯齿的效果。“仅蒙版”：确定是否将效果应用于素材的 Alpha 通道。

例如：将带有蓝色背景的熊猫和竹林合成。将熊猫素材放入视频 2 轨道，将竹林放入视频 1 轨道，为视频 2 轨道的熊猫素材添加“非红色键”效果，参数值如图 8.2.2 所示，效果如图 8.2.3 所示。

图 8.2.3 素材与合成效果

2. 颜色键

上面的例题也可以用“颜色键”效果完成。为“时间轴”序列窗口中的素材添加“颜色键”视频效果后，在“效果控件”中将“颜色键”特效参数展开，如图 8.2.4 所示。

图 8.2.4 颜色键

其中："主要颜色"被指定为透明色的颜色，可以用色块旁边的吸管工具在屏幕中吸取颜色。"颜色容差"：即相似性，就是容差值，取值越大选取的颜色范围越大。"边缘细化"：精细的调整抠像边缘的清晰度，值越大去除的主要颜色越干净。"羽化边缘"：进行抠像的边缘羽化效果，值越大羽化效果越明显。处理完的效果如图 8.2.5 所示。

图 8.2.5　颜色键参数设置及效果

3. 超级键

与"颜色键"相似，用于抠出所有类似于指定的主要颜色的图像像素。该效果的参数比"颜色键"要复杂一些，如图 8.2.6 所示。

图 8.2.6　超级键

其中：

● 遮罩生成

"透明度"100 表示完全透明，0 表示不透明；"高光"增加源图像的亮区的不透明度；"阴影"增加源图像的暗区的不透明度；"容差"允许的颜色差异范围；"基值"从 Alpha 通道中滤出杂色。

● 遮罩清除

"抑制"用来缩小 Alpha 通道遮罩的大小；"柔化"使 Alpha 通道遮罩的边缘变模糊；"对比度"调整 Alpha 通道的对比度。"中间点"选择对比度值的平衡点。

● 溢出抑制

"降低饱和度"控制颜色通道背景颜色的饱和度；"范围"控制校正的溢出量；"溢出"调整溢出补偿的量；"亮度"与 Alpha 通道结合使用可恢复源的原始明亮度。

● 颜色校正

可以对色相、饱和度以及亮度值进行调整。

通过参数设置后，其具有比"颜色键"更加细腻的抠像效果，如图 8.2.7 所示。

图 8.2.7　超级键参数设置及效果

8.2.2　使用遮罩抠像

1. X 点无用信号遮罩

在“键控”效果中包括了三个无用信号遮罩的效果：16 点无用信号遮罩、4 点无用信号遮罩和 8 点无用信号遮罩。这三个效果使用方法相似，只是遮罩点的数量不同而已。

为“时间轴”序列窗口中的素材添加“使用 X 点无用信号遮罩”视频效果，在“效果控件”中，单击该特效前的按钮，在“节目”监视器窗口的当前选中的素材上就会出现相应点数的编辑点，拖动这些编辑点完成抠像，如图 8.2.8 所示。使用 16 点无用信号遮罩的效果。

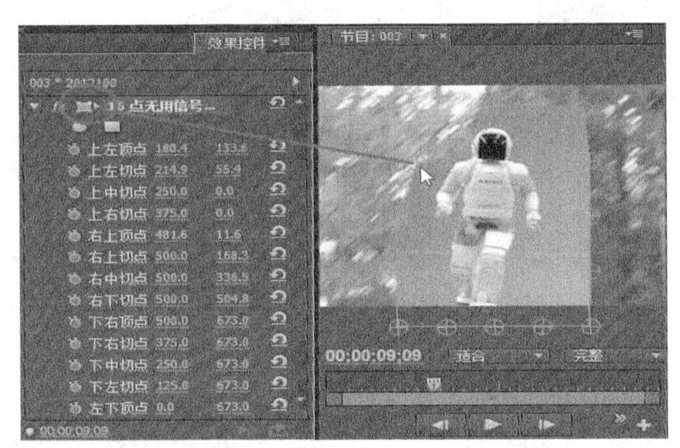

图 8.2.8　“16 点无用信号遮罩” 抠像

抠像前后对比图如图 8.2.9 所示。

图 8.2.9　抠像前后对比图

2. 使用“图像遮罩键”抠像

“图像遮罩键”特效是以遮罩图像的 Alpha 通道或亮度信息决定透明区域。

在“时间轴”序列窗口的视频 1 轨道插入“风景“素材，在视频 2 轨道上插入要合成的视频素材“Wildlife.wmv”，如图 8.2.10 所示。

图 8.2.10　轨道素材内容

为“Wildlife.wmv”添加“图像遮罩键”特效，在“效果控件”中展开“图像遮罩键”特效，如图 8.2.11 左侧图所示。单击设置按钮，在打开的“选择遮罩文件”对话框中选择遮罩文件，使用的遮罩文件如图 8.2.11 右侧图所示。

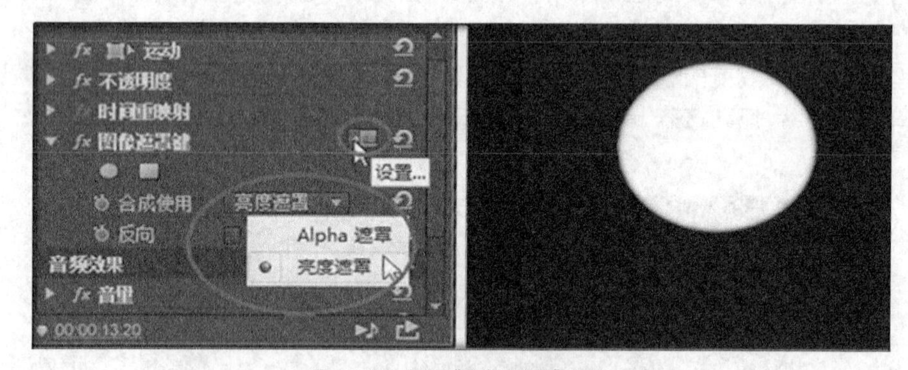

图 8.2.11　添加“图像遮罩键”特效

在“效果控件”中设置“图像遮罩键”特效的“合成使用”属性，该属性有两个值：Alpha 遮罩和亮度遮罩。当使用遮罩文件的 Alpha 通道作为合成素材的遮罩时，选 Alpha 遮罩；当使用遮罩文件的亮度值作为合成素材的遮罩时，选亮度遮罩。这里选择亮度遮罩。原始素材文件如图 8.2.12 所示。

图 8.2.12　三个原始素材

最终的合成效果如图 8.2.13 所示。

图 8.2.13　参数设置及效果

8.2.3　使用“轨道遮罩键”抠像

“轨道遮罩键”特效使用时，需要两个要进行合成的素材和一个遮罩素材。因为遮罩文件可以单独放入视频轨道，所以通过设置轨道素材运动关键帧的方法，可以设置运动遮罩效果。

三个素材文件分别为“背景.jpg”“Wildlife.wmv”“遮罩.bmp”，内容如图 8.2.14 所示。

图 8.2.14　三个原始素材

这三个素材要分别放置在三个不同的轨道上：在最下层轨道上放置背景素材，在中间轨道放置要合成的素材，在最上面的轨道上放置遮罩素材，如图 8.2.15 所示。

将“轨道遮罩键”特效添加到中间轨道也就是添加到要做合成的素材轨道上，并将其特效参数展开进行如图 8.2.16 所示设置。

图 8.2.15　轨道内容

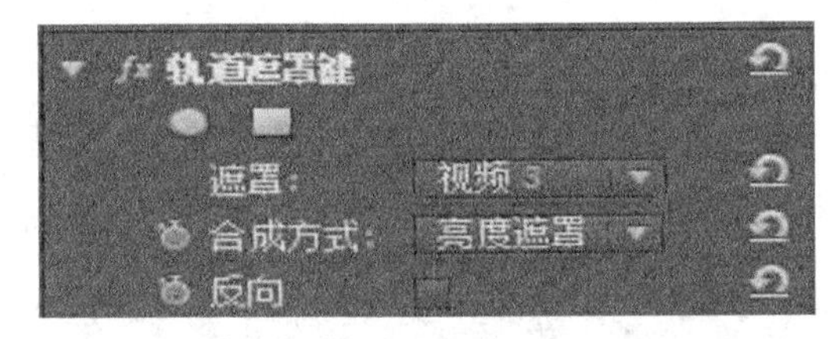

图 8.2.16　添加“轨道遮罩键”特效

可以对视频 3 轨道的“遮罩.bmp”制作运动效果。在不同的位置设置关键帧来完成运动遮罩效果，如图 8.2.17 所示。

图 8.2.17 设置关键帧

最终效果如图 8.2.18 所示。

图 8.2.18 合成效果图

8.2.4 其他键控效果

1. Alpha 调整

对于包含 Alpha 通道的素材使用“Alpha 调整”效果来完成抠像十分便捷。如图 8.2.19 所示，该效果中的参数与 7.5.1 小节中介绍的“修改剪辑”对话框中的参数类似，这里不再赘述。

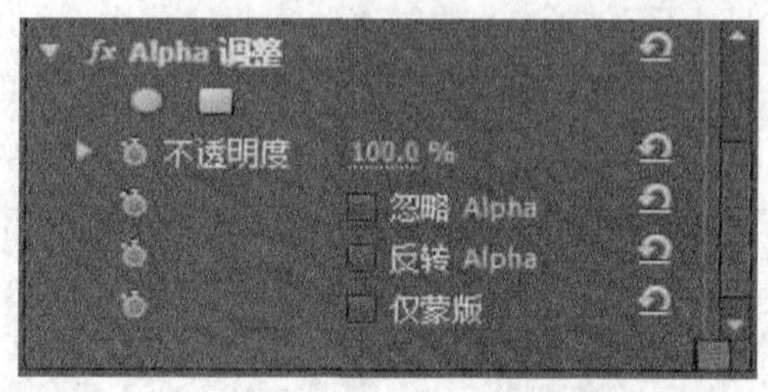

图 8.2.19 Alpha 调整

2. 亮度键

用于去除画面中比较暗的部分，常用于创建遮罩的对象与其背景相比有显著不同的明亮度值。如图 8.2.20 所示，（a）为背景素材、（b）为施加“亮度键”效果的素材、（c）为合成结果。

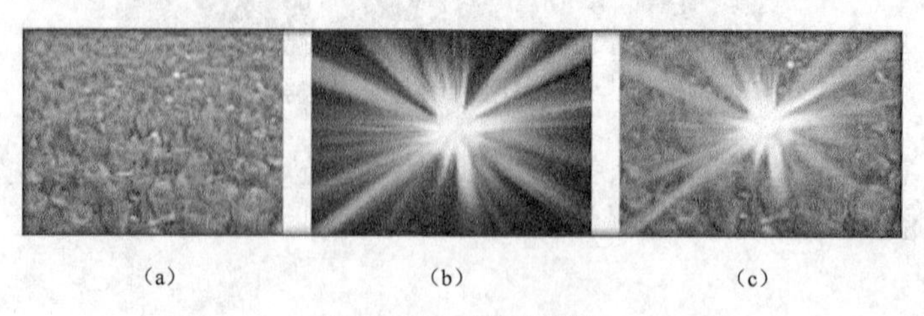

（a）　　（b）　　（c）

图 8.2.20 素材与合成效果

3. 差值遮罩

该效果用于比较两个相似的素材画面，移去两个画面相似的部分，保留有差异的部分。差值遮罩适合使用静止背景拍摄的场景，抠出移动物体后面的静态背景，然后放在不同的背景上。

“差值遮罩”使用方法有点特殊：在不同的轨道导入素材后，要为两个素材都添加“差值遮罩”效果，上方轨道的“差值遮罩”效果中要为下方轨道设置“差值图层”。

例如：有三个素材——森林、以森林为背景的小狗、竹林。这里将前两个素材使用差值遮罩，去除森林部分取出小狗，然后将小狗和竹林做视频合成，如图 8.2.21 所示。

图 8.2.21 素材与合成效果

将“森林”素材放入视频轨道 2，将“以森林为背景的小狗”素材放入视频轨道 3，两个素材都要添加“差值遮罩”效果，并且将视频 3 轨道素材的“差值遮罩”中的“差值图层”选为“视频 2”，如图 8.2.22 所示。将“竹林”素材放入视频轨道 1 中，作为小狗的新的背景。

图 8.2.22 差值遮罩效果

8.3 外挂效果

外挂效果是由第三方厂商开发的效果，Premiere Pro CC 提供了一个开放的平台，允许用户将这些效果以插件的形式安装在 Premiere Pro CC 中，但要注意 Premiere Pro CC 一定要用 64 位的插件。

外挂效果一般安装在 Premiere Pro CC 安装目录中的 Plug-ins 目录下，如：C:\Program Files\Adobe\Adobe Premiere Pro CC\Plug-ins\Common 中，也有些安装在 C:\Program Files\Adobe\Common\Plug-ins\7.0\MediaCore 中。一般来说，既能用于 AE 也能用于 PR 的插件，

会放在后一个目录中。重启 Premiere Pro CC，即可在“效果”面板中看到新安装的效果。外挂效果既包括“视频过渡”效果，也包括“视频效果”。外挂效果正常安装后，其使用方法和 Premiere Pro CC 内置的效果方法相同。

8.3.1　外挂视频过渡效果

下面以外挂视频过渡效果“Impace Copy Machine”为例，说明外挂视频过渡效果的使用。

1. 新建项目文件并导入素材

新建项目文件，导入两个素材文件；利用“文件|新建|序列”命令，在“新建序列”对话框中选择“序列预设”选项卡中的 DV-PAL 制中的标准 48kHz。其他内容使用默认设置。

2. 添加外挂视频过渡效果

在“时间轴”序列窗口的两素材间添加“Impace Copy Machine”视频过渡效果。

3. 设置视频过渡效果参数

在“时间轴”序列窗口，单击已经添加到素材衔接处的视频转换特效“Impace Copy Machine”。观察“效果控件”面板，如图 8.3.1 所示。

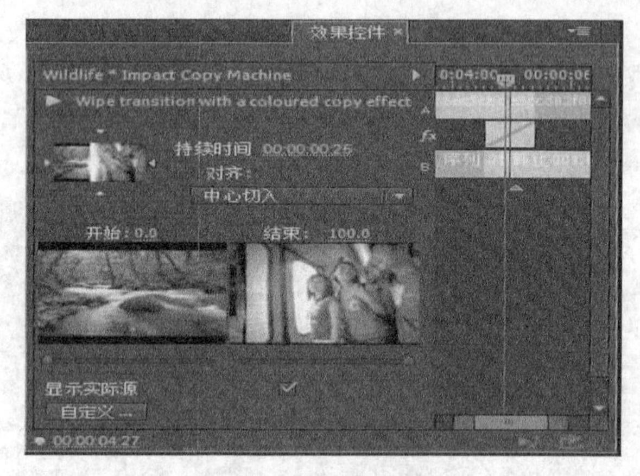

图 8.3.1　视频过渡参数设置

（1）改变过渡方向

在面板的左上角有一个预览缩略图，缩略图的四周各有四个小箭头按钮，单击这些按钮可以改变过渡的方向，如图 8.3.2 所示。

图 8.3.2　改变过渡方向

（2）设置视频切换的时间长短

- 直接在“效果控件”的 持续时间 00:00:01:00 中设置。
- 直接拖动“效果控件”的时间线上的特效标记的两端。
- 直接拖动时间轴窗口的特效标记 Impact Copy Machin 的两端。
- 在“效果控件”中“对齐”右侧的下拉列表中可以选择特效相对于素材的位置，如图 8.3.3 所示。

（3）设置“开始”和“结束”项

用于控制特效的开始和结束状态。默认的状态下视频切换特效是平滑的。若在这里设置了“开始”值为 50，那么视频特效的开始是后一素材立刻以一定的角度进入，这时的切换是有跳跃的，如图 8.3.4 所示。

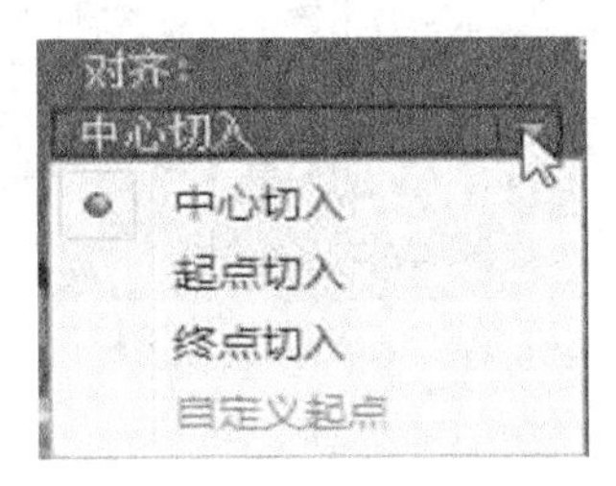

图 8.3.3 “对齐”选项

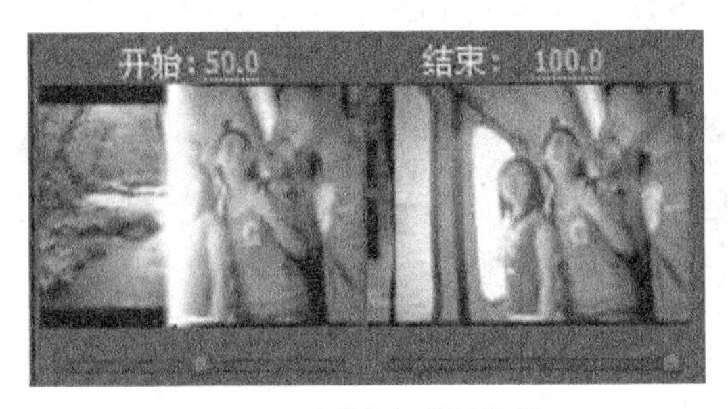

图 8.3.4 开始”和“结束”项

（4）“显示实际来源”

将“效果控件”中的“显示实际来源”复选框选中，两素材画面随即在“效果控件”打开。

4. 预览效果

预览画面效果，如图 8.3.5 所示。保存项目文件。

图 8.3.5 预览画面

8.3.2 外挂视频效果

下面以使用外挂效果“DE_AgedFilm”制作老电影效果为例，说明外挂视频效果的使用。

1. 新建项目文件并导入素材

在“时间轴”序列窗口的视频 1 轨道的零点处插入素材。在“效果控件”窗口中适当调整其大小和位置。

2. 添加外挂视频效果

将“视频效果”中“DE_AgedFilm”效果拖动到“时间轴”序列窗口的素材上。这时在“效果控件”窗口可以看到加入的“DE_AgedFilm” fx DE_AgedFilm，单击 ▶ 将效果的选项参数打开，如图 8.3.6 所示，为视频添加了尘埃、垂直划痕等内容。

图 8.3.6 “DE_AgedFilm”效果

3. 预览效果

预览画面效果，并比较效果添加前后的视频画面。如图 8.3.7 所示，可以看到添加了效果后，画面多了蒙尘与划痕效果，增强了老旧电影的感觉。

图 8.3.7 老电影效果

8.4 应用实例——跟踪视频画面的局部内容

Premiere Pro CC 的很多效果都带有“创建椭圆形蒙版”和“创建 4 点多边形蒙版”功能。可以方便地通过创建的蒙版，实现对当前视频画面中局部内容的效果控制。下面以高斯模糊为例，介绍使用蒙版来清晰显示视频的某部分内容，模糊其周围的视频画面的操作方法。

1. 新建项目文件并导入素材

新建项目“突出显示画面局部内容.prproj”，导入素材“游行.mpg”。利用“文件|新建|序列”命令，在“新建序列”对话框中选择“序列预设”选项卡中的 DV-PAL 制中的标准 48kHz。其他内容使用默认设置。

在“时间轴”序列窗口的视频 1 轨道的零点处插入素材“游行.mpg”。在“效果控件”窗口中适当调整其大小和位置。

2. 添加视频效果

将“视频效果”中“模糊与锐化”文件夹中的“高斯模糊”拖动到“时间轴”序列窗口的素材上。这时在“效果控件”窗口可以看到加入的“高斯特效”▶ fx 高斯模糊，单击▶将“高斯模糊”的选项参数打开。

单击“创建椭圆形蒙版”●按钮，如图 8.4.1 所示。在蒙版路径的右侧有“跟踪方法”按钮，选择蒙版路径关键帧的内容。这里选择了位置、缩放及旋转。因为要突出显示蒙版中的内容，模糊周围的内容，所以要勾选“已反转”选框。设置“模糊度”值为 34。

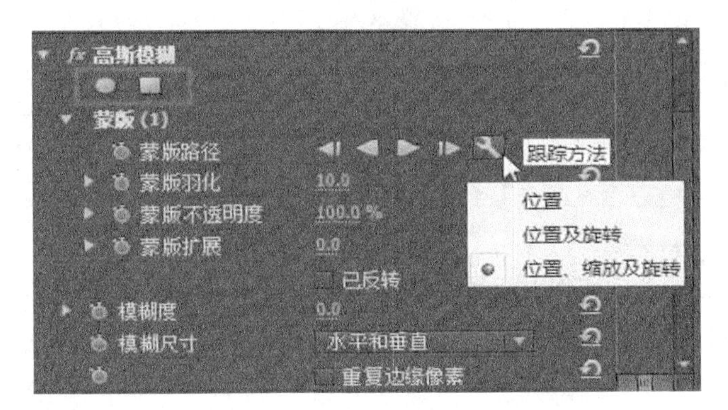

图 8.4.1　添加蒙版

3. 设置蒙版路径关键帧

在 00:00:00:00 处，单击“蒙版路径”前面的“切换动画” 按钮设置第一个关键帧。在“节目”监视器窗口移动调整蒙版的位置、大小旋转角度等内容，设置第一个关键帧，如图 8.4.2 所示。然后不断地移动编辑标记线的位置并调整蒙版的位置、缩放及旋转添加一组关键帧。

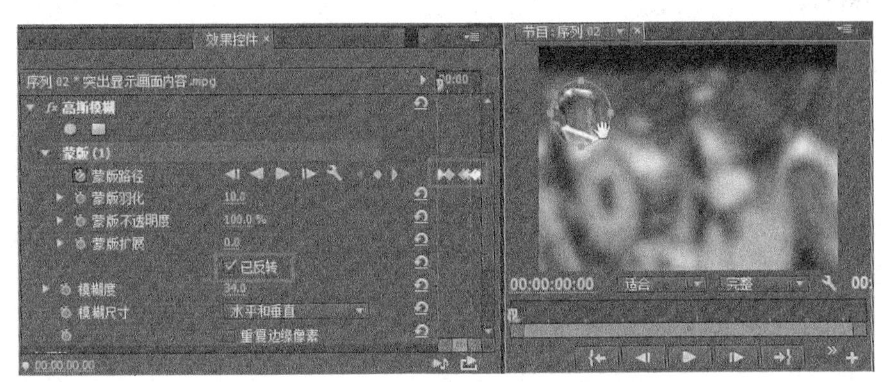

图 8.4.2　设置蒙版路径关键帧

4. 预览效果

最终效果部分截图，如图 8.4.3 所示。保存项目文件。

图 8.4.3　部分效果内容

8.5 习题

一、简答题

1.从应用场合、参数内容以及添加个数等方面，简述视频效果与视频过渡效果的区别。

2.简述如何将自己设置好的视频效果保存为预设效果。

3.同一个视频效果是否可以多次添加到一个素材上？若可以，说明这样做的目的；若不可以，请说明理由。

二、操作题

1. 制作蝴蝶和花的合成效果

（1）新建项目文件，并导入素材文件夹中的“蝴蝶.jpg”和“一枝花,jpg”。

（2）新建序列，将花添加到视频 1 轨道，将蝴蝶添加到视频 2 轨道，对蝴蝶进行颜色键抠图去除其背景色。

（3）设置蝴蝶的动作：位置、大小、旋转等关键帧。

（4）预览效果并保存项目文件。效果前后对比图如图 8.5.1 所示。

图 8.5.1 效果前后对比图

2. 为局部画面内容打马赛克

（1）新建项目文件，并导入素材文件夹中的“人物遮罩.jpg”。

（2）新建序列，将人物添加到视频 1 轨道，为其添加“RGB 曲线”效果，适当调色。

（3）为人物添加“马赛克”效果，并使用“马赛克”效果中的“创建椭圆形蒙版”，将孩子面部进行遮罩，适当设置马赛克的块数。

（4）预览效果并保存。效果前后对比图如图 8.5.2 所示。

图 8.5.2 效果对比图

思考：若素材是一段视频，如何为运动画面中的孩子面部打上马赛克？

9 Chapter

第 9 章
字幕

字幕是视频制作的重要组成部分之一，可以使用字幕介绍视频作品的内容。Premiere Pro CC 提供的各种静态和动态字幕为影视作品的表现形式增色不少，得到了广大用户的喜爱。

学习要点：

- 创建字幕文件
- 使用字幕设计器
- 字幕的编辑
- 创建静止字幕
- 创建动态字幕
- 制作路径文字
- 制作流光字幕
- 字幕特效：使用视频过渡、视频效果
- 实例：阴影效果；颜色渐变；纹理效果；应用风格化(样式)效果；动态字幕；文字从远处飞来；旋转文字；爬行字幕；卷展字幕等

建议学时：上课 4 学时，上机 2 学时。

9.1 创建字幕

字幕是由用户创建的可视化元素，它包括文字、图形和线条，如图 9.1.1 所示。

图 9.1.1 字幕

在 Premiere Pro CC 中所有的文本都是在字幕设计器窗口创建的。当需要字幕效果时首先是新建一个字幕文件，在字幕设计窗口输入文本内容，然后设置文字的各种属性，添加各种艺术效果等。

字幕还可以创建图形与线条。

9.1.1 创建字幕文件

在 Premiere Pro CC 中所有的字幕都是在“字幕设计器”窗口创建的。“字幕设计器”是一种通用工具，用于创建和编辑标题、片头片尾字幕、动画合成字幕、静态字幕和动态字幕。

“字幕设计器”是相关面板与字幕工作区的集合。

创建字幕文件：可以从头开始创建字幕文件，或基于已有字幕文件作为起始点创建字幕文件，或使用字幕模板创建字幕。

1. 创建字幕文件

创建字幕文件有三种方法。

❶ 使用“文件”/“新建”/“字幕”命令，或使用快捷键 Ctrl+T。

❷ 使用“字幕”/“新建字幕”菜单命令。

❸ 在“项目”面板底端，使用“新建项”/“字幕”命令。

选择上述任何一种方法都将弹出“新建字幕”对话框，如图 9.1.2 所示。

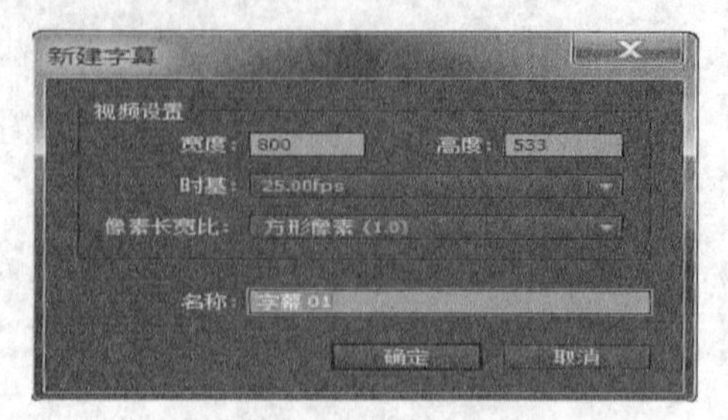

图 9.1.2 “新建字幕”对话框

在“新建字幕”对话框中，可以进行“宽度”“高度”“时基”和“名称”等视频设置，单击“确定”按钮，打开“字幕设计器”窗口，如图 9.1.3 所示。

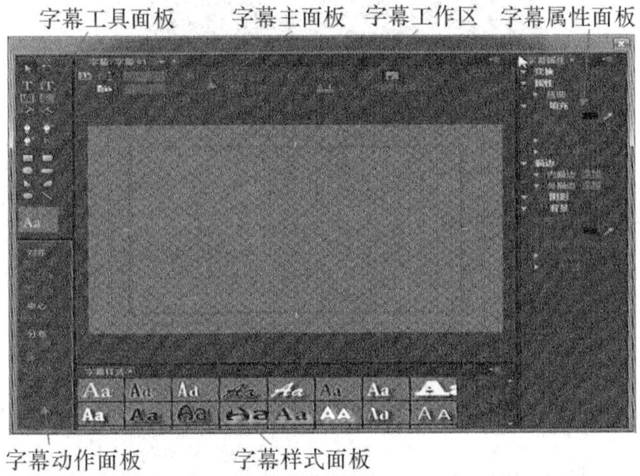

字幕工具面板 字幕主面板 字幕工作区 字幕属性面板

字幕动作面板 字幕样式面板

图 9.1.3 “字幕设计器”窗口

用鼠标单击“字幕工具”面板中的文字工具按钮，在“字幕工作区”中，用鼠标单击即可输入文字，例如输入“我爱祖国”，如图 9.1.4 所示。

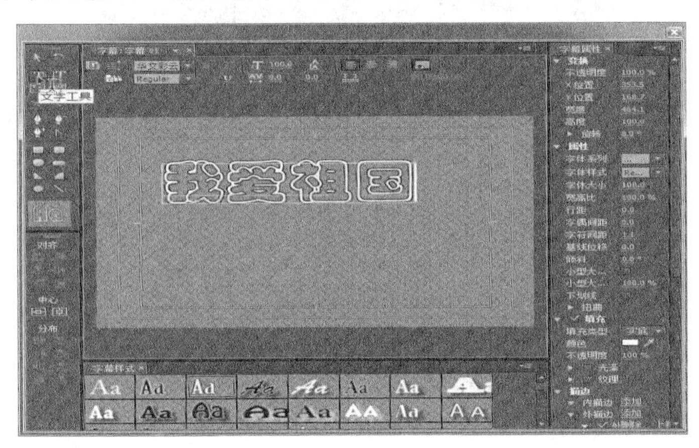

图 9.1.4 “字幕设计器”窗口

用鼠标单击“字幕设计器”窗口右上角的关闭按钮，或按 Ctrl+S 组合键，保存项目以保存字幕文件。

字幕保存之后，自动被添加到“项目”面板当前文件夹中，如图 9.1.5 所示，当保存项目时，作为项目的一部分被保存，当项目被打开时，自动被导入到“项目”面板当前文件夹中。也可以将字幕作为独立的文件导出；或像导入其他文件一样将其导入“项目”面板。在“字幕设计器”窗口中编辑字幕时，可以使用“字幕设计器”窗口面板提供的所有命令或按钮操作。

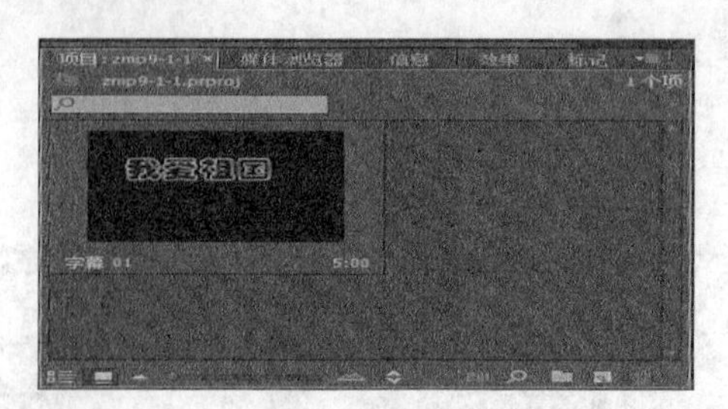

图 9.1.5 “项目”面板

2. 基于当前字幕创建字幕文件

在“项目”面板中，用鼠标双击已建“字幕”文件，在“字幕设计器”窗口中，打开当前字幕文件，如图 9.1.6 所示。

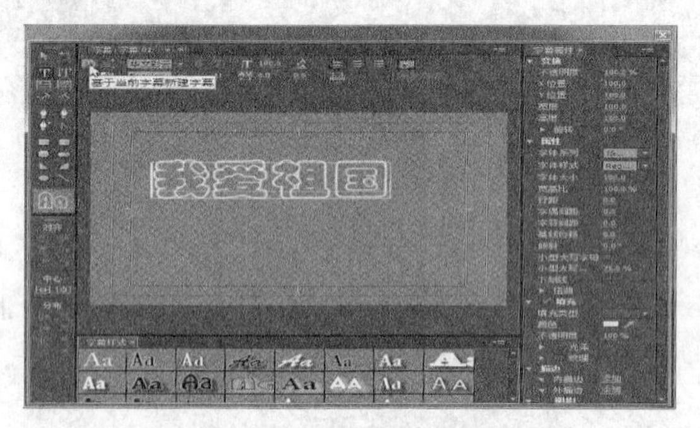

图 9.1.6 “字幕设计器”窗口

在“字幕主面板”中，单击 按钮“基于当前字幕新建字幕”， 如图 9.1.7 所示。

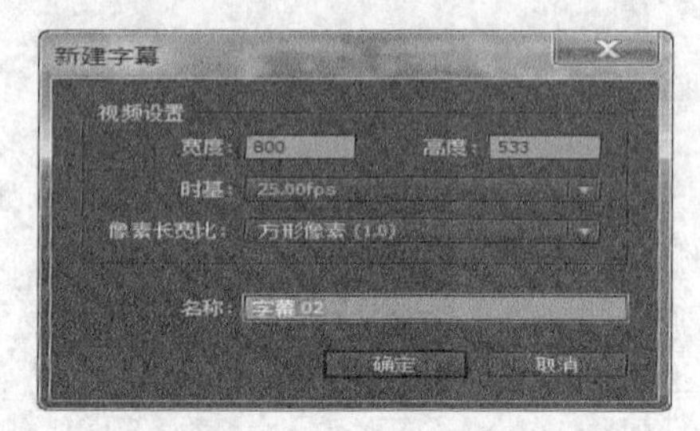

图 9.1.7 “新建字幕”对话框

在“新建字幕”对话框中，输入新字幕的名称，然后单击“确定”按钮。

用鼠标单击“字幕工具”面板中的 文字工具按钮，在“字幕工作区”中，用鼠标单击即可输入文字，例如输入“我爱人民”，如图 9.1.8 所示。

图 9.1.8 “字幕设计器”窗口

关闭“字幕设计器”窗口，用鼠标单击“字幕设计器”窗口右上角的☒关闭按钮，或按 Ctrl+S 组合键，保存项目以保存字幕文件。

基于当前字幕创建字幕文件，目的是利用已经创建好的字幕，创建新的字幕。为了使再创建的字幕与当前的字幕设置一致，可以节约一系列的设置时间，或在此基础上进行编辑。

3. 基于“字幕模板”创建字幕文件

在 Premiere Pro CC 中，用户可以利用系统提供的已有的“字幕模板”来创建字幕，也可以将自己创建的字幕保存为模板，便于以后使用。

选择“字幕”/“新建字幕”/“基于模板”命令，如图 9.1.9 所示。

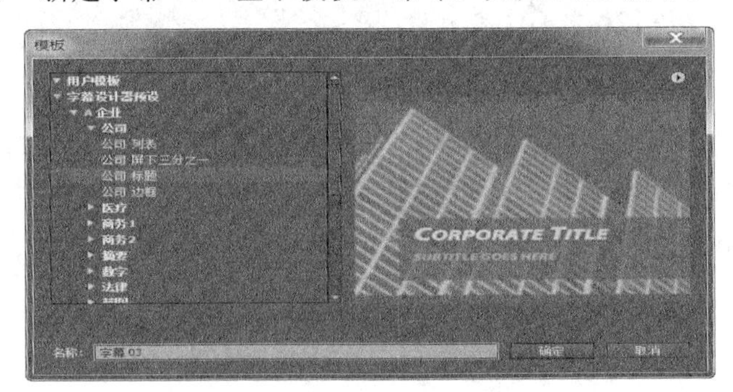

图 9.1.9 新建字幕“模板”对话框

在新建字幕“模板”对话框中，展开“字幕设计器预设”文件夹，再展开子文件夹；或展开“用户模板”，可以选择模板的类型，在预览窗口可以预览模板的样式，单击“确定”按钮，弹出“字幕设计器”窗口，如图 9.1.10 所示。

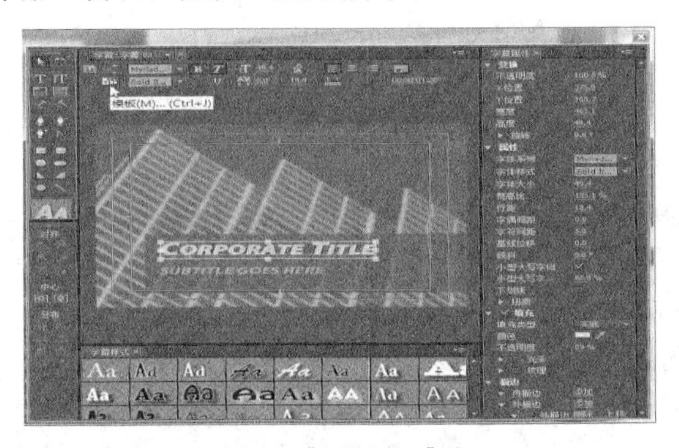

图 9.1.10 “字幕设计器”窗口

在“字幕设计器”窗口打开的状态下，单击“字幕主面板”中的模板按钮，或按 Ctrl+J 组合键，或选择“字幕”/“模板”菜单命令，均可再次打开“模板”对话框。在“字幕设计器”窗口工作区中，可以编辑、修改模板的内容、布局和插入图形等。

将当前字幕保存为模板。在“模板”对话框的右上角的位置，单击按钮，如图 9.1.11 所示，在弹出的菜单中，选择“导入当前字幕为模板”命令，在“另存为”对话框中，可以编辑“名称”后面文本框内的模板名字，单击“确定”按钮，新建的模板将自动保存到“用户模板”文件夹中。

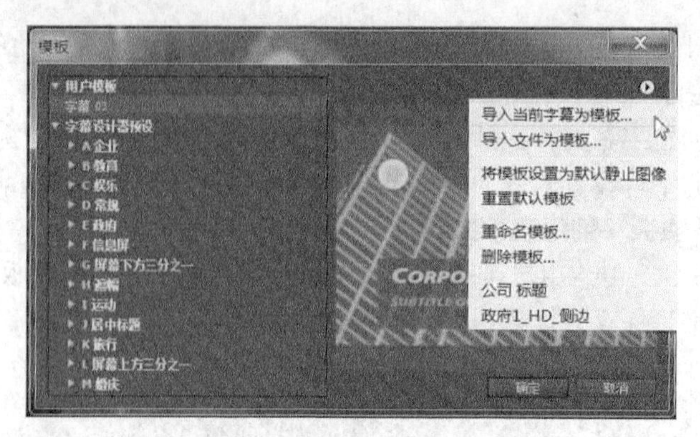

图 9.1.11 新建字幕“模板”对话框

关闭“字幕设计器”窗口，用鼠标单击“字幕设计器”窗口右上角的关闭按钮，或按 Ctrl+S 组合键，保存项目以保存字幕文件。

9.1.2 字幕设计器

“字幕设计器”是相关面板与字幕工作区的集合，它包括字幕主面板、字幕工具面板、字幕动作面板、字幕样式面板、字幕属性面板和字幕工作区，在 Premiere Pro CC 中所有的字幕都是在“字幕设计器”窗口创建、编辑修改的。

字幕工作区是显示编辑字幕的场所，下面分开介绍“字幕设计器”的各个面板的功能。

1. 字幕工作区

字幕工作区是显示编辑字幕的场所，如图 9.1.12 所示。

图 9.1.12 字幕工作区

内框是字幕安全框，字幕元素不能输入到内框的外面去，否则，输入到内框外面的字幕可能在输出时看不到；外框是动作安全框，设计的动画不要输入到外框的外面去。

2. 字幕主面板

字幕主面板集中了一些字幕命令与字幕设置命令，如图 9.1.13 所示。

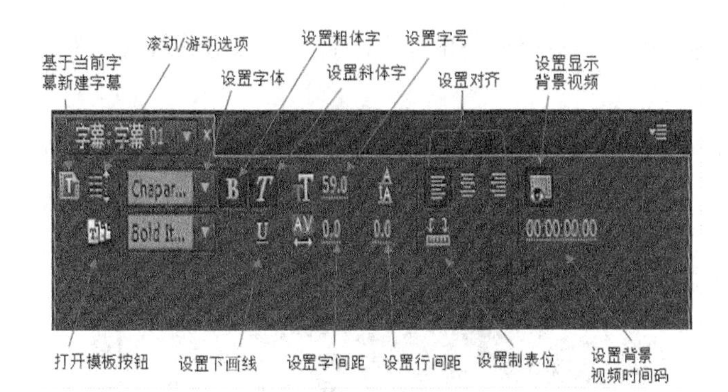

图 9.1.13 字幕主面板

基于当前字幕新建字幕按钮：用于基于当前字幕创建新的字幕，单击此按钮，将弹出“新建字幕”对话框，如图 9.1.14 所示。

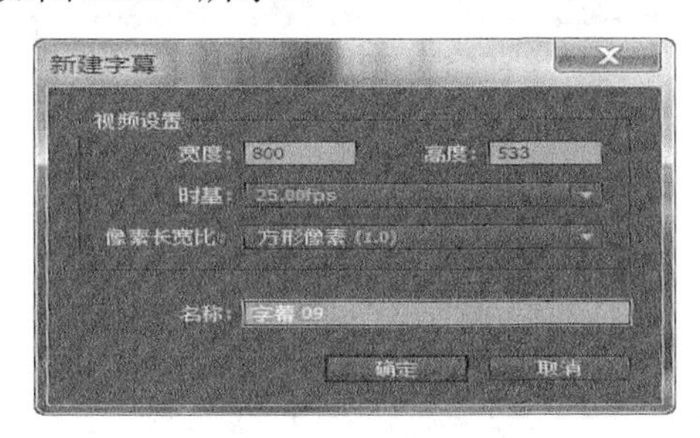

图 9.1.14 “新建字幕”对话框

滚动/游动选项按钮：用于设置字幕为静态字幕、垂直滚动字幕或水平游动字幕，单击此按钮，将弹出“滚动/游动选项”对话框，如图 9.1.15 所示。

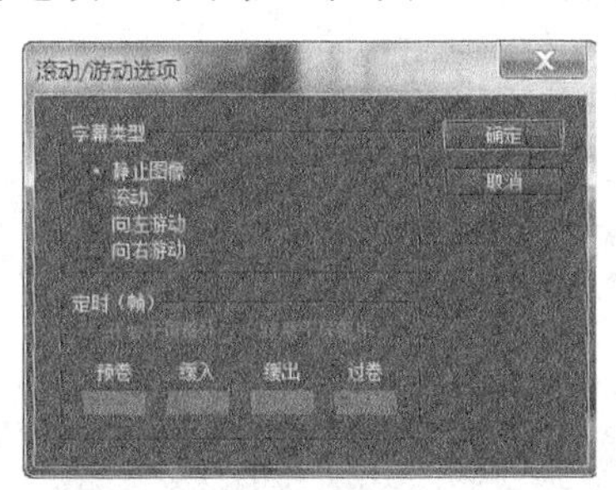

图 9.1.15 “滚动/游动选项”对话框

模板按钮：用于打开模板，单击此按钮，将弹出“模板”对话框，如图 9.1.16 所示。

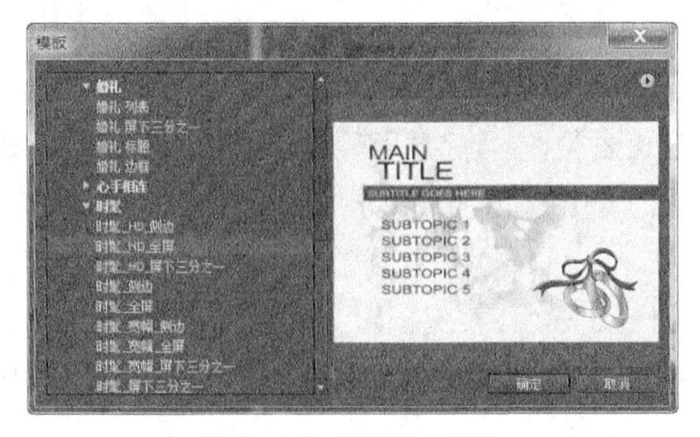

图 9.1.16 “模板”对话框

设置字体下拉菜单按钮：用于设置字体，单击此按钮，将弹出“字体”设置对话框，如图 9.1.17 所示。

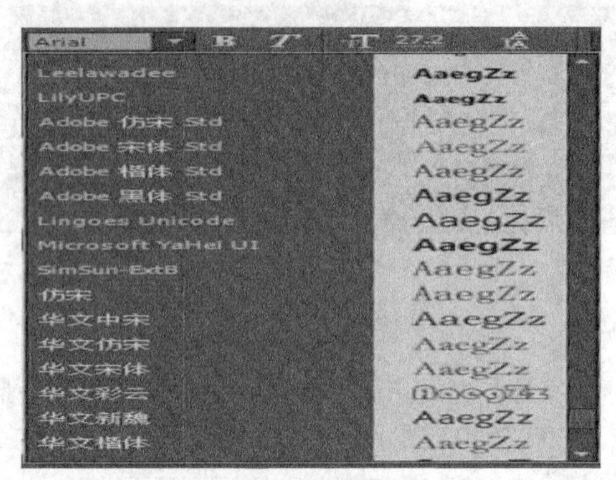

图 9.1.17 “字体”设置对话框

粗体按钮：设置字体为粗体字。

斜体按钮：设置字体为斜体字。

下画线按钮：为字体设置下画线。

大小按钮：设置字体的型号大小。

字偶间距按钮：在同一行中设置字符之间的距离。

行距按钮：纵向设置行与行之间的距离。

左对齐按钮：所有选中元素靠左边缘对齐。

居中对齐按钮：所有选中元素横向中心点对齐。

右对齐按钮：所有选中元素靠右边缘对齐。

显示背景视频按钮：设置是否显示背景视频信息，如图 9.1.18 所示。

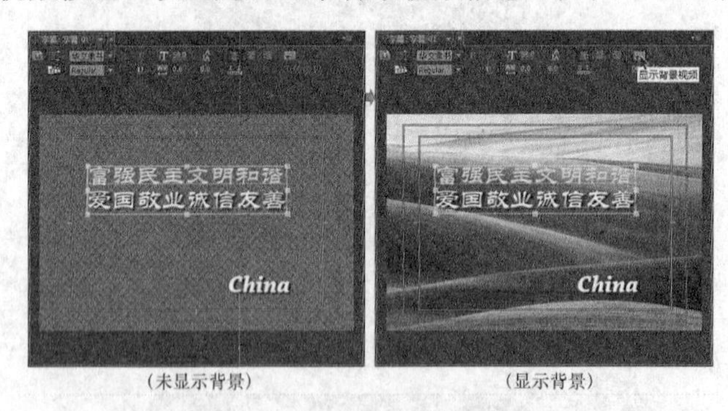

（未显示背景）　　（显示背景）

图 9.1.18 “显示背景视频”按钮效果

制表位按钮：设置制表位，可快速移动当前时间指示器以提高编辑速度。

00:00:01:20 背景视频时间码按钮：用于移动背景视频当前时间指示器，以更改背景画面。

3. 字幕工具面板

字幕工具面板集中了创建字幕元素与编辑字幕元素按钮命令，利用这些工具，可以在字幕工作区插入文本框输入字符，还可以画一些几何图形和线条，如图 9.1.19 所示。

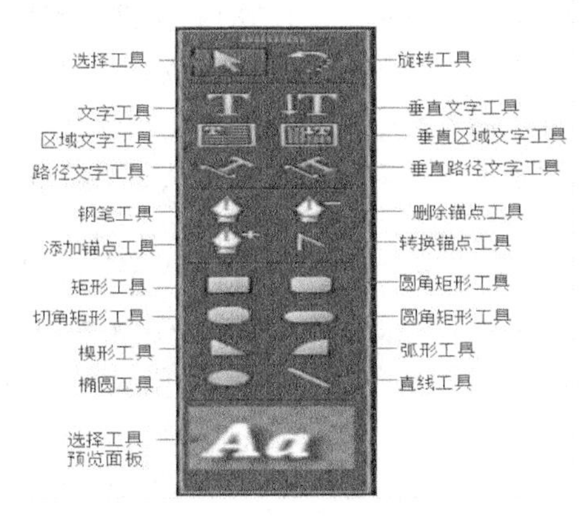

图 9.1.19 字幕工具面板

选择工具：用于在“字幕设计器”中选择各种工具与各个元素，以及用鼠标拖曳调整元素的尺寸和元素在字幕工作区中的位置等。例如：单击“选择工具”按钮，再单击“字幕工作区”中的文本框以选择之，如图 9.1.20 所示。按住 Shift 键，可用鼠标选择多个“字幕工作区”中的元素。

图 9.1.20 用“选择工具”选择元素

旋转工具：用于控制选中的元素旋转。要先用“选择工具”选中某元素，再选择“旋转工具”拖动该元素，如图 9.1.21 所示。

图 9.1.21 用“旋转工具”控制选中元素旋转

文字工具：用于输入横向排列的文字，若按 Enter 键，则换行输入。

垂直文字工具：用于输入纵向排列的文字，若按 Enter 键，则换列输入。

区域文字工具：用于输入横向排列的多行文字，若按 Enter 键，则换行输入。

垂直区域文字工具：用于输入纵向排列的多列文字，若按 Enter 键，则换列输入。

路径文字工具：用于创建路径，可沿着该路径输入文字。

选择路径文字工具后，鼠标移至“字幕工作区”变为钢笔状态，连续单击可以定义若干个节点，由这些节点自动生成一条曲线；在某节点双击鼠标可删除该节点；拖曳某节点，可以改变节点的位置；按 Esc 键或选择“选择工具”可结束完成创建路径，伴随生成一个包围路径的控制框。

在该控制框内双击鼠标，光标自动移动到曲线的起始点，输入文字将自动沿着创建的曲线排列。例如：创建一条路径文字，如图 9.1.22 所示。

图 9.1.22 用“路径文字工具”创建路径文字

垂直路径文字工具：用于创建纵向排列文字路径，用法与“路径文字工具”类似。

钢笔工具：用于创建或编辑曲线或折线，用法与“路径文字工具”类似。

删除锚点工具：用于删除节点，既可以删除“钢笔工具”创建的节点，又可以删除“路径文字工具”创建的节点。

添加锚点工具：用于添加节点，既可以在由“钢笔工具”创建的曲线或折线中添加节点，又可以在由“路径文字工具”创建的曲线中添加节点。

转换锚点工具：用于控制曲线在节点处的曲率。

在选中的曲线或文字路径上的节点处，使用“转换锚点工具”，可以拖曳出控制手柄，以调整节点的曲率，如图 9.1.23 所示。

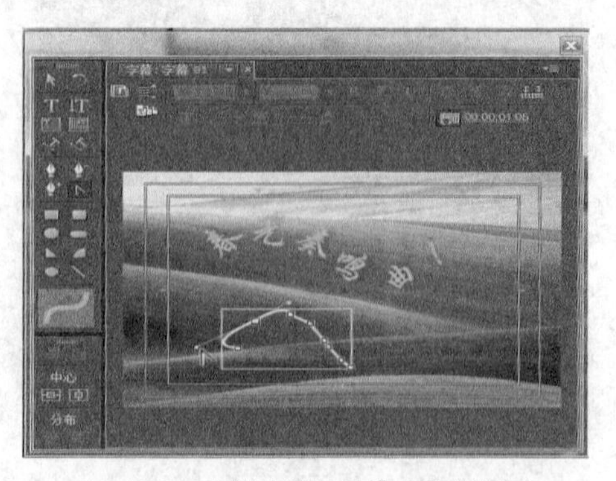

图 9.1.23 用“转换锚点工具”调整曲线曲率

矩形工具：用于创建矩形。按住 Shift 键可以拖曳出正方形。

圆角矩形工具：用于创建圆角矩形。按住 Shift 键可以拖曳出长宽比例为 1∶1 的圆角矩形。

切角矩形工具：用于创建切角矩形。按住 Shift 键可以拖曳出长宽比例为 1∶1 的切角矩形。

圆角矩形工具：用于创建只有两条直线边的圆角矩形。按住 Shift 键可以拖曳出圆形。

楔形工具：用于创建直角三角形。按住 Shift 键可以拖曳出等腰直角三角形。

弧形工具：用于创建扇形。按住 Shift 键可以拖曳出等腰直角的扇形。

椭圆工具：用于创建椭圆。按住 Shift 键可以拖曳出圆形。

直线工具：用于创建直线。

4. 字幕动作面板

在“字幕工作区”中有两个或多于两个元素时，将存在排列画面问题。可以使用“选择工具”拖曳排列画面，也可以使用字幕动作面板排列画面。“对齐”按钮组，用于至少两个元素的排列；“中心”按钮组，可用于一个元素的排列；“分布”按钮组，用于至少三个元素的排列。

字幕动作面板提供了对齐、居中和分布排列方法，如图 9.1.24 所示。

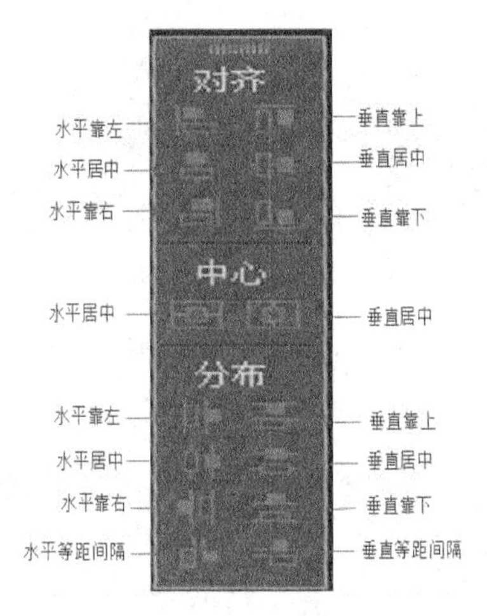

图 9.1.24 “字幕动作”面板

（1）对齐按钮

执行对齐操作，要先选择至少两个元素。选择元素，按住 Shift 选择或按住鼠标在字幕工作区画出所选范围。

水平靠左按钮：所有选中元素以最左端元素为准对齐，如图 9.1.25 所示。

图 9.1.25 “水平靠左”对齐结果

水平居中按钮：所有选中元素以水平中心为准对齐，如图 9.1.26 所示。

图 9.1.26 “水平居中”对齐结果

水平靠右按钮：所有选中元素以最右端元素为准对齐，如图 9.1.27 所示。

图 9.1.27 “水平靠右”对齐结果

垂直靠上按钮：所有选中元素以最上端元素为准对齐，如图 9.1.28 所示。

图 9.1.28 “垂直靠上”对齐结果

垂直居中按钮：所有选中元素以垂直中心为准对齐，如图 9.1.29 所示。

图 9.1.29 “垂直居中”对齐结果

垂直靠下按钮：所有选中元素以最下端元素为准对齐，如图 9.1.30 所示。

图 9.1.30 “垂直靠下”对齐结果

（2）中心按钮

对选中元素，作为整体移动，不改变它们之间的相对位置关系。

水平居中按钮：所有选中元素以屏幕中心为准纵向居中，如图 9.1.31 所示。

图 9.1.31 “水平居中”对齐结果

垂直居中按钮：所有选中元素以屏幕中心为准横向居中，如图 9.1.32 所示。

图 9.1.32 “垂直居中”对齐结果

（3）分布按钮

执行分布操作，要先选择至少三个元素。选择元素，按住 Shift 选择或按住鼠标在字幕工作区画出所选范围。

水平靠左按钮：所有选中元素，相邻元素左端等距离分布，如图 9.1.33 所示。

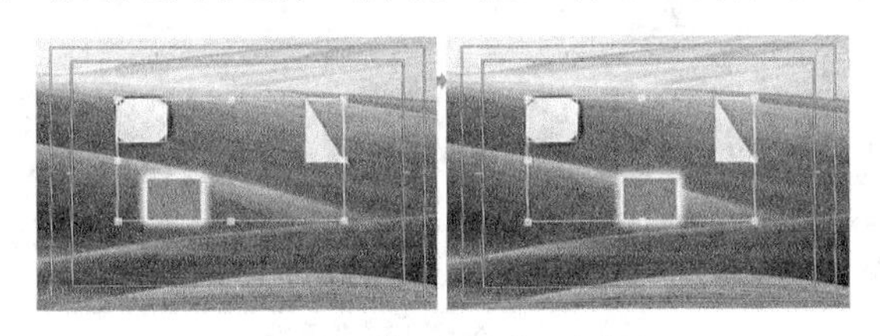

图 9.1.33 “水平靠左”对齐结果

水平居中按钮：所有选中元素，相邻元素在横向上中心线间等距离分布，如图 9.1.34 所示。

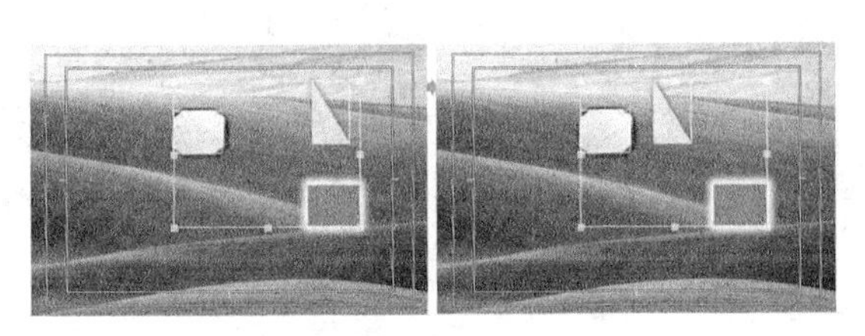

图 9.1.34 “水平居中”对齐结果

水平靠右按钮：所有选中元素，相邻元素间右端等距分布，如图 9.1.35 所示。

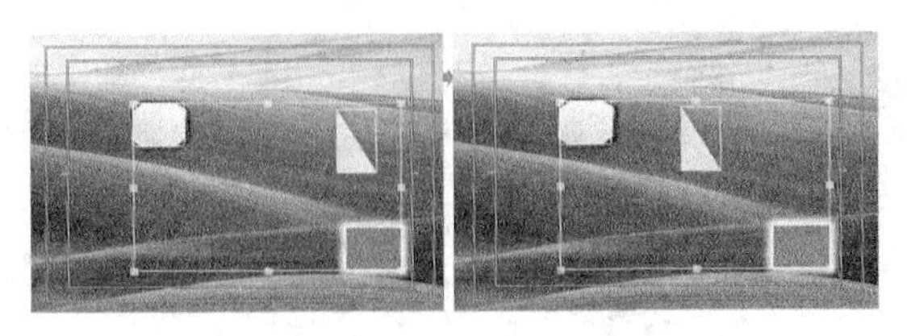

图 9.1.35 “水平靠右”对齐结果

水平等距间隔按钮：所有选中元素，相邻元素间在横向上距离相等分布，如图 9.1.36 所示。

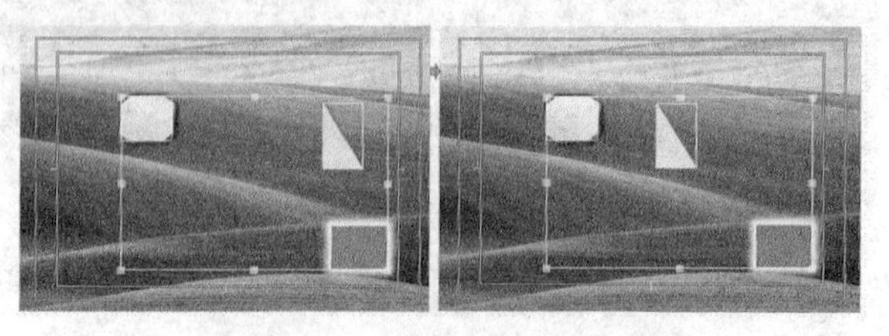

图 9.1.36 “水平等距间隔”对齐结果

垂直靠上按钮：所有选中元素，相邻元素间顶端等距离分布，如图 9.1.37 所示。

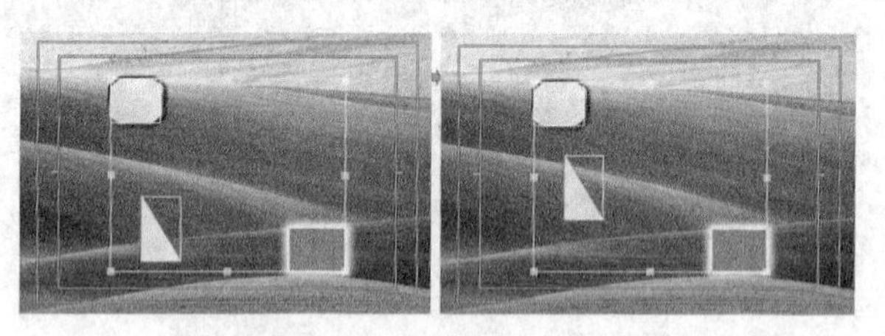

图 9.1.37 “垂直靠上”对齐结果

垂直居中按钮：所有选中元素，相邻元素间中心等距离分布，如图 9.1.38 所示。

图 9.1.38 “垂直居中”对齐结果

垂直靠下按钮：所有选中元素，相邻元素间底端等距离分布，如图 9.1.39 所示。

图 9.1.39 “垂直靠下”对齐结果

垂直等距间隔按钮：所有选中元素，相邻元素间在纵向上等距离分布，如图 9.1.40 所示。

图 9.1.40 “垂直等距间隔”对齐结果

5. 字幕样式面板

字幕样式面板为用户提供了若干样式，这些样式已经定义好了字幕属性，例如字体、字体大小等，用户可以直接应用已有的样式，也可以创建自己的样式和管理样式，如图 9.1.41 所示。

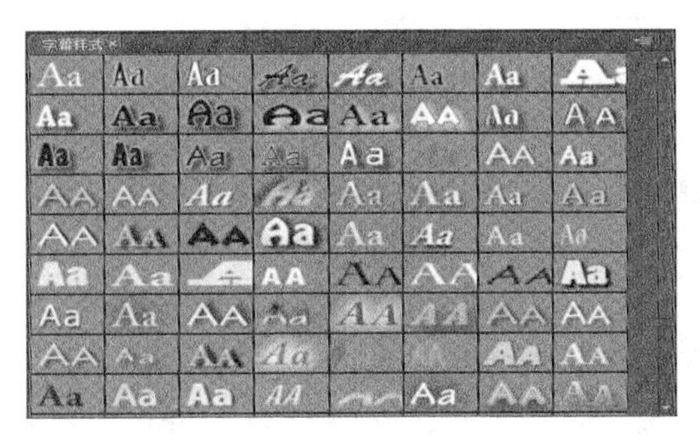

图 9.1.41 “字幕样式”面板

6. 字幕属性面板

在“字幕设计器”窗口的右侧，是字幕属性面板，用户可以利用字幕属性，创作出精美漂亮的字幕，例如设置字幕的变换、属性、填充、描边、阴影、背景等，如图 9.1.42 所示。

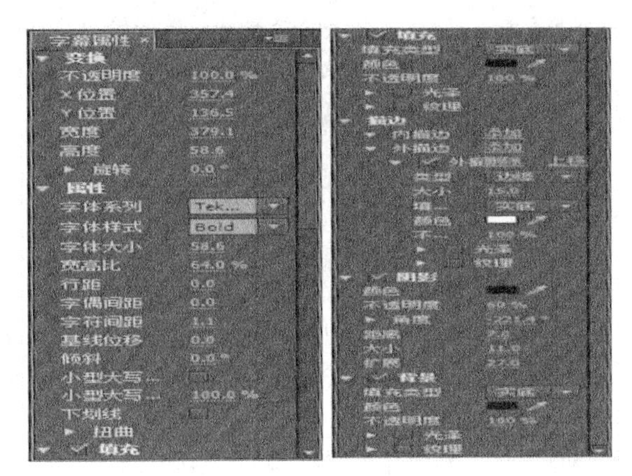

图 9.1.42 “字幕属性”面板

（1）变换

不透明度：用于设置字符的透明度，同时影响字符的填充、阴影和边缘。

X 位置：元素的横坐标。

Y 位置：元素的纵坐标。

宽度：元素文本框的宽度，单位为像素。

高度：元素文本框的高度，单位为像素。

旋转：使元素文本框旋转。

（2）属性

字体系列：选择设置字体。

字体样式：选择设置字形，字形包括 Bold 粗体、Bold Italic 粗体加斜体、Italic 斜体、Regular 常规体、Semibold 半粗体和 Semibold Italic 半粗体加斜体。

字体大小：字号。

宽高比：指定所选字体的水平缩放比例，若值小于 100%，则文本将变窄。若值大于 100%，则文本将变宽。

行距：文字行之间的距离。

字偶间距：在特定字符对之间添加或去除的距离。

字符间距：字符之间的距离。

基线位移：设置字符与基线之间的距离，常常用于创建上标或下标。

倾斜：设置元素的倾斜度。

小型大写字母：将所有选定的小写字母转换为大写字母。

小型大写字母大小：只设定小写字母转换为大写字母的大小，即只有在“小型大写字母”被选中时有效。

下画线：设定所选文本带有下画线。

扭曲：可使文字在 X 轴（横向）或 Y 轴（纵向）产生变形效果，如图 9.1.43 所示。

图 9.1.43 “扭曲”变形效果

（3）填充

填充类型：可选择实底、线性渐变、径向渐变、四色渐变、斜面、消除和重影。

实底：设置单色填充，可以为文字指定颜色，设置颜色的不透明度、光泽和纹理。光泽中包含颜色、不透明度、大小、角度、偏移设置；纹理中包含纹理对象、随对象翻转、随对象旋转、缩放、对齐和混合设置。

线性渐变：可选择两种颜色，可以为文字指定两种颜色渐变，设置颜色的不透明度、变化的角度、重复次数、光泽和纹理。光泽中包含颜色、不透明度、大小、角度、偏移设置；纹理中包含纹理对象、随对象翻转、随对象旋转、缩放、对齐和混合设置。

径向渐变：径向渐变与线性渐变相似，只是颜色和不透明度的分布呈现为径向。

四色渐变：可以设定四种颜色产生渐变，能够创作出色彩斑斓的字幕，如图 9.1.44 所示。

图 9.1.44 “四色渐变”填充效果

斜面：通过设置高光颜色和不透明度、阴影颜色和不透明度，能够创作出有立体效果的字幕；平衡设置两种颜色的比重；大小设置立体效果的强弱；亮度选项决定是否使光照角度和光照强度生效。管状选项设置是否产生圆管般的立体效果。

消除：无色透明填充，用于制作空心文字，若文字没有添加描边，则消失。

重影：无色透明填充，与“消除”不同的地方，在于当选择“阴影”选项时，“重影”将产生阴影，“消除”不能产生阴影。

其中的“光泽”选项可以为文字增加一条光带，光泽中包含光的颜色、不透明度、大小、角度、偏移设置。

其中的“纹理”选项可以为文字增加纹理材质，点击“纹理”右面的文本框，可以指定一幅图片为填充纹理。纹理中还包含控制“纹理”图片是否随文字翻转、随文字旋转、缩放、对齐和混合设置。

（4）描边

内描边：添加内部边缘，设置边缘的类型、大小、填充类型、颜色和不透明度。设置内部边缘的“光泽”和“纹理”。

外描边：添加外部边缘，设置边缘的类型、大小、填充类型、颜色和不透明度。设置外部边缘的“光泽”和“纹理”。

（5）阴影

颜色：设置阴影的颜色。

不透明度：设置阴影的不透明度。

角度：设置阴影投影的角度。

距离：设置阴影与文字的距离。

大小：设置阴影的大小。

扩展：设置阴影的模糊程度，如图 9.1.45 所示。

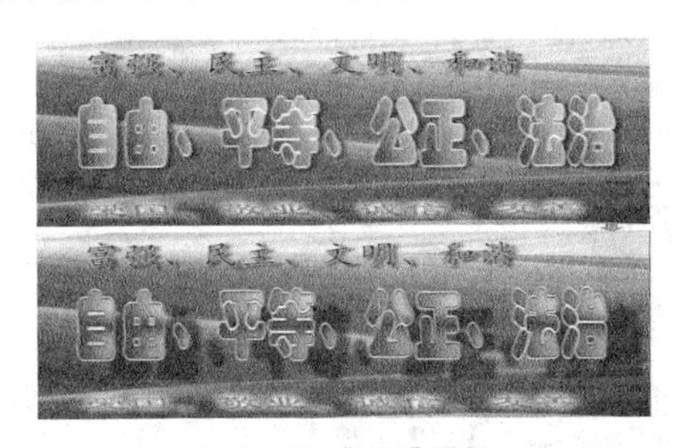

图 9.1.45 “阴影”效果

9.1.3 字幕的编辑

在 Premiere Pro CC 中，编辑字幕一般都是在“字幕设计器”窗口完成。该窗口既可以创建字幕又可以编辑字幕。不但可以输入文本，还可以创建图形和线条，对字符、图形和线条进行格式化。

编辑字幕，打开已创建的字幕文件，启动“字幕设计器”窗口操作。有两种方法：在“项目”面板中双击字幕文件，或在“时间线”面板中的视频轨道上双击字幕文件均可以。

1. 输入文本

“字幕设计器”窗口给用户提供了三组输入工具：文字工具、区域文字工具和路径文字工具。

（1）字符输入文字工具

可以输入横向排列的文字和纵向排列的文字，文字工具用于输入横向排列的文字，垂直文字工具用于输入纵向排列的文字。首先选择文字工具，然后在字幕工作区要输入字符处单击即可输入，输入过程中若要换行输入，按Enter键换行继续输入。当字符输入完毕后，在“字幕工具”面板中，选择选择工具，在输入文本框外单击，结束输入工作。

例9.1：在“字幕工具”面板中，选择文字工具输入横向文字，在字幕工作区要输入字符处单击，输入“且行且珍惜”，选择选择工具，在输入文本框外单击，结束输入工作，如图9.1.46所示。

图9.1.46　编辑水平文本字幕

例9.2：在“字幕工具”面板中，选择垂直文字工具输入纵向文字，在字幕工作区要输入字符处单击，输入“爱国敬业”，按Enter键，输入“诚信友善”，选择选择工具，在输入文本框外单击，结束输入工作，如图9.1.47所示。

图9.1.47　编辑垂直文本字幕

（2）区域输入文字工具

可以输入横向排列的文本框和纵向排列的文本框，区域文字工具用于输入横向排列的文本框，垂直区域文字工具用于输入纵向排列的文本框。首先选择区域文字工具，然后在字幕工作区要输入字符处拖出文本框即可输入，当字符输入完毕后，在“字幕工具”面板中，选择选择工具，在输入文本框外单击，结束输入工作。

例 9.3：在“字幕工具”面板中，选择区域文字工具输入横向文字，在字幕工作区要输入字符处拖出文本框，输入“厚德载物”，按 Enter 键，输入“天道酬勤”，选择选择工具，在输入文本框外单击，结束输入工作，如图 9.1.48 所示。

图 9.1.48 编辑水平区域文本字幕

例 9.4：在“字幕工具”面板中，选择垂直区域文字工具输入纵向文字，在字幕工作区要输入字符处拖出文本框，输入“厚德载物”，按 Enter 键，输入“天道酬勤”，选择选择工具，在输入文本框外单击，结束输入工作，如图 9.1.49 所示。

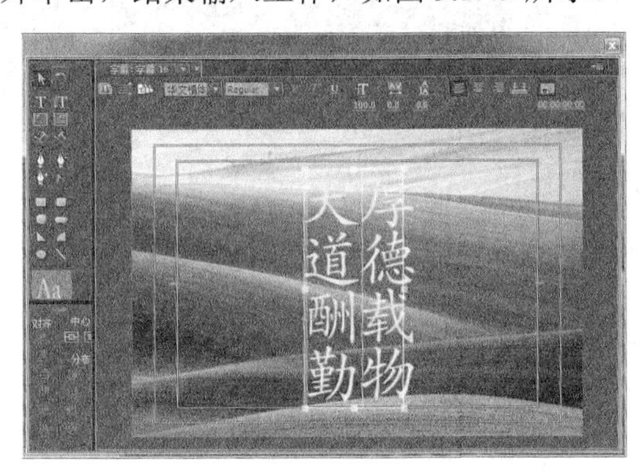

图 9.1.49 编辑垂直区域文本字幕

（3）路径输入文字工具

路径输入文字工具，是先创建出一条路径，然后沿着路径输入字符。路径输入文字工具分为路径文字工具和垂直路径文字工具。

选择路径文字工具后，鼠标移至“字幕工作区”变为钢笔状态，连续单击可以定义若干个节点，由这些节点自动生成一条曲线；在某节点双击鼠标可删除该节点；拖曳某节点，可以改变节点的位置；按 Esc 键或选择“选择工具”可结束完成创建路径，伴随生成一个包围路径的控制框。

在该控制框内双击鼠标，光标自动移动到曲线的起始点，输入文字将自动沿着创建的曲线排列，如图 9.1.50 和图 9.1.51 所示。

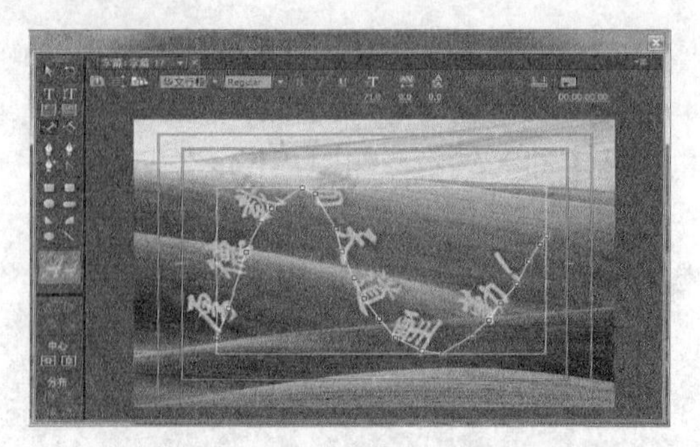

图 9.1.50　用“路径文字工具”创建的路径文字

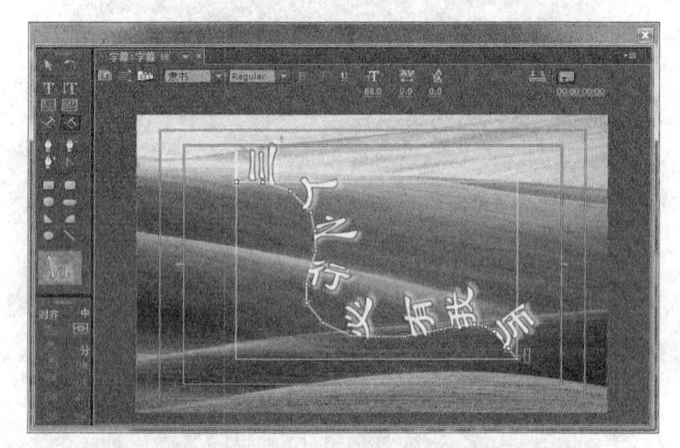

图 9.1.51　用“垂直路径文字工具”创建的路径文字

2. 创建图形和线条

在“字幕设计器”窗口的“字幕工具”面板中，给用户提供了绘制图形的工具。使用系统提供的绘图工具可以绘制出基本的图形，如椭圆、矩形和三角形等；通过使用“贝塞尔曲线工具”“钢笔工具”和“转换锚点工具”能够创建出更为复杂的图形；系统还提供了将一些图形和图片导入工作区的功能，并将其作为字幕元素进行使用。

（1）创建图形和线条

在“字幕设计器”窗口的“字幕工具”面板中，选择某一绘图工具后，在字幕工作区中，单击鼠标并拖曳鼠标，即可创建出所选择的图形，如图 9.1.52 所示。

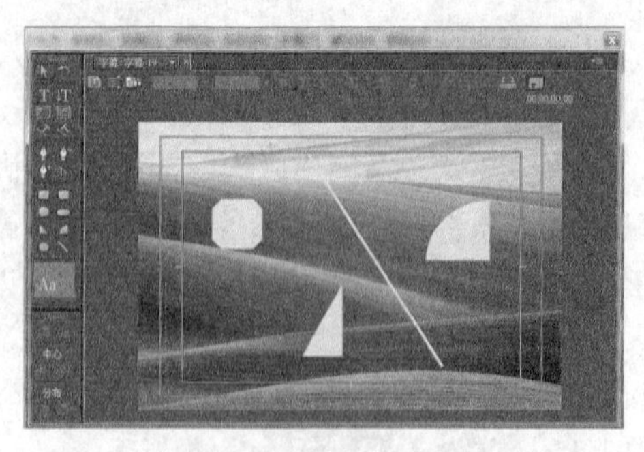

图 9.1.52　创建基本几何图形

已经创建出的基本图形可以转化为其他图形。选择要转化的基本图形后，在“字幕属性”面板中的“属性”下，选择“图形类型”的下拉菜单内的选择项即可，如图 9.1.53 所示。

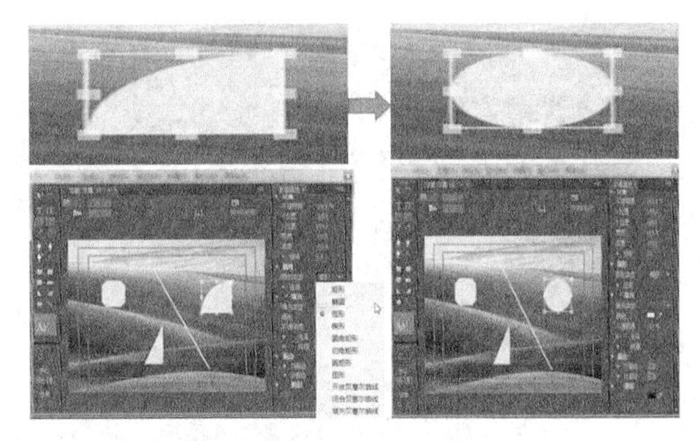

图 9.1.53 转换基本几何图形

（2）使用贝塞尔曲线工具

通过使用“贝塞尔曲线工具”“钢笔工具”和“转换锚点工具”能够创建出更为复杂的图形。

为了绘图制作一个单色的背景。选择【文件】/【新建】/【颜色遮罩】命令，选择弹出的对话框中的【确定】命令，在弹出的【拾色器】对话框中任选一种颜色，在弹出的【选择名称】对话框可以设置名称，单击【确定】按钮，将创建的颜色遮罩素材拖曳至“时间轴”面板的视频 1 轨道中，如图 9.1.54 所示。

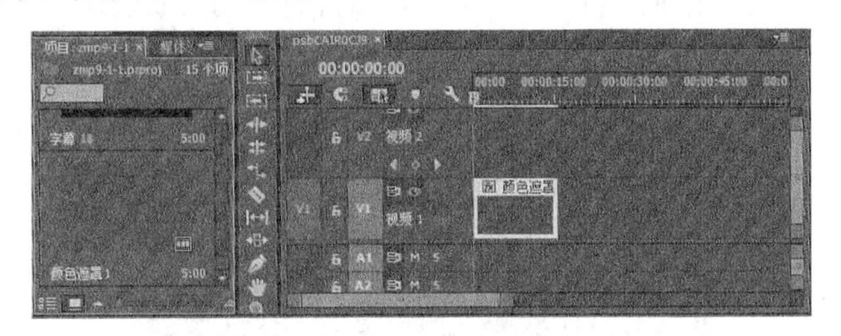

图 9.1.54 将颜色遮罩素材拖曳至“时间轴”面板

创建新的字幕，在“字幕工具”面板中选择 钢笔工具按钮，在字幕工作区绘制图形，如图 9.1.55 所示。

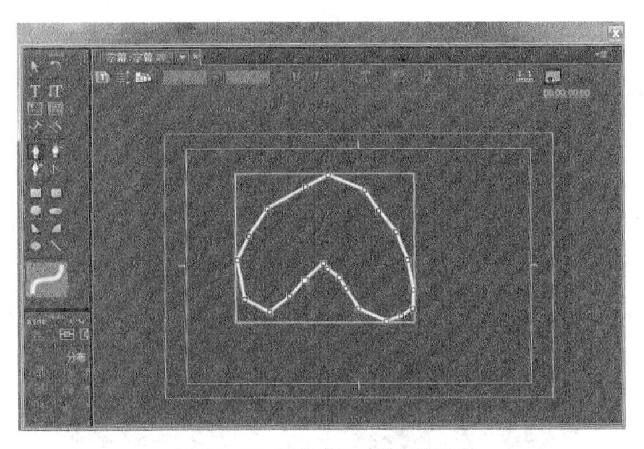

图 9.1.55 用钢笔工具绘制图形

在“字幕工具”面板中选择 转换锚点工具按钮，可以将任意一个节点拖出两个控制柄来，用于控制曲线在节点处的曲率，从而改变图形的轮廓形状，如图 9.1.56 所示。

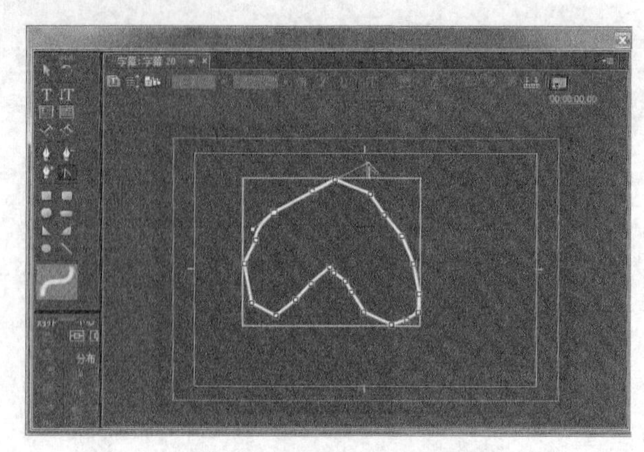

图 9.1.56　用转换锚点工具调整图形

在由“钢笔工具”创建的曲线或折线中，使用删除锚点工具可以删除不需要的节点。使用添加锚点工具可以添加节点。

（3）插入 Logo

系统还提供了将一些图形或图片导入工作区的功能，并将其作为字幕元素来使用。

在创建或编辑的字幕中，鼠标右键单击字幕工作区，在弹出的快捷菜单中，选择“图形”/“插入图形”命令，在弹出的“导入图形”对话框中，选择所要插入的图片或图形文件，单击“打开”按钮即可，如图 9.1.57 所示。

图 9.1.57　在字幕中插入图形素材

3. 字符与图形的格式化

（1）使用字幕样式面板

字幕样式面板为用户提供了若干样式，这些样式已经定义好了字幕属性，例如字体、字体大小等，用户可以直接应用已有的样式，也可以创建自己的样式和管理样式，如图 9.1.58 所示。

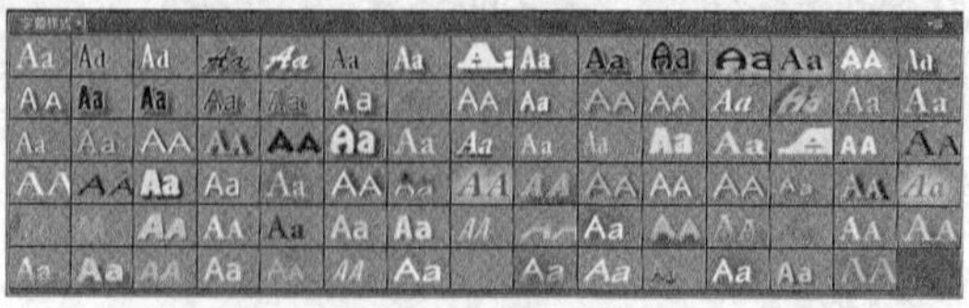

图 9.1.58　字幕样式面板

字幕样式的应用非常简单，在输入完字幕之后，在“字幕样式”面板中，直接单击某个样式图标即可。如图 9.1.59 所示。

图 9.1.59 应用字幕样式

或右键单击某个样式图标，在弹出的快捷菜单中选择命令执行相应操作，如图 9.1.60 所示。

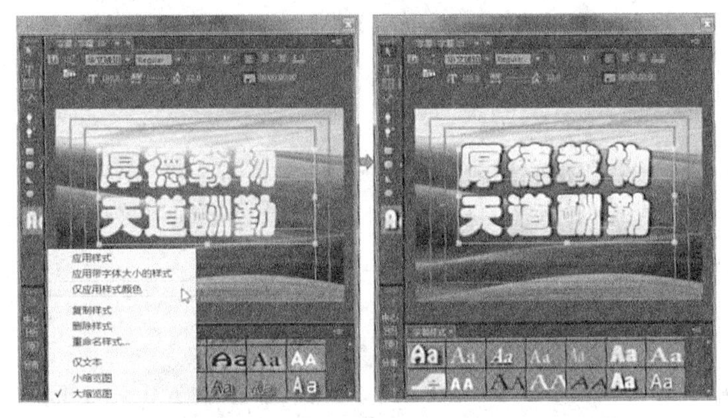

图 9.1.60 选择命令应用字幕样式

在 Premiere Pro CC 的“字幕设计器”中，可以自定义样式，将创建的字幕颜色、字体、字号等属性保存为样式，以供日后使用，可保存任意多的样式。保存的所有样式的缩略图会显示在“字幕样式”面板中，用户可以在创建字幕或编辑字幕时，快速应用自定义的样式。

新建字幕素材完成后，在“字幕样式”面板中，单击“面板菜单”按钮，在弹出的快捷菜单中，选择“新建样式”命令，在弹出的“新建样式”对话框中，可以设置新建样式名称，单击“确定”按钮，系统将保存该样式，其缩略图会显示在“字幕样式”面板中，如图 9.1.61 所示。

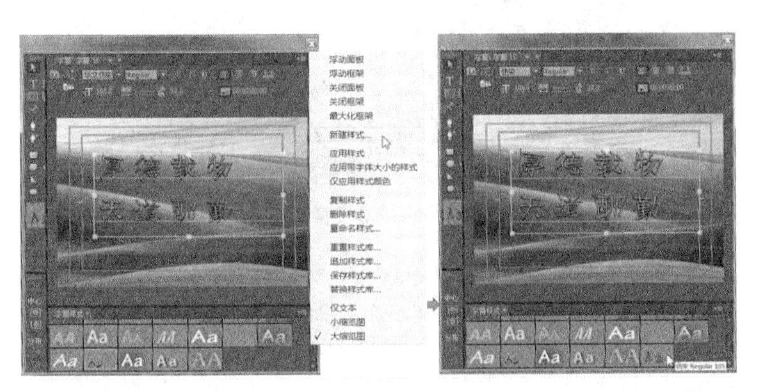

图 9.1.61 保存自定义字幕样式

删除自定义样式，在“字幕样式”面板中，右键单击某个要删除的样式图标，在弹出的快捷菜单中选择“删除样式”命令即可。

（2）使用字幕属性面板

在“字幕设计器”窗口的右侧，是字幕属性面板，用户可以利用字幕属性，创作出精美漂亮的字幕，例如设置字幕的变换、属性、填充、描边、阴影、背景等，下面分开逐项介绍。

❶ 在“字幕属性”面板中，通过设置“变换”选项组，可以设置字幕的不透明度、宽度、高度、在屏幕中的位置和旋转。

不透明度：用于设置字符的不透明度，同时影响字符的填充、阴影和边缘。不透明度值为 100%表示完全不透明，为 0.0%表示完全透明，如图 9.1.62 所示。

图 9.1.62　字幕属性中不同不透明度效果

X 位置/ Y 位置：元素的横坐标与元素的纵坐标。X 和 Y 的值用于确定字幕在屏幕中的位置，选择“工具面板”中的选择工具，拖动字幕的文本框即可移动字幕在屏幕中的位置，如图 9.1.63 所示。

图 9.1.63　字幕位置变化效果

宽度/高度：元素文本框的宽度与高度，单位为像素。设置字幕的宽度/高度，可以调整字幕的横向与纵向的比例大小，如图 9.1.64 所示。

图 9.1.64　字幕宽度/高度变化效果

旋转：使元素文本框旋转。默认值为 0.0° 表示不旋转，改变其值可使文本字幕产生旋转显示，拨动下方的转盘同样可以改变旋转角度，如图 9.1.65 所示。

图 9.1.65　字幕旋转变化效果

❷ 在“字幕属性”面板中，通过设置“属性”选项组，可以设置字幕的字体、字体样式、字体大小、宽高比、行距、字偶间距、字符间距、基线位移、倾斜、小型大写字母、小型大写字母大小、下画线和扭曲。

字体系列：选择设置字体的类型。选择字体可以在“字体系列”右面的文本框中输入字体名称，也可以单击“字体系列”的下拉按钮，在弹出的下拉菜单中选择，如图 9.1.66 所示。

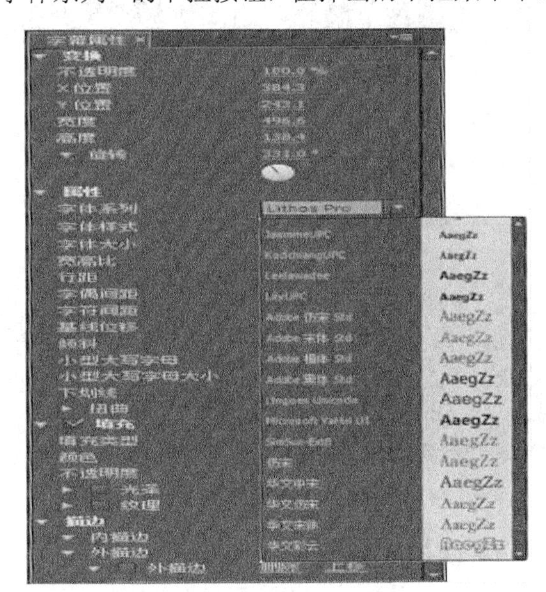

图 9.1.66　选择字体系列

若输入的汉字不能正常显示，说明当前设置的字体不支持中文字体，需要改选支持中文字体的字体系列即可，如图 9.1.67 所示。

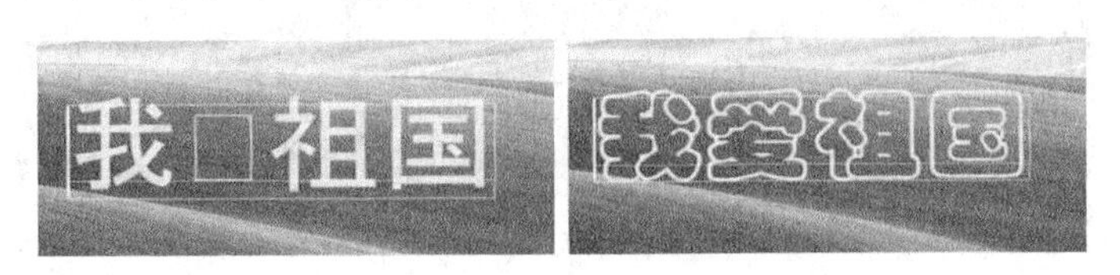

图 9.1.67　字体的显示

字体样式：选择设置字形，字形包括 Bold 粗体、Bold Italic 粗体加斜体、Italic 斜体、Regular 常规体、Semibold 半粗体和 Semibold Italic 半粗体加斜体。

字体大小：字号。其值设置越大，字体越大，反之越小，如图 9.1.68 所示。

图 9.1.68　选择字体大小不同效果对比

宽高比：指定所选字体的水平缩放比例，若值小于 100%，则文本将变窄。若值大于 100%，则文本将变宽，如图 9.1.69 所示。

图 9.1.69　选择宽高比不同效果对比

行距：文字行之间的距离。

字偶间距：在特定字符对之间添加或去除的距离。

字符间距：字符之间的距离，如图 9.1.70 所示。

图 9.1.70　选择行距、字偶间距和字符间距不同效果对比

基线位移：设置字符与基线之间的距离，常常用于创建上标或下标。

倾斜：设置元素的倾斜度。默认值为 0.0° 表示不倾斜，为负数时向左倾斜，为正数时向右倾斜，如图 9.1.71 所示。

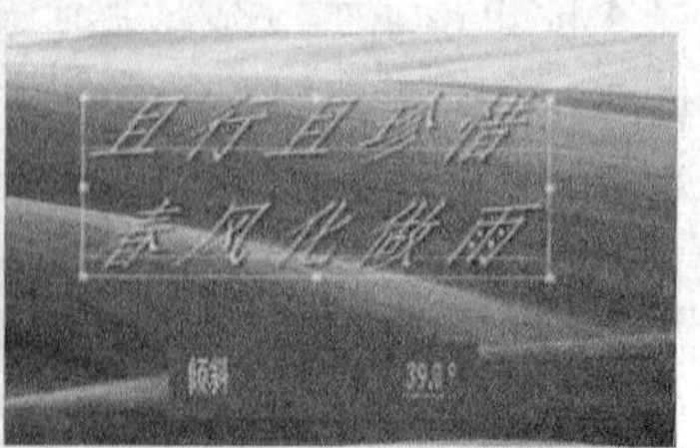

图 9.1.71　选择倾斜度不同效果对比

小型大写字母：将所有选定的小写字母转换为大写字母。

小型大写字母大小：只设定小写字母转换为大写字母的大小，即只有在“小型大写字母”被选中时有效。

下画线：设定所选文本带有下画线。

扭曲：可使文字在X轴（横向）或Y轴（纵向）产生变形效果。当X值为正数时，文字下方变窄，当X值为负数时，文字上方变窄；当Y值为正数时，文字右方变窄，当Y值为负数时，文字左方变窄，如图9.1.72所示。

图9.1.72 选择扭曲效果对比

❸ 在“字幕属性”面板中，通过设置“填充”选项组，可以设置字幕的填充类型、颜色、不透明度、光泽和纹理。填充、光泽和纹理均为可选项，如图9.1.73所示。

图9.1.73 选择“填充”选项

填充类型：包括实底、线性渐变、径向渐变、四色渐变、斜面、消除和重影。

实底：设置单色填充，可以为文字指定颜色，单击“颜色”右面的色块，在弹出的“拾色器”对话框中选择字幕的填充颜色，如图9.1.74所示。

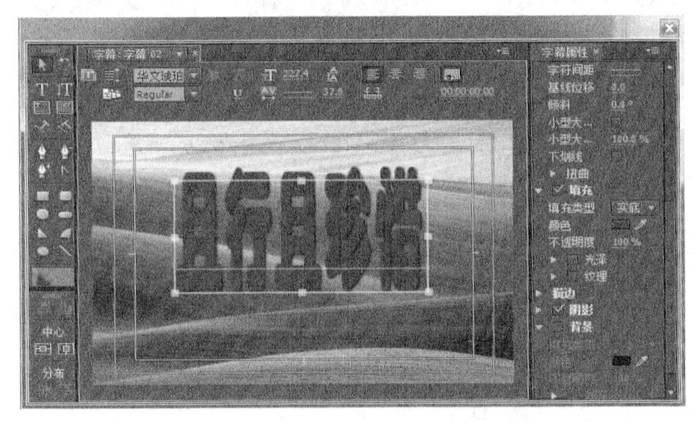

图9.1.74 选择“实底”填充字幕效果

线性渐变：可选择两种颜色，可以为文字指定两种颜色渐变，设置“填充类型”为“线性渐变”，设置两个游标为不同的颜色，如图 9.1.75 所示。

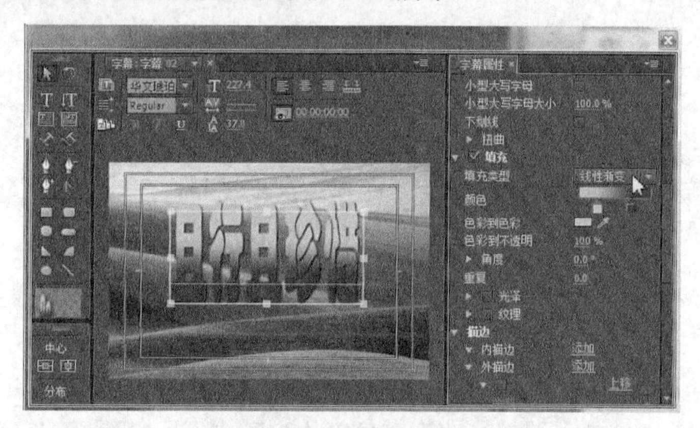

图 9.1.75 选择“线性渐变”填充字幕效果

在“线性渐变”选项中包含的选项：颜色、色彩到色彩、色彩到不透明、角度和重复。

颜色：通过两游标和一个颜色滑杆来调节，颜色滑杆的颜色即字幕填充颜色。在颜色滑杆上，游标的位置决定两种颜色在字幕中的分配位置。

色彩到色彩：用于为两个游标选择颜色。

色彩到不透明：用于设置当前游标颜色的不透明度。0%为完全透明，100%为完全不透明。

角度：用于设置两种色彩的变化角度。

重复：用于设置两种颜色在字幕上的线性渐变填充次数，默认值为 0 表示 1 次，为 1 表示 2 次，为 2 表示 3 次，依此类推。

径向渐变：径向渐变与线性渐变相似，只是颜色和不透明度的分布呈现为径向，其中“角度”设置不起作用，如图 9.1.76 所示。

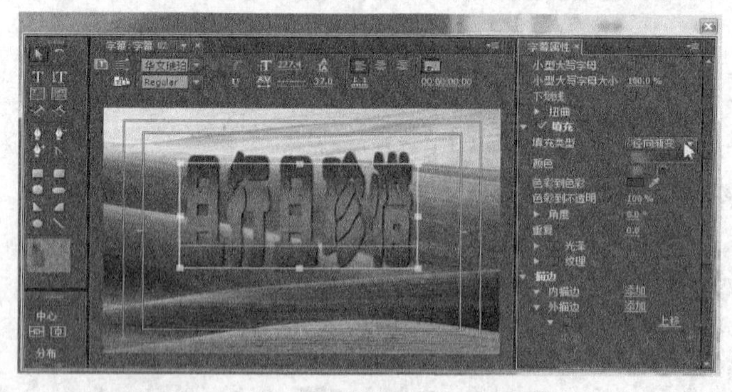

图 9.1.76 选择“径向渐变”填充字幕效果

四色渐变：可以设定四种颜色产生渐变，通过设置“颜色”板四个角的色块颜色，产生四色渐变，创作出色彩斑斓的字幕，如图 9.1.77 所示。

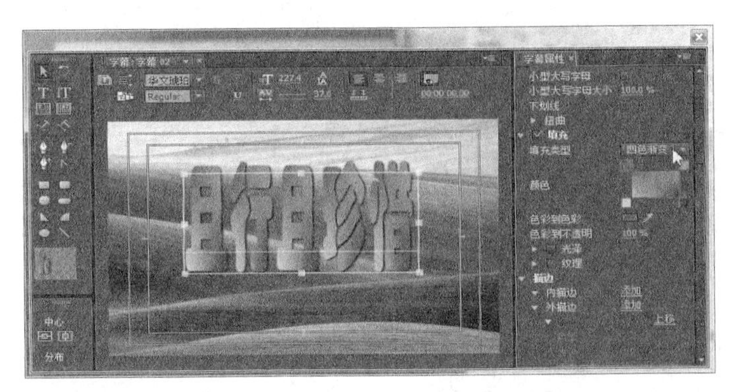

图 9.1.77 选择“四色渐变”填充字幕效果

斜面：通过设置高光颜色和不透明度、阴影颜色和不透明度等，能够创作出有三维立体效果的字幕，如图 9.1.78 所示。

图 9.1.78 选择“斜面”填充字幕效果

高光颜色和高光不透明度：“高光颜色”用于设置字幕的主颜色，“高光不透明度”用于设置字幕主颜色的不透明度，如图 9.1.79 所示。

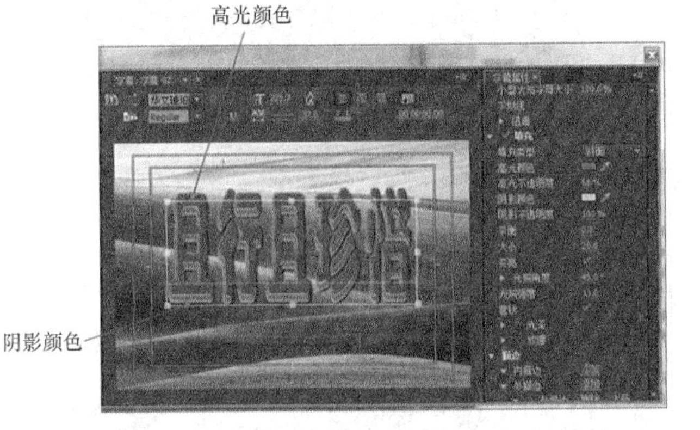

图 9.1.79 选择“斜面”填充字幕效果

阴影颜色和阴影不透明度：“阴影颜色”用于设置字幕的边缘颜色，“阴影不透明度”用于设置字幕的边缘颜色的不透明度。

平衡：用于设置两种颜色在字幕中的比重，默认值为 0，其值大于 0 时表示高光颜色多于阴影颜色，反之，高光颜色少于阴影颜色，如图 9.1.80 所示。

图 9.1.80　选择“斜面”填充字幕效果

大小：设置立体效果的强弱；默认值为 0 表示字幕不显示阴影颜色，只显示高光颜色，此时字幕无三维立体感；其值设置适当大，立体感较强；其取值范围为 0 至 200，当取值为 200 时，字幕只显示阴影颜色，如图 9.1.81 所示。

图 9.1.81　选择“斜面”填充字幕效果

亮度：该选项决定是否使光照角度和光照强度生效，选择“亮度”选项将使三维立体感更强，如图 9.1.82 所示。

图 9.1.82　选择“斜面”填充字幕效果

光照角度和光照强度：用于设置灯光效果选项，只在选择“亮度”选项时方可生效。“光照角度”用于设置灯光照射的角度以改变字幕的主颜色与边缘颜色的显示效果，“光照强度”用于设置灯光照射的强度。

管状：该选项设置是否产生圆管般的立体效果，如图 9.1.83 所示。

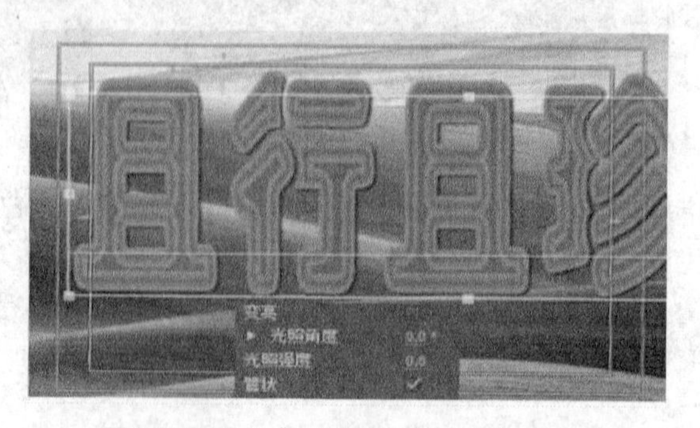

图 9.1.83　选择“斜面”填充“管状”字幕效果

消除：无色透明填充，若文字没有添加描边，则字幕消失；若文字添加了描边可以用于制作空心文字。

重影：无色透明填充，与“消除”不同的地方，在于当选择“阴影”选项时，“重影”选项不能消除“阴影”效果，而“消除”可以消除“阴影”效果。

为字幕添加了描边，选择了“阴影”选项，比较“消除”和“重影”填充的效果，如图 9.1.84 所示。

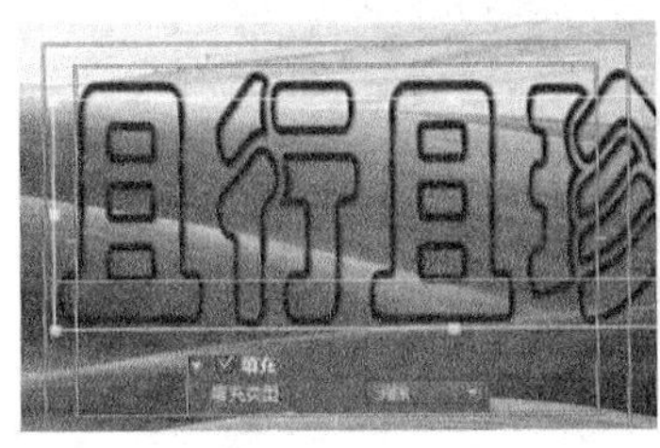

图 9.1.84 选择“消除”与“重影”填充字幕效果比较

光泽与纹理：在“填充”选项中的选项。

其中的“光泽”选项可以为文字增加一条光带，光泽中包含光的颜色、不透明度、大小、角度、偏移设置，如图 9.1.85 所示。

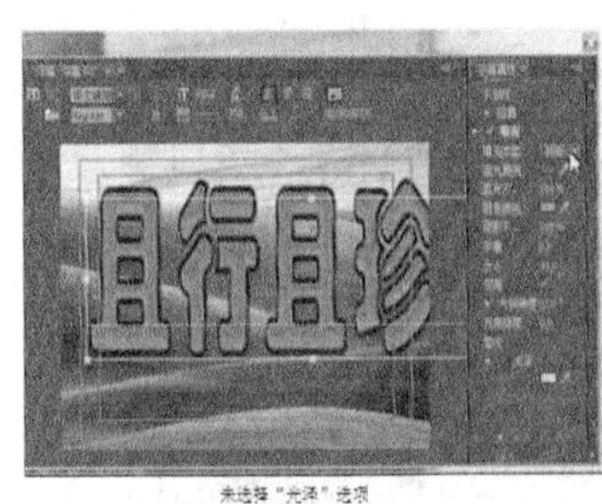

未选择“光泽”选项 选择“光泽”选项

图 9.1.85 “斜面”填充字幕选择“光泽”选项效果比较

其中的“纹理”选项可以为文字增加纹理材质，点击“纹理”右面的文本框，可以指定一幅图片为填充纹理。纹理中还包含控制“纹理”图片是否随文字翻转、随文字旋转、缩放、对齐和混合设置，如图 9.1.86 所示。

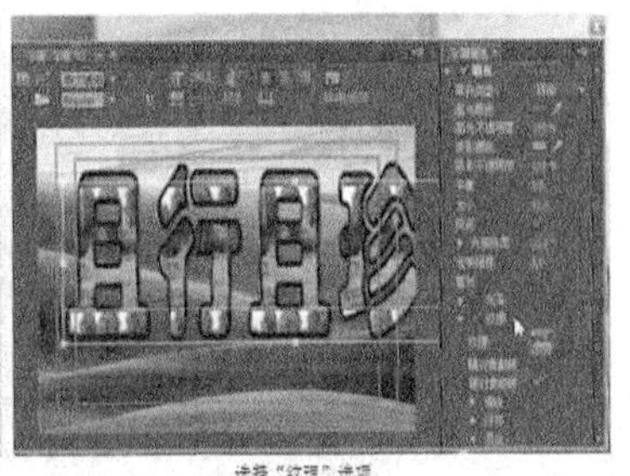

未选择“纹理”选项 选择“纹理”选项

图 9.1.86 “斜面”填充字幕选择“纹理”选项效果比较

❹ 描边分为内描边和外描边：内描边添加内部边缘，外描边添加外部边缘，设置边缘的类型、大小、填充类型、颜色和不透明度，设置边缘的“光泽”和“纹理”。

内描边和外描边的用法是一样的，下面以内描边为例介绍其添加方法和效果。

展开“描边”字幕属性组，单击“内描边”右侧的“添加”按钮，系统为当前字幕添加了默认的黑色“内描边”效果，如图 9.1.87 所示。

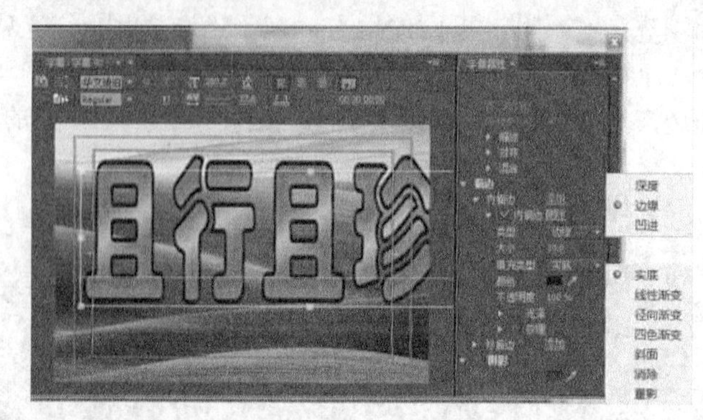

图 9.1.87　添加“内描边”效果

在“内描边”的类型中又分为边缘、深度和凹进三种选项。“大小”参数值控制边缘的宽度，“颜色”选项控制边缘的颜色，“不透明度”控制边缘的不透明度。

在“类型”中单击下拉菜单按钮，选择“深度”，调整“大小”参数值，选择一种“颜色”，如图 9.1.88 所示。“深度”描边只是在字幕的单侧描边。

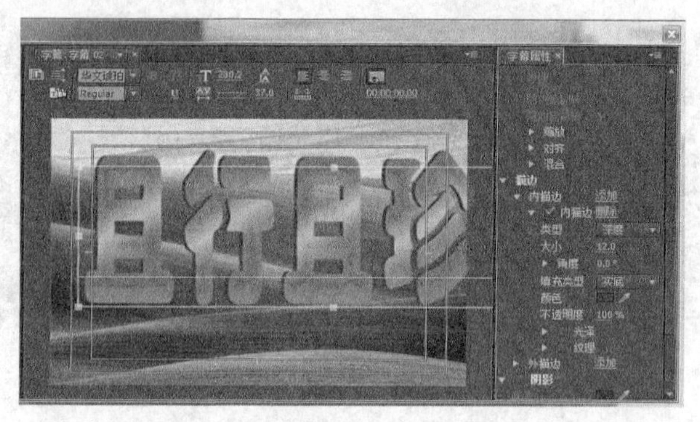

图 9.1.88　添加“内描边”选择类型为“深度”效果

在“类型”中单击下拉菜单按钮，选择“凹进”，调整“强度”参数值，选择一种“颜色”，如图 9.1.89 所示。“凹进”描边的三维立体效果类似于投影效果。

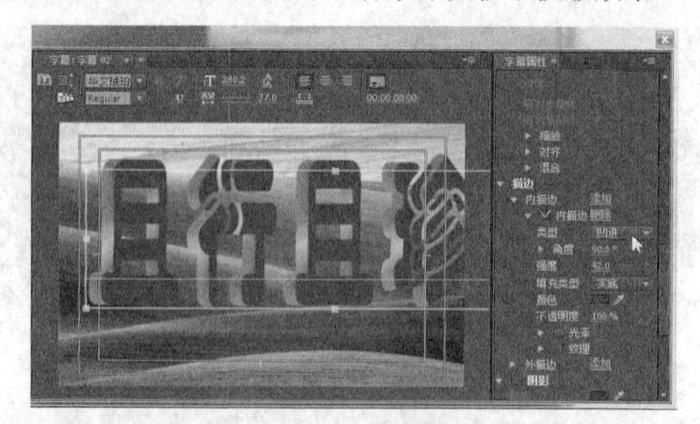

图 9.1.89　添加“内描边”选择类型为“凹进”效果

在“类型”中单击下拉菜单按钮，选择“凹进”，调整“强度”参数值，选择一种“颜色”，在“填充类型”中选择“线性渐变”，设置游标的颜色，如图 9.1.90 所示。

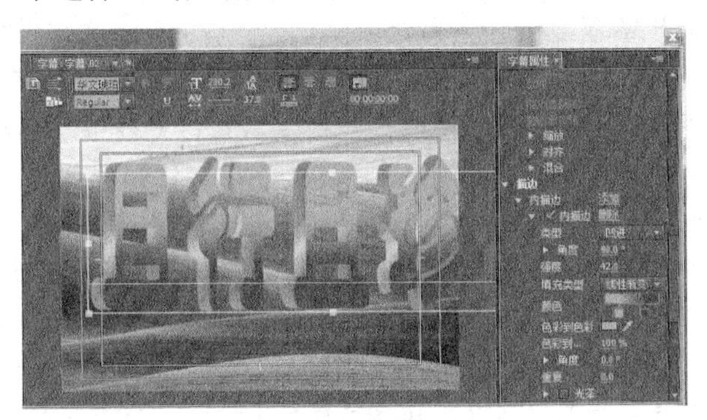

图 9.1.90　添加“内描边”选择类型为“凹进”效果

❺ 在“字幕属性”面板中，通过设置“阴影”选项组，为字幕添加阴影效果，可以设置字幕“阴影”的颜色、不透明度、角度、距离、大小和扩展，各项参数的含义如下。

颜色：设置阴影的颜色。

不透明度：设置阴影的不透明度。

角度：设置阴影投影的角度。

距离：设置阴影与文字的距离。

大小：设置阴影的大小。

扩展：设置阴影的模糊程度，如图 9.1.91 所示。

图 9.1.91　添加“阴影”选择效果

（3）使用字幕主面板

使用字幕主面板也可以设置字幕工作区中的字符。例如改变字幕中字符的字体、字号、字间距、行间距、对齐方式和显示背景视频等，如图 9.1.92 所示。

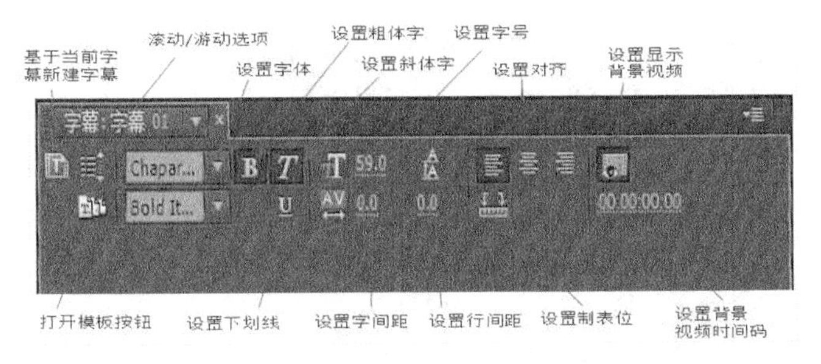

图 9.1.92　字幕主面板

在新建字幕或编辑字幕时，单击显示背景视频按钮，当前时间指示器所在帧画面，将出现在“字幕设计器”字幕工作区作为背景显示。鼠标拖动00:00:01:20背景视频时间码，将移动背景视频当前时间指示器，以更改当前背景画面。单击基于当前字幕新建字幕按钮，可以基于当前字幕创建新的字幕。单击模板按钮，将打开模板对话框。

选择编辑的字符后，单击粗体按钮，将设置字符字体为粗体字。单击斜体按钮，将设置字符字体为斜体字。单击下画线按钮，将为字符设置下画线。拖动大小按钮右面的设置字号数字，将设置字符的型号大小。拖动字偶间距按钮右面的设置字间距数字，将在同一行中设置字符之间的距离。拖动行距按钮下面的设置行间距数字，将设置字符行与行之间的距离。单击左对齐按钮，将所有选中字符靠左边缘对齐。单击居中对齐按钮，将所有选中字符横向中心点对齐。单击右对齐按钮，将所有选中字符靠右边缘对齐。单击Arial设置字体下拉菜单按钮，在弹出的“字体”设置对话框可以设置字符字体。

例 9.5，在“字幕设计器”字幕工作区中，选择当前编辑的的汉字“且行且珍惜”，拖动大小按钮右面的设置字号数字“109.2”，将字号数字改为“159.2”，如图 9.1.93 所示。

图 9.1.93　利用“字幕主面板”编辑字幕

9.2 静止字幕与动态字幕

静止是相对的，运动是绝对的。我们把 Premiere Pro CC 中的字幕分为静止字幕和动态字幕两大类型。前面我们创建的字幕属于静止字幕，即字幕在播放时不能自动运动，而动态字幕，在播放时字幕将会运动。

9.2.1 创建静止字幕

创建静止字幕文件有三种方法。

❶ 使用“文件”/“新建”/“字幕”命令，或使用快捷键 Ctrl+T。

❷ 使用“字幕”/“新建字幕”菜单命令。

❸ 在“项目”面板底端，使用“新建项”/“字幕”命令。

选择上述任何一种方法都将弹出“新建字幕”对话框，如图 9.2.1 所示。

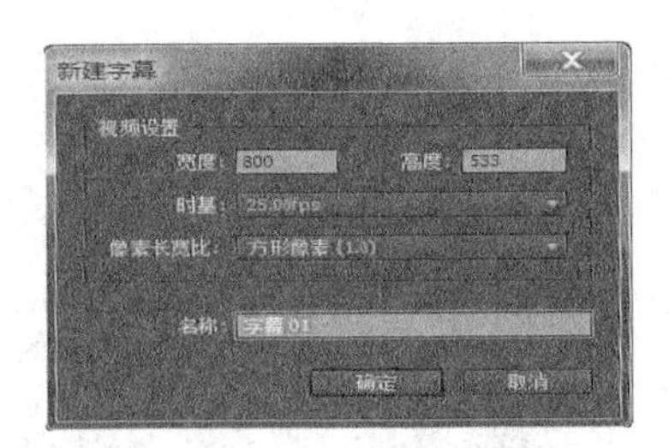

图 9.2.1 “新建字幕”对话框

在“新建字幕”对话框中，可以进行“宽度”“高度”“时基”和“名称”等视频设置，单击“确定”按钮，打开“字幕设计器”窗口，如图 9.2.2 所示。

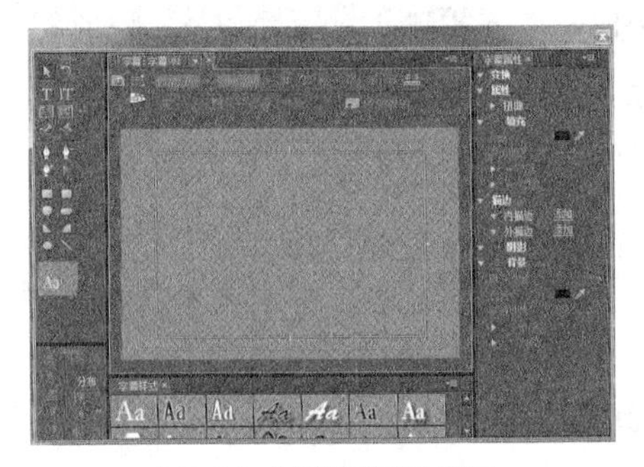

图 9.2.2 “字幕设计器”窗口

用鼠标单击“字幕工具”面板中的T文字工具按钮，在“字幕工作区”中，用鼠标单击即可输入文字，例如输入“APEC 蓝”，如图 9.2.3 所示。

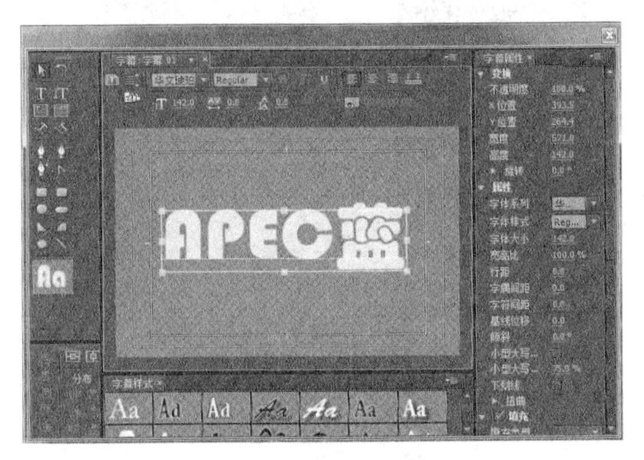

图 9.2.3 “字幕设计器”窗口

用鼠标单击“字幕设计器”窗口右上角的关闭按钮，或按 Ctrl+S 键，保存项目以保存字幕文件。

字幕保存之后，自动被添加到“项目”面板当前文件夹中，当保存项目时，作为项目的一部分被保存，当项目被打开时，自动被导入到“项目”面板当前文件夹中。也可以将字幕作为独立的文件导出；或像导入其他文件一样将其导入“项目”面板。在“字幕设计器”窗口中编辑字幕时，可以使用“字幕设计器”窗口面板提供的所有命令或按钮操作。

在“项目”面板中选择一个图片文件，将其拖入“时间轴”面板视频 1 轨道作为背景，拖动刚才新建的静止字幕文件至“时间轴”面板视频 2 轨道，如图 9.2.4 所示。

图 9.2.4 “节目监视器”窗口

按空格键或按“节目监视器”面板中的▶播放-停止切换按钮，观察字幕变化。

9.2.2 创建动态字幕

创建动态字幕既可以使用 Premiere Pro CC 提供的默认命令，也可以基于静止字幕，通过在“效果控件”中设置关键帧的方法创建动态字幕。

动态字幕分为游动字幕和滚动字幕。横向运动的字幕称为游动字幕，纵向运动的字幕称为滚动字幕。

1. 利用系统命令创建动态字幕

（1）创建游动字幕

使用“字幕”/“新建字幕”/“默认游动字幕”命令，如图 9.2.5 所示。

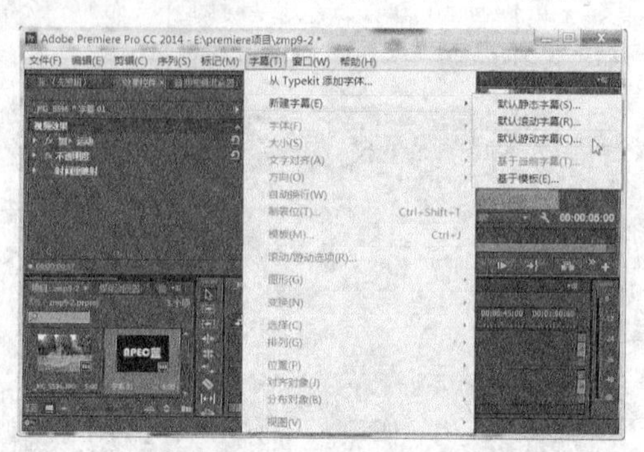

图 9.2.5 创建“游动字幕”窗口

在弹出的“新建字幕”对话框中，如图 9.2.6 所示，可以进行“宽度”“高度”“时基”和“名称”等视频设置，在“像素长宽比”下拉菜单中，选择“/DV PAL(1.0940)”，单击“确定”按钮。

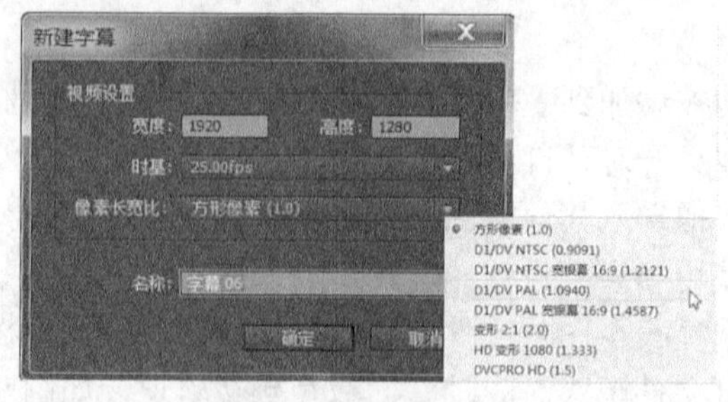

图 9.2.6 “新建字幕”对话框

在打开的“字幕设计器”窗口，用鼠标单击“字幕工具”面板中的T文字工具按钮，在“字幕工作区”中，用鼠标单击即可输入文字，例如输入“蓝天白云”，如图 9.2.7 所示。

图 9.2.7　创建“游动字幕”窗口

在“字幕主面板”中，单击滚动/游动选项按钮，弹出“滚动/游动选项”对话框，可以对字幕类型和定时进行设置，在字幕类型设置中，我们选择系统默认的设置“向左游动”，在“定时（帧）”设置中，选择“开始于屏幕外”和“结束于屏幕外”选项，如图 9.2.8 所示。

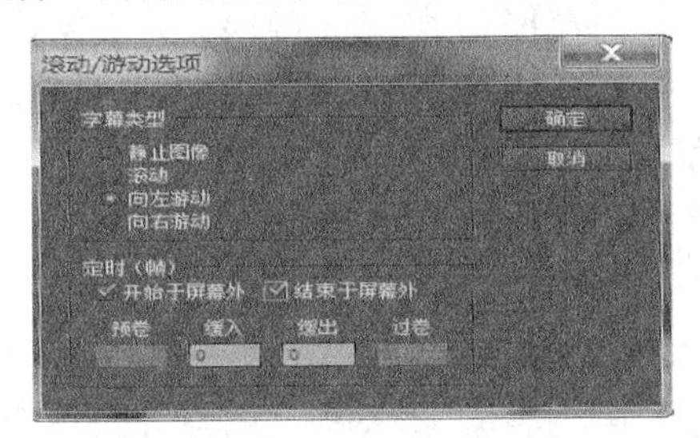

图 9.2.8　“滚动/游动选项”对话框

在“滚动/游动选项”对话框中，“预卷”指字幕在运动之前保持静止状态的帧数；“过卷”指字幕在运动之后保持静止状态的帧数；“缓入”指字幕由静止状态加速到正常状态的帧数；“缓出”指字幕由正常状态减速到静止状态的帧数。

在“滚动/游动选项”对话框中，单击“确定”按钮。单击“字幕设计器”窗口右上角的关闭按钮，创建的游动字幕文件将自动保存。

在“项目”面板中找到创建的游动字幕文件，将其拖至“时间轴”面板的视频轨道中，预览效果，如图 9.2.9 所示。

图 9.2.9　游动字幕效果

（2）创建滚动字幕

纵向运动的字幕称为滚动字幕。Premiere Pro CC 系统默认的滚动字幕是字幕由下向上滚动显示。影视片的结尾，显示导演、制片人和演员表即为滚动字幕显示。

创建滚动字幕，使用“字幕”/“新建字幕”/“默认滚动字幕”命令，参照制作静止字幕的过程，在字幕工作区中创建字幕，在最后一步，单击滚动/游动选项按钮，弹出“滚动/游动选项”对话框，对字幕类型和定时进行设置即可，预览效果如图 9.2.10 所示。

图 9.2.10 滚动字幕效果

也可以将静止字幕进行编辑，将其设置为动态字幕，只需要在编辑字幕的过程中，在打开的“字幕设计器”里，单击滚动/游动选项按钮，弹出“滚动/游动选项”对话框，对字幕类型和定时进行设置即可。

2. 利用关键帧创建动态字幕

基于静止字幕，通过在“效果控件”中设置关键帧的方法创建动态字幕。

❶ 创建一个静止字幕，将其拖动到“时间轴”面板视频轨道上。

❷ 选中“时间轴”面板视频轨道上的字幕素材。单击“窗口”/“效果控件”，打开“效果控件”面板，展开“运动”设置选项。

❸ 在“节目监视器”窗口，选择“选择缩放级别”为 10%，在该窗口内，双击鼠标，拖动字幕到屏幕下方外侧。在“效果控件”面板内，移动当前时间指示器到 00:00:00:00 处，单击“位置”左面的“切换动画”按钮，为动态字幕创建第一个关键帧，如图 9.2.11 所示。

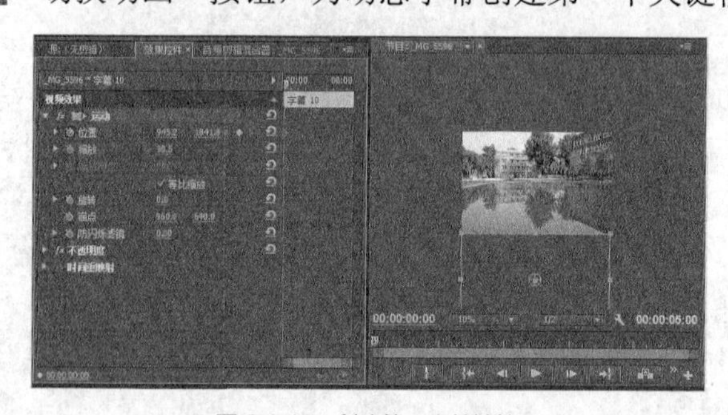

图 9.2.11 创建第一个关键帧

❹ 移动当前时间指示器至 00:00:01:00 处，在“节目监视器”窗口，拖动字幕到屏幕中央位置，在“效果控件”面板内，为动态字幕创建第二个关键帧，如图 9.2.12 所示。

图 9.2.12 创建第二个关键帧

❺ 移动当前时间指示器至 00:00:03:00 处，在“效果控件”面板内，单击“添加/移除关键帧”按钮，为动态字幕创建第三个关键帧，如图 9.2.13 所示。使字幕在这一刻停留 2 秒钟。

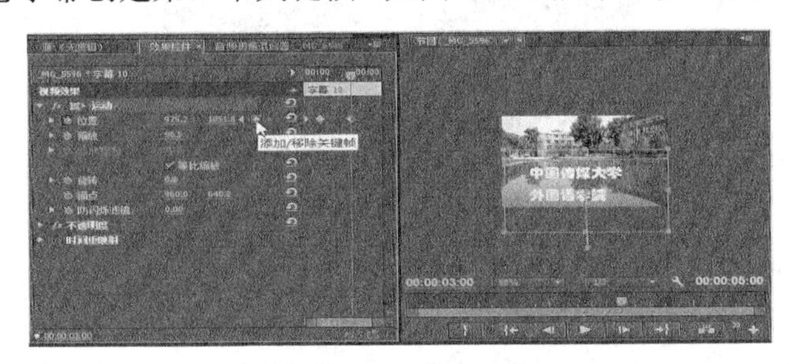

图 9.2.13　创建第三个关键帧

❻ 移动当前时间指示器至 00:00:04:23 处，在“节目监视器”窗口，拖动字幕到屏幕上方外侧位置，在“效果控件”面板内，为动态字幕创建第四个关键帧，如图 9.2.14 所示。

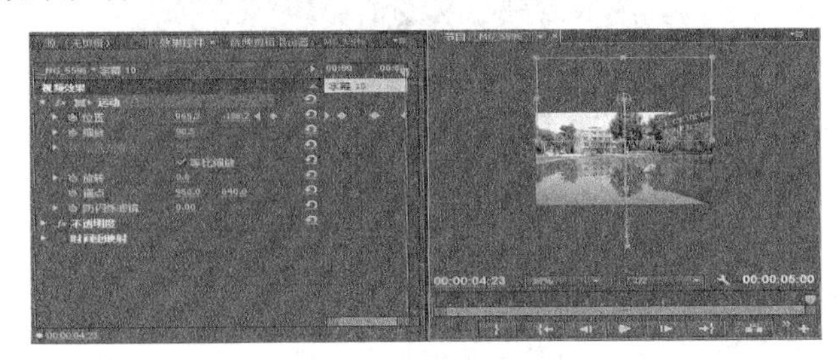

图 9.2.14　创建第四个关键帧

❼ 在“节目监视器”窗口，选择“选择缩放级别”为“适合”，按 Enter 键渲染序列内容，预览效果。制作的滚动字幕，从屏幕下方进入，在屏幕中央停留 2 秒后继续滚动到屏幕上方外侧，如图 9.2.15 所示。

图 9.2.15　滚动字幕效果

9.3 应用实例

9.3.1 制作路径文字

本实例制作的是路径文字效果，其效果主要由画面背景图像和设置的“四色渐变”滚动字幕组合而成，如图 9.3.1 所示。在制作过程中，需要导入背景图像素材，用“字幕设计器”中的路径工具和钢笔工具创建路径字幕，为使输入的字幕更漂亮，设置字幕的属性为“四色渐变”填充效果，设置滚动字幕显示。

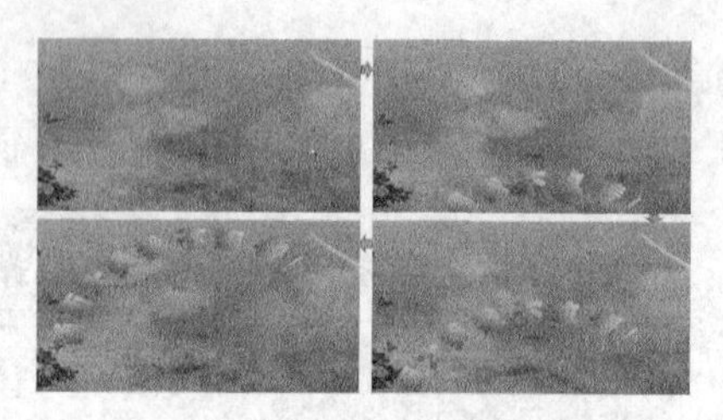

图 9.3.1 路径文字滚动字幕效果

操作步骤如下。

1. 新建项目文件

新建项目为“路径文字.prproj”，选择【文件 】/【新建】/【项目】，在“名称”文本内输入“路径文字”，设置存储“位置”，单击【确定】按钮，如图 9.3.2 所示。

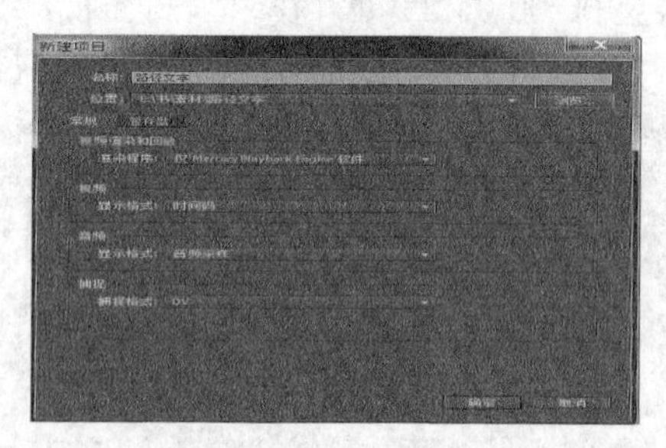

图 9.3.2 “新建项目”面板

2. 导入素材

在“项目”面板中，鼠标左键双击空白处，导入“路径文字”素材文件至“项目”面板，如图 9.3.3 所示。

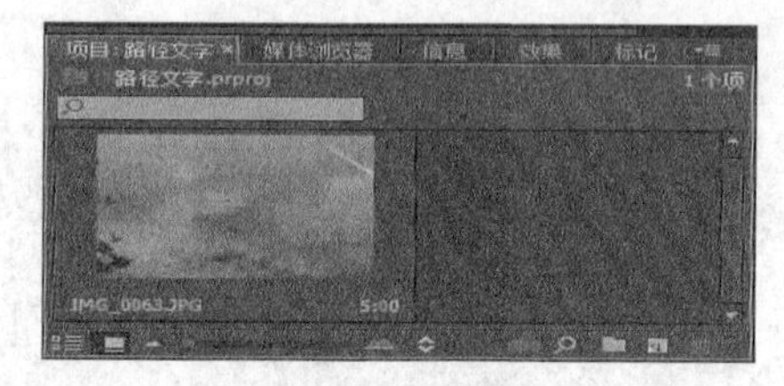

图 9.3.3 “项目”面板

3. 新建序列，设置电视制式

选择【新建项】/【序列】命令，设置“DV-PAL”制式中“标准 48kHz”，单击【确定】按钮，如图 9.3.4 所示。

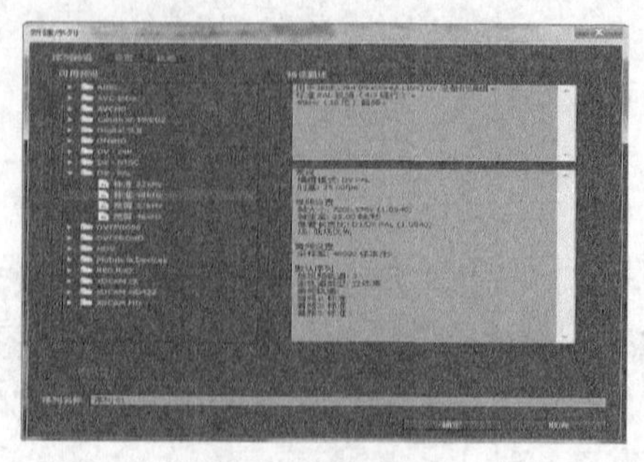

图 9.3.4 新建序列窗口

4. 将素材文件导入“时间轴”的项目序列中

选择“项目”面板中的素材文件，拖曳到“时间轴”面板“V1”轨道上，并调整图像比例以适合屏幕大小，如图 9.3.5 所示。

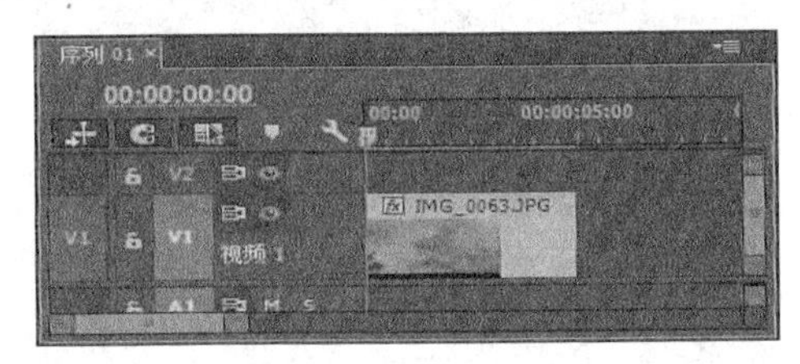

图 9.3.5 “时间轴”序列面板

5. 创建路径文字

在“项目”面板底端，使用“新建项”/“字幕”命令，在“新建字幕”对话框中，进行“宽度”“高度”“时基”和“名称”等视频设置，单击“确定”按钮，打开“字幕设计器”窗口，如图 9.3.6 所示。

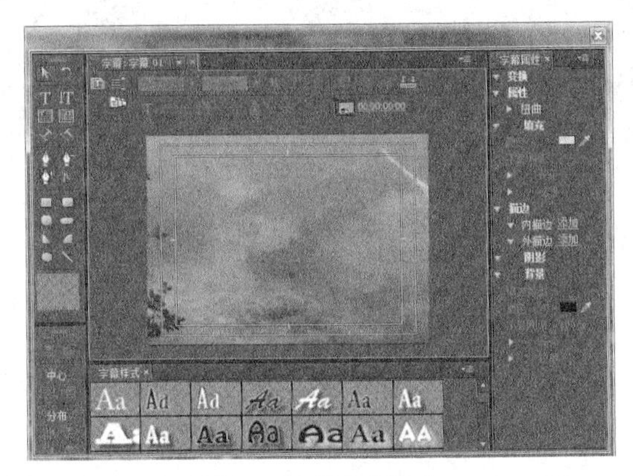

图 9.3.6 “字幕设计器”窗口

用鼠标单击“字幕工具”面板中的路径文字工具按钮，鼠标移至“字幕工作区”变为钢笔状态，连续单击可以定义若干个节点，创建出一条路径，如图 9.3.7 所示，选择“选择工具”。

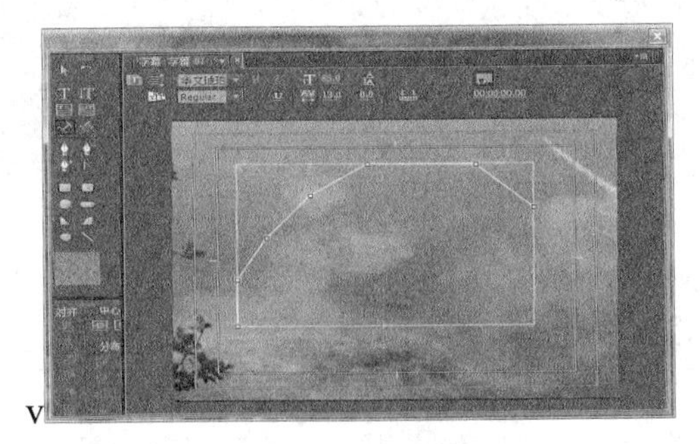

图 9.3.7 创建一条文字路径

在该控制框内双击鼠标，光标自动移动到曲线的起始点，输入文字将自动沿着创建的曲线排列，设置字体为“华文琥珀”，字体大小设为 65，如图 9.3.8 所示。

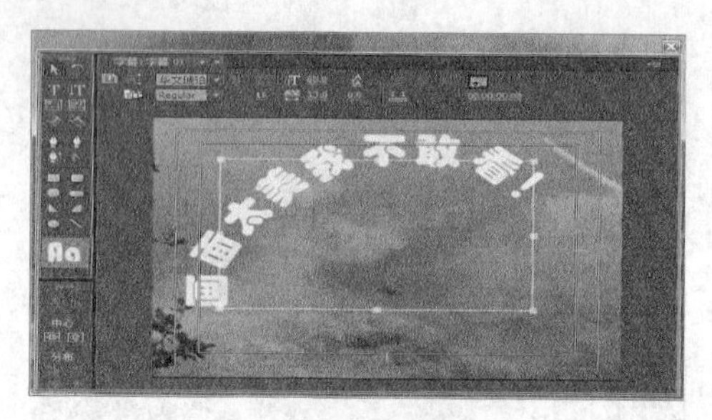

图 9.3.8 路径文字

在“字幕属性”面板中，选择“填充”选项，设置填充类型为“四色渐变”并设置色块四个角的颜色，如图 9.3.9 所示。

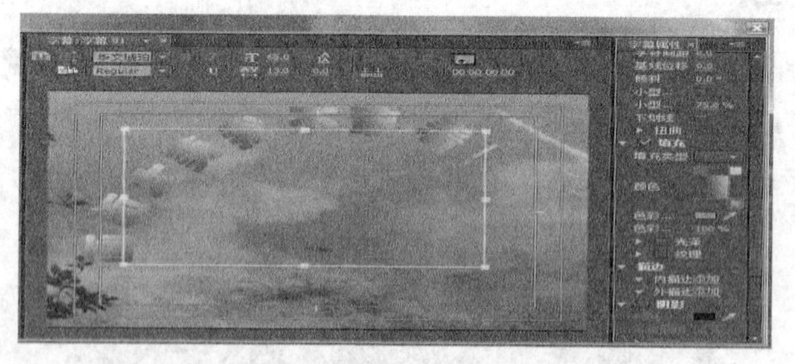

图 9.3.9 设置字幕填充选项

用鼠标单击“字幕设计器”窗口右上角的关闭按钮，关闭“字幕设计器”窗口，保存字幕文件。

6. 设置路径文字为滚动字幕

❶ 在“项目”面板中找到创建的路径字幕，将其拖动到“时间轴”面板视频轨道 2 上，如图 9.3.10 所示。

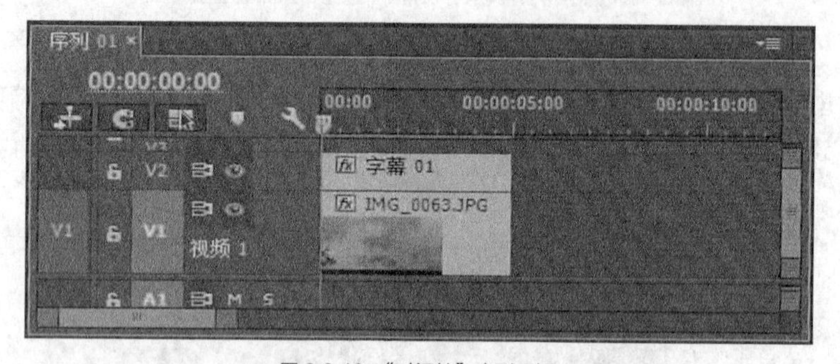

图 9.3.10 “时间轴”序列面板

❷ 选中“时间轴”面板视频轨道 2 上的字幕素材。单击“窗口”/“效果控件”，打开“效果控件”面板，展开“运动”设置选项。

❸ 在“节目监视器”窗口，选择“选择缩放级别”为 25%，在该窗口内，双击鼠标，拖动字幕到屏幕下方外侧。在“效果控件”面板内，移动当前时间指示器到 00:00:00:00 处，单击“位置”左面的“切换动画”按钮，为动态字幕创建第一个关键帧，如图 9.3.11 所示。

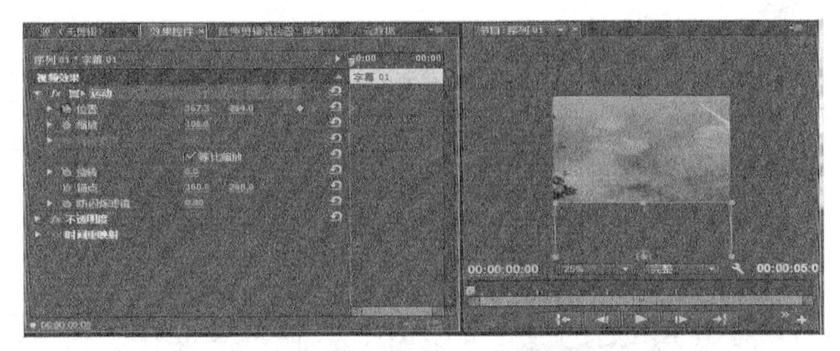

图 9.3.11　创建第一个关键帧

❹ 移动当前时间指示器至 00:00:04:24 处即素材的尾帧，在“节目监视器”窗口，拖动字幕到屏幕中央位置，在“效果控件”面板内，为动态字幕创建第二个关键帧，如图 9.3.12 所示。

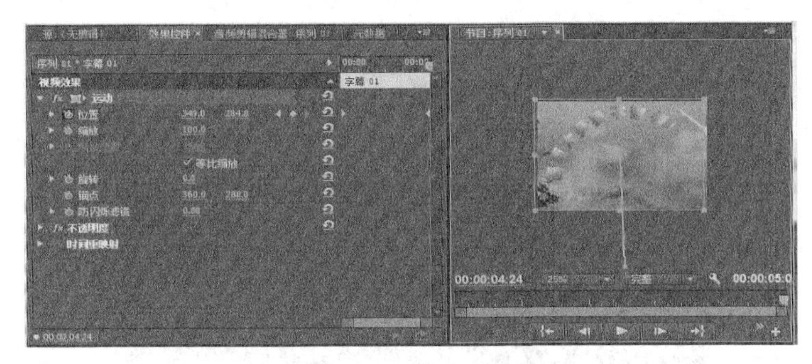

图 9.3.12　创建第二个关键帧

❺ 在“节目监视器”窗口，选择“选择缩放级别”为“适合”，按 Enter 键渲染序列内容，预览效果。保存项目文件。制作的滚动字幕，从屏幕下方进入，在屏幕中央停留，如图 9.3.13 所示。

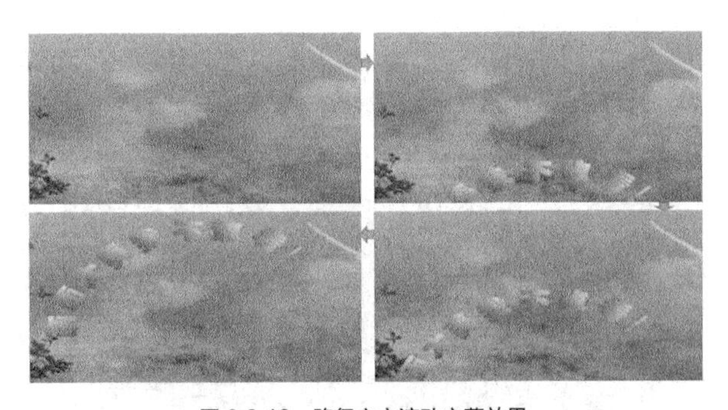

图 9.3.13　路径文字滚动字幕效果

9.3.2　制作流光字幕

本实例制作的是流光字幕效果，其效果主要由画面背景图像和闪闪发光的字幕组合而成，如图 9.3.14 所示。在制作过程中，需要导入背景图像素材和用于“轨道遮罩键”效果的视频素材，用“字幕设计器”创建静止字幕，为使输入的文字更加醒目，设置字幕字体为“华文琥珀”，设置字幕的闪闪发光效果，使用视频效果中的“轨道遮罩键”效果设置。

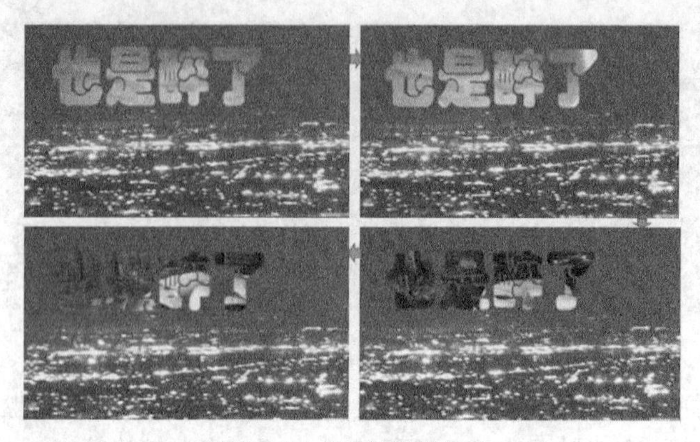

图 9.3.14　流光字幕视频效果

操作步骤如下。

1. 新建项目文件

新建项目为“流光字幕.prproj”，选择【文件　】/【新建】/【项目】，在“名称”文本内输入“流光字幕”，设置存储“位置”，单击【确定】按钮，如图 9.3.15 所示。

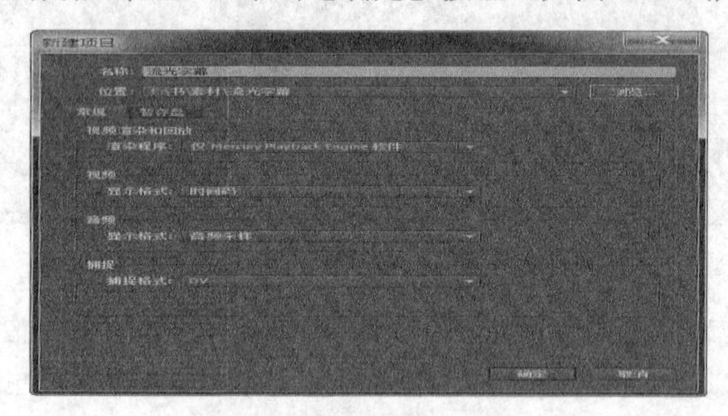

图 9.3.15　“新建项目”面板

2. 导入素材

在“项目”面板中，鼠标左键双击空白处，导入“流光字幕”素材文件至“项目”面板，如图 9.3.16 所示。

图 9.3.16　“项目”面板

3. 新建序列，设置电视制式

选择【新建项】/【序列】命令，设置“DV-PAL”制式中“标准 48kHz”，单击【确定】按钮，如图 9.3.17 所示。

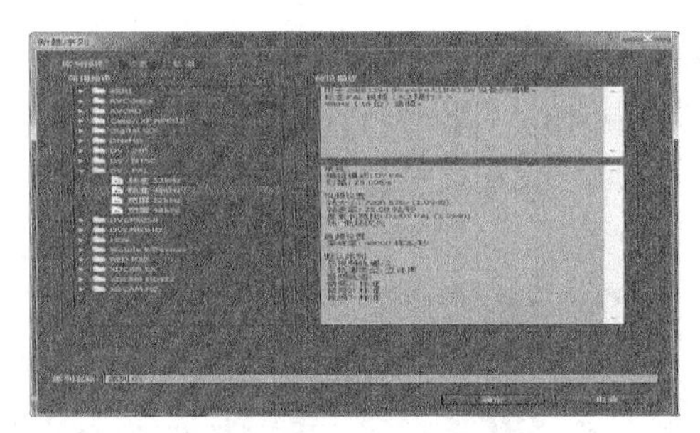

图 9.3.17 新建序列窗口

4. 将素材文件导入“时间轴”的项目序列中

选择“项目”面板中的素材文件，将“IMG_0082.JPG”素材拖曳到“时间轴”面板“V1”轨道上作为背景画面，将“广告.wmv”素材拖曳到“时间轴”面板“V2”轨道上并调整图像比例以适合屏幕大小，用“剃刀工具”将“广告.wmv”长出的部分切开并清除，如图 9.3.18 所示。

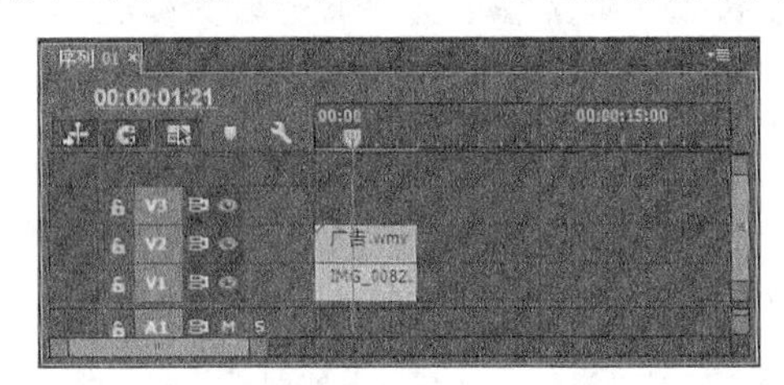

图 9.3.18 “时间轴”面板

5. 创建静止字幕

创建一个静止字幕，设置字体为“华文琥珀”，文字颜色为白色，如图 9.3.19 所示，将其拖动到“时间轴”面板视频轨道 V3 上，如图 9.3.20 所示。

图 9.3.19 创建静止字幕

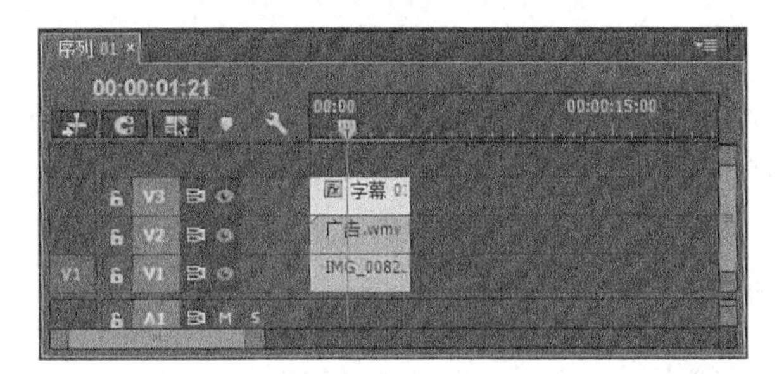

图 9.3.20 “时间轴”面板

6. 添加“轨道遮罩键”效果

选中视频 V2 轨道的“广告.wmv”素材，为其添加“视频效果”文件夹中的“键控”子文件夹中的“轨道遮罩键”效果。设置效果参数：遮罩为“视频 3”，合成方式为“Alpha 遮罩”，如图 9.3.21 所示。

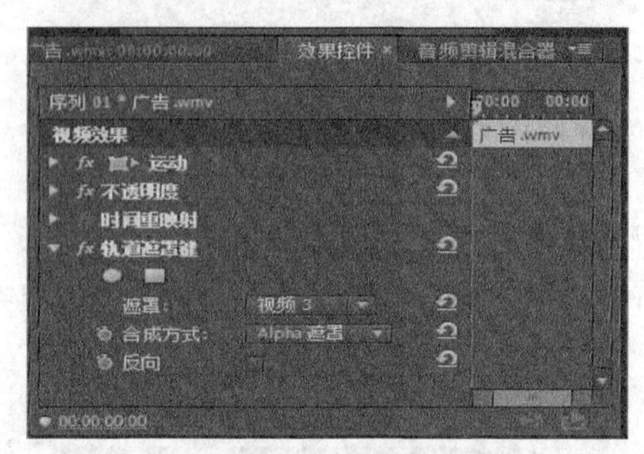

图 9.3.21 添加“轨道遮罩键”效果

7. 制作流光字幕视频效果

按 Enter 键进行序列内容的渲染，并预览效果。以字幕作为遮罩制作字幕流光效果，如图 9.3.22 所示。保存项目文件。

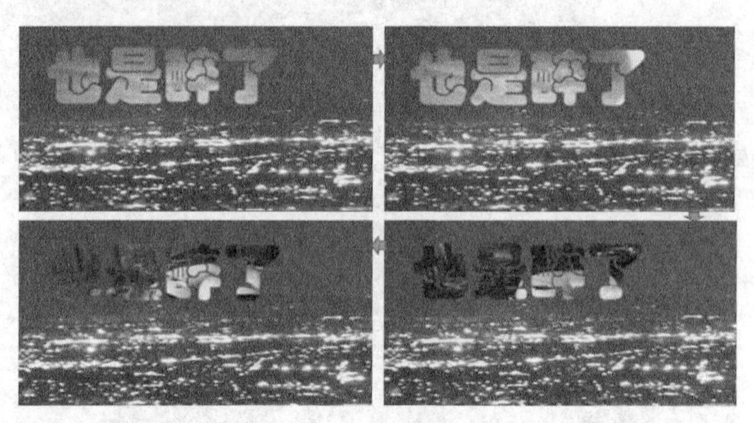

图 9.3.22 流光字幕视频效果

9.4 习题

一、简答题

1.字幕分为哪两种种形态？动态字幕又分为哪两种字幕？字幕的组成元素是什么？

2.创建字幕文件有哪三种方法？

3.“字幕设计器”是相关面板与字幕工作区的集合，六个面板是哪些面板？其中滚动/游动选项按钮在哪个面板中？其功能是什么？

4.编辑字幕，打开已创建的字幕文件，启动“字幕设计器”窗口操作，有哪两种方法？

5.静止字幕与动态字幕能否相互转化？若能如何操作？

6.为了制作出丰富的字幕效果，在字幕制作过程中，可以应用运动效果、添加视频过渡和视频效果，请各举一例。

二、操作题

1. 利用滚动字幕制作影视短片片尾相关组织工作人员字幕表

电影、电视剧和宣传片制作，在节目结束时播放相关工作人员名单，一般包括策划、编导组、协调、摄影、配音、包装、技术统筹、节目监制、制片人和鸣谢等，如图 9.4.1 所示。

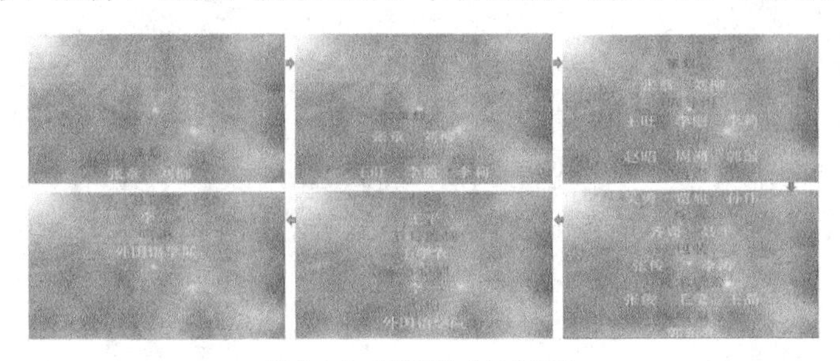

图 9.4.1　组织工作人员字幕表

2. 制作变形金属字效果

方法：

制作一个静止字幕。

为文字添加“生成/镜头光晕”：在起点和终点设置“光晕中心”关键帧。

为文字添加三维立体效果：“透视/斜面 Alpha”，设置各参数的值。

为文字添加金属质感：“色彩校正/RGB　曲线”。

为文字添加变形效果：“扭曲/球面化”，可在适当位置设置两个球面中心的关键帧。

如图 9.4.2 所示。

图 9.4.2　金属字效果

Chapter 10

第10章 Premiere Pro CC 音频效果

音频也是组成影片的重要元素，Premiere Pro CC 增强了音频的处理功能，提供了多种音频特效。在 Premiere Pro CC 中可以编辑音频素材、添加音频特效、进行多条音轨的编辑合成以及制作 5.1 声道音频文件等。

学习要点：

- 掌握声音的数字化过程
- 掌握音频效果的添加方法
- 掌握 Premiere Pro CC 中录制音频的方法
- 掌握“音频混合器”的使用

建议学时：上课 2 学时，上机 2 学时。

10.1 数字音频技术

声音是携带信息的重要媒体，而多媒体技术的一个主要分支便是多媒体音频技术。多媒体音频技术的重要内容之一是数字音频信号的处理。数字音频信号的处理主要表现在数据采样和编辑加工两个方面。其中，数据采样的作用是将自然声转换成计算机能够处理的数字音频信号；对数字音频信号的编辑加工则主要表现在对音频的编辑、合成、静音、增加混响、调整频率等方面。

10.1.1 音频概述

1. 模拟音频

声音是通过一定介质（如空气、水等）传播的连续波，在物理学中称为声波。声音的强弱体现在声波的振幅上，音调的高低体现在声波的周期或频率上。声波是随时间连续变化的模拟量，它有 3 个重要指标。

（1）振幅（Amplitude）

声波的振幅通常是指音量，它是声波波形的高低幅度，表示声音信号的强弱程度。

（2）周期（Period）

声音信号的周期是指两个相邻声波之间的时间长度，即重复出现的时间间隔，以秒（s）为单位。

（3）频率（Frequency）

声音信号的频率是指每秒钟信号变化的次数，即为周期的倒数，以赫兹（Hz）为单位。

2. 数字音频

由于模拟音频信号是一种连续变化的模拟信号，而计算机只能处理和存储二进制的数字信号。因此，由自然音源而得的音频信号必须经过一定的变化和处理，变成二进制数据后才能送到计算机进行再编辑和存储。变换后的音频信号称为数字音频信号。

模拟音频和数字音频在声音的录制、保存、处理和播放上有很大不同。模拟声音的录制是将代表声音波形的电信号经转换存储到不同的介质，如磁带、唱片上。在播放时将记录在介质上的信号还原为声音波形，经功率放大后输出。数字音频是将模拟的声音信号变换（离散化处理）为计算机可以识别的二进制数据然后进行加工处理。播放时首先将数字信号还原为模拟信号，经放大后输出。

3. 声音的三要素

声音的三要素是音调、音色和音强。就听觉特性而言，声音质量的高低主要取决于该三要素。

（1）音调——代表了声音频率的高低

音调与频率有关，频率越高，音调越高，反之亦然。各种不同的声源具有自己特定的音调，如果改变了某种声源的音调，则声音会发生质的转变，使人们无法辨别声源本来的面目。

（2）音色——具有特色的声音

声音分纯音和复音两种类型。所谓纯音，是指振幅和周期均为常数的声音；复音则是具有不同频率和不同振幅的混合声音，大自然中的声音大部分是复音。在复音中，最低频率的声音是“基音”，它是声音的基调。其他频率的声音称为“谐音”，也叫泛音。基音和谐音是构成声音音色的重要因素。各种声源都具有自己独特的音色，例如各种乐器的声音、每个人的声音、各种生物的声音等，人们就是依据音色来辨别声源种类的。

（3）音强——声音的强度

音强也被称为声音的响度，常说的“音量”也是指音强。音强与声波的振幅成正比，振幅越大，强度越大。

10.1.2　声音的数字化

声音是具有一定的振幅和频率且随时间变化的声波，通过话筒等转化装置可将其变成相应的电信号，但这种电信号是随时间连续变化的模拟信号，不能由计算机直接处理，必须先对其进行数字化，即将模拟的声音信号经过模数转换器（A/D）变换成计算机所能处理的数字声音信号，然后利用计算机进行存储、编辑或处理。现在几乎所有的专业化声音录制、编辑都是数字的。在数字声音回放时，由数模转换器（D/A）将数字声音信号转换为实际的模拟声波信号，经放大由扬声器播出。

1. 声音的数字化过程

把模拟声音信号转变为数字声音信号的过程称为声音的数字化，它是通过对声音信号进行采样、量化和编码来实现的，如图 10.1.1 所示。

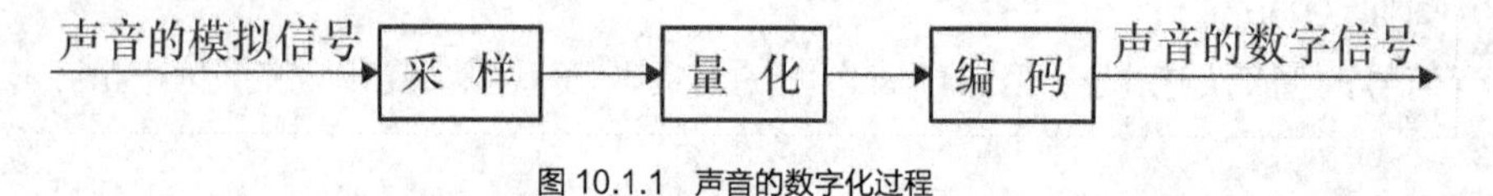

图 10.1.1　声音的数字化过程

❶ 采样：在时间轴上对信号数字化；如图 10.1.2 所示为声音的采样过程。

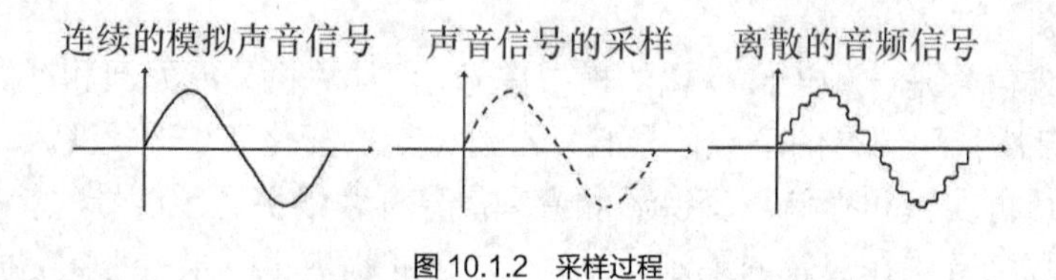

图 10.1.2　采样过程

❷ 量化：在幅度轴上对信号数字化。

❸ 编码：按一定格式记录采样和量化后的数字数据。

2. 声音数字化的主要技术指标

（1）采样频率

采样频率又称取样频率，它是指将模拟声音波形转换为数字音频时，每秒钟所抽取声波幅度样本的次数。采样频率越高，则经过离散数字化的声波越接近于其原始的波形，也就意味着声音的保真度越高，声音特征复原的就越好。当然所需要的信息存储量也越多。

（2）量化位数

量化位数又称取样大小，它是每个采样点能够表示的数据范围。量化位数的大小决定了声音的动态范围，即被记录和重放的声音最高与最低之间的差值。当然，量化位数越高，声音还原的层次就越丰富，表现力越强，音质越好，但数据量也越大。例如，16 位量化，即是在最高音和最低音之间有 65536 个不同的量化值，如表 10.1.1 所示。

表 10.1.1 量化位数和声音的动态范围

量化位数	量化值	动态范围（dB）	应用
8	256	48~50	数字电话
16	65536	96~100	CD-DA

（3）声道数

声道数是指所使用的声音通道的个数，它表明声音记录只产生一个波形（即单音或单声道）还是两个波形（即立体声或双声道）。当然立体声听起来要比单音丰满优美，更能反映人的听觉感受．但需要两倍于单音的存储空间。

10.1.3 数字音频的质量与数据量

通过对上述 3 个影响声音数字化质量因素的分析，可以得出声音数字化数据量的计算公式：

数据率（bit/s）=采样频率（Hz）×量化位数（bit）×声道数

根据上述公式，可以计算出不同的采样频率、量化位数和声道数的各种组合情况下的数据量，如表 10.1.2 所示。

表 10.1.2 声音质量和数字音频参数的关系

采样频率（kHZ）	数据位数/bit	声道形式	数据量（kB/S）	音频质量
8	8	单声道	8	一般质量
	8	立体声	16	
	16	单声道	16	
	16	立体声	31	
11.025	8	单声道	11	电话质量
	8	立体声	22	
	16	单声道	22	
	16	立体声	43	
22.05	8	单声道	22	收音质量
	8	立体声	43	
	16	单声道	43	
	16	立体声	86	
44.1	8	单声道	43	
	8	立体声	86	
	16	单声道	86	
	16	立体声	172	CD 质量

由计算结果看出，音质越好，音频文件的数据量越大。音频文件的数据量不容忽视。为了节省存储空间，通常在保证基本音质的前提下，尽量采用较低的采样频率。

10.1.4 数字音频文件的保存格式

数字音频数据是以文件的形式保存在计算机里。数字音频的文件格式主要有 WAVE、MP3、WMA、MIDI 等。专业数字音乐工作者一般都使用非压缩的 WAVE 格式进行操作，而普通用户更乐于接受压缩率高、文件容量相对较小的MP3或WMA格式。

1. AVE格式

这是Microsoft和IBM共同开发的PC标准声音格式。由于没有采用压缩算法，因此无论进行多少次修改和剪辑都不会失真，而且处理速度也相对较快。这类文件最典型的代表就是PC机上的Windows PCM格式文件，它是Windows操作系统专用的数字音频文件格式，扩展名为“wav”，即波形文件。

2. MP3格式

MP3（MPEG Audio Layer 3）文件是按MPEG标准的音频压缩技术制作的数字音频文件，它是一种有损压缩，MP3 是利用人耳对高频声音信号不敏感的特性，将时域波形信号转换成频域信号，并划分成多个频段，对不同的频段使用不同的压缩率，对高频加大压缩比（甚至忽略信号），对低频信号使用小压缩比，保证信号不失真。这样一来就相当于抛弃人耳基本听不到的高频声音，只保留能听到的低频部分，从而将声音用1∶10甚至1∶12的压缩率压缩。由于这种压缩方式的全称叫MPEG Audio Layer3，所以简称为MP3。

3. WMA格式

WMA文件是Windows Media格式中的一个子集，而Windows Media格式是由 Microsoft Windows Media技术使用的格式，包括音频、视频或脚本数据文件，可用于创作、存储、编辑、分发、流式处理或播放基于时间轴的内容。WMA是Windows Media Audio的缩写，表示Windows Media 音频格式。WMA文件可以在保证只有MP3文件一半大小的前提下，保持相同的音质。现在的大多数MP3播放器都支持WMA文件。

4. MIDI格式

MIDI格式是一种计算机数字音乐接口生成的数字描述音频文件，扩展名是“mid”。该格式文件本身并不记载声音的波形数据，而是将声音的特征用数字形式记录下来，是一系列指令。MIDI音频文件主要用于电脑声音的重放和处理，其特点是数据量小。

5. RA格式

RA格式是Real Audio的简称，是Real network推出的一种音频压缩格式，它的压缩比可达96∶1。因此在网上比较流行。经过压缩的音乐文件可以在速率为14.4kb/s的用Modem上网的计算机中流畅回放。其最大特点是可以采用流媒体的方式实现网上实时播放。

6. CD格式

CD是当今音质较好的音频格式，其文件后缀为“*.CDA”。标准CD格式也就是44.1kHz的采样频率，速率88.2kb/s，16位量化位数。因为CD音轨可以说是近似无损的，因此它的声音基本上是忠于原声的， CD光盘可以在CD唱机中播放，也能用计算机中的各种播放软件来重放。一个 CD 音频文件是一个*.cda 文件，这只是一个索引信息，并不是真正的包含声音信息，所以不论CD音乐的长短，在电脑上看到的“*.cda文件”都是44字节长。

10.2 音频编辑

在Premiere Pro CC中音频素材的基本编辑方式与视频素材的编辑方式相似，对音频素材的编辑也可以使用编辑视频素材的方法来完成。下面从介绍音频轨道开始，介绍Premiere Pro CC的音频编辑功能。

10.2.1 音频轨道

在“新建序列”对话框中的“轨道”面板中可指定以下内容——视频轨道和音频轨道的内容，其中音频轨道包括：主音轨的格式、序列中轨道的数目以及轨道中声道的数目等。当序列创建完毕后，与添加视频轨道方法一样，单击系统菜单“序列|添加轨道”命令，或者在轨道操作区的快捷菜单中选择“添加轨道”命令，都会打开“添加轨道”对话框，如图 10.2.1 所示。可以随时添加音频轨道并设置各条音频轨道的类型。。

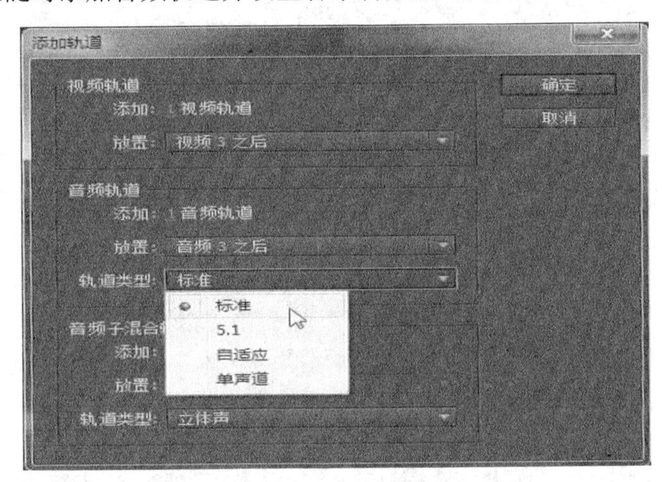

图 10.2.1 添加轨道

1. 音频轨道类型

（1）标准

标准音轨可以同时放置单声道和立体声音频剪辑，是音轨的默认预设。

（2）5.1

5.1 音轨包含三条前置音频声道（左声道、中置声道、右声道），两条后置或环绕音频声道（左声道和右声道），通向低音炮扬声器的低频效果 (LFE) 音频声道。5.1 轨道只能包含 5.1 剪辑。

（3）自适应

自适应音轨可包含单声道和立体声音轨。对于自适应音轨，可以将源音频映射至输出音频声道。常用于处理录制多个音轨的摄像机录制的音频。

（4）单声道

单声道包含一条音频声道。如果将立体声音轨添加至单声道音轨，立体声音轨会转换为单声道音轨，如图 10.2.2 所示。

图 10.2.2 在单音轨中插入立体声音频

添加四种类型的轨道后，在时间轴序列窗口中可以看到不同类型的音频轨道其轨道标记也是不一样的，如图 10.2.3 所示。

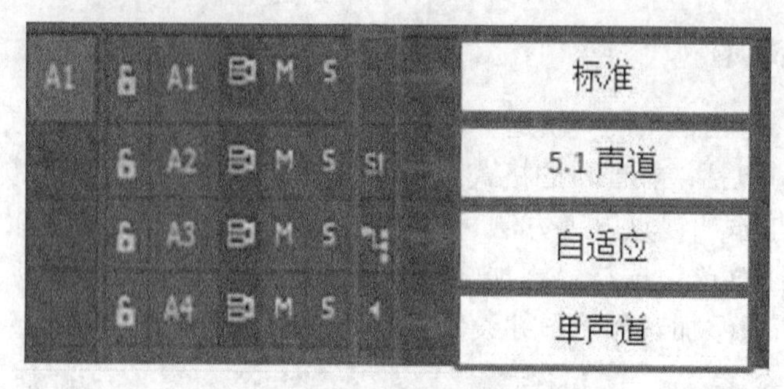

图 10.2.3 轨道标记

2. 音频子混合轨道

音频子混合轨道不是真实存在的声音轨道，是用来管理混音和效果的虚拟轨道。音频子混合轨道中不能添加音频素材，但可以用来输出音频轨道的组合信号或通向它们的发送内容。

3. 主声道

在音频轨道的最下面是一条主声道，主声道用于节目声音的最终输出。同音频子混合轨道一样，主声道中也不能添加任何音频素材。在序列中可以放置任何类型的音频轨道，但是最终输出时所有音频都会混合为主音轨的音轨格式（立体声、5.1、多声道、单声道）。如图 10.2.4 所示，在“新建序列”对话框中可以设置主声道的类型。

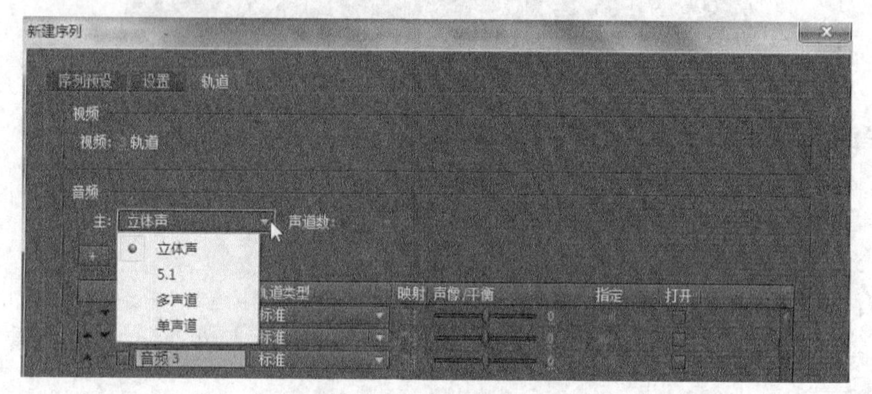

图 10.2.4 轨道设置

10.2.2 编辑音频素材

编辑音频素材可以分别在“项目管理器”窗口、“源”监视器窗口、“时间轴”序列窗口、“节目”监视器窗口以及“效果控件”窗口完成。

要操作音频，首先将其导入项目或者将其直接录制至音轨。可以导入音频剪辑或包含音频的视频剪辑。在音频剪辑处于项目中后，可将它们添加至序列如同编辑视频剪辑的方式一样对其进行编辑。在将音频添加至序列之前，还可查看音频剪辑的波形并在源监视器中对其进行修剪。

1. 在“项目”窗口编辑音频素材

在“项目”管理器窗口选中要剪切的音频素材，在其快捷菜单中选择“编辑子剪辑”命令，在打开的“编辑子素材”对话框中设置子剪辑的开始时间和结束时间，如图 10.2.5 所示。

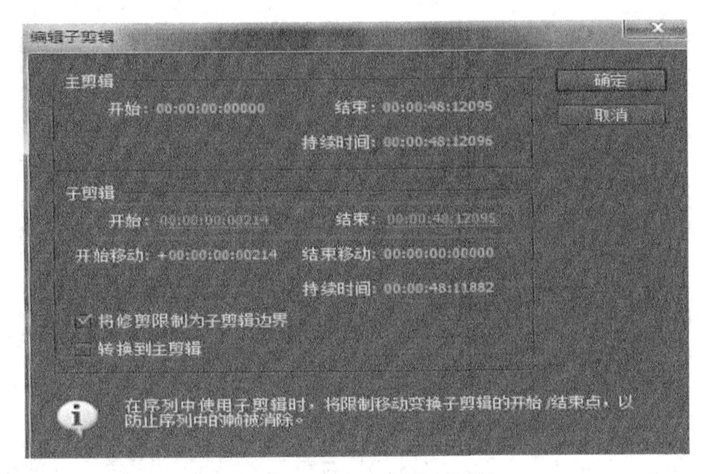

图 10.2.5 “编辑子剪辑”对话框

2. 在“源”监视器窗口编辑音频素材

在“项目管理器”窗口双击音频素材，将素材在“源”监视器窗口打开，在该窗口设置素材的入点和出点，单击“插入”按钮或“覆盖”按钮，将音频素材片断以插入或覆盖的方式放置到“时间轴”序列窗口的音频轨道上。

3. 在“节目”监视器窗口编辑音频素材

在“节目”监视器窗口设置素材的入点和出点，单击该窗口的“提升”按钮或“提取”按钮进行音频素材的剪切。

4. 在“效果控件”窗口中编辑音频素材

在“时间轴”窗口选中音频素材后，会在“效果控件”面板中的“音量效果”中显示“音量”“声道音量”以及“声像器”选项组，如图 10.2.6 所示。

图 10.2.6 音频效果

（1）音量

“音量”选项中有“旁路”和“级别”两项，其中“旁路”用来开启或关闭应用效果；“级别”控制音量的大小。

例如：通过添加音量关键帧的方法设置音频文件的淡入淡出效果，如图 10.2.7 所示。

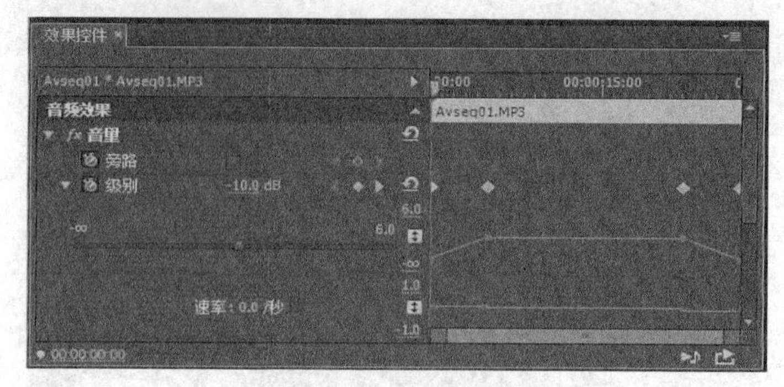

图 10.2.7 淡入淡出设置

（2）声道音量

“声道音量”用来分别设置音频素材的左、右声道的音量，同样可以使用关键帧控制左、右声道的音量值，如图 10.2.8 所示。

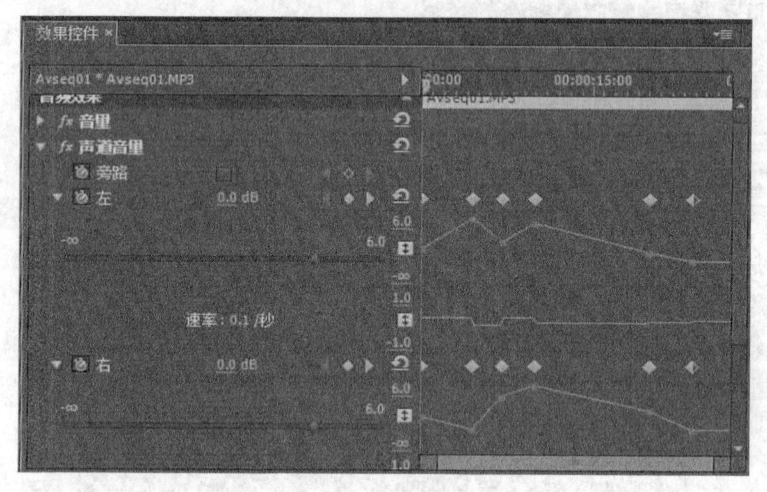

图 10.2.8 声道音量

（3）声像器

“声像器”用来设置音频文件的声像平衡，通过设置关键帧来控制音频的立体声声道效果。平衡值为负表示左声道、平衡值为正表示右声道。如图 10.2.9 所示，可以听到声音在左右声道中来回摆动的效果。

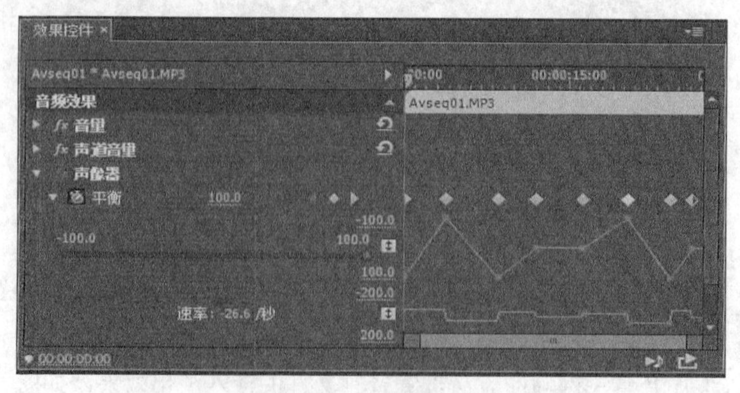

图 10.2.9 声像器设置

5. 在"时间轴"序列窗口编辑音频素材

将音频素材插入到"时间轴"序列窗口，单击工具箱中的"选择"工具，当移动到音频素材片断的入点位置，出现剪辑入点图标时，可以通过拖动素材片断的入点进行重新设置；同理，使用选择工具，当移动到素材片断的出点位置，出现剪辑出点图标时，可以通过拖动对素材片断的出点进行重新设置。

在时间轴中编辑音频素材也可以使用"工具"面板中的工具，这些操作与视频编辑时使用工具的操作方法是一样的，这里不再赘述。

在"时间轴"的音频轨道上，单击"选择关键帧"按钮，在其弹出菜单中选择"剪辑关键帧"命令，这时可以在"时间轴"面板中为轨道素材添加一组控制关键帧。用鼠标右键单击轨道素材的"fx"标记，在其弹出菜单中选择"音量""声道音量"以及"声像器"，可以直接在"时间轴"面板为轨道素材添加关键帧。其方法与在"效果控件"面板中的操作相同，如图 10.2.10 所示。

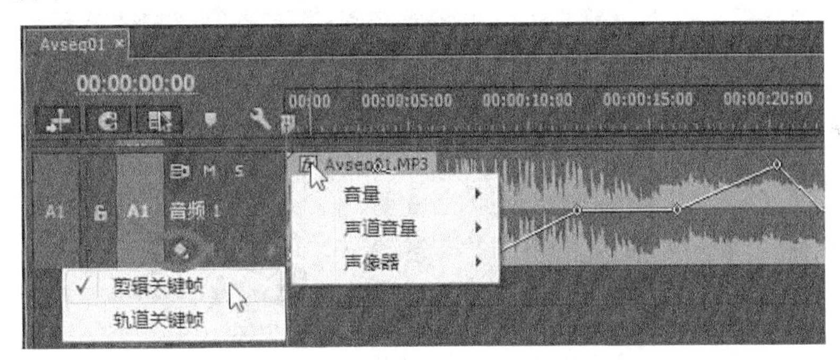

图 10.2.10 "时间轴"序列窗口编辑音频素材

注意：

可以使用"工具"面板中的钢笔工具设置关键帧。

10.2.3 音频轨道的音量和声像控制

前面学习了通过为轨道素材添加关键帧的方法，控制音频素材的音量和声像器平衡。本节介绍设置轨道关键帧来控制轨道的音量、静音以及声像器平衡的操作。

在"时间轴"的音频轨道上，单击"选择关键帧"按钮，在其弹出菜单中选择"轨道关键帧"命令，这时可以在"时间轴"面板中为轨道添加一组控制关键帧。用鼠标单击"轨道"或"声像器"右侧的按钮，可以为轨道设置音量、静音以及声像器平衡关键帧，如图 10.2.11 所示。

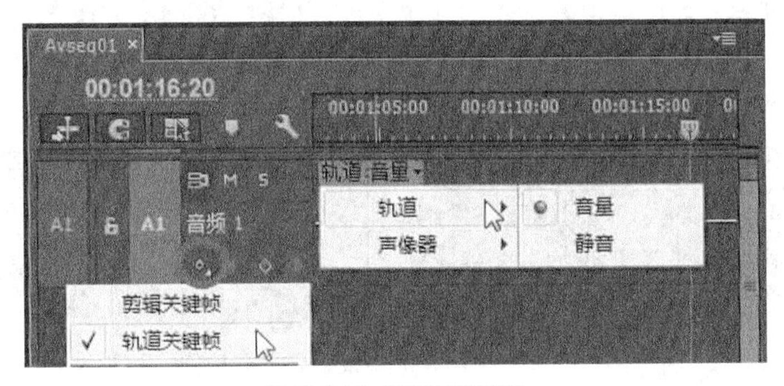

图 10.2.11 设置轨道关键帧

具体设置关键帧的方法与在“效果控件”面板中的操作相同。可以使用钢笔工具随时快速地添加轨道关键帧。如图 10.2.12 所示，为音频 A1 轨道设置了音量淡入淡出的效果。

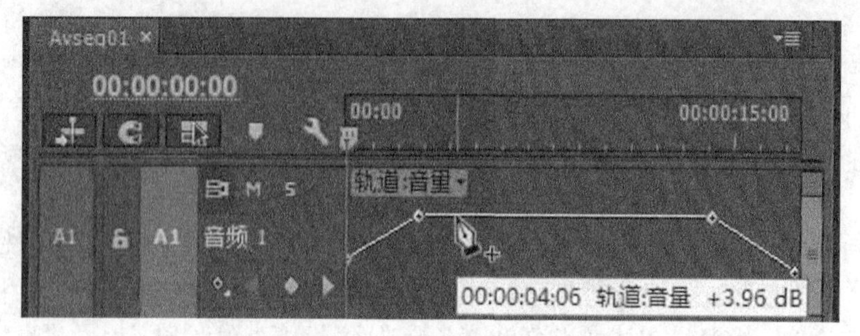

图 10.2.12 设置轨道音量关键帧

如图 10.2.13 所示，为轨道设置了声像器平衡关键帧进行轨道的声像平衡控制。

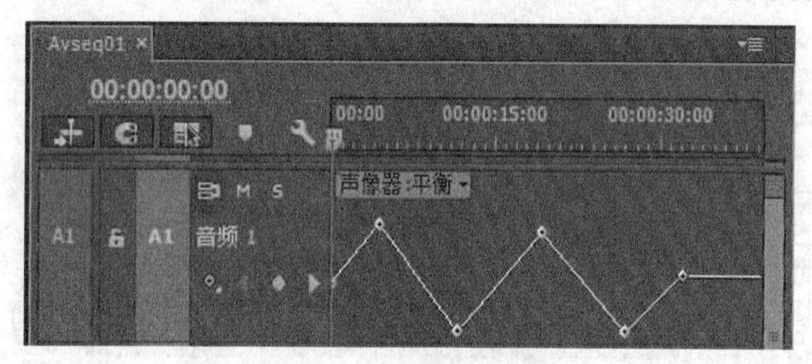

图 10.2.13 设置声像器平衡关键帧

注意：

轨道关键帧是设置到轨道上的，当轨道上放置素材后，该轨道素材自动套用轨道关键帧；当删除轨道素材后，轨道关键帧依然在轨道上并不会随素材而被删除掉。

10.2.4 音频处理与声道转换

利用 Premiere Pro CC 进行音频混合，应先对混音的各个音频做适当的音频处理以适应音频混合的需要。

1. 提取音频

在 Premiere Pro CC 中，可以将视频文件中的音频部分直接提取出来。

在“项目管理器”窗口选中要操作的视频文件，如图 10.2.14 左侧图所示。单击系统菜单“剪辑|音频选项|提取音频”命令。提取出来的音频文件将出现在“项目管理器”窗口中，如图 10.2.14 右侧图所示。

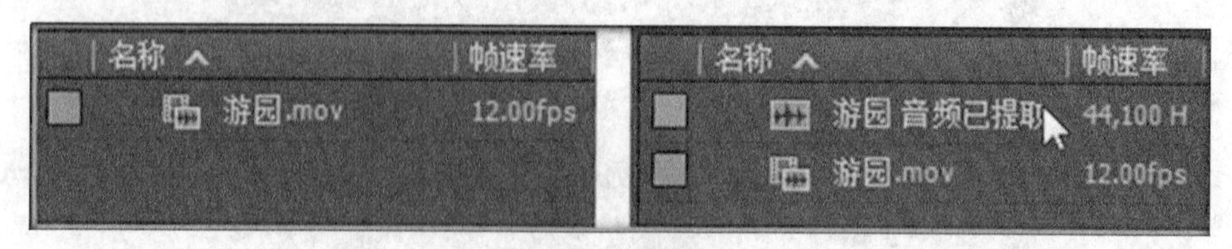

图 10.2.14 提取音频

2. 渲染和替换音频

将一个包含音频的视频素材插入到“时间轴”窗口的视频轨道上，并选中该素材。单击菜单“剪辑|音频选项|渲染和替换”命令。提取出来的音频文件将出现在“项目”管理器窗口。同时，提取出来的音频内容将自动替换“时间轴”上原素材音频部分。提取前后时间轴上的内容对比如图 10.2.15 所示。

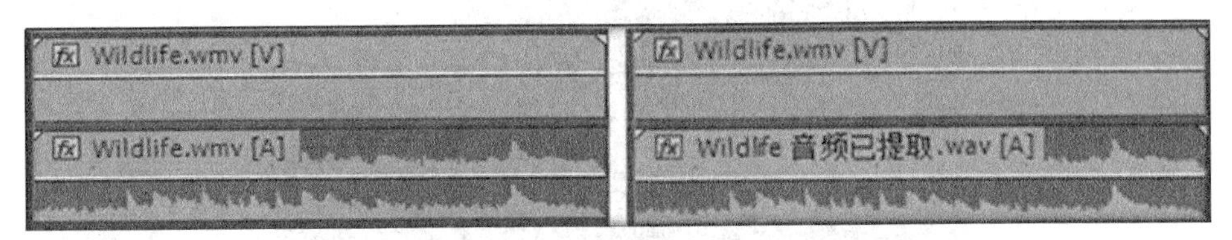

图 10.2.15 提取前后时间轴上的内容对比

3. 声道转换

在“项目”管理器窗口选中包含音频的素材文件（可以是音频文件也可以是带音频的视频文件），单击“剪辑|音频选项|拆分为单声道”命令，把选中的多声道剪辑的每个声道转化为一个独立的单声道剪辑。如图 10.2.16 所示，分别将一个双声道的音频文件转换为两个单声道的音频剪辑，将一个视频文件的音频部分转换为两个单声道的音频剪辑。

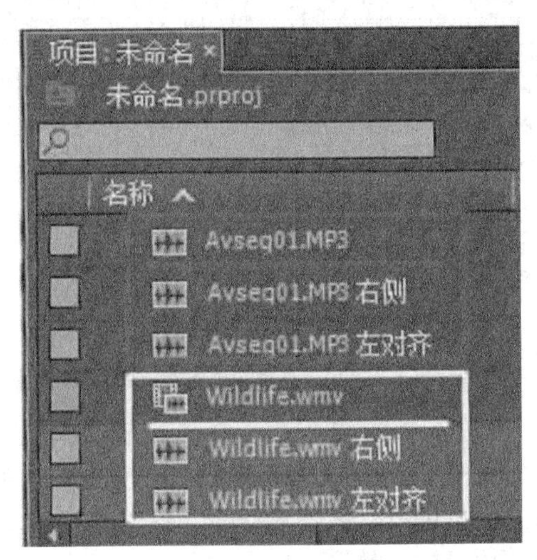

图 10.2.16 拆分声道

注意：

使用拆分为单声道命令时，立体声将拆分为两个单声道，5.1 环绕声拆分为 6 个。

4. 源声道映射

在使用 Premiere Pro CC 时，当只需要使用音频剪辑中的一个声道的内容时，可以使用源声道映射功能。

选中“项目”管理器窗口中的素材，单击“剪辑|修改|音频声道”命令，打开“修改剪辑”对话框，如图 10.2.17 所示。可以在“声道格式”中选择多种声道格式，因为图中导入的音频素材是立体声格式，所以这里“声道格式”默认值也是立体声；在“右侧”源声道中选择“无”，则关闭了右声道的音频素材，从而使音频素材只保留了左声道中的音频。

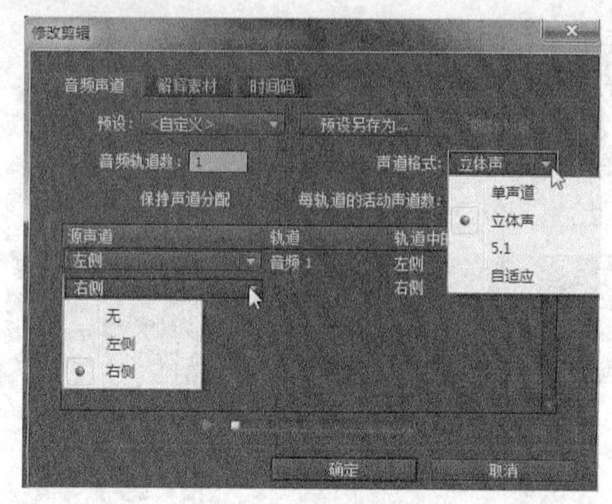

图 10.2.17 “修改剪辑”对话框

如图 10.2.18 所示，原始素材的音频部分和只保留左声道的音频内容。

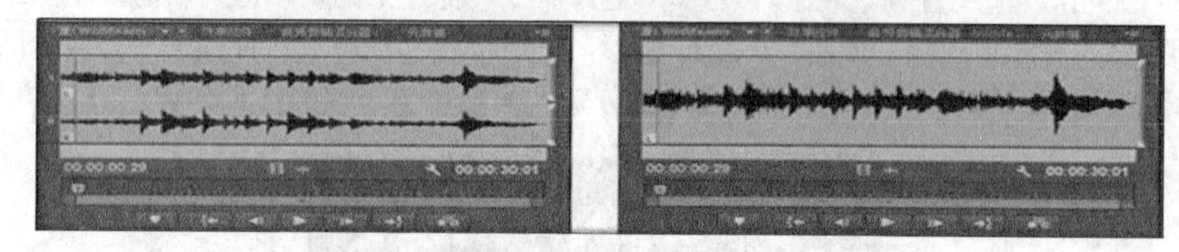

图 10.2.18 原始素材的音频部分和只保留左声道的音频内容

注意：

在捕捉或导入每个剪辑时，Premiere Pro CC 可以自动将各个立体声和环绕声道拆分成独立的单声道剪辑。选择“编辑|首选项|音频”(Windows)，或“Premiere Pro|首选项|音频”(Mac OS)；在“源声道映射”区域中，从“默认音轨格式”菜单选择“单声道”并确定。

5. 调整音频增益

音频增益是指音频信号电平的强弱，调整音频增益是进行音频处理最常用到的操作。Premiere Pro CC 可以为每个独立的音频素材调整音频增益，也可以为主音轨调整音频增益。

（1）调整一个或多个音频素材片断的音频增益

在“时间轴”序列窗口的音频轨道上选中要调整增益的一个或多个素材片断，利用快捷菜单中的“音频增益”命令，打开“音频增益”对话框，如图 10.2.19 所示。

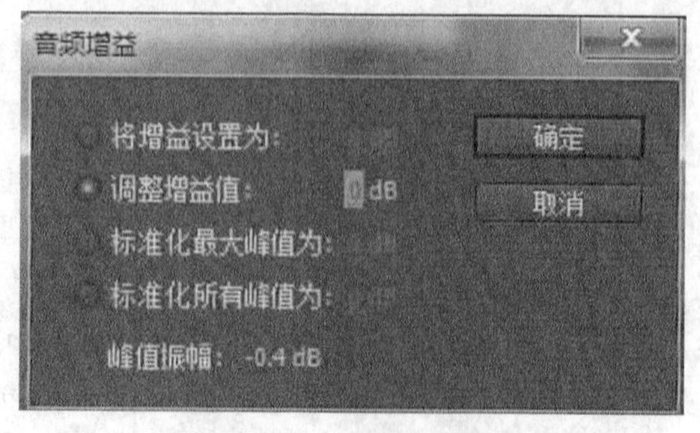

图 10.2.19 “音频增益”对话框

其中：

● “将增益设置为”：默认是 0dB，可以将增益设置为指定的值。

● “调整增益值”：默认是 0dB，可以将增益调整为正值或负值，输入该值的同时系统将自动更新上面的“设置增益为”的值。

● “标准化最大峰值为”：默认是 0dB，可以设置最高峰值的绝对值。

● “标准化所有峰值为”：默认是 0dB，可以设置匹配所有峰值的绝对值。若一次选择了多个素材片断，使用这项功能可以把选择的所有音频内容调整到使它们的峰值均达到 0dB 所需的增益。

（2）调整主音轨的音量

选择系统菜单中的“序列|标准化主轨道”命令，在打开的对话框中输入具体值，如图 10.2.20 所示。这里输入了-5，单击“确定”按钮。主音频电平表就降低了 5dB。

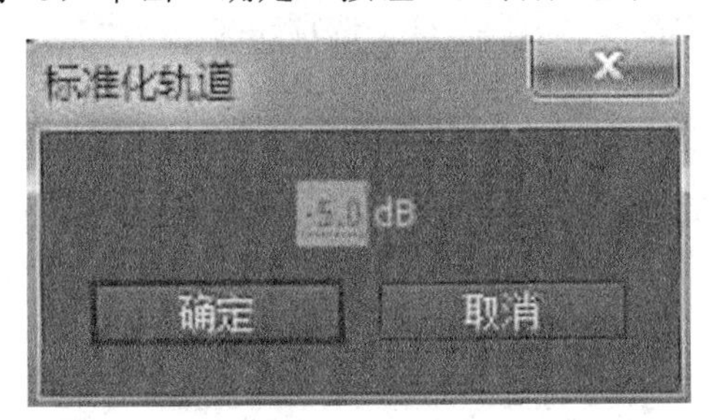

图 10.2.20 标准化轨道

10.3 添加音频效果与音频过渡效果

在 Premiere Pro CC 的“效果”面板中也包括了对音频文件设置的音频效果和音频过渡效果。使用这些内置效果可以使音乐更具艺术表现力。

10.3.1 添加音频效果

这里以为音频轨道素材添加“延迟”音频效果为例，说明为音频轨道素材添加音频效果的方法。

1. 插入音频文件

将一个音频素材，插入到“时间线”序列窗口的音频轨道中。

2. 设置“延迟”效果

在“效果”面板中的“音频效果”文件夹中选择“延迟”效果，并将其拖动到音频轨道素材上；或者将“延迟”效果拖动到“效果控件”面板。

3. 设置参数

打开“效果控件”面板，展开“延迟”效果进行参数设置，如图 10.3.1 所示。

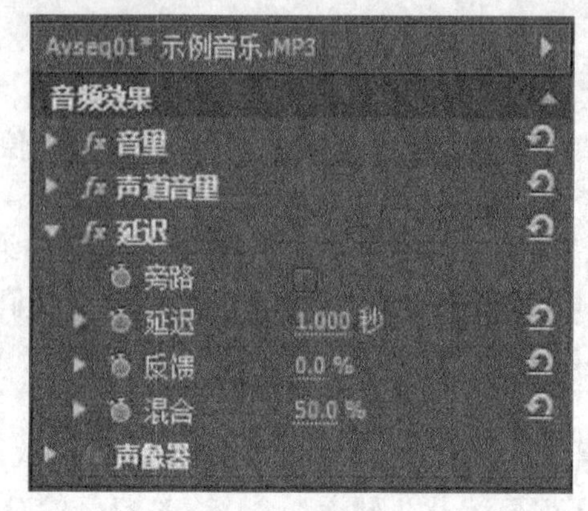

图 10.3.1 音频效果

很多音频效果的参数中都有“旁路”这个选项，这是一个控制效果的开关量。若“旁路”右侧的复选框处于选中的状态☑，表示不应用当前添加的效果。若该复选框处于未选中的状态，则表示效果被应用。如果只是要对素材其中的一部分内容应用“延迟”效果，可以通过设置“旁路”关键帧来完成。

4. 设置素材关键帧

这里将 00:00:10:20 开始一直到 00:00:15:08 间的内容应用“延迟”效果。

在零点处选中“旁路”右侧的复选框☑，并创建第一个关键帧；移动编辑标记线至 00:00:10:20，取消“旁路”右侧的复选框的选中状态，创建第二个关键帧；继续移动编辑标记线至 00:00:15:08 处，选中“旁路”右侧的复选框☑，并创建第三个关键帧如图 10.3.2 所示。

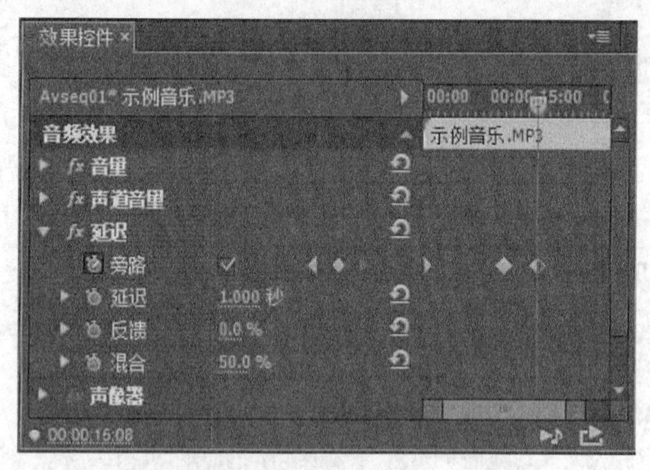

图 10.3.2 创建由“旁路”控制的三个关键帧

注意：

当然也可以直接设置“延迟”的关键帧来控制延迟的效果。

10.3.2 添加音频过渡效果

前面介绍过利用添加素材音量关键帧的方法实现淡入淡出效果，利用添加轨道关键帧的方法实现淡入淡出效果，本节介绍利用“效果”面板中的“音频过渡”文件夹中的效果完成音频的淡入淡出效果。

添加音频过渡效果与添加视频过渡效果的操作方法一样。

1. “恒定功率”效果

将“效果”面板中的“音频过渡|交叉淡化”文件夹中的“恒定功率”效果拖动到“时间线”序列窗口的音频轨道素材开始处，如图 10.3.3 所示。打开“效果控件”面板，可以修改效果的持续时间，完成淡入效果的设置，如图 10.3.4 所示。

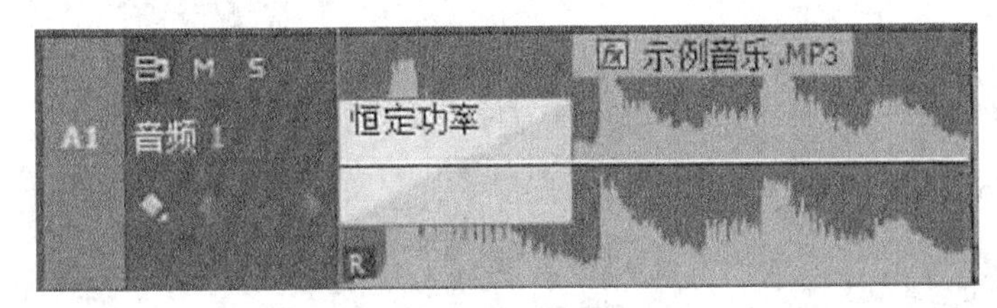

图 10.3.3 添加恒定功率效果

图 10.3.4 用“恒定功率”效果完成淡入效果

继续将“恒定功率”效果拖动到音频轨道素材的结束处。打开“效果控件”，可以修改效果的持续时间，完成淡出效果的设置。音频轨道的内容如图 10.3.5 所示，“效果控件”内容如图 10.3.6 所示。

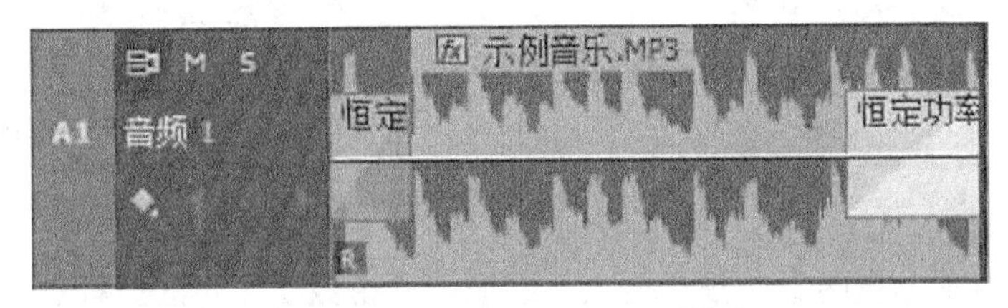

图 10.3.5 在素材首尾添加“恒定功率”效果

图 10.3.6 “恒定功率”效果完成淡出效果

2. “恒定增益”效果

也可以将“恒定增益”效果拖动到轨道素材的两端完成音频的淡入淡出效果。“效果控件”中的效果如图 10.3.7 所示。

图 10.3.7　添加“恒定增益”效果

“恒定增益”效果是以恒定的速率进行音频的淡入和淡出效果处理，听起来会感到有些生硬；而“恒定功率”效果可以创建比较平滑的淡入淡出效果。

3. “指数淡化”效果

在“音频过渡”文件夹中还有一个“指数型淡入淡出”，它是以指数形式淡出前一段素材，同时淡入后一段素材。

当然音频过渡效果也常用在两个音频片段之间，如图 10.3.8 所示。这时可以在“效果控件”面板的“对齐”下拉列表中选择其对齐的位置。

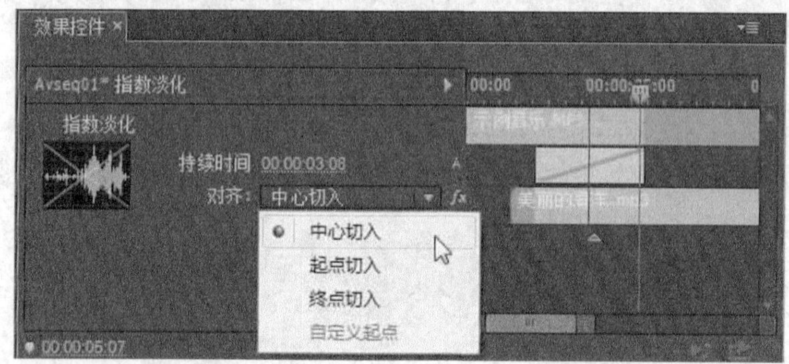

图 10.3.8　对齐位置设置

如图 10.3.9 所示，在两个音频素材之间添加了“指数淡化”的音频过渡效果。

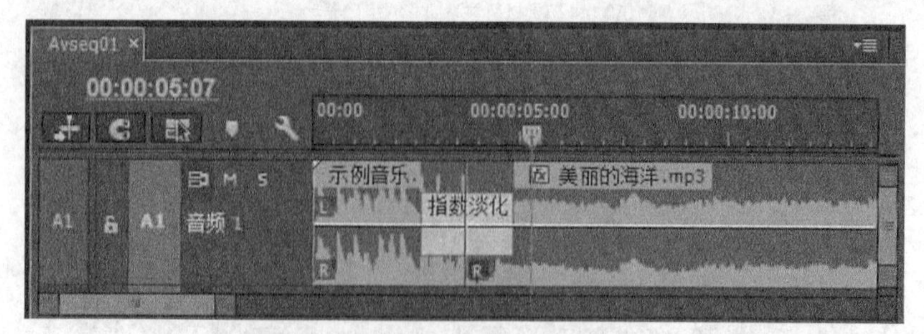

图 10.3.9　添加指数淡化效果

10.4 使用“音轨混合器”

Premiere Pro CC 提供了一个专业的音频控制面板——“音轨混合器”。使用“音轨混合器”面板可以很直观地对多轨道的音频进行录音以及编辑音频文件、添加音频效果和进行多轨道的混音控制。

10.4.1 使用“音轨混合器”录制配音

使用“音轨混合器”面板为编辑的素材录制配音非常方便，可以边预览视频内容边录制配音。下面为一段有背景音乐的视频文件录制配音。

1. 准备录音设备

将话筒插入到电脑的 MIC 输入插孔，单击“编辑”菜单中的“首选项”子菜单中的“音频硬件”命令，在弹出的“首选项”设置对话框中的“音频硬件”面板中单击“ASIO 设置”按钮，进行录音设备的检查。

2. 将视频文件放置到“时间轴”序列窗口的轨道上

将视频素材插入到“时间轴”序列窗口的视频 1 轨道，同时其音频部分也插入到了音频 1 轨道。

3. 打开“音轨混合器”录音

单击“窗口|音轨混合器”命令，打开“音轨混合器”面板。“音轨混合器”中的音轨内容与当前“时间轴”序列窗口中的音轨内容是完全对应的。操作步骤如图 10.4.1 所示。

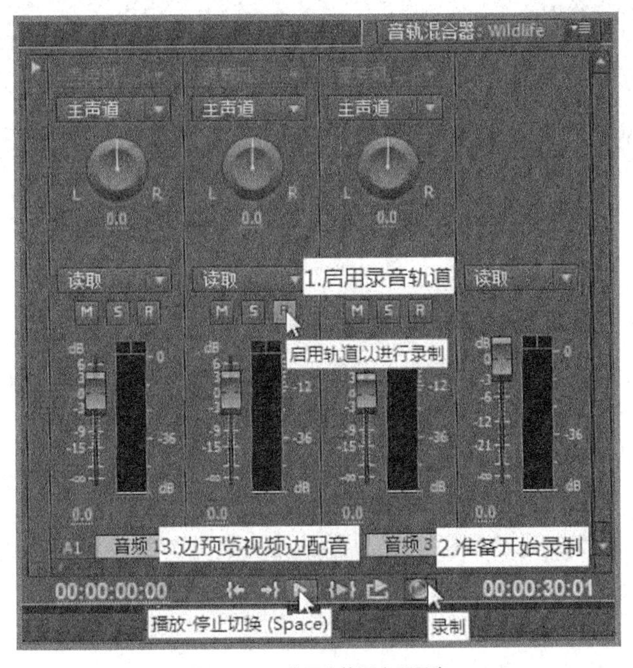

图 10.4.1 使用音轨混音器录音

❶ 在“音轨混合器”中按下“音频 2”轨道的“启用轨道以进行录制”按钮，如图 10.4.1 所示。

❷ 按下“音轨混合器”面板下方的“录制”按钮。该按钮不断闪动，说明已经做好了录音的准备。

❸ 继续按下“播放—停止切换”按钮。边预览视频边对着话筒进行配音，如图 10.4.2 右侧图所示。

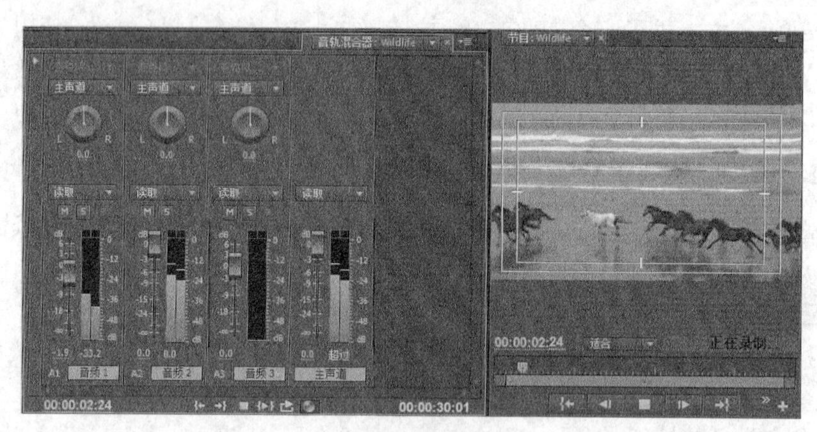

图 10.4.2　开始录音

❹ 单击“播放—停止切换”按钮，停止录音。

刚录制好的一个音频文件自动添加到“项目”管理器窗口中。录制的音频文件也自动放置到“时间轴”序列窗口的音频 2 轨道中，如图 10.4.3 所示。

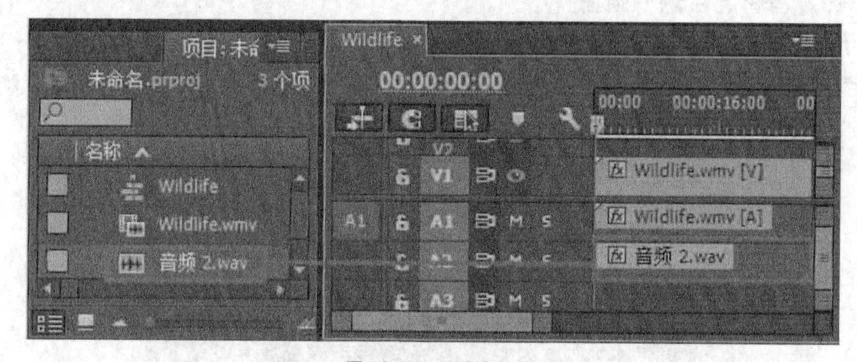

图 10.4.3　录音文件

10.4.2　使用“音轨混合器”添加音频特效

前面介绍过利用“效果控件”面板设置音频文件的效果。在“音轨混合器”也可以为轨道添加一个或多个音频效果。

1. 添加效果

单击“音轨混合器”左上方的“显示/隐藏效果和发送”按钮，如图 10.4.4 所示，然后单击“效果选择”下拉列表选择要添加的具体效果。这里为音频轨道 1 的素材添加了“消除齿音”效果和“消除嗡嗡声”两个效果，如图 10.4.4 右侧图所示。

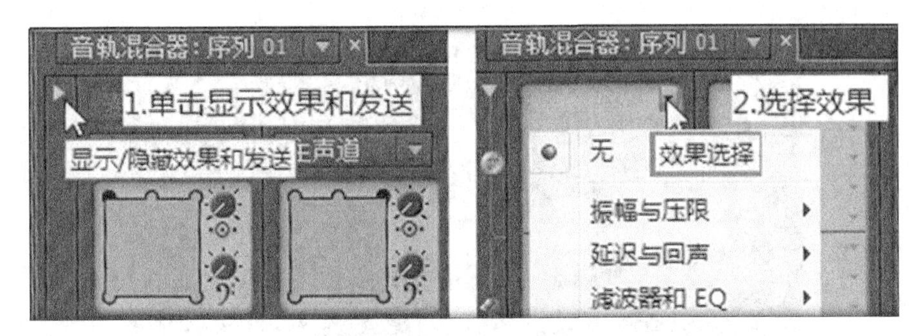

图 10.4.4 添加效果

2. 修改效果

若要对效果进行参数设置，可以先在“音轨混合器”中选中要修改的效果，然后在其下方就可以直接修改其参数值，如图 10.4.5 所示。

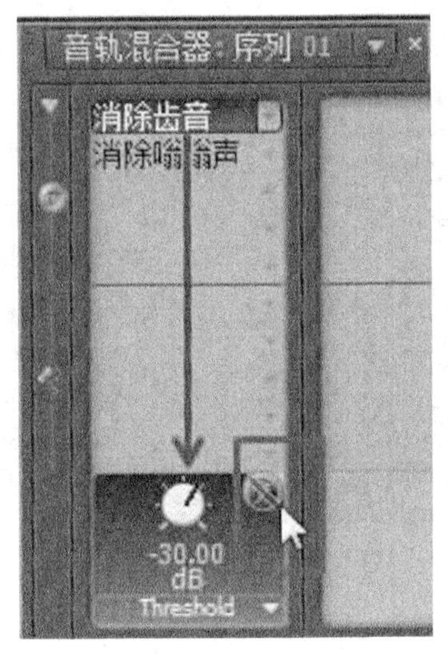

图 10.4.5 修改效果

3. 隐藏效果与应用效果

单击效果参数显示器右上方的“隐藏/应用”效果按钮，当其为禁止标记时表示隐藏效果，这时效果并没有被删除只是暂时不起作用；再次单击该标记来应用设置的效果。

10.4.3 使用“音轨混合器”制作 5.1 环绕声

在 Premiere Pro CC 中可以使用“音轨混合器”制作 5.1 声道音频文件，5.1 声道环绕音频能够更好地表现声音的临场感。5.1 声道包括三条前置音频声道（左声道、中置声道、右声道）、两条后置或环绕音频声道（左声道和右声道）以及通向低音炮扬声器的低频效果 (LFE) 音频声道。

1. 新建序列

在打开的“新建序列”对话框的“轨道”选项卡中设置音频的主音轨为 5.1 声道音频，并根据音频源文件的数量和混音的需要设置各种类型的音频轨道数量。单击“确定”按钮，建立一个主音轨为 5.1 声道的序列，如图 10.4.6 所示。

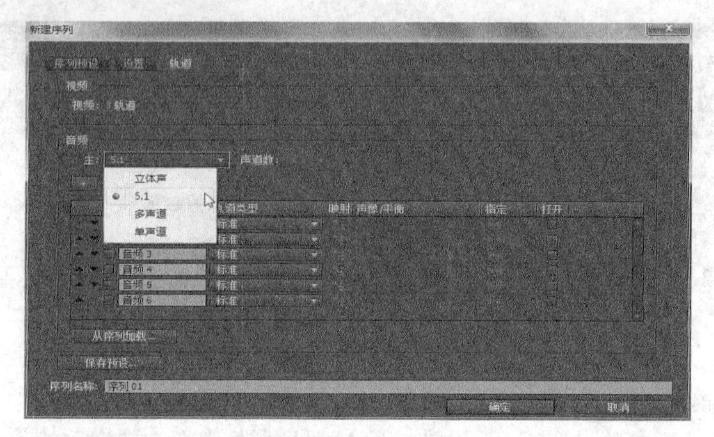

图 10.4.6 新建序列

2. 导入素材文件

导入要编辑的素材文件，并将其放置到相应的音频轨道上，如图 10.4.7 所示。

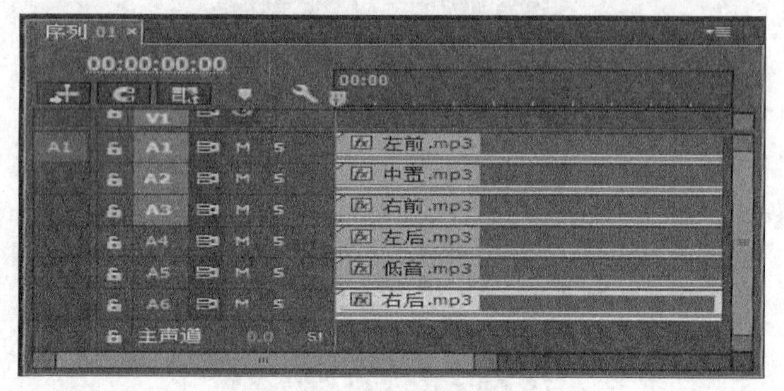

图 10.4.7 “时间轴”序列窗口

3. 在“音轨混合器”中进行混音

单击“窗口|音轨混合器”命令，打开“音轨混合器”面板。单击“音轨混合器”下方的“播放—停止切换”按钮，预览当前的混音效果。

在“音轨混合器”中，把每个轨道的“定位声场点”拖动到合适的位置，如图 10.4.8 所示。

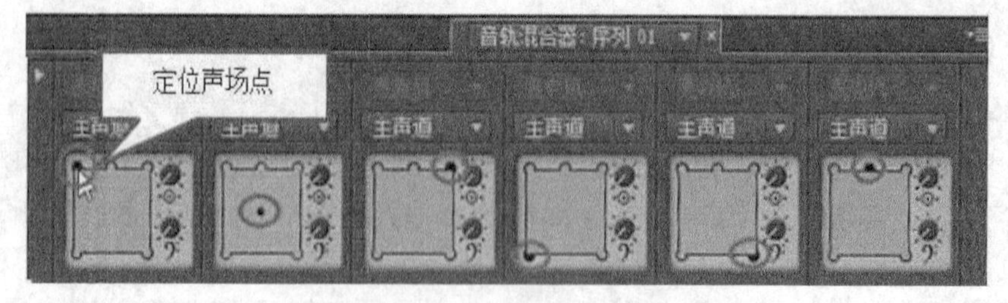

图 10.4.8 “音轨混合器”定位声场点

将各音频轨道的自动模式设置为“写入”模式，并单击“音轨混合器”底部的“播放”按钮。在播放的过程中，对各音频轨道的“音量调节块”进行实时调节，如图 10.4.9 所示。

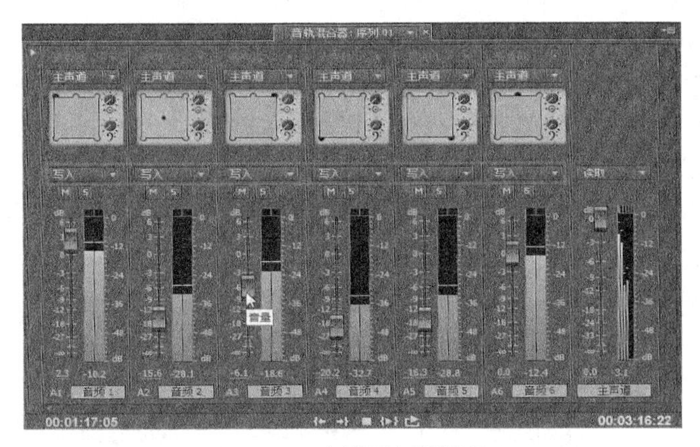

图 10.4.9 动态调节各轨道音量

调节后的结果会以轨道关键帧的方式被保留下来，如图 10.4.10 所示。

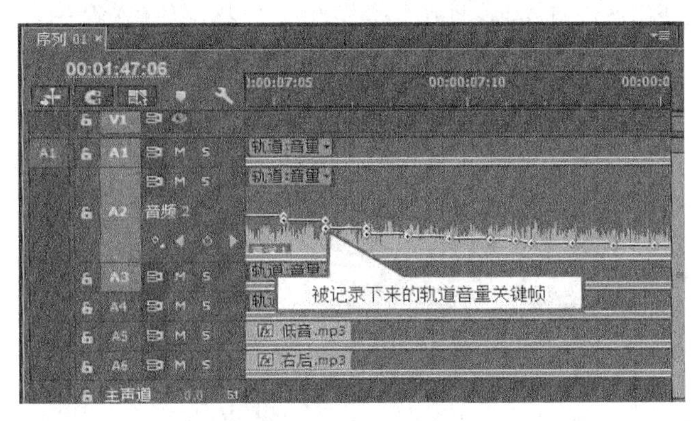

图 10.4.10 轨道关键帧内容

自动模式选项共有五个，其含义如下。

- 关：回放期间忽略轨道的存储设置。使用该模式中不会录制对音轨所做的更改。
- 读取：读取轨道的关键帧并在回放期间使用它们来控制轨道。
- 写入：以关键帧的方式保存对轨道所做的修改。
- 闭锁：只有在开始调整某一属性之后，才会启动自动操作。初始属性设置来自前一调整。
- 触动：用来保护用户对音频素材所做的调整，用户做完调整后音量滑块会自动回到当前编辑之前的位置。

当所有的调节都完成后，将各音频轨道的自动模式再次设置为“读取”模式，以只读的方式保护记录的调节不被更改。

10.5 应用实例——制作“魅力九寨沟”视频

制作一个鸟叫虫鸣的魅力九寨沟的 5.1 声道的视频作品。

在“C：\魅力九寨沟”文件夹中包括一个视频文件“魅力九寨沟.AVI”，和六个音频文件：“船鸣叫.wav”“杜鹃.wav”“流水声.wav”“虫鸣.wav”“小鸟叫.wav”以及“示例音乐.mp3”。为“魅力九寨沟.AVI”视频文件配上 5.1 声道的背景音乐。

1. 新建项目文件并建立一个主音轨为 5.1 声道的序列

新建项目“魅力九寨沟.prproj”；新建序列，在“新建序列”对话框的“轨道”选项卡中设置音频的主音轨为 5.1 声道音频，6 个标准类型的音频轨道。

2. 导入素材文件夹至“项目”管理器面板

在项目窗口空白区双击鼠标左键，在“导入”对话框中选择“C：\魅力九寨沟”文件夹，单击“导入文件夹”按钮。

3. 对视频文件添加效果，使视频内容更加清爽明亮

将“魅力九寨沟.AVI”的视频部分插入到“时间轴”序列窗口的视频 1 轨道的零点处。并将“视频效果”中“颜色校正”文件夹中的“亮度曲线”拖动到“时间轴”窗口的素材上。这时在“效果控件”窗口可以看到加入的“亮度曲线”，将“亮度曲线”的选项参数打开，拖动“亮度波形”加大图像的亮度和总体的对比度，如图 10.5.1 所示。

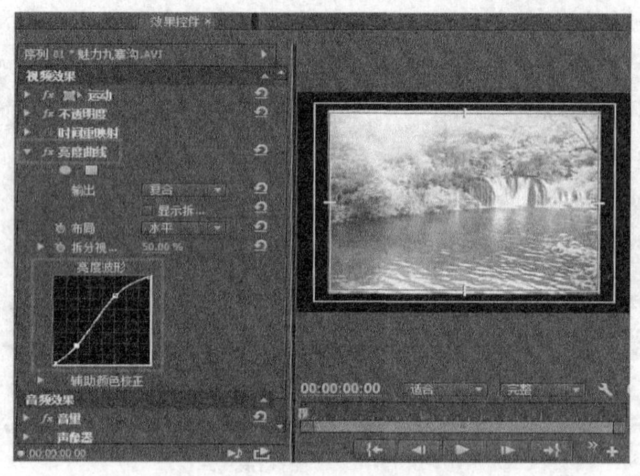

图 10.5.1 添加“亮度曲线”效果

4. 将音频素材插入到相应的音频轨道中

将“小鸟叫.wav”插入到音频轨道 1 的第 1 秒处；将“杜鹃.wav”插入到音频 2 轨道的第 3 秒处；截取“流水声.wav”开头的 5 秒插入到音频 3 轨道零点处；将“船鸣叫.wav”插入到音频轨道 4，并使其出点与“杜鹃.wav”的出点对齐；截取“虫鸣..mp3”最后的 2 秒的内容，将其插入到音频轨道 5，并使其出点与视频文件“魅力九寨沟.AVI”的出点对齐，将“示例音乐.mp3”插入到音频轨道 6 的零点处，并使其出点与“魅力九寨沟.AVI”出点对齐，如图 10.5.2 所示。

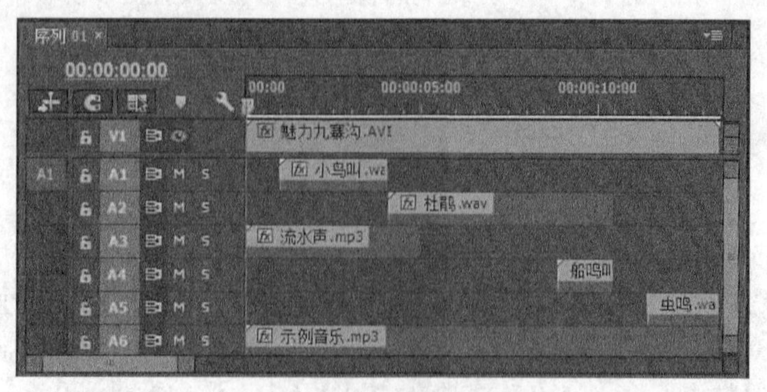

图 10.5.2 “时间轴”序列窗口

5. 添加音频效果

在“效果”面板中的“音频效果”文件夹中选择“低通”效果，并将其拖动到音频轨道 5 的“船鸣叫.wav”素材上。打开“效果控件”面板，展开“低通”效果参数进行设置。使得船的鸣叫声音不再刺耳。效果控件如图 10.5.3 所示。

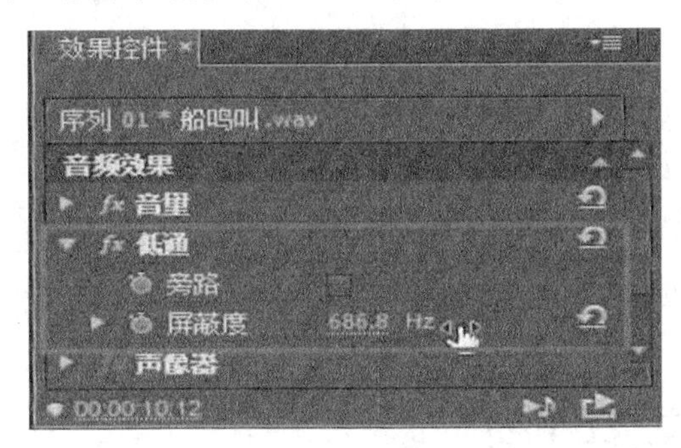

图 10.5.3　添加“延迟”效果

6. 设置 5.1 声道环绕立体声效果

❶ 打开“音轨混合器”面板，把每个轨道的“定位声场点”拖动到合适的位置，如图 10.5.4 所示。

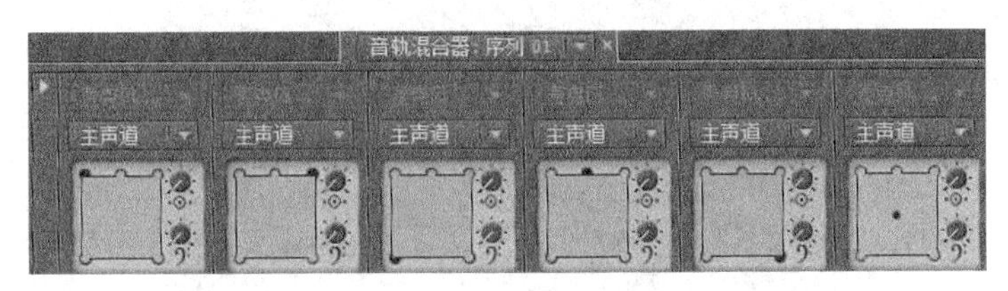

图 10.5.4　定位声场点

❷ 将各音频轨道的自动模式设置为“写入”模式，并单击“音轨混合器”底部的“播放”按钮。在播放的过程中，对各音频轨道的“音量调节块”进行实时调节，如图 10.5.5 所示。这些调节都将以轨道关键帧的形式被记录下来。

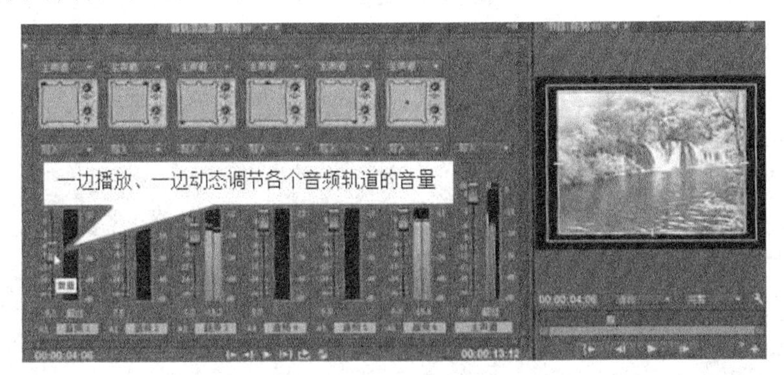

图 10.5.5　动态调节各轨道音量

7. 预览效果

8. 保存项目文件

10.6 习题

一、简答题

1.简述声音的数字化过程。

2.简述为音频素材添加音频效果的方法。

3.“音轨混合器”中的“自动模式”的内容有哪些？其含义是什么？

二、操作题——制作左右声道分别播放不同的音频文件的效果

步骤如下。

1. 新建项目文件“双声.prproj”

启动 Premiere Pro CC，新建一个名为“双声.prproj”的项目文件，如图 10.6.1 所示。

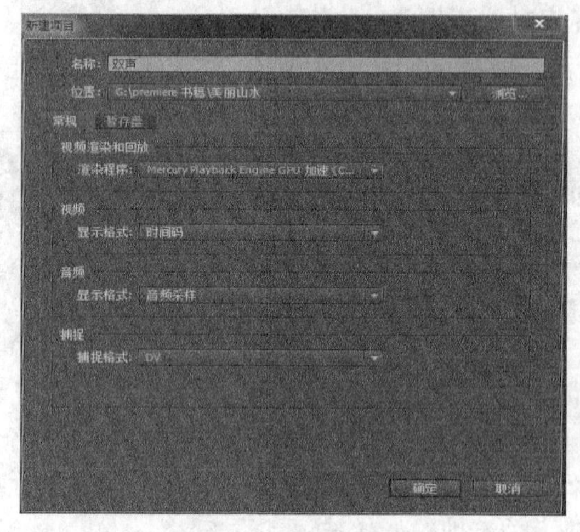

图 10.6.1 新建项目文件

2. 导入文件

利用“文件|导入”命令，在打开的对话框中分别导入：“古筝曲.mp3”文件和“快乐崇拜.mp3”文件。

3. 新建序列

利用“文件|新建|序列”命令，在“新建序列”对话框中选择“序列预设”选项卡中的 DV-PAL 制中的标准 48kHz，其他内容使用默认设置。

4. 插入音频文件至序列中

将“古筝曲.mp3”，插入到音频轨道 1 的零点处；将“快乐崇拜.mp3”插入到音频轨道 2 的零点处。将“快乐崇拜.mp3”的结束位置与“古筝曲.mp3”的结束位置对齐，将其多出部分删除，如图 10.6.2 所示。

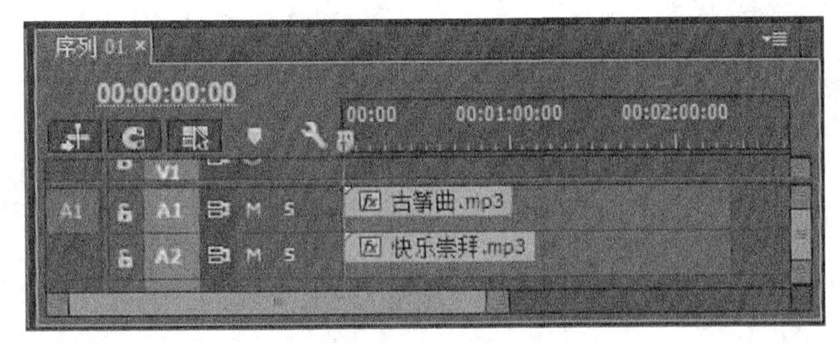

图 10.6.2 时间轴轨道内容

5. 添加“声像”效果

让左声道播放“古筝曲.mp3”：将“音频效果”中的“声像”效果拖动至音频轨道 1 的“古筝曲.mp3”上，在“效果控件”面板中设置其“平衡”值为-100，如图 10.6.3 所示。

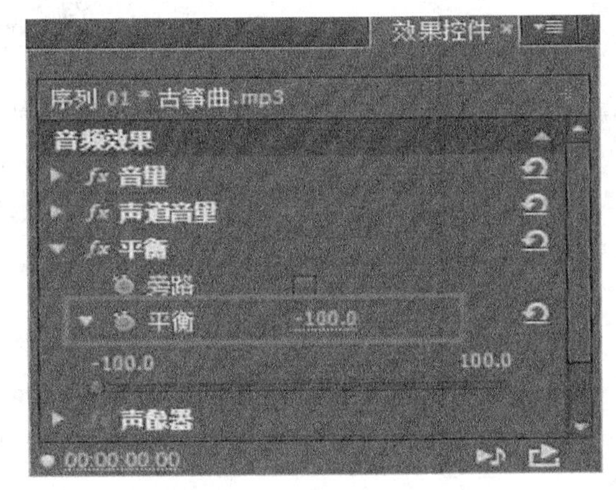

图 10.6.3 添加并设置效果内容

同理，让右声道播放“快乐崇拜.mp3”：将“音频效果”中的“声像”效果拖动至音频轨道 2 的“快乐崇拜.mp3”上，在“效果控件”面板中设置其“平衡”值为 100。

预览试听效果。可以听到左声道单独播出“古筝曲.mp3”，右声道单独播出“快乐崇拜.mp3”。

Adobe Premiere Pro CC

Chapter 11

第 11 章 输出文件

使用非线性编辑软件 Premiere Pro CC 进行视频编辑，其最后一个环节就是将编辑好的影片进行输出。Premiere Pro CC 提供了多种输出形式：可以输出到多种媒介上，如磁带、光盘等，还可以使用 Adobe 媒体编码器，对视频进行不同格式的编码输出。

学习要点：

- 掌握 Premiere Pro CC 的导出设置
- 熟悉 Premiere Pro CC 常用文件的导出方法
- 掌握导出交换文件的方法

建议学时：上课 2 学时，上机 2 学时。

11.1 “导出设置”窗口

在 Premiere Pro CC 中，用户在完成了对项目文件的编辑之后，可以按照用途将编辑好的内容输出为不同格式的文件。

11.1.1 预览窗口

在“时间轴”序列窗口编辑好作品后，单击菜单“文件|导出|媒体”命令，在“导出设置”对话框中可以对视频尺寸、编辑方式、输出文件的格式等导出参数进行设置，如图 11.1.1 所示。

图 11.1.1 “导出设置”对话框

在左侧的视频预览区上方有“源”和“输出”两张选项卡，其中：“源”表示项目的编辑画面；单击“裁剪输出视频”按钮，可以在预览区域内直接拖动调整框，来控制画面的输出范围。预览窗口下方有播放控制按钮，拖动滑杆上方的滑块可以控制当前画面的播放位置，滑杆下方的左右两个小三角用来控制导出影片的入点和出点，如图 11.1.2 所示。

图 11.1.2 裁剪输出视频

调整结束后，单击“输出”选项卡，可以看到最终输出的视频画面效果。

11.1.2 导出设置

在“导出窗口”的右侧为具体的导出参数的设置。

选择“与序列设置匹配”可以自动从 Premiere Pro 序列中导出设置与该序列设置完全匹配的文件；在“预设”下拉列表中选择已经设置好的预设导出方案，完成设置后可以在“导出设置”对话框的“摘要”区域查看部分导出设置的内容；单击“导出设置”中的“格式”下拉列表框，显示出 Premiere Pro CC 能够导出的所有媒体格式，如图 11.1.3 所示。

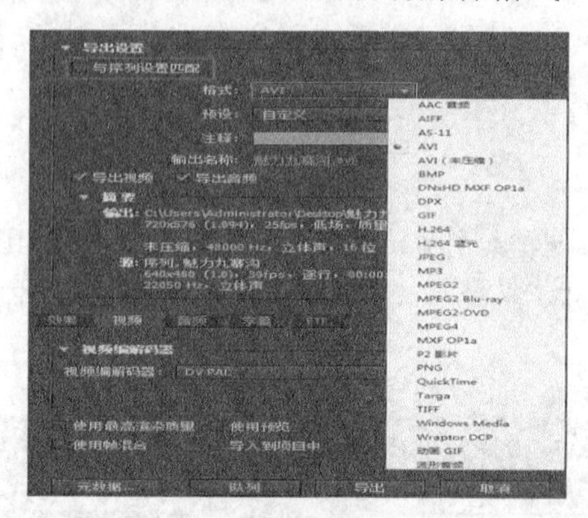

图 11.1.3 “导出”各种媒体形式

在“格式”里选择所需的文件格式；根据实际应用，在“预置”中可以选择预置好的编码也可以自定义设置；在“输出名称”中设置文件的存储路径和文件名称。设置完成后单击“元数据”按钮，打开“元数据导入”对话框，如图 11.1.4 所示，选中“在输出文件中嵌入”选项，可以将元数据嵌入到文件中一同输出。

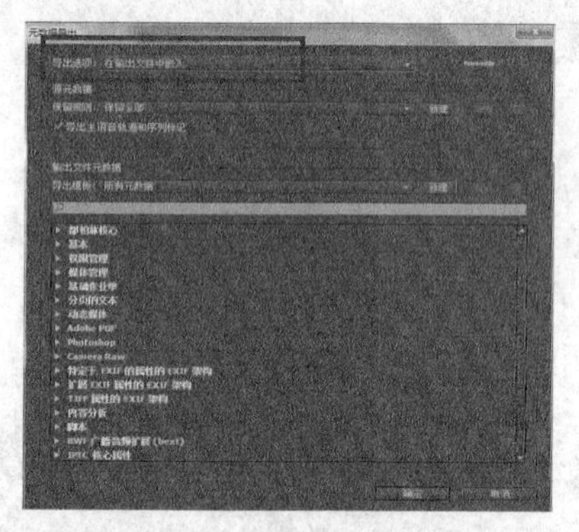

图 11.1.4 “元数据”导出

“导出”按钮，可以直接输出；单击“队列”按钮，系统将自动打开 Adobe Media Encoder，如图 11.1.5 所示。设置好的项目将自动出现在导出队列列表中。单击“Start Queue”按钮，可将序列按照设置输出到指定的磁盘空间。

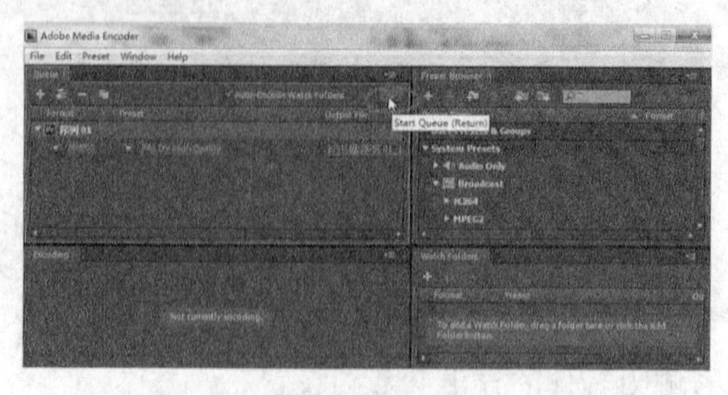

图 11.1.5 Adobe Media Encoder 界面

Adobe Media Encoder 用作 Adobe Premiere Pro、Adobe After Effects 和 Adobe Prelude 的编码引擎。也可以将 Adobe Media Encoder 用作独立的编码器。

注意：

默认情况下，Adobe Media Encoder 将导出的文件保存在源文件所在的文件夹中。

11.2 常用的输出文件

Premiere Pro CC 可以输出多种类型的文件，本节介绍几种常用文件的输出方法。

11.2.1 输出“字幕”文件

字幕文件是一类扩展名为“.prtl”的文件，它和其他素材文件一样，也可以直接被导入到其他的项目文件中使用。

在“项目”管理器窗口选择已有的字幕文件。单击菜单“文件|导出|字幕”命令，在打开的“保存字幕”对话框中设置文件的名称和位置，如图 11.2.1 所示。

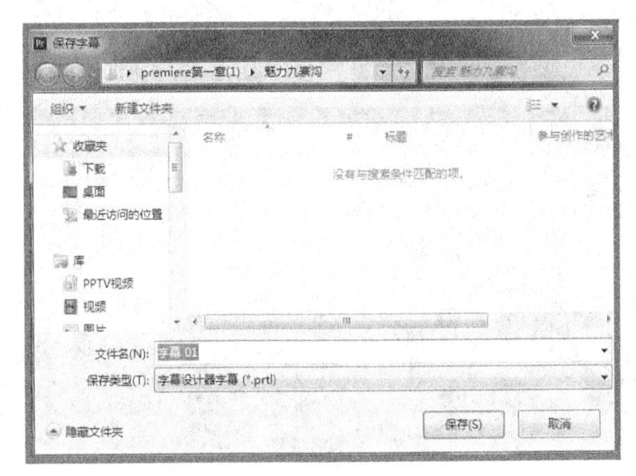

图 11.2.1 “保存字幕”对话框

11.2.2　输出图像文件

1. 输出单帧图像

Premiere Pro CC 可以将视频画面的某个静帧画面输出为图像。经常使用这一功能来制作影片的宣传海报。

❶ 方法 1：使用“导出帧”按钮输出。

设置播放显示器的位置，单击“源”监视器或者“节目”监视器中的“导出帧”按钮，在“导出帧”对话框中输入导出帧的名称、格式、保存路径、是否要将导出帧再次导入到当前项目中等信息，如图 11.2.2 所示。在格式下拉列表中可以选择将静帧画面保存为 BMP、DPX、GIF、JPEG、PNG、Targa 以及 TIFF 等图片格式。

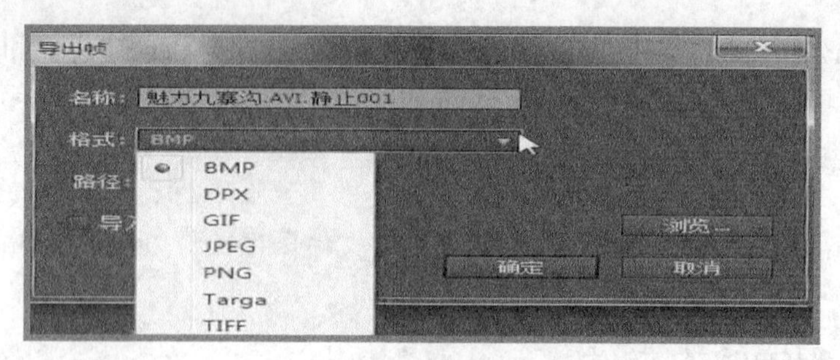

图 11.2.2 导出帧

❷ 方法 2：在“导出设置”的“格式”下拉列表中选择图像文件格式、设置图片的保存位置和名称进行保存。

2. 输出图片序列

Premiere Pro CC 可以将视频输出为静止图片序列，即将视频画面的每一帧都输出为一张图片，这些图片会自动编号。这一功能常用来在 3D 软件中做动态贴图。

❶ 在“时间轴”序列窗口为要输出为图片序列的视频片段设置入点和出点，如图 11.2.3 所示。

图 11.2.3 设置入点出点

❷ 单击“文件|导出|媒体”命令，在“导出设置”对话框中的“预设”选项中选择“PAL DV 序列”选项，如图 11.2.4 所示。

图 11.2.4 导出中的预设内容

❸ 设置文件的保存位置和名称，单击“导出”按钮。

输出完成的图片序列文件如图 11.2.5 所示。

图 11.2.5　导出的序列文件

11.2.3　输出音频文件

Premiere Pro CC 可以在“导出设置”对话框的“格式”列表中选择一种音频编码格式如 MP3 等，直接将影片的音频部分进行输出，如图 11.2.6 所示。

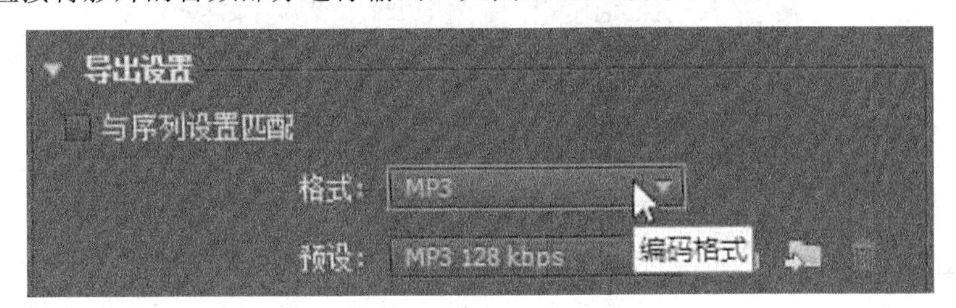

图 11.2.6　导出音频文件格式

也可以在“导出设置”的“格式”列表中选择一种包括音频的视频文件格式，如图 11.2.7 所示，选择了 MPGE2 格式，仅勾选其下方的“导出音频”复选框，这样只输出视频文件的音频部分。

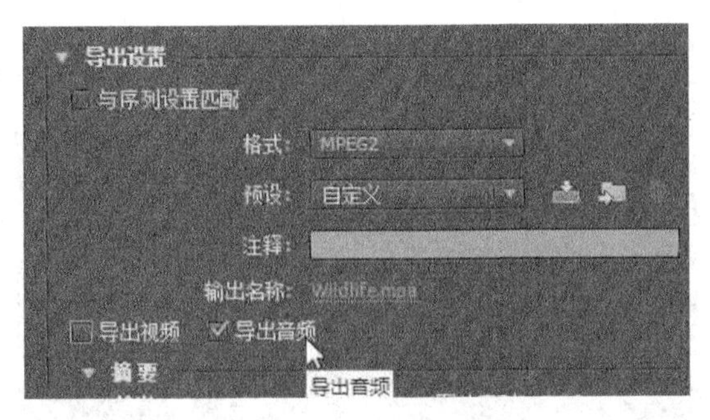

图 11.2.7　仅导出音频文件

11.2.4　输出视频文件

在“时间轴”序列窗口中编辑好要导出的视频内容后，选择菜单“文件|导出|媒体”命令，在“导出设置”对话框中的“格式”下拉列表中选择视频文件格式：P2 影片、QuickTime、

H.264、H.264Blu-ray、MPGE-4、MPGE-2、MPGE-2-DVD、MPGE24Blu-ray 等；还有只能在 Windows 中使用的 Microsoft AVI、动画 GIF、MPGE-1 以及 Windows Media 文件等。

1. 输出 AVI 文件

AVI（Audio Video Interleaved）音频视频交错格式，是将视频与音频同步组合在一起的文件格式。它对视频文件采用了有损压缩方式，所以压缩比较高。

当输出为视频文件时，经常需要在“导出设置”对话框中设置一些有关文件输出的选项。当输出格式选择“AVI”格式后，在“导出设置”对话框中间部分有“视频”选项卡，在其中可以设置“视频编解码器”，如图 11.2.8 所示，这里选择了“DV PAL”；在“基本视频设置”中可以设置视频的宽高、帧速率以及场序等内容。“场序”决定了所输出视频在播放时的扫描方式：“高场优先”采用隔行扫描、“低场优先”采用逐行扫描的方式。

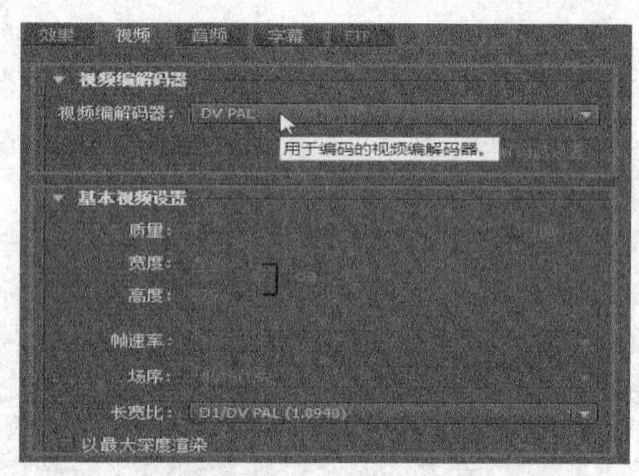

图 11.2.8　视频输出设置

2. 输出 WMV

WMV(Windows Media Video)是微软推出的一种流媒体格式，在相同的视频质量下，WMV 格式的文件可以边下载边播放，因此很适合在网上播放和传输。

在“导出设置”的“格式”下拉列表中选择“Windows Media”选项，可以将视频输出为 WMV 文件。这时在“导出设置”对话框的“视频”选项卡的“比特率设置”中有“比特率编码下拉列表选项”，如图 11.2.9 所示。各选项含义如下。

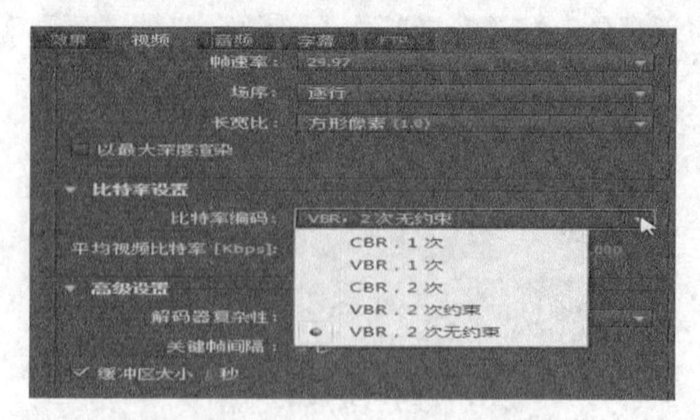

图 11.2.9　输出 WMV 并进行视频导出设置

（1）CBR 恒定比特率编码

在流式播放方案中使用 CBR 编码最为有效。使用 CBR 编码时，比特率在流的进行过程中基本保持恒定并且接近目标比特率，CBR 编码的缺点在于编码内容的质量不稳定。

（2）VBR 可变比特率编码

当输出的内容要供用户下载、要将内容在本地播放或者在读取速度有限的设备（如 CD 或 DVD 播放机）上播放时，请使用 VBR 编码。当编码内容中混有简单数据和复杂数据（例如，在快动作和慢动作间切换的视频）时，VBR 编码是很有优势的。

当选择 1 次编码时，编解码器只对视频画面进行 1 次编码分析，其特点是快，但无法获得最佳的编码设置；当选择 2 次编码时，系统将在 1 次编码的基础上进行 2 次编码，调整和优化系统设置，从而以最佳的编码设置来渲染视频文件进行输出。

3. 输出 MPEG 文件

在“导出设置”的“格式”下拉列表中有一系列 MPGE 的视频格式，如图 11.2.10 所示。

图 11.2.10　多种 MPGE 的视频格式

MPEG（Moving Picture Experts Group，动态图像专家组）是一个系列标准，常用到的有 MPEG-1、MPEG-2、MPEG-4、MPEG-7 及 MPEG-21 等。

（1）MPEG-1 标准

MPEG-1 标准是 1991 年制定的 1.5Mb/s 的运动图像及伴音压缩编码标准，该标准包括 MPEG 视频、MPEG 音频和 MPEG 系统三部分。MPEG-1 广泛应用于 CD-ROM、VCD 等领域。

（2）MPEG-2 标准

MPEG-2 标准是通用视频压缩编码标准，向下兼容 MPEG-1，但比其性能大大提高。主要由 4 部分构成：系统、视频、音频、一致性测试。MPEG-2 广泛应用于数字电视、HDTV、DVD、视频采集压缩卡等领域。

（3）MPEG-4 标准

追求的不是高品质而是高压缩率以及适用于网络的交互能力。MPEG-4 最突出的特点是基于内容的交互性；高压缩比，可应用在低带宽（<64kbps）环境；灵活的存取方式，适合不同应用环境。实现了开放的编码系统，使其的灵活性极大提高。主要面对移动通信或目前 Internet 上低带宽多媒体的应用、精彩的视频世界等方面。

（4）MPEG-21 标准

1999 年 10 月 MPEG 会议上提出，名称为“多媒体框架（Multimedia Framework）”，目标是保证数字媒体消费的简单性，并在一定条件下自动完成交易。制定 MPEG-21 标准的目的是：将不同的协议、标准、技术等有机地融合在一起；制定新的标准；将这些不同的标准集成在一起。MPEG-21 标准其实就是一些关键技术的集成，通过这种集成环境就对全球数字媒体资源进行透明和增强管理，实现内容描述、创建、发布、使用、识别、收费管理、产权保护、用户隐私权保护、终端和网络资源抽取、事件报告等功能。

在 Premiere Pro CC 中可以根据具体用途将作品输出为不同的 MPEG 格式的文件。

11.3 导出交换文件

交换文件就是指可以与其他应用程序进行协同工作的项目格式，即：允许多个软件共享的一种文件形式。

11.3.1 导出 EDL 文件

EDL(Editorial Determination List)编辑决策列表，是一个表格形式的列表，由时间码值形式的电影剪辑数据组成。EDL 常用来做视频编辑领域的编辑交换文件，它可以记录用户对素材的各种编辑操作，用户可以在支持 EDL 文件的编辑软件中共享编辑项目。

在 Premiere Pro CC 中，从“项目”面板或时间轴中选择序列，单击菜单“文件|导出 EDL”命令，打开“EDL 导出设置”对话框，如图 11.3.1 所示，设置完毕单击“确定”按钮后在随即打开的“将序列另存为 EDL”对话框中设置文件名称和保存位置，如图 11.3.2 所示。

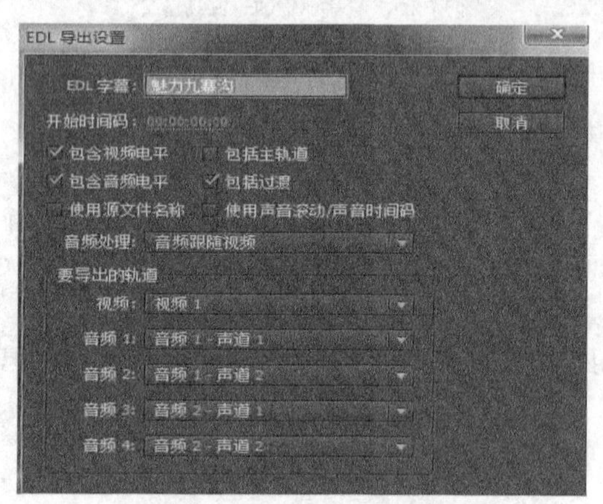

图 11.3.1 “EDL 导出设置”对话框

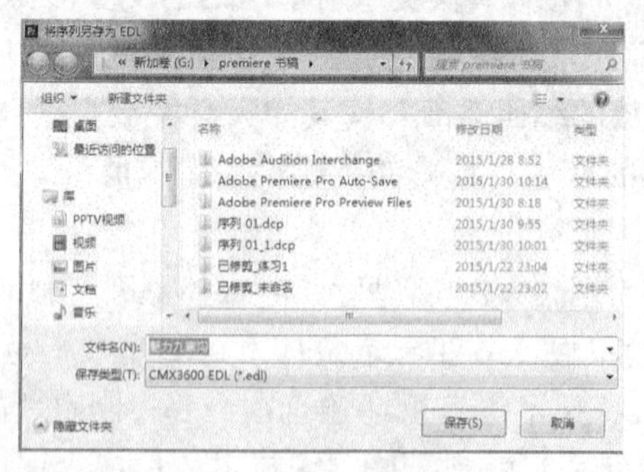

图 11.3.2 保存 EDL 类型的文件

11.3.2 导出 AAF 文件

AAF（Advanced Authoring Format）高级制作格式，是可以跨平台、跨系统在应用程序间交换数据媒体和元数据的文件。在 Premiere Pro CC 中，从“项目”面板或时间轴中选择序列，单击菜单“文件|导出 AFF”命令，打开“将转换的序列另存为-AFF”对话框，设置文件名称和保存位置，如图 11.3.3 所示。

图 11.3.3　将转换的序列另存为-AFF

11.3.3　导出 Final Cut Pro XML

可以使用 XML 项目在 Final Cut Pro 与 Premiere Pro 间交换信息。选择“文件|导出|AAF”命令，在“将转换的项目另存为—Final Cut Pro XML”对话框中，输入文件名称和保存位置，如图 11.3.4 所示。

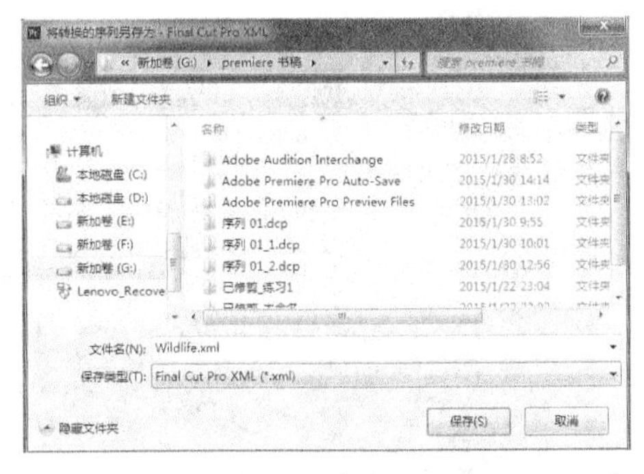

图 11.3.4　将转换的项目另存为—Final Cut Pro XML

以上介绍的三种交换文件都可以通过“文件|导入”命令再次将其导入到 Premiere 中进行编辑。

11.4　习题

简答题

1. 简述交换文件的作用，在 Premiere Pro CC 中可以导出的交换文件有哪些？

2. MPEG-1 和 MPEG-2 有何区别？将自己的视频文件分别输出为这两种格式，比较其差异。

3. Premiere Pro CC 的“导出设置”对话框中如何将用户自定义的输出方案保存为预设？

Adobe Premiere Pro CC

Chapter

12

第 12 章 制作旅游短片——美丽山水

本章按照非线性编辑的基本工作流程，介绍制作旅游短片的基本过程。力求使学生能够较好地掌握数字影视编辑软件 Premiere 技术的核心内容；加深学生对多媒体信息中音频、视频方面的基础知识和基本操作技能的理解；培养学生更好地组织和驾驭数字视频编辑的能力。

学习要点：

- 掌握序列嵌套的方法
- 掌握利用关键帧控制视频效果的方法
- 掌握视频效果、视频过渡效果的使用方法
- 掌握音频效果的设置
- 掌握字幕文件的创建和编辑
- 掌握视频的输出方法

建议学时：上机 2 学时。

12.1 案例分析

本章利用 Premiere Pro CC 制作一个综合旅游短片——美丽山水。

为了使案例结构清晰，在制作本案例时，每一个相对独立的部分都制作在一个独立的序列中，最终将序列进行嵌套，完成作品。

案例大体分五个部分：第一部分是影片的开头，制作天空的流云效果；第二部分制作电子相册部分；第三部分制作视频，包括对视频文件和音频文件的编辑；第四部分制作字幕；第五部分将所有制作的内容组织起来并输出视频。

12.2 案例设计

内容	片头——流云	电子相册	播放音频、视频并展开字幕
结果截图		蜀山自古称峨眉	蜀山自古称峨眉 峨眉哪比九寨奇？ 碧湖相连群瀑叠， 水光山色仙境开。

12.3 案例实现

12.3.1　制作片头

1．新建项目文件“美丽山水.prproj”

启动 Premiere Pro CC，新建一个名为“美丽山水.prproj”的项目文件，如图 12.3.1 所示。

图 12.3.1　新建项目

2．导入所需素材

利用“文件|导入”命令，在打开的对话框中分别导入“视频”文件夹、“图片”文件夹

以及“舒缓音乐.mp3”，如图 12.3.2 所示。

图 12.3.2 导入素材

3. 新建“片头”序列

利用“文件|新建|序列”命令，在“新建序列”对话框中选择“序列预设”选项卡中的 DV-PAL 制中的标准 48kHz。输入序列名称为“片头”，其他内容使用默认设置，如图 12.3.3 所示。

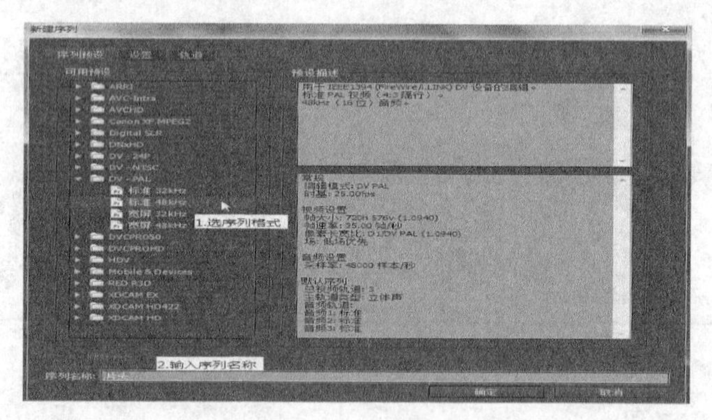

图 12.3.3 新建序列

4. 制作“流云”的视频效果

（1）视频 1 轨道插入图片“云.tif”

在“项目”窗口双击图片“云.tif”，将其在“源”监视器窗口打开，在 00:00:00:00 处设置入点，在 00:00:03:00 处设置其出点，将其插入到“时间轴”序列窗口的视频 1 轨道零点处，适当调整其位置和大小，如图 12.3.4 所示。

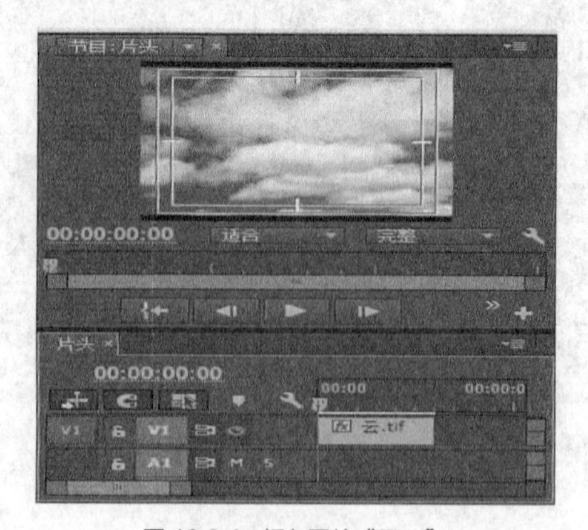

图 12.3.4 插入图片“云.tif”

（2）视频 2 轨道插入图片“雪山.jpg”

在视频 2 轨道零点处导入图片“雪山.jpg”，使其与“云.tif”首尾对齐；适当调整其位置和大小，如图 12.3.5 所示。

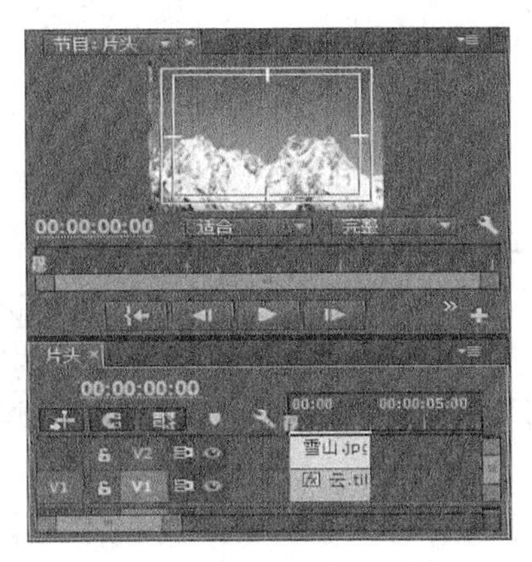

图 12.3.5　插入图片“雪山.jpg”

（3）将雪山图片中的天空部分去除

为视频 2 轨道的“雪山.jpg”添加视频效果中“键控|非红色键”效果，适当设置特效参数值，将天空部分去除掉。如图 12.3.6 所示，视频 2 轨道透过透明区域与视频 1 轨道的天空部分进行了合成。

图 12.3.6　抠图

（4）为“云.tif”添加效果，制作流云效果

为视频 1 轨道的“云.tif”添加视频特效“扭曲”中的“边角定位”（分别在 00:00:00:00 和 00:00:03:00 处设置其四角的位置关键帧来实现流云的效果），如图 12.3.7 所示。

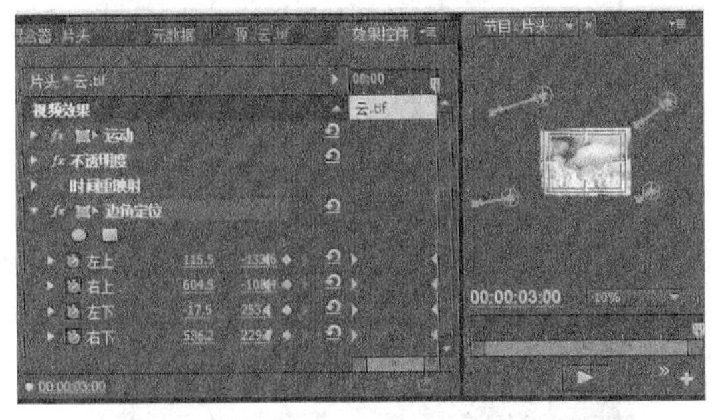

图 12.3.7　添加“边角定位”效果并设置关键帧

效果图如图 12.3.8 所示。

图 12.3.8　效果截图

12.3.2　制作电子相册

1. 新建时间线序列“图片”

利用“文件|新建|序列”命令，在“新建序列”对话框中选择“序列预设”选项卡中的 DV-PAL 制中的标准 48kHz。输入序列名称为“图片”，其他内容使用默认设置。

2. 将图片文件夹中的图片插入到视频轨道，并设置视频过渡特效

（1）设置默认视频过渡效果

右键单击“效果”面板“视频过渡”中的“3D 运动|立方体旋转”效果，在其快捷菜单中选择“将所选过渡设置为默认过渡”命令，如图 12.3.9 所示。

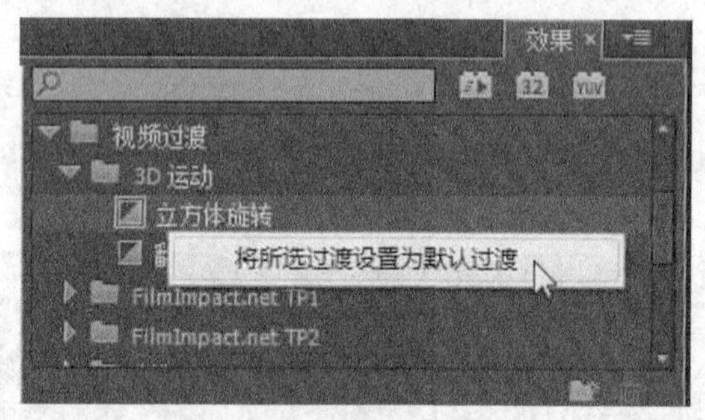

图 12.3.9　设置默认视频过渡效果

（2）将图片自动匹配到轨道

将“时间轴”上的播放标记线置于 00:00:00:00，选取视频 1 轨道为默认轨道。

在“项目”窗口的“图片”素材箱中按照顺序选取：春景 1.jpg、春景 2.jpg、夏景 1.jpg、夏景 2.jpg、秋景 1.jpg、秋景 2.jpg、冬景 1.jpg、冬景 2.jpg 共八个文件，单击“项目”窗口下方的“自动匹配序列” 按钮，在打开的“序列自动化”对话框中使用默认参数，单击“确定”按钮，如图 12.3.10 所示。

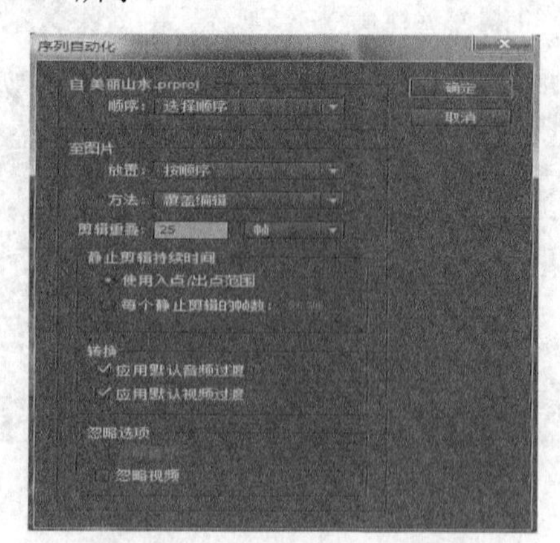

图 12.3.10　“序列自动化”对话框

将八张图片插入到视频 1 轨道，如图 12.3.11 所示，图片间都使用了默认的视频过渡特效。

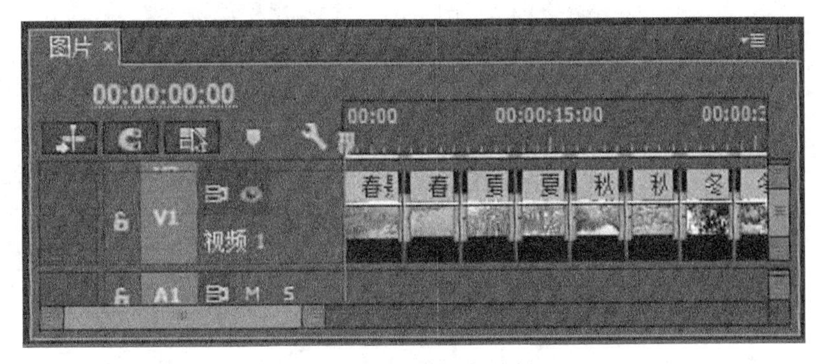

图 12.3.11　使用默认过渡效果

注意：

若希望使用其他视频过渡效果，可以直接将新效果拖动至轨道的视频过渡效果上，做效果替换。

将轨道上的八个图片素材选中，选择其快捷菜单中的“设为帧大小”命令。

12.3.3　制作视频部分

1. 新建时间线序列“视频”

利用“文件|新建|序列”命令，在“新建序列”对话框中选择“序列预设”选项卡中的 DV-PAL 制中的标准 48kHz。输入序列名称为“视频”，其他内容使用默认设置。

2. 将“视频”素材箱中的“山水.AVI”前 8 秒的视频内容插入到轨道中

❶ 在“项目”面板中双击素材“山水.AVI”，将其在“源”监视器窗口打开。

❷ 在 00:00:00:00 处设置入点，在 00:00:08:00 处设置出点，按住“仅视频”按钮，将其拖动至轨道 1 的零点处。适当调整其位置和大小。

3. 为视频调整色阶

将视频效果“调整”中的“色阶”效果添加到轨道 1 的素材上。在“效果控件”面板的色阶效果右侧单击“设置”按钮，如图 12.3.12 所示；在随即打开的“色阶设置”对话框中通过拖动输入输出滑块来调整视频的色阶，如图 12.3.13 所示。

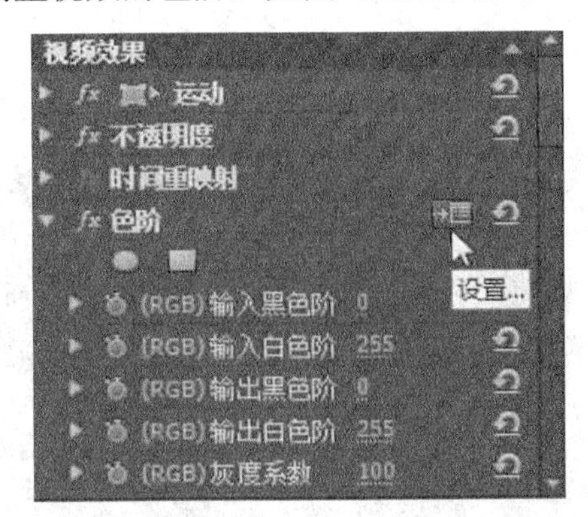

图 12.3.12　“色阶”效果

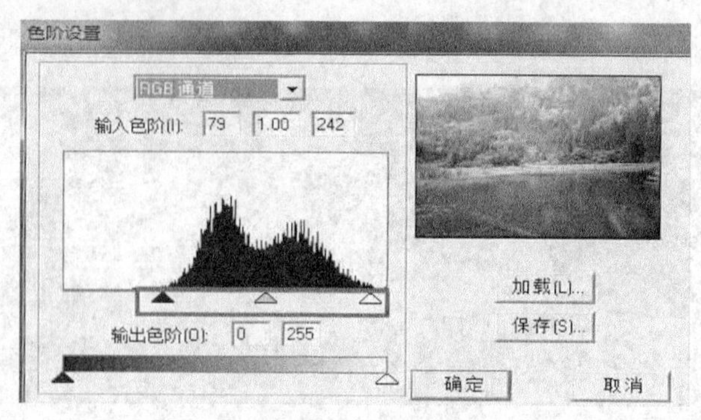

图 12.3.13　色阶设置

4. 制作慢镜头

选中视频 1 轨道的素材“山水.AVI”，在其快捷菜单中选择“速度/持续时间”命令，在打开的对话框中设置持续时间为 12 秒，如图 12.3.14 所示。

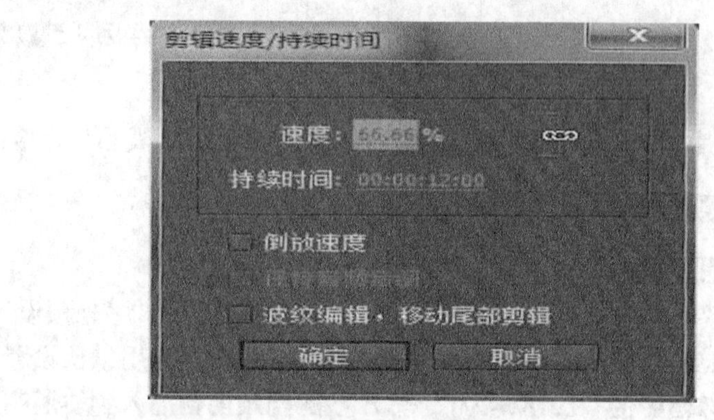

图 12.3.14　制作慢镜头

12.3.4 制作字幕

1. 新建时间线序列“字幕”

利用“文件|新建|序列”命令，在“新建序列”对话框中选择“序列预设”选项卡中的 DV-PAL 制中的标准 48kHz。输入序列名称为“字幕”，其他内容使用默认设置。

2. 新建一个字幕文件，名称为“山水”

使用“字幕|新建字幕|默认静态字幕”命令，在打开的“新建字幕”对话框中设置字幕视频的大小和名称，如图 12.3.15 所示。

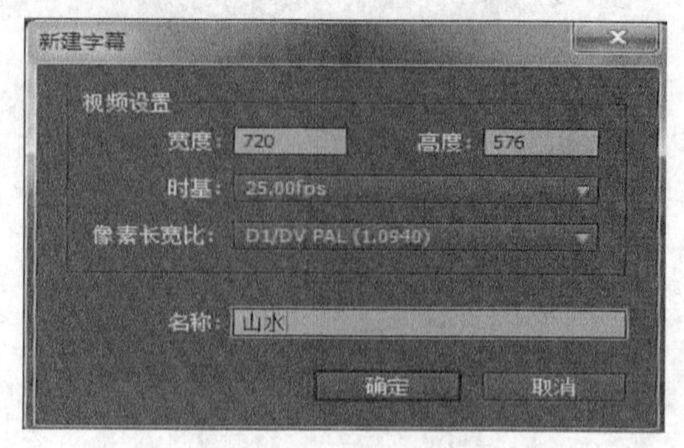

图 12.3.15　新建字幕文件

新建字幕文件：使用“垂直区域文字工具”，字幕内容为“蜀山自古称峨眉，峨眉哪比九寨奇？碧湖相连群瀑叠，水光山色仙境开。”字体为华文行楷，做线性渐变填充，颜色自定，添加一次外描边效果，如图 12.3.16 所示。

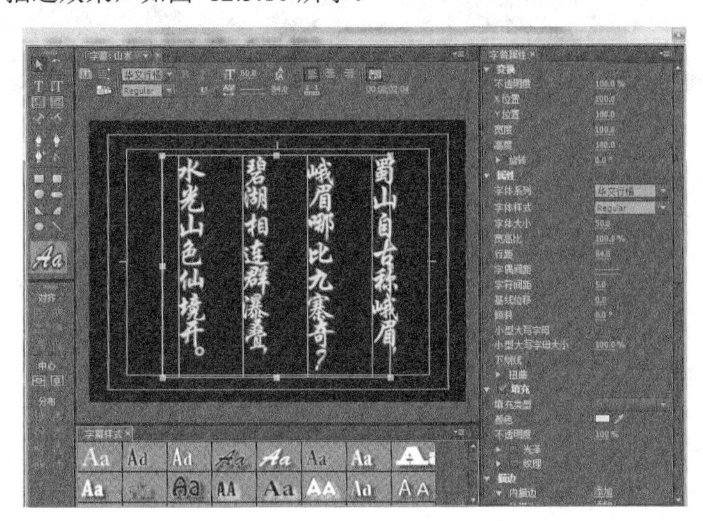

图 12.3.16　字幕编辑器

3. 为字幕添加视频过渡效果

将字幕文件导入到视频 1 轨道的零点处，为其添加视频效果中“模糊与锐化|快速模糊”效果：分别在零点（如图 12.3.17 所示）和 00:00:04:24（如图 12.3.18 所示）添加蒙版路径的位置关键帧，将“模糊度”值设置为 300，其他设置项自行设置。

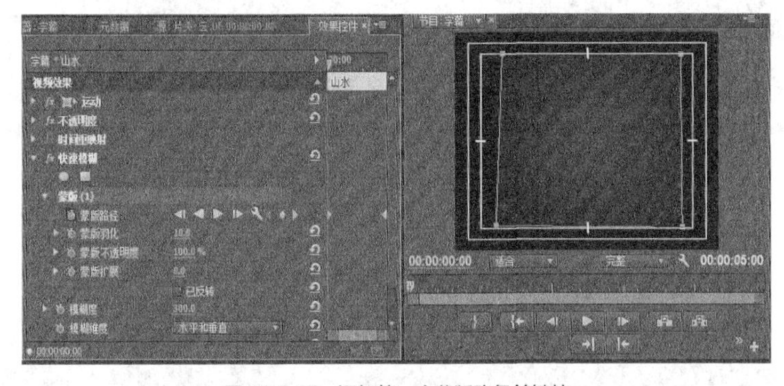

图 12.3.17　添加第一个蒙版路径关键帧

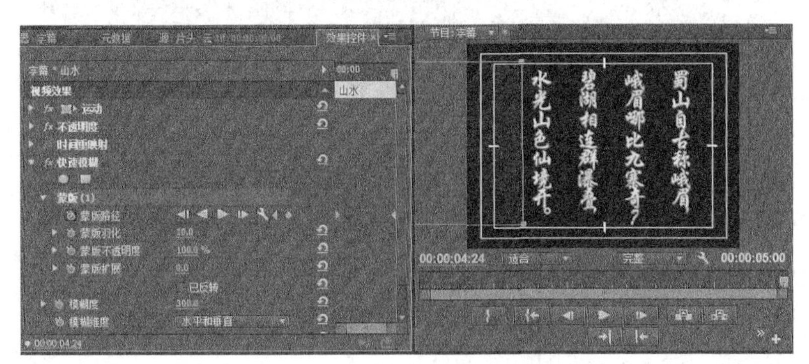

图 12.3.18　添加第二个蒙版路径关键帧

预览可以看到字幕一点点被展开的效果，如图 12.3.19 所示。

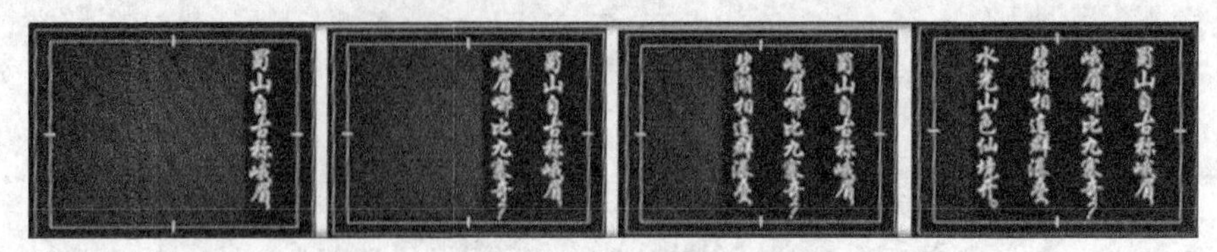

图 12.3.19 效果截图

12.3.5 组织作品内容

1. 新建时间线序列“作品”

利用“文件|新建|序列”命令，在“新建序列”对话框中选择“序列预设”选项卡中的 DV-PAL 制中的标准 48kHz。输入序列名称为“作品”，其他内容使用默认设置。

2. 进行序列嵌套

（1）嵌入“片头”序列

将时间线序列“片头”插入到视频轨道 1 的零点处；单击“时间轴”面板的“链接选择项”按钮，将嵌入“片头”序列的视频部分和音频部分的链接取消，删除其音频部分，如图 12.3.20 所示。

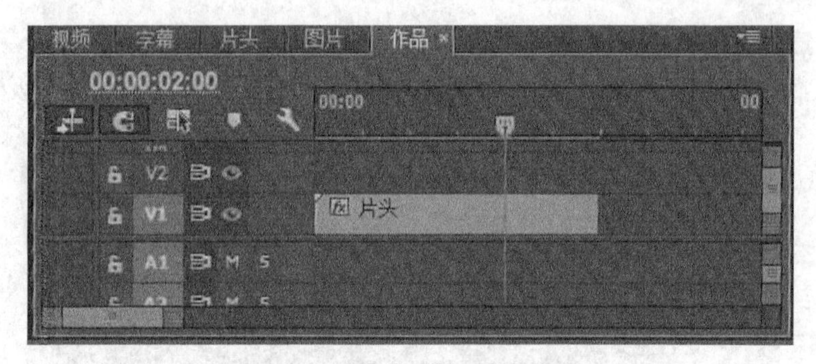

图 12.3.20 嵌入“片头”序列的视频部分

（2）嵌入“图片”序列，并为其设置快镜头

在时间线序列窗口的第 2 秒处添加标记；将时间线序列“图片”插入到视频轨道 2 的第 2 秒处，删除其音频部分，如图 12.3.21 所示。

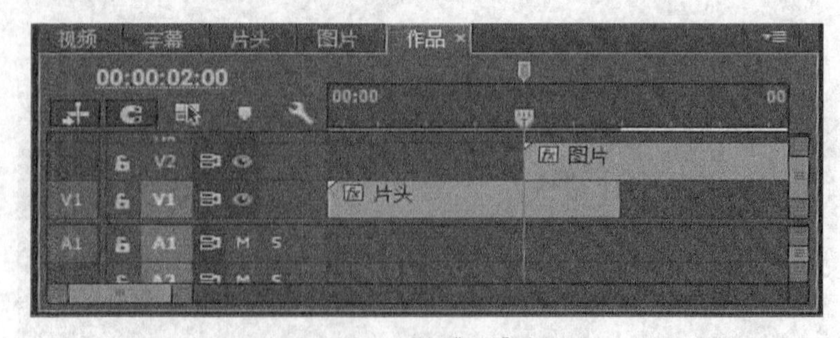

图 12.3.21 嵌入“图片”序列

选中视频 2 轨道的“图片”，选择其快捷菜单中的“速度/持续时间”命令，在打开的对话框中设置持续时间为 13 秒，如图 12.3.22 所示。

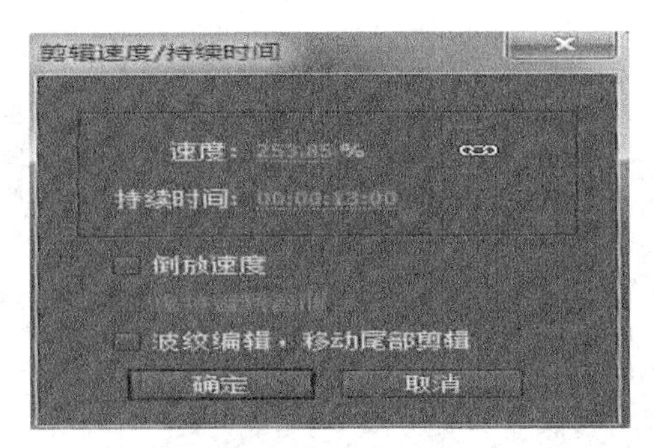

图 12.3.22　制作快镜头

（3）嵌入“视频”序列

在时间线序列窗口的第 14 秒处添加标记；将时间线序列“视频”插入到视频轨道 1 的第 12 秒处；删除其音频部分。

（4）制作淡入/淡出效果

从 00:00:02:00 到 00:00:03:00 设置视频的淡入效果；在“视频效果”面板的“不透明度”中设置关键帧。在 2 秒处设置关键帧的“不透明度”值为 0，3 秒处其值为 100%，如图 12.3.23 所示。

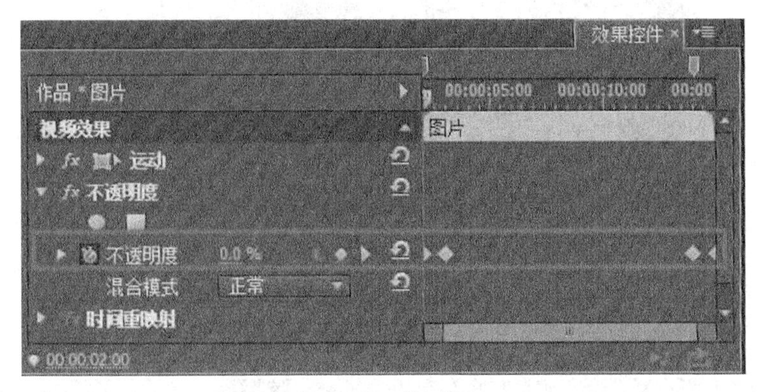

图 12.3.23　淡入效果

从 00:00:14:00 到 00:00:15:00 设置视频的淡出效果；在 14 秒处设置关键帧的“不透明度”值为 100%，15 秒处其值为 0。在“时间轴”的内容如图 12.3.24 所示。

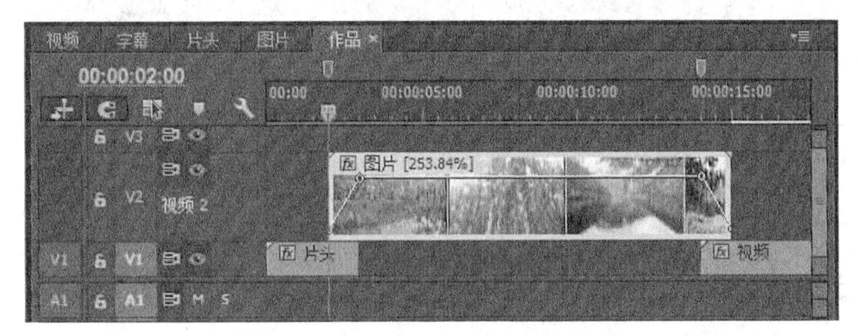

图 12.3.24　淡出效果

（5）嵌入“字幕”序列

将时间线序列“字幕”插入到视频轨道 3 的零点处；删除其音频部分。使用“比率拉伸工具”将字幕拉伸至与轨道 1 的素材出点相对齐，如图 12.3.25 所示。

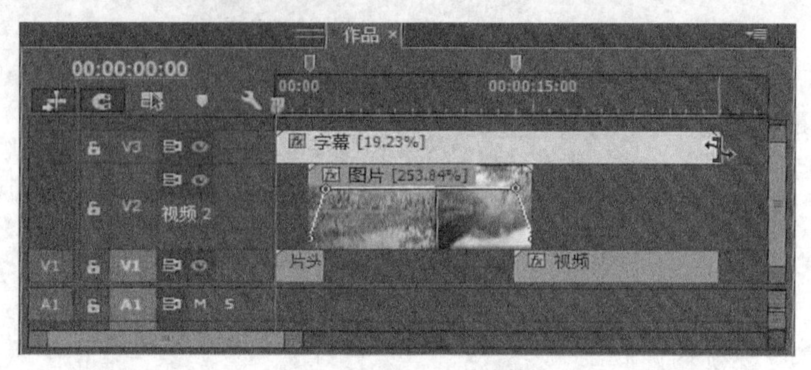

图 12.3.25　嵌入“字幕”序列

3. 添加音频文件并设置其音频增益值

将“舒缓音乐.mp3”放入音频轨道 1 的零点处，选择其快捷菜单中的“音频增益”命令，进行“音频增益”处理（标准化最大峰值 0dB），如图 12.3.26 所示。

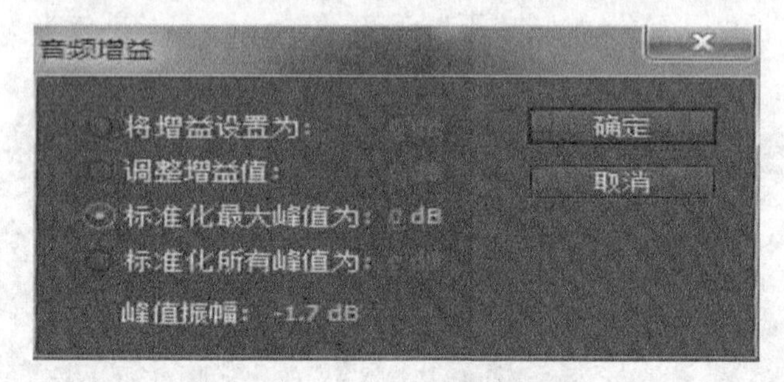

图 12.3.26　设置音频增益

将超出视频部分的音频删除，使音频部分和视频部分对齐。如图 12.3.27 所示。保存项目文件。

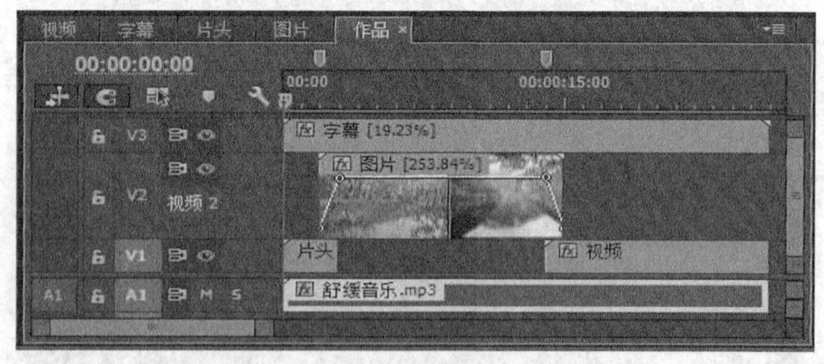

图 12.3.27　轨道内容

12.3.6　输出视频

选中“时间轴”窗口的视频剪辑，选择“文件|导出|媒体”，在“导出设置”对话框中设置输出文件的格式为 MPGE、确定输出路径和文件名称等内容，单击“导出”按钮。编码之后生成“作品.mpg”文件，如图 12.3.28 所示。

图 12.3.28　导出视频

当然也可以在“导出设置”中选择“队列”按钮，在 Encoder 中进行编码，完成作品的输出。

Chapter 13

第 13 章 制作电视广告短片

电视广告是一种在电视媒体上进行广泛传播的广告形式。

电视广告具有一定的可信度；具有视觉和听觉的影响力；面向大众，覆盖面大；综合表现能力强；能够打造品牌形象，快速推广产品，迅速提升知名度，甚至赋予产品情感、文化、品位等，甚至增加产品的亲和力。

创意是广告内容的总体思路，它是艺术地传达广告信息的某种方式。优秀的创意具有原创性，同时又有与宣传对象的关联性，它能引起观众的兴趣，产生视觉、听觉及心理的冲击，形成记忆，并最终促使消费行为的发生。

学习要点：

- 了解电视广告的组成要素
- 掌握电视广告的制作过程
- 学习电视广告的制作技巧
- 提高综合运用 Premiere Pro CC 软件的能力

建议学时：上课 1 学时，上机 1 学时。

13.1 案例分析

本章制作的大学语言实验室电视广告短片，要突出的主题是哪一所大学、大学下面的二级学院中的语言实验室、当下语言实验室使用什么软件系统及硬件设施。给大众留下深刻的印象，让内行专家看到语言实验室的先进性。

1. 大学语言实验室电视广告的素材准备

电视广告的构成要素包括声音和画面，音频视频的完美结合构成了现代的电视广告。

电视广告视觉要素有两种形态——图像和字幕。

（1）画面

电视广告图像（又称画面）是电视广告中最重要的因素。图像造型表现力和视觉冲击力是电视广告获得效果的最强有力的表现手段。

为了突出主题，准备的素材图像有学校大门、校训，二级学院办公楼大门，语言实验室门牌及内部设备和软件系统图像等，如图 13.1.1 所示。

图 13.1.1　素材图像效果

（2）字幕

字幕是在图像画面上以文字形式出现的信息，是电视广告画面构成中一个非常活泼的表现元素，使用时创造性很强。它讲究字体、字形、字色，以及文字的精心设计，或动或静，变化多样，一般文字不宜过多，字体不能太小，色彩突出，构图灵活，停留时间适当等。

重点强调语音实验室所用的软件系统，随着画面的显示要添加字幕说明：学校大门有校牌、二级学院门口有院牌不用再添加字幕，其余画面要添加广告字幕，如“凌极学习系统”、“同声传译教室”、“BOSS 学习系统”和“NewClass 学习系统”等。

（3）音响音乐

电视广告中，除了语声以外的一切声音元素，电视广告的构成要素都属于音响或音乐的范畴。大多数电视广告含有某种形式的音响或音乐，它们与画面的中心内容协调配合，起着说明、烘托气氛、强调或抒情的作用。

为了烘托气氛、强调所选学校，选择校歌“年轻的白杨”作为背景音乐。

2. 本电视广告制作中的关键技术要求（即制作技巧）

影视广告以运动和定格两种方式存在。在本电视广告的制作过程中，制作动画运动的图像以增强表现力和感染力，要运用设置位置、缩放和旋转关键帧等方法。使短片播放流畅、有趣，应用适当的视频过渡组合不同的镜头，短片开始和结束应用适当的视频过渡。为了使添加的广告字幕吸引人的视觉注意力，给人留下较深的记忆，采用旋转、变化颜色、发光等多种效果用于动态字幕。广告字幕之外要强调的文字内容，设置镜头光晕效果以引起人们的注意。整个短片在校歌背景音乐播放下完成。

13.2 案例设计

案例大体分五个部分：第一部分为制作背景与片头；第二部分插入图片制作电视广告动画；第三部分制作电视广告的字幕；第四部分将音频、视频、字幕内容和 LOGO 合理组织，完成电视广告短片；第五部分输出视频，如图 13.2.1 所示。

图 13.2.1 案例设计过程图

13.3 案例实现

13.3.1 制作背景与片头

1. 新建项目文件

新建项目为“电视广告.prproj”，选择【文件 】/【新建】/【项目】命令，在“名称”文本框内输入“电视广告”，设置存储“位置”，单击【确定】按钮，如图 13.3.1 所示。

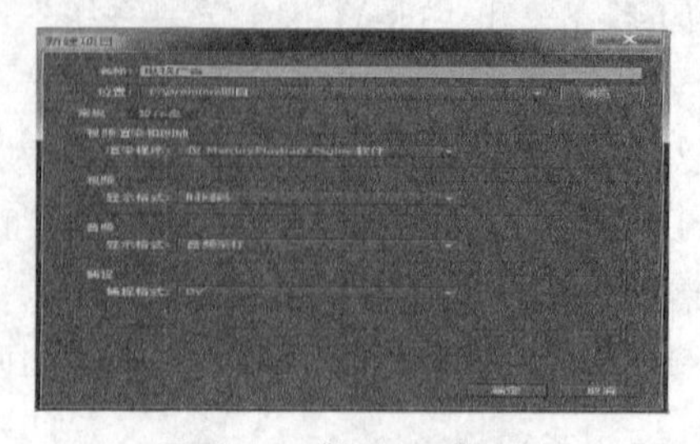

图 13.3.1 “新建项目”面板

2. 导入素材

导入素材，在“项目”面板中，鼠标左键双击空白处，导入“电视广告”素材文件夹“电视广告短片”至“项目”面板，在“项目”面板内，双击“电视广告短片”文件夹，打开“电视广告短片”素材箱，如图 13.3.2 所示。

图 13.3.2 “电视广告短片”素材箱

3. 新建序列，设置电视制式

在“项目”面板内，选择【新建项】/【序列】命令，设置“DV-PAL”制式中“标准 48kHz”，单击【确定】按钮，如图 13.3.3 所示。

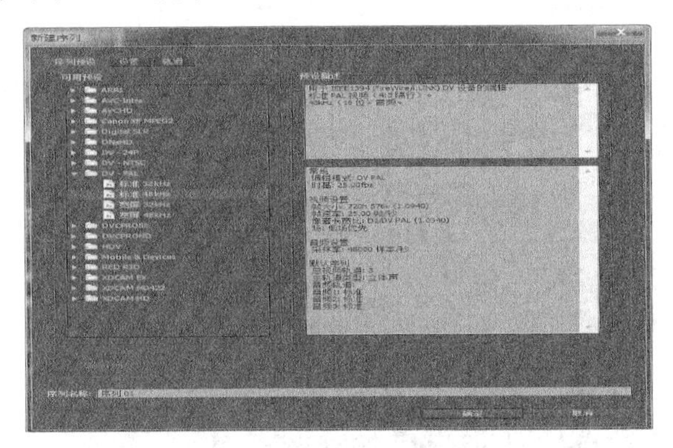

图 13.3.3 新建序列窗口

4. 将背景和片头素材文件导入“时间轴”项目序列中

选择“电视广告短片”素材箱中的素材文件，拖曳“校园图片 3.PNG”到“时间轴”面板“V1”轨道上，拖曳“A 学校大门.jpg”“B 校训.PNG”“C 外院办公大楼.jpg”“C 外院办学理念.jpg”到“时间轴”面板“V2”轨道上并调整图像比例以适合屏幕大小，拖动“V1”轨道上素材尾部，使其长度与“V2”轨道中的素材长度一致，如图 13.3.4 所示。

图 13.3.4 “时间轴”序列面板

5. 制作背景

在“时间轴”面板内，单击“V2”轨道中的切换轨道输出按钮，在“效果”面板内，选择“视频效果”中的“模糊与锐化”文件夹中的“高斯模糊”效果，添加到“时间轴”面板“V1”轨道素材上，并设置其“模糊度”为155，如图13.3.5所示。

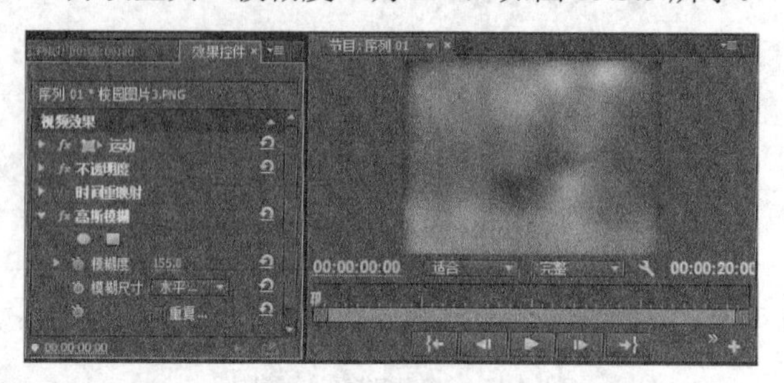

图13.3.5 添加模糊效果

6. 添加镜头光晕效果

在“时间轴”面板内，单击“V2”轨道中的切换轨道输出按钮。

在“效果”面板中，选择“镜头光晕”视频效果分别将其拖曳到“时间轴”面板“V2”轨道中的第一个镜头“A大学校门”和第四个镜头“C外院办学理念”中，为第一个镜头中“中国传媒大学”设置首尾“光晕中心”关键帧，为第四个镜头中“国际视野 理实并重复合融通”设置首尾“光晕中心”关键帧，如图13.3.6所示。

图13.3.6 添加“镜头光晕”视频效果

7. 添加“球面化”效果

在“效果”面板中，选择“球面化”视频效果将其拖曳到“时间轴”面板“V2”轨道中的第二个镜头“B校训”中，将“球面中心”移动到“博学”与“竞先”中间，并设置“半径”参数值为624，在运动中，调整“缩放”与“旋转”参数值，如图13.3.7所示。

图13.3.7 添加“球面化”视频效果

8. 设置第一个镜头“A 大学校门”动画效果

使用拉镜头和推镜头的方法实现动画效果，在“时间轴”面板内，选中“V2”轨道中的第一个镜头“A 大学校门”，选择【窗口】/【效果控件】命令，展开“运动”选项，将“当前时间指示器”移动到“00:00:00:00”处，添加“缩放”关键帧，设置其参数值为 32.9，将“当前时间指示器”移动到“00:00:01:03”处，添加“缩放”关键帧，设置其参数值为 15.9，将“当前时间指示器”移动到“00:00:04:20”处，添加“缩放”关键帧，设置其参数值为 25.9，如图 13.3.8 所示。

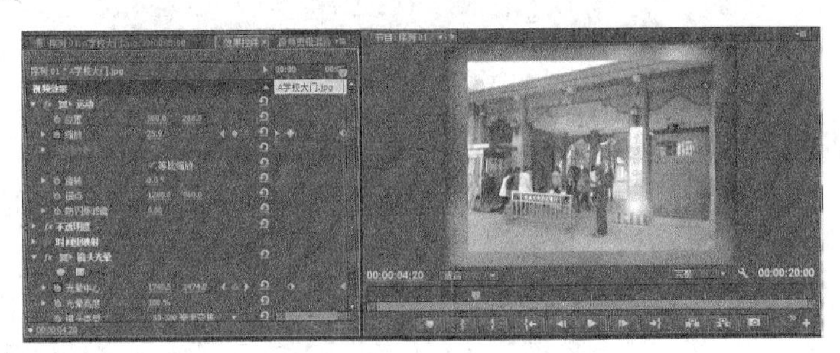

图 13.3.8　设置“缩放”视频效果

9. 设置第二个镜头“B 校训”动画效果

使用“透视”视频效果中的“基本 3D”视频效果实现动画效果。

在“时间轴”面板内，选中“V2”轨道中的第二个镜头“A 大学校门”，为其添加“透视”中的“基本 3D”视频效果，选择【窗口】/【效果控件】命令，展开“运动”选项，设置画面“位置”，将图像移动到屏幕中心位置，展开“基本 3D”选项，设置“旋转”参数值为 26°，将“当前时间指示器”移动到“00:00:05:00”处，添加“与图像的距离”关键帧，设置其参数值为 36，将“当前时间指示器”移动到“00:00:09:22”处，添加“与图像的距离”关键帧，设置其参数值为 22.1，如图 13.3.9 所示。

图 13.3.9　设置“基本 3D”视频效果

10. 设置第三个镜头“C 外院办公大楼”动画效果

添加“透视”视频效果中的“基本 3D”视频效果后，设置“运动”选项中的“位置”和“缩放”关键帧，实现动画效果。

在“时间轴”面板内，选中“V2”轨道中的第三个镜头“C 外院办公大楼”，为其添加“透视”中的“基本 3D”视频效果。选择【窗口】/【效果控件】命令，展开“运动”选项，将“当前时间指示器”移动到“00:00:10:00”处，添加“位置”关键帧，设置其参数值为 360 和 288，添加“缩放”关键帧，设置其参数值为 21.1；将“当前时间指示器”移动到“00:00:14:24”处，添加“位置”关键帧，设置其参数值为 694 和 42；添加“缩放”关键帧，设置其参数值为 96.1。展开“基本 3D”选项，设置“旋转”参数值为 12°，如图 13.3.10 所示。

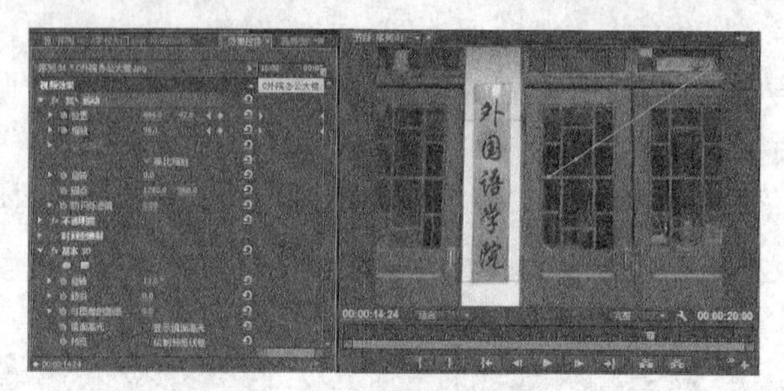

图 13.3.10 设置“运动”属性和“基本 3D”视频效果

11. 设置第四个镜头“C 外院办学理念”动画效果

添加“透视”视频效果中的“基本 3D”视频效果后，设置“运动”选项中的“位置”和“缩放”关键帧，实现动画效果。

在“时间轴”面板内，选中“V2”轨道中的第四个镜头“C 外院办学理念”，为其添加“透视”中的“基本 3D”视频效果；选择【窗口】/【效果控件】命令，展开“运动”选项，将“当前时间指示器”移动到“00:00:15:04”处；添加“位置”关键帧，设置其参数值为 248.3 和 351.9；添加“缩放”关键帧，设置其参数值为 23.4；将“当前时间指示器”移动到“00:00:19:23”处，添加“位置”关键帧，设置其参数值为 322.7 和 271.4；添加“缩放”关键帧，设置其参数值为 34；展开“基本 3D”选项，设置“旋转”参数值为 29°，如图 13.3.11 所示。

图 13.3.11 设置“运动”属性和“基本 3D”视频效果

13.3.2 插入图片制作电视广告动画

1. 将广告素材文件导入“时间轴”项目序列中

在“时间轴”面板内，单击 V2 和 V3，选中 V2 和 V3 目标切换轨道，将当前时间指示器移动到镜头“C 外院办学理念.jpg”的尾帧处。

选择“电视广告短片”素材箱中的素材文件，拖曳“D 语言实验室 2-1.PNG”“D 语言实验室 2-2.jpg”“D 语言实验室 2-3.jpg”“E 语言实验室 4-1.PNG”“E 语言实验室 4-2.jpg”“E 语言实验室 4-3.jpg”“F 语言实验室 5-1.PNG”“F 语言实验室 5-2.jpg”“F 语言实验室 5-3.jpg”“校园图片 1.PNG”“校园图片 2.PNG”到“时间轴”面板“V2”轨道上并调整图像比例以适合屏幕大小。

拖曳“同声传译 1.PNG”到“时间轴”面板“V3”轨道上与“V2”轨道上“D 语言实验室 2-1.PNG”镜头首尾对齐，并调整图像比例以适合屏幕大小。

拖曳“同声传译铜牌.PNG”到“时间轴”面板“V3”轨道上与“V2”轨道上“E 语言

实验室 3-1.PNG”镜头首尾对齐，并调整图像比例以适合屏幕大小，

拖动“V1”轨道上素材尾部，使其长度与“V2”轨道中的素材长度一致，如图 13.3.12 所示。

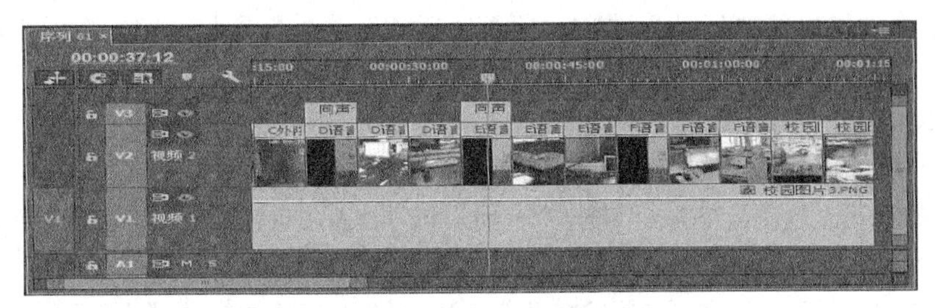

图 13.3.12　“时间轴”序列面板

2. 设置镜头“D 语言实验室 2-1.PNG“与”同声传译 1.PNG”动画效果

在“时间轴”面板内，选中“V2”轨道中的镜头“D 语言实验室 2-1”，选择【窗口】/【效果控件】命令，展开“运动”选项，将“当前时间指示器”移动到“00:00:19:23”处，添加“缩放”关键帧，设置其参数值为 197.3；将“当前时间指示器”移动到“00:00:24:17”处，添加“缩放”关键帧，设置其参数值为 403.3，如图 13.3.13 所示。

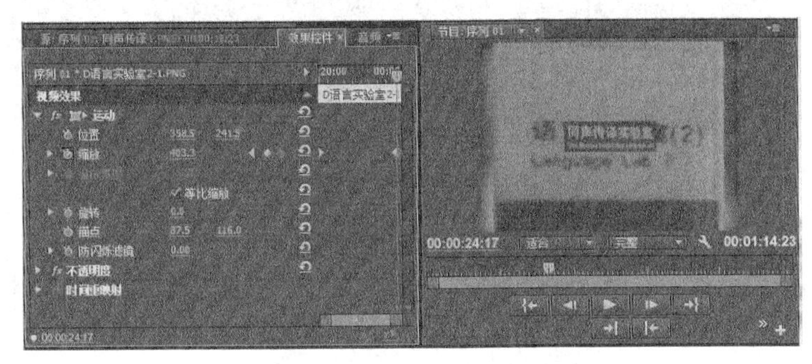

图 13.3.13　设置“缩放”属性视频效果

在“时间轴”面板内，选中“V3”轨道中的镜头“同声传译 1”，选择【窗口】/【效果控件】命令，展开“运动”选项，将“当前时间指示器”移动到“00:00:19:23”处，添加“位置”“缩放”“旋转”关键帧，设置“位置”参数值为 364.4 和 418，设置“缩放”参数值为 133.6，设置“旋转”参数值为 0.0°；将“当前时间指示器”移动到“00:00:23:04”处，添加“位置”“缩放”“旋转”关键帧，设置“位置”参数值为 367.3 和 113.3，设置“缩放”参数值为 184.6，设置“旋转”参数值为 360°，如图 13.3.14 所示。

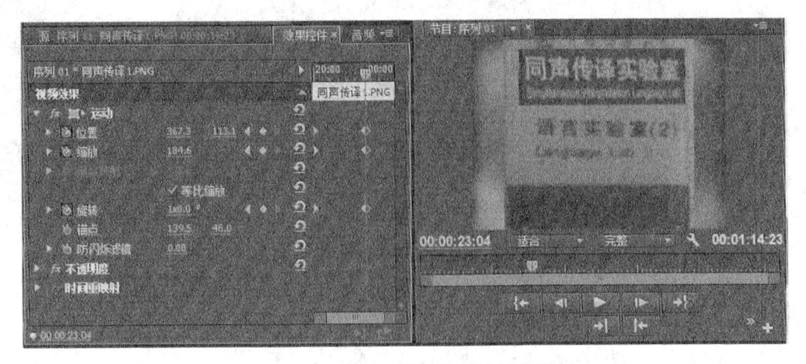

图 13.3.14　设置“运动”属性视频效果

3. 设置镜头“E 语言实验室 4-1.PNG”“同声传译铜牌.PNG”“F 语言实验室 5-1.PNG”动画效果

在“时间轴”面板内，选中“V2”轨道中的镜头“D 语言实验室 2-1”，选择【窗口】/【效果控件】命令，展开“运动”选项。单击“运动”选项，单击右键，在弹出的菜单中选择“复制”命令，分别“粘贴”到“E 语言实验室 4-1.PNG”和“F 语言实验室 5-1.PNG”镜头的“运动”选项中。

在“时间轴”面板内，选中“V3”轨道中的镜头“同声传译 1”，选择【窗口】/【效果控件】命令，展开“运动”选项。单击“运动”选项，单击右键，在弹出的菜单中选择“复制”命令，“粘贴”到“同声传译铜牌.PNG”镜头的“运动”选项中。将“当前时间指示器”移动到“00:00:34:23”处，设置“缩放”参数值为 68.6，将“当前时间指示器”移动到“00:00:38:04”处，设置“缩放”参数值为 87.6，如图 13.3.15 所示。

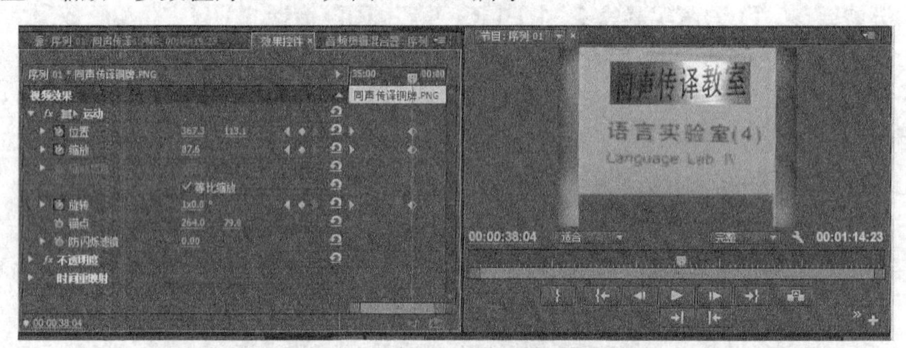

图 13.3.15 设置“运动”属性视频效果

4. 设置镜头“D 语言实验室 2-2.jpg”动画效果

在“时间轴”面板内，选中“V2”轨道中的镜头“D 语言实验室 2-2.jpg”，为其添加“透视”中的“基本 3D”视频效果，选择【窗口】/【效果控件】命令，展开“运动”选项，将“当前时间指示器”移动到“00:00:24:23”处，添加“缩放”关键帧，设置其参数值为 11.8；将“当前时间指示器”移动到“00:00:29:22”处，添加“缩放”关键帧，设置其参数值为 25.8。展开“基本 3D”选项，设置“旋转”参数值为 20.0°，如图 13.3.16 所示。

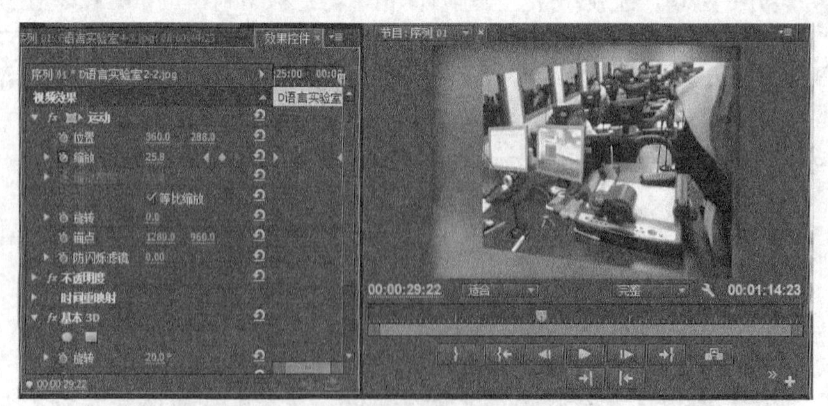

图 13.3.16 设置“运动”属性与“基本 3D”视频效果

5. 设置其余镜头动画效果

在“时间轴”面板内，选中“V2”轨道中的镜头“D 语言实验室 2-2.jpg”，将镜头“D

语言实验室 2-2.jpg”的“运动”属性和“基本 3D”视频效果“复制”后，分别“粘贴”到“D 语言实验室 2-3.jpg”“E 语言实验室 4-2.jpg”“E 语言实验室 4-3.jpg”“F 语言实验室 5-2.jpg”“F 语言实验室 5-3.jpg”，将镜头“D 语言实验室 2-2.jpg”的“基本 3D”视频效果“复制”后，分别“粘贴”到“校园图片 1.PNG”“校园图片 2.PNG”。

13.3.3 制作电视广告的字幕

1. 制作字幕

将每一句广告词制作成一个独立的字幕文件。

选择【字幕】/【新建字幕】/【默认静态字幕】命令，在打开的“新建字幕”对话框中设置第一句广告词的字幕，名称为“字幕 01”，如图 13.3.17 所示。

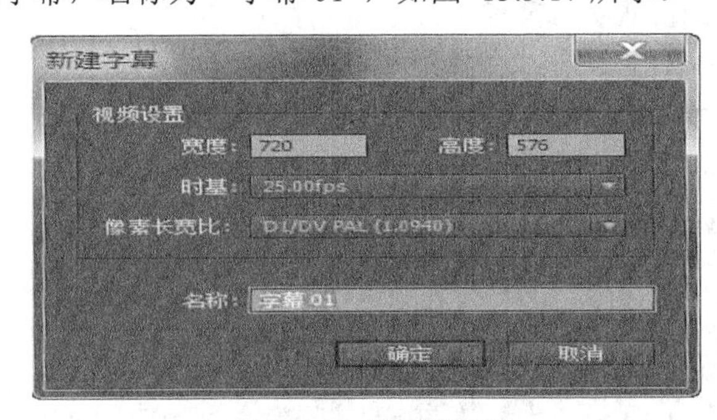

图 13.3.17 新建字幕文件

在字幕设计器窗口输入内容并进行格式的设置，如图 13.3.18 所示。

图 13.3.18 设置字幕格式

相同的方法共建立 7 个字幕文件，每个字幕文件中都包含一句广告语。

2. 为字幕的添加位置添加标记

在“节目”监视器窗口预览短片内容，在需要添加字幕的位置添加时间标记，如图 13.3.19 所示。

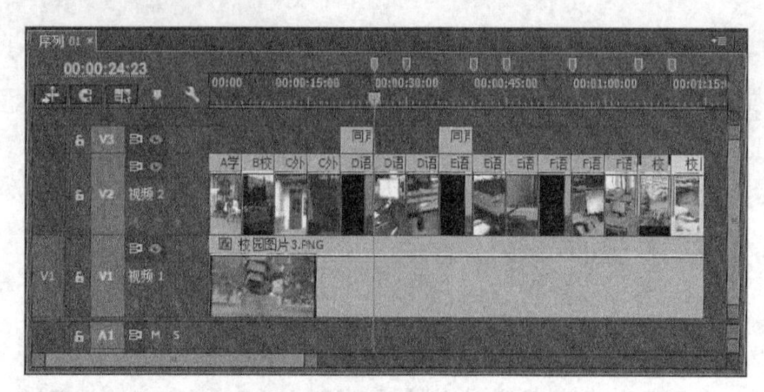

图 13.3.19　为字幕添加时间标记

3. 在标记点处分别插入字幕文件

在“时间轴”面板内，“V3”轨道中的第一个标记点插入字幕文件“字幕 01”，第二个标记点插入字幕文件“字幕 02”、依次类推将 7 个字幕文件都插入到标记点处。将最后一个字幕文件的结束位置与视频的结束位置对齐，如图 13.3.20 所示。

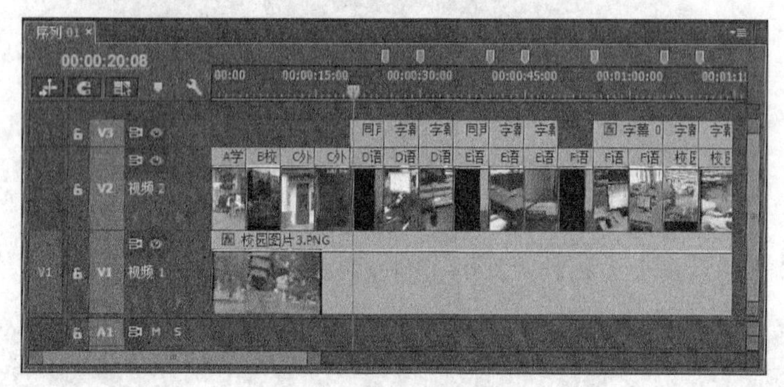

图 13.3.20　插入字幕文件

4. 设置插入的字幕文件

（1）设置“字幕 01”运动属性效果

在“时间轴”面板内，选中“V3”轨道中的镜头“字幕 01”，选择【窗口】/【效果控件】命令，展开“运动”选项。将“当前时间指示器”移动到“00:00:24:23”处，添加“位置”“缩放”“旋转”关键帧，设置“位置”参数值为-202.9 和-14.1，设置“缩放”参数值为 81，设置“旋转”参数值为 0.0°；将“当前时间指示器”移动到“00:00:29:22”处，添加“位置”“缩放”“旋转”关键帧，设置“位置”参数值为 308.8 和 293.9，设置“缩放”参数值为 96，设置“旋转”参数值为 9.0°，如图 13.3.21 所示。

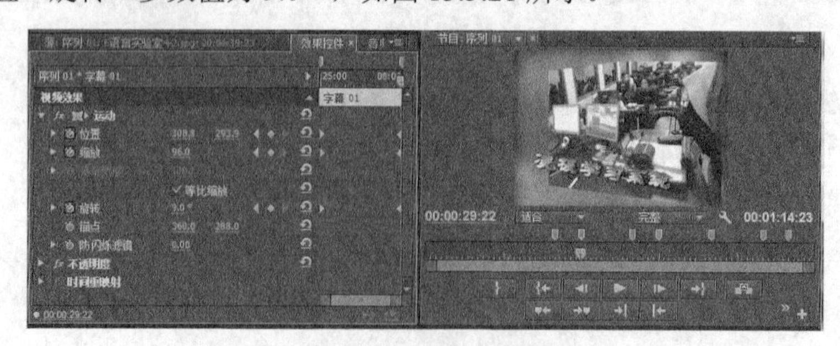

图 13.3.21　设置“字幕 01”运动属性效果

（2）设置“字幕 02”运动属性效果

在“时间轴”面板内，选中“V3”轨道中的镜头“字幕 02”，为其添加“风格化”中的“Alpha 发光”视频效果。选择【窗口】/【效果控件】命令，展开“运动”选项，将“当前时间指示器”移动到“00:00:30:01”处，添加“位置”关键帧，设置“位置”参数值为 885.7 和 315.1；将“当前时间指示器”移动到“00:00:33:16”处，添加“位置”关键帧，设置“位置”参数值为 319.8 和 288.0，如图 13.3.22 所示。

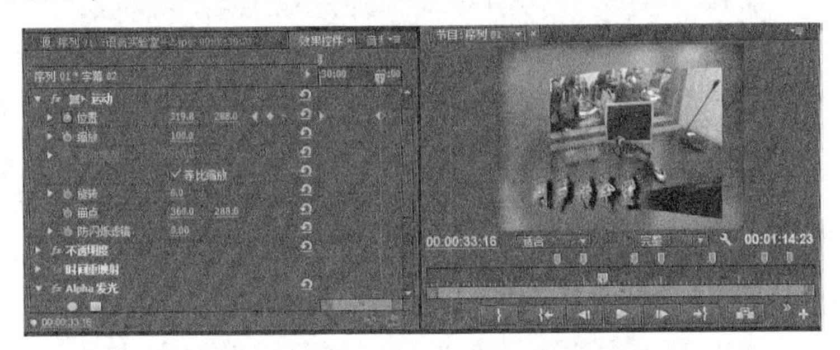

图 13.3.22　设置“字幕 02”运动属性与“Alpha 发光”效果

（3）设置“字幕 03”和“字幕 05”运动属性效果

在“时间轴”面板内，分别选中“V3”轨道中的镜头“字幕 03”和“字幕 05”，全都添加“风格化”中的“闪光灯”视频效果，如图 13.3.23 所示。

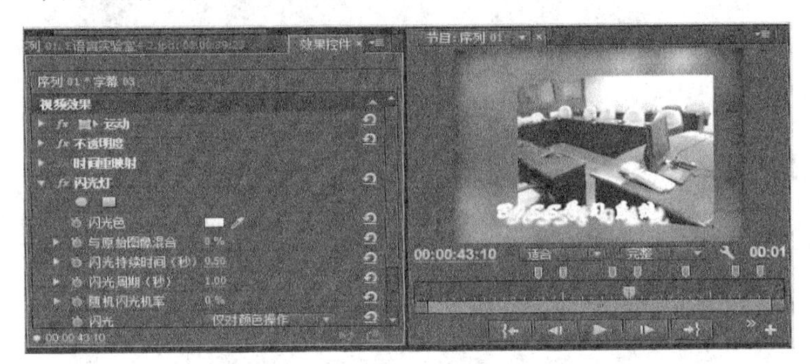

图 13.3.23　添加“闪光灯”效果

（4）设置“字幕 04“动画效果

在“时间轴“面板内，选中“V3”轨道中的镜头“字幕 04”，添加“扭曲”中的“波形变形”视频效果，并设置字幕“字幕 04”为“向左游动”且“开始于屏幕外”，如图 13.3.24 所示。

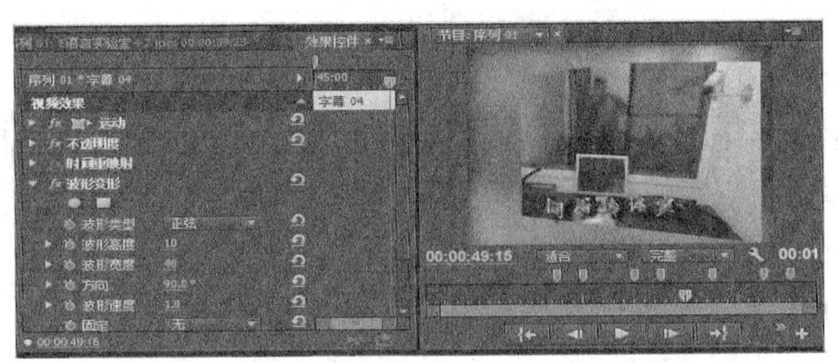

图 13.3.24　添加“波形变形”效果

13.3.4 组织作品内容

1. 添加视频 LOGO

选择“电视广告短片”素材箱中的素材文件，拖曳“校 logo.jpg”到“时间轴”面板“V4”轨道上，并设置其“运动”属性，将其结束位置与视频的结束位置对齐，如图 13.3.25 和图 13.3.26 所示。

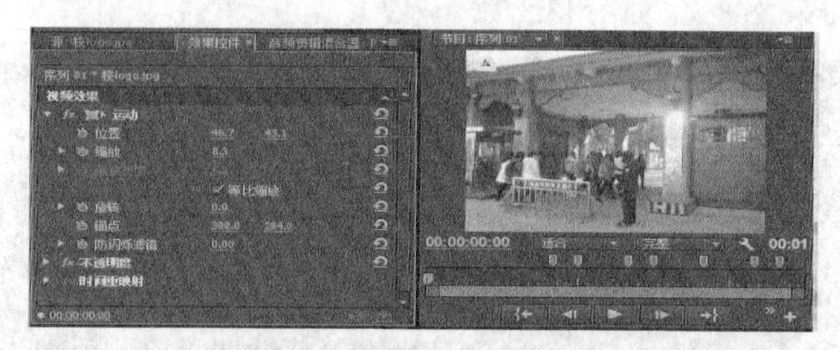

图 13.3.25 设置“校 LOGO.JPG”运动属性效果

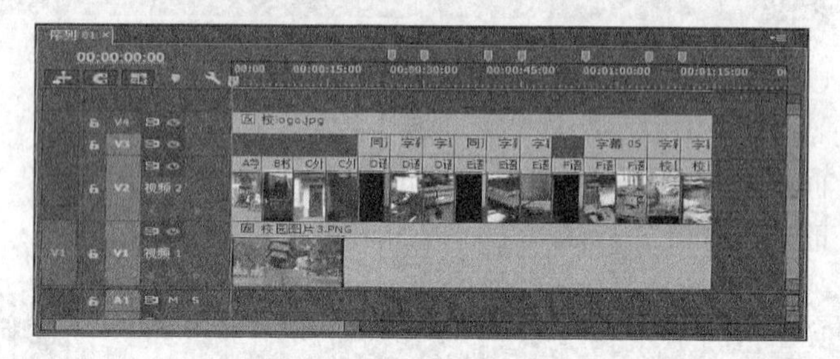

图 13.3.26 设置“校 LOGO.JPG”与视频结束位置对齐

2. 添加背景音乐

选择“电视广告短片”素材箱中的素材文件，拖曳“校歌.mp3”到“时间轴”面板“A1”轨道上，将其结束位置与视频的结束位置对齐，如图 13.3.27 所示。

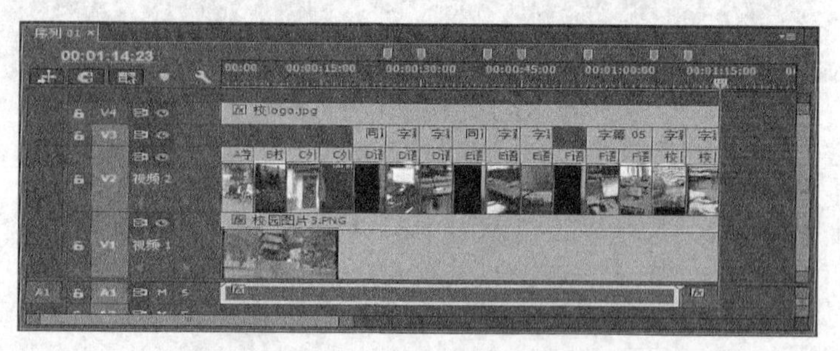

图 13.3.27 设置“校歌.MP3”与视频结束位置对齐

3. 添加视频过渡效果

在短片开始和结束位置，分别添加“渐隐为白”和“渐隐为黑”视频过渡。在所有字幕之间添加“视频过渡”/“滑动”中的“推”视频过渡效果，持续时间 1 秒、从“中心切入”对齐，如图 13.3.28 所示。

图 13.3.28 设置视频过渡

轨道内容如图 13.3.29 所示。

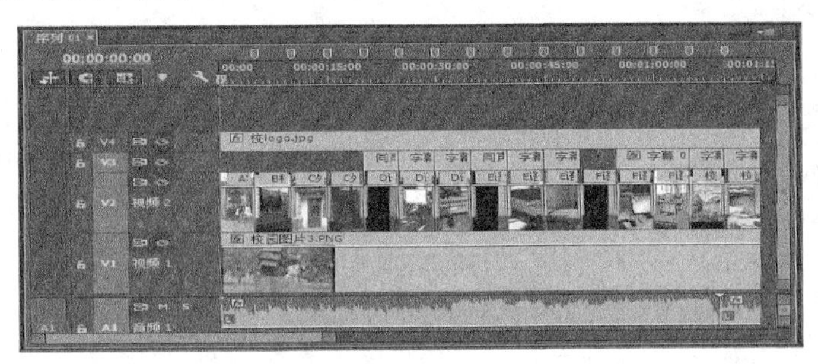

图 13.3.29 轨道内容

13.3.5 输出视频

在“时间轴”面板中，选中视频剪辑，选择【文件】/【导出】/【媒体】命令，在“导出设置”对话框中,设置输出文件的格式为 MPEG2，确定输出路径和文件名称等内容，单击“导出”按钮，如图 13.3.30 所示。

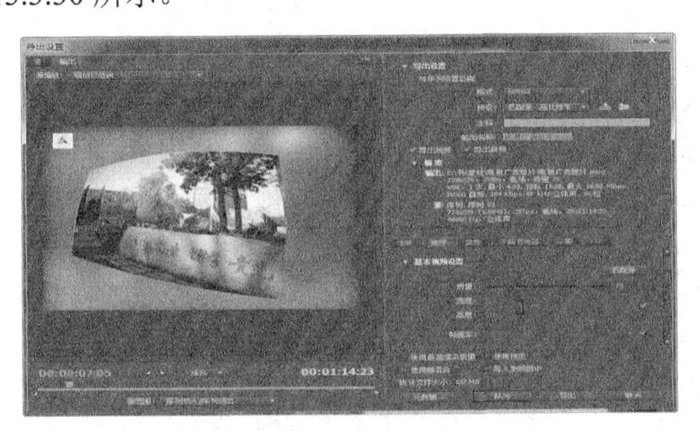

图 13.3.30 导出设置

系统完成对作品的编码，如图 13.3.31 所示。

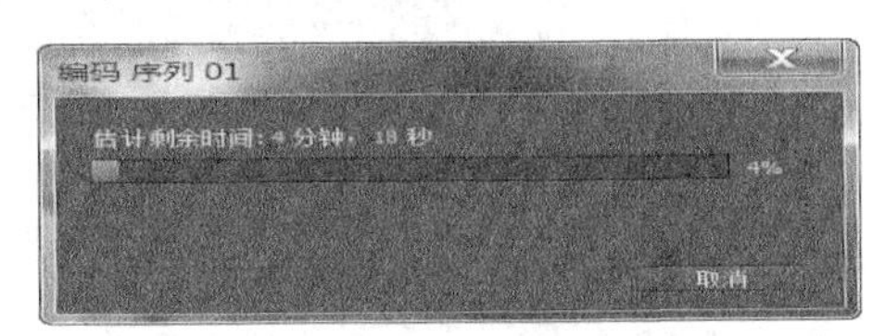

图 13.3.31 系统编码过程

在“导出设置”中选择“队列”按钮，在 Encoder 中进行编码，同样可以完成作品的输出。

Adobe Premiere Pro CC

Chapter 14

第 14 章 制作 MTV 短片

本章介绍使用 Premiere Pro CC 制作 MTV 的方法。案例所使用的原始素材就是在实际场景中拍摄的视频画面，其音频部分十分嘈杂，所以要用精确视频编辑方法将一段清晰的音频内容替换掉原始视频素材的音频部分；在进行画面播放的过程中既要注意到视频画面与音频的一致性，同时还要注意音频内容与字幕的一致性。

学习要点：

- 掌握 Premiere Pro CC 的标记的使用
- 熟悉 Premiere Pro CC 常用工具的使用
- 掌握字幕文件的操作
- 掌握“效果控件”面板中内容的编辑

建议学时：上机 2 学时。

14.1 案例分析

本章利用 Premiere Pro CC 制作一个 MTV 短片——配乐武术操。

本案例所用视频的内容是幼儿园表演的武术操，所使用的音乐是“小哪吒”。在 Premiere Pro CC 中要完成的任务主要有三个。

❶ 用一个清晰的背景音乐将原视频的比较嘈杂的背景音乐替换掉。

❷ 适当对视频画面做色彩调整。

❸ 制作随着视频内容变换的字幕。

案例的难点在于：视频画面、背景音乐以及字幕内容应同步。

案例大体分五个部分：第一部分是制作片头内容；第二部分通过打标记点，完成视频与音频同步；第三部分制作字幕；第四部分将音频、视频、字幕内容合理组织，完成 MTV；第五部分输出视频。

14.2 案例设计

内容	片头	音频、视频淡入	视频和字幕同步播放	音频、视频淡出
结果截图	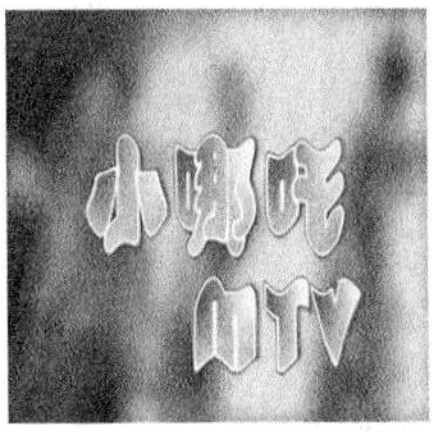	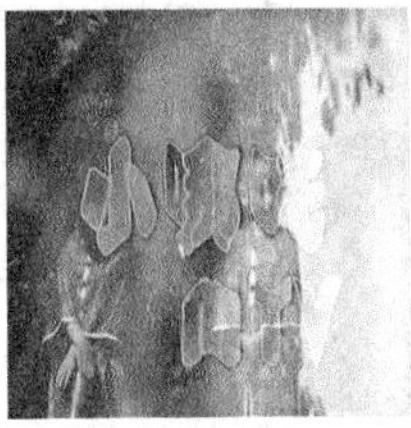		

14.3 案例实现

14.3.1 制作片头

1. 新建项目文件“小哪吒 MTV.prproj”

启动 Premiere Pro CC，新建一个名为“小哪吒 MTV.prproj”的项目文件，如图 14.3.1 所示。

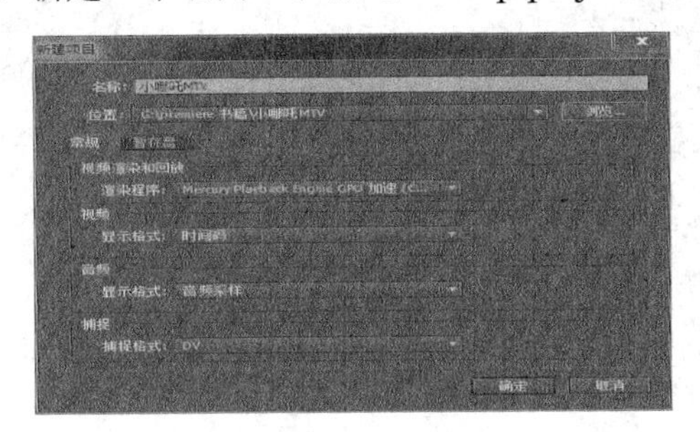

图 14.3.1　新建项目文件

2. 导入所需素材

利用“文件|导入”命令，在打开的对话框中分别导入：“武术操.mpg”文件“小哪吒.mp3”文件，如图 14.3.2 所示。

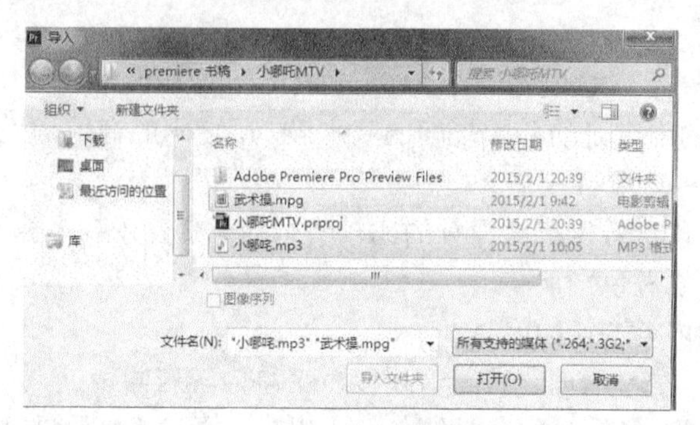

图 14.3.2　导入素材

3. 新建“片头”序列

利用“文件|新建|序列”命令，在“新建序列”对话框中选择“序列预设”选项卡中的 DV-PAL 制中的标准 48kHz。输入序列名称为“片头”，其他内容使用默认设置，如图 14.3.3 所示。

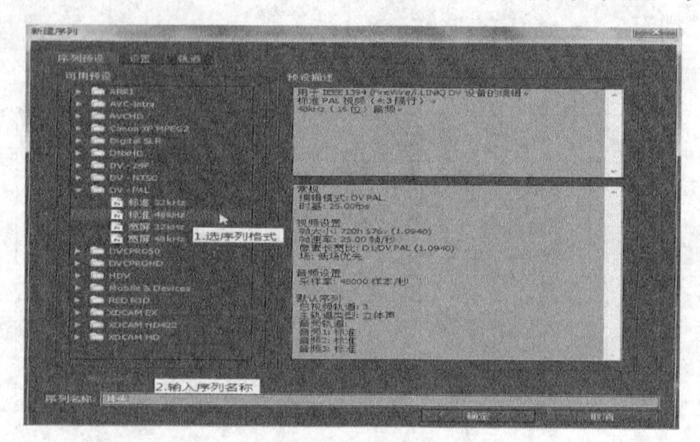

图 14.3.3　新建序列

4. 制作“片头”内容

（1）获取视频的静帧画面做片头

在“项目”窗口双击视频“武术操.mpg”，将其在“源”监视器窗口打开，将播放线位置放置到 00:01:10:02 处，单击“导出帧”按钮，如图 14.3.4 所示。

图 14.3.4　“源”监视器窗口导出帧

在打开的“导出帧”对话框中设置图片的名称、保存类型（片头.bmp）、路径，并选中“导入到项目中”选框，单击“确定”按钮，如图 14.3.5 所示。

图 14.3.5　导出帧内容设置

（2）视频 1 轨道插入图片“片头.bmp”

在视频 1 轨道零点处插入图片“片头.bmp”，持续时间为 5 秒，适当调整其位置和大小。

（3）为图片添加模糊效果

为视频 1 轨道的图片“片头.bmp”添加视频效果中“模糊与锐化|高斯模糊”效果，适当设置特效参数值，如图 14.3.6 所示。

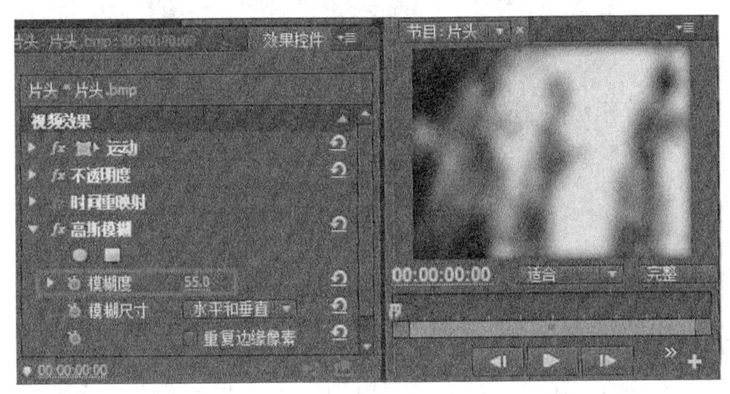

图 14.3.6　添加模糊效果

（4）添加片头字幕

使用“字幕|新建字幕|默认静态字幕”命令，在打开的“新建字幕”对话框中设置字幕视频的大小和名称为“片头”，如图 14.3.7 所示。

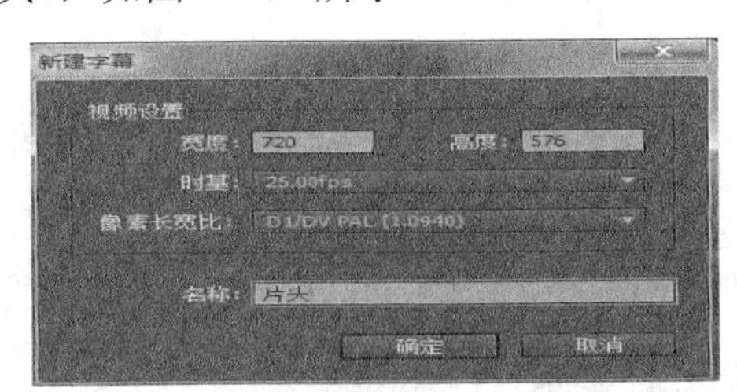

图 14.3.7　新建字幕文件

在“字幕设计器”窗口设计字幕：内容为“小哪吒 MTV”、字体为华文琥珀，其他参数自定，如图 14.3.8 所示。

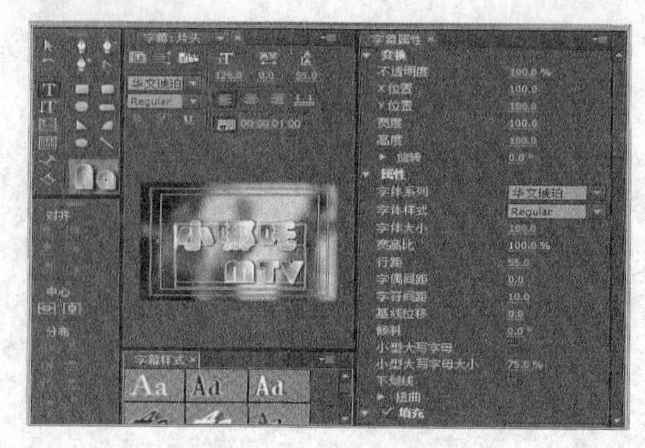

图 14.3.8 字幕设计器

（5）为字幕设置水波纹效果

将字幕文件置于视频 2 轨道的零点处，并为其添加“视频效果|扭曲”中的“波形变形”效果，适当调整参数值，如图 14.3.9 所示。

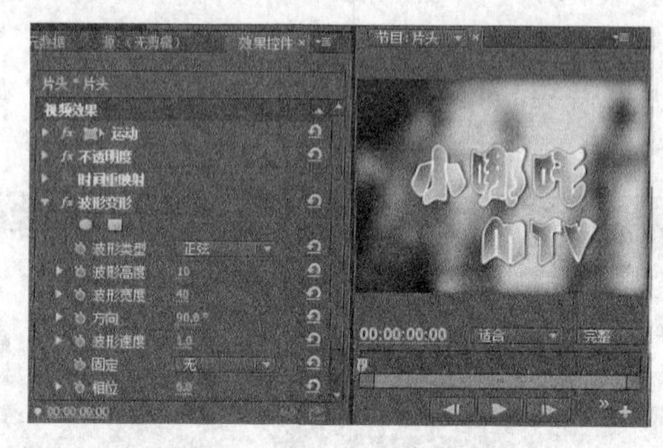

图 14.3.9 添加“波纹变形”效果

14.3.2 制作音视频同步

1. 新建时间线序列“音视频同步”

利用“文件|新建|序列”命令，在“新建序列”对话框中选择“序列预设”选项卡中的 DV-PAL 制中的标准 48kHz。输入序列名称为“音视频同步”，其他内容使用默认设置。

2. 为视频打同步标记点

（1）为“武术操.mpg”打同步标记

在“项目”窗口双击视频“武术操.mpg”，将其在“源”监视器窗口打开。单击“源”监视器窗口的“设置”按钮，如图 14.3.10 所示。

图 14.3.10 “源”监视器窗口

在其弹出菜单中选择“音频波形”命令，这样在“源”监视器窗口素材内容就以音频波形的方式进行显示，如图 14.3.11 所示。

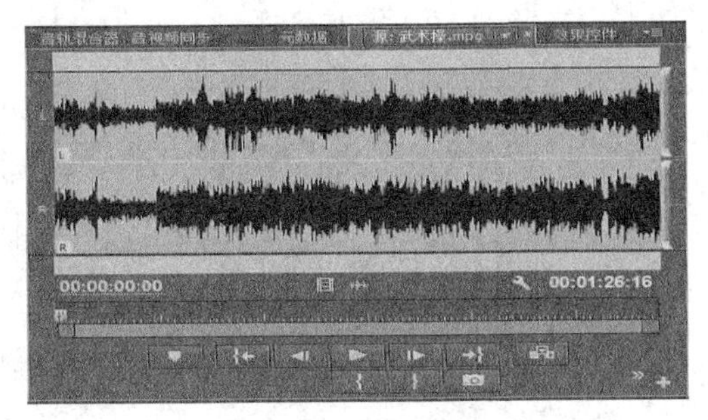

图 14.3.11 显示为音频波形

反复听音频内容，在 00:00:19:08 的位置可以听到“话说那么一家”的“一”字比较清晰，放大音频显示，可以看到这一点的波形震动也比较强烈，如图 14.3.12 所示。单击“标记”按钮，将该点打上标记。按住“仅拖动视频”按钮，将其视频部分拖动至视频 1 轨道的零点处。

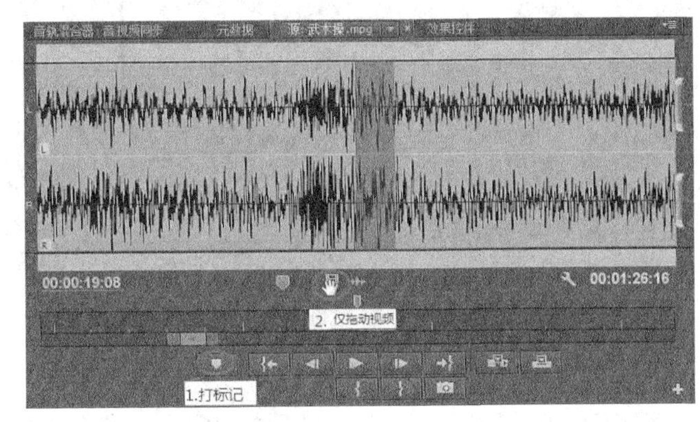

图 14.3.12 设置标记点

在“音视频同步”序列的视频 1 轨道可以看到视频标记，如图 14.3.13 所示。

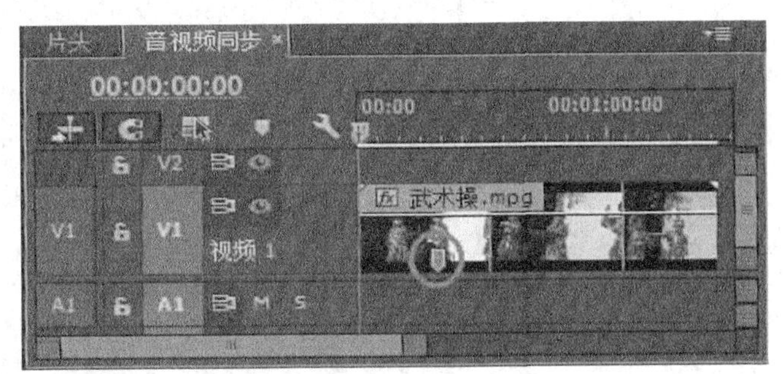

图 14.3.13 轨道素材标记点

（2）为音频打同步标记

在“项目”窗口双击音频“小哪吒.mp3”，将其在“源”监视器窗口打开。反复听音频内容，在 00:00:39:00 的位置可以听到“话说那么一家”的“一”字比较清晰，放大音频显示，可以精确地将该点选中，如图 14.3.14 所示。单击“标记”按钮，将该点打上标记。

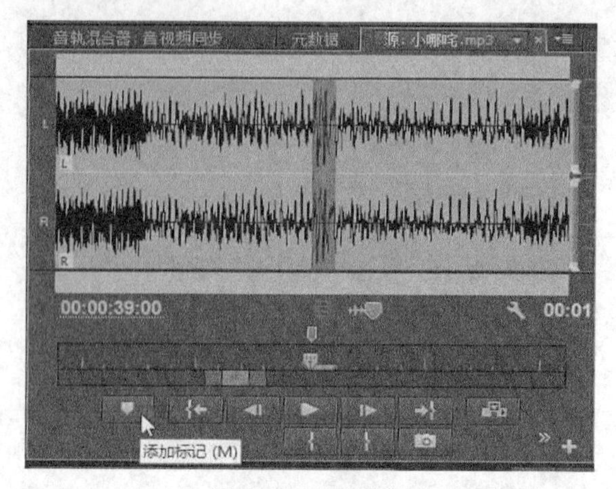

图 14.3.14　添加标记

将“小哪吒.mp3”覆盖到音频 1 轨道的零点处，如图 14.3.15 所示。

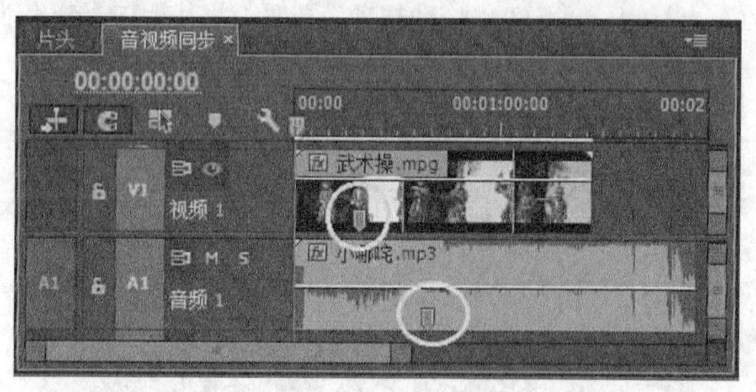

图 14.3.15　轨道内容

（3）制作视频、音频的同步

确保“时间线”序列窗口的“对齐”按钮是按下去的状态，利用“选择工具”截去“小哪吒.mp3”左侧的部分音频，如图 14.3.16 所示。

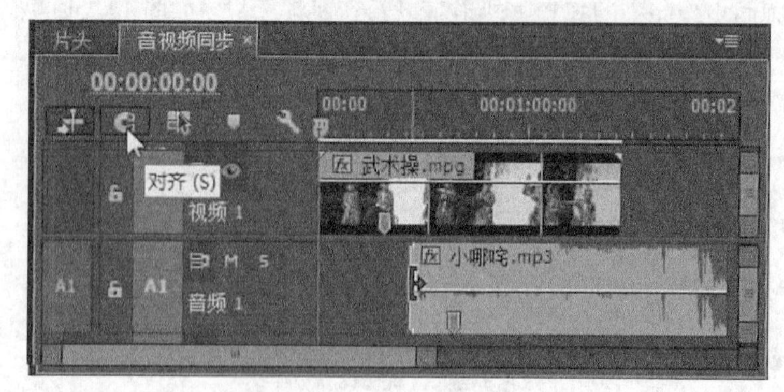

图 14.3.16　截掉音频首部部分内容

移动“小哪吒.mp3”，使其标记点与“武术操.mpg”的标记点对齐，如图 14.3.17 所示。

图 14.3.17　对齐标记

利用“选择工具”将音频部分左侧的内容弥补回来，直到零点位置；将音频部分右侧多余的部分截掉，使得视频与音频对齐，如图 14.3.18 所示。

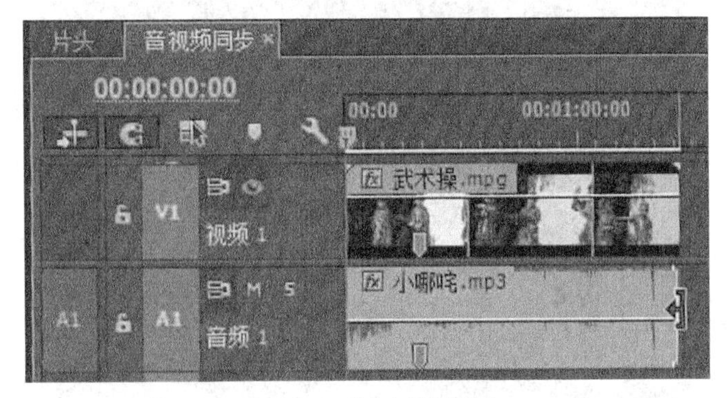

图 14.3.18　补齐左侧音频内容

（4）调整视频的亮度和对比度

为视频 1 轨道的“武术操.mpg”添加“视频效果|颜色校正”中的“亮度/对比度”效果，并适当设置其参数值，使视频亮度降一点，对比度加大一点，如图 14.3.19 所示。

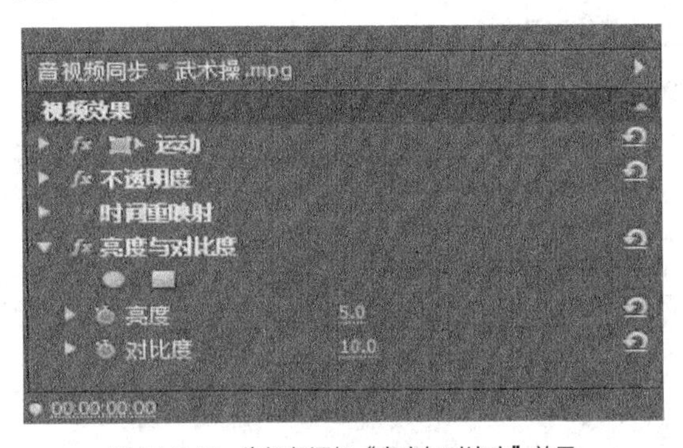

图 14.3.19　为视频添加“亮度与对比度”效果

14.3.3　制作 MTV 的字幕

1. 制作字幕

将每一句歌词制作成一个独立的字幕文件。

使用“字幕|新建字幕|默认静态字幕”命令，在打开的“新建字幕”对话框中设置第一句歌词的字幕，名称为“01”，如图 14.3.20 所示。

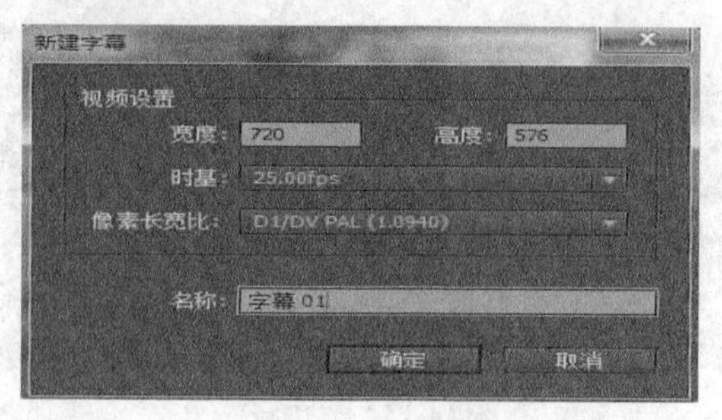

图 14.3.20 新建字幕文件

在字幕设计器窗口输入内容并进行格式的设置，如图 14.3.21 所示。

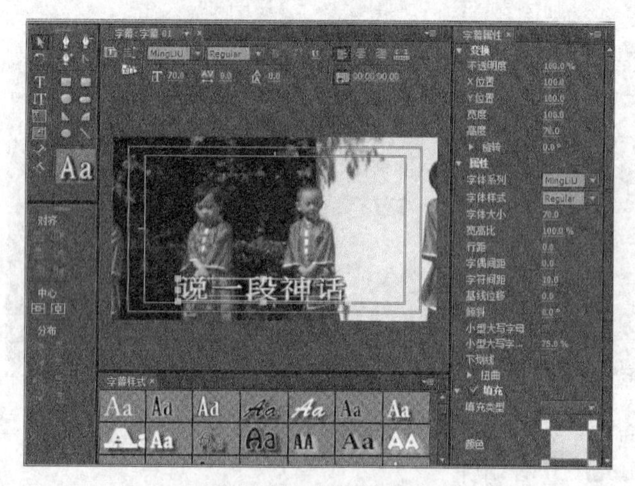

图 14.3.21 设置字幕格式

相同的方法共建立 18 个字幕文件，每个字幕文件中都包含一句歌词。

2. 为字幕的添加位置打标记

在“节目”监视器窗口预览内容，在每句歌词的位置打上时间标记，如图 14.3.22 所示。

图 14.3.22 在时间轴预览时间标记

3. 在标记点处分别插入歌词的字幕文件

在视频 2 的第一个标记点插入字幕文件“字幕 01”，第二个标记点插入字幕文件“字幕 02”，依此类推将 18 个字幕文件都插入到标记点处。将最后一个字幕文件的结束位置与视频的结束位置对齐，如图 14.3.23 所示。

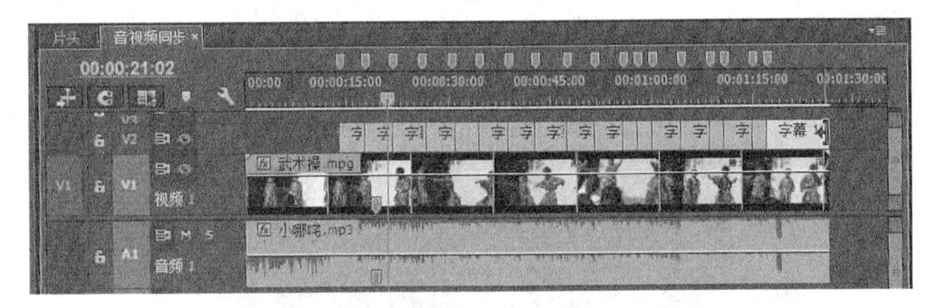

图 14.3.23　在标记点处分别插入歌词的字幕文件

在字幕之间都加入“视频过渡|滑动”中的“推”效果，持续时间 1 秒、从“中心切入”对齐，如图 14.3.24 所示。

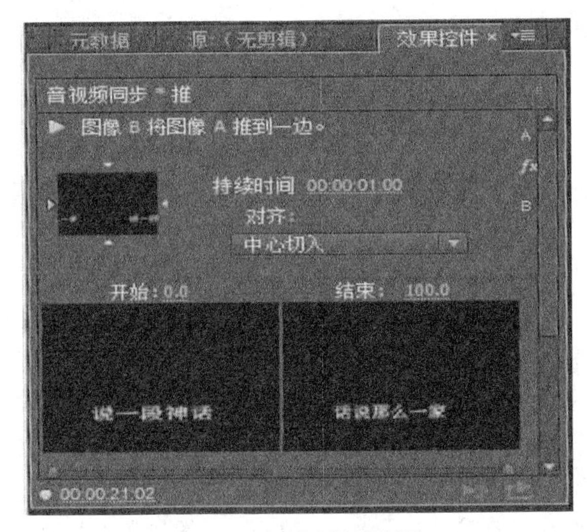

图 14.3.24　设置过渡效果参数

轨道内容如图 14.3.25 所示。

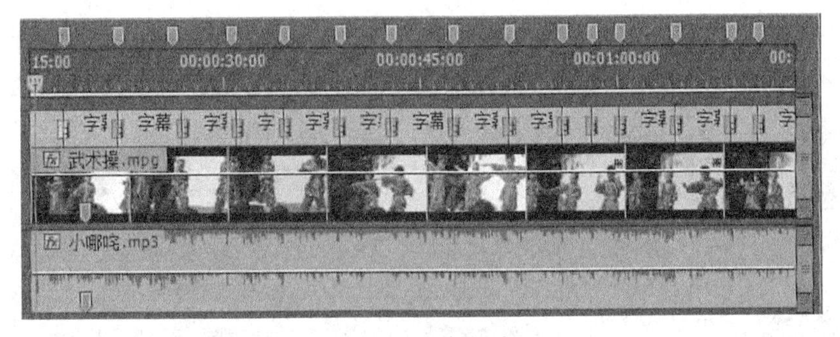

图 14.3.25　轨道内容

4. 为音频文件设置其音频增益值

选中音频轨道 1 的“小哪吒.mp3”，选择其快捷菜单中的“音频增益”命令，进行“音频增益”处理（标准化最大峰值 0dB），如图 14.3.26 所示。

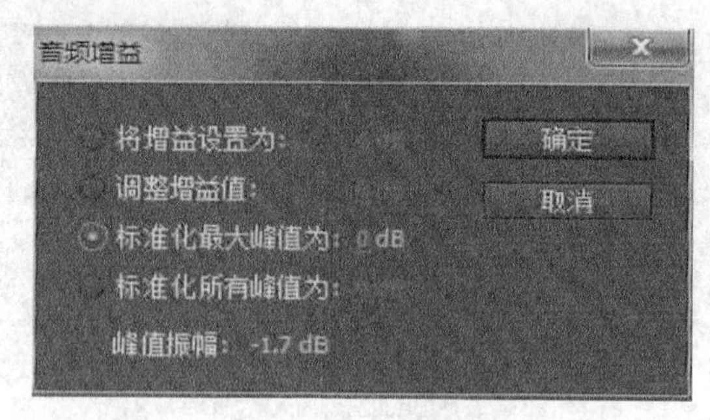

图 14.3.26 音频增益

14.3.4 组织作品内容

1. 新建“作品”序列

利用“文件|新建|序列”命令，在“新建序列”对话框中选择“序列预设”选项卡中的DV-PAL制中的标准48kHz。输入序列名称为“作品”，其他内容使用默认设置。

2. 组织作品内容

❶ 将“片头”序列插入到视频1轨道零点处；移动“时间轴”面板的播放点的位置至3秒处。

❷ 将“音视频同步”序列顺序插入到视频2轨道的3秒处。

❸ 为“音视频同步”的开始位置设置“不透明度”和“音量”关键帧，制作淡入效果。添加以下两组关键帧：

- 在00:00:03:00设置“不透明度”值为0%、“音量”值为-35dB；
- 在00:00:05:00设置“不透明度”值为100%、“音量”值为0dB。

❹ 为“音视频同步”的结束位置设置“不透明度”和“音量”关键帧，制作淡处效果。

- 在00:01:27:15设置“不透明度”值为100%、“音量”值为0dB；
- 在00:01:29:15设置“不透明度”值为0%、“音量”值为-35dB。

如图14.3.27所示。

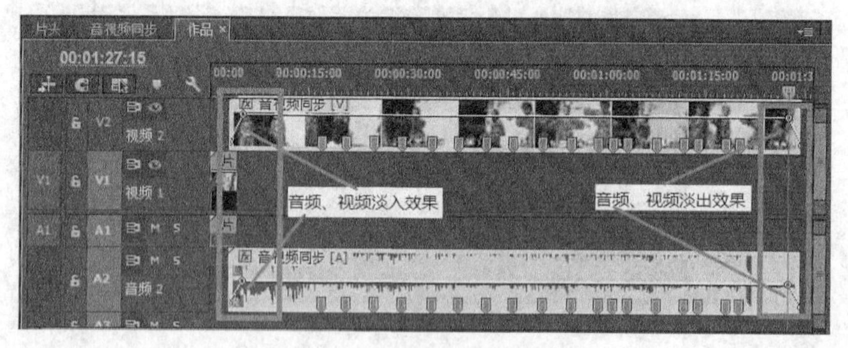

图 14.3.27 在时间轴轨道上组织作品内容

14.3.5 输出视频

选中“时间轴”窗口的视频剪辑，选择“文件|导出|媒体”，在“导出设置”对话框中设置输出文件的格式为MPEG2，确定输出路径和文件名称等内容，单击“导出”按钮，如图14.3.28所示。

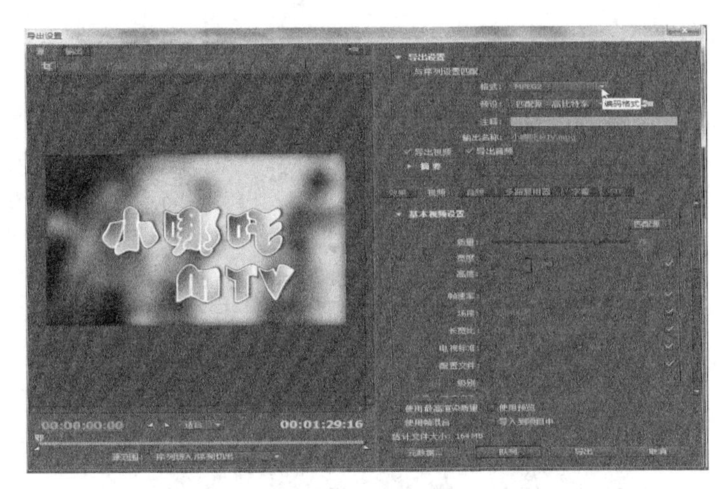

图 14.3.28 导出设置

完成对作品的编码，如图 14.3.29 所示。

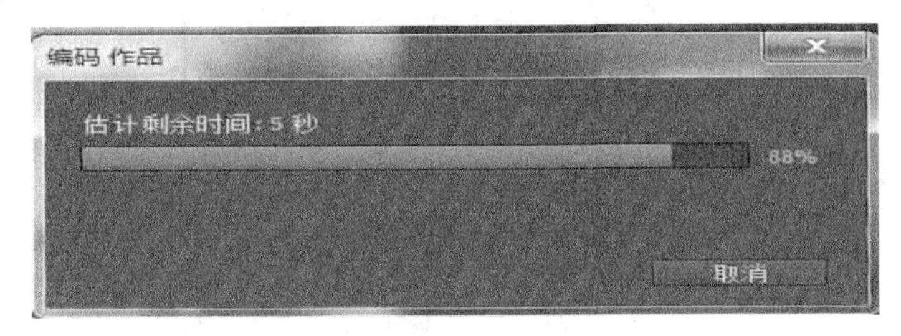

图 14.3.29 编码过程

之后生成“小哪吒 MTV.mpg”文件，如图 14.3.30 所示。

图 14.3.30 视频文件图标

当然也可以在“导出设置”中选择“队列”按钮，在 Encoder 中进行编码，完成作品的输出，如图 14.3.31 所示。

图 14.3.31　Adobe Media Encoder CC 编码

制作 MTV 所用到的字幕内容比较多，在实际的工作中也常常使用一些字幕生成器插件来完成字幕的制作。